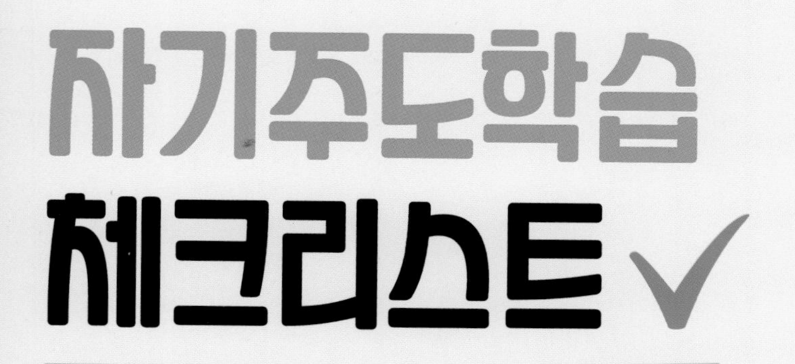

✓ 선생님의 친절한 강의로 여러분의 예습·복습을 도와 드릴게요.
✓ 공부를 마친 후에 확인란에 체크하면서 스스로를 칭찬해 주세요.
✓ 강의를 듣는 데에는 30분이면 충분합니다.

날짜	강의명		확인
	강		
	강		
	강		
	강		
	강		
	강		
	강		
	강		
	강		
	강		
	강		
	강		
	강		
	강		
	강		
	강		
	강		
	강		
	강		
	강		
	강		
	강		
	강		
	강		
	강		

날짜	강의명		확인
	강		
	강		
	강		
	강		
	강		
	강		
	강		
	강		
	강		
	강		
	강		
	강		
	강		
	강		
	강		
	강		
	강		
	강		
	강		
	강		
	강		
	강		
	강		
	강		
	강		

자기주도학습 체크리스트로 공부의 기쁨이 차곡차곡 쌓일 것입니다.

EBS

인터넷·모바일·TV
무료 강의 제공

초 | 등 | 부 | 터 EBS

만점왕

수학 5-2

BOOK 1
개념책

예습·복습·숙제까지 해결되는
교과서 완전 학습서

BOOK 1
개념책

BOOK 1 **개념책**으로
교과서에 담긴 **학습 개념**을
꼼꼼하게 공부하세요!

해설책 PDF 파일은 EBS 초등사이트(primary.ebs.co.kr)에서 내려받으실 수 있습니다.

교재 내용 문의 교재 내용 문의는 EBS 초등사이트 (primary.ebs.co.kr)의 교재 Q&A 서비스를 활용하시기 바랍니다.

교재 정오표 공지 발행 이후 발견된 정오 사항을 EBS 초등사이트 정오표 코너에서 알려 드립니다.
교재 검색 ▶ 교재 선택 ▶ 정오표

교재 정정 신청 공지된 정오 내용 외에 발견된 정오 사항이 있다면 EBS 초등사이트를 통해 알려 주세요.
교재 검색▶ 교재 선택 ▶ 교재 Q&A

BOOK 1
개념책
만점왕
수학
5-2

이 책의 구성과 특징

1 | 단원 도입

단원을 시작할 때마다 도입 그림을 눈으로 확인하며 안내 글을 읽으면, 공부할 내용에 대해 흥미를 갖게 됩니다.

2 | 개념 확인 학습

본격적인 학습에 돌입하는 단계입니다. 자세한 개념 설명과 그림으로 제시한 예시를 통해 핵심 개념을 분명하게 파악할 수 있습니다.

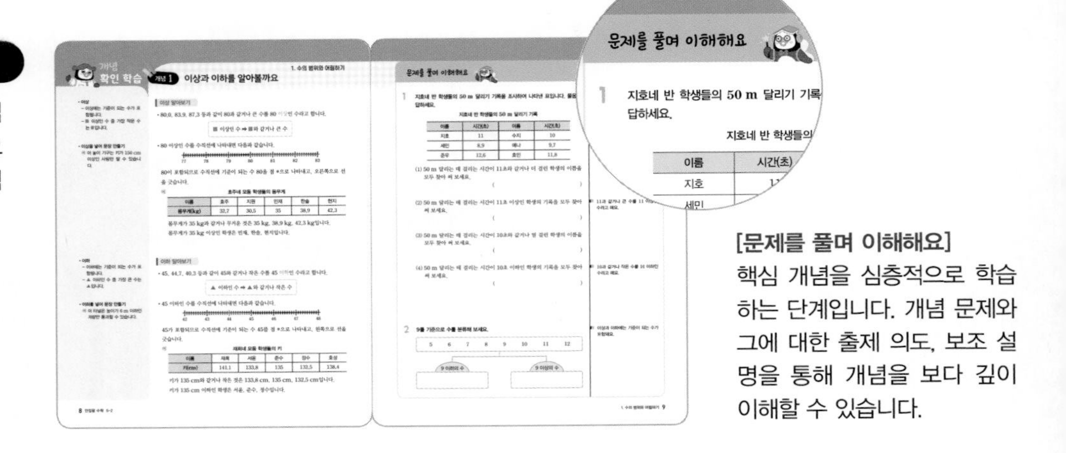

[문제를 풀며 이해해요]

핵심 개념을 심층적으로 학습하는 단계입니다. 개념 문제와 그에 대한 출제 의도, 보조 설명을 통해 개념을 보다 깊이 이해할 수 있습니다.

3 | 교과서 내용 학습

교과서 핵심 집중 탐구로 공부한 내용을 문제를 통해 하나하나 꼼꼼하게 살펴보며 교과서에 담긴 내용을 빈틈없이 학습할 수 있습니다.

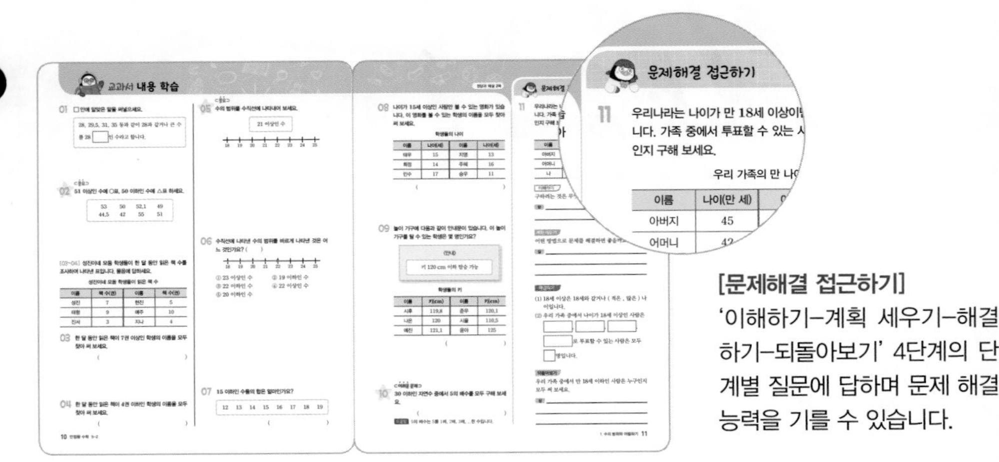

[문제해결 접근하기]

'이해하기-계획 세우기-해결하기-되돌아보기' 4단계의 단계별 질문에 답하며 문제 해결 능력을 기를 수 있습니다.

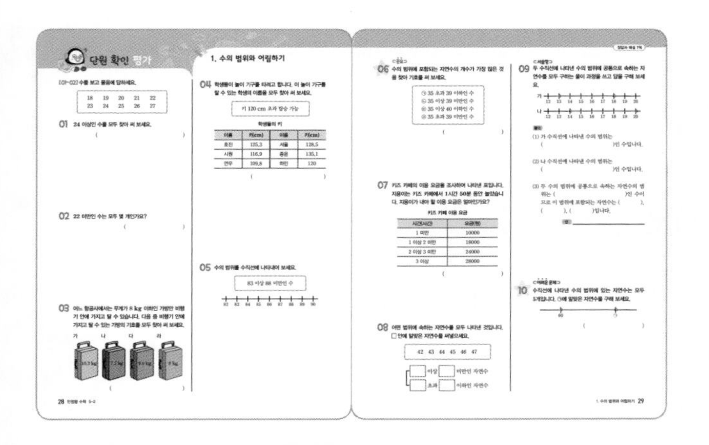

4 | 단원 확인 평가

평가를 통해 단원 학습을 마무리하고, 자신이 보완해야 할 점을 파악할 수 있습니다.

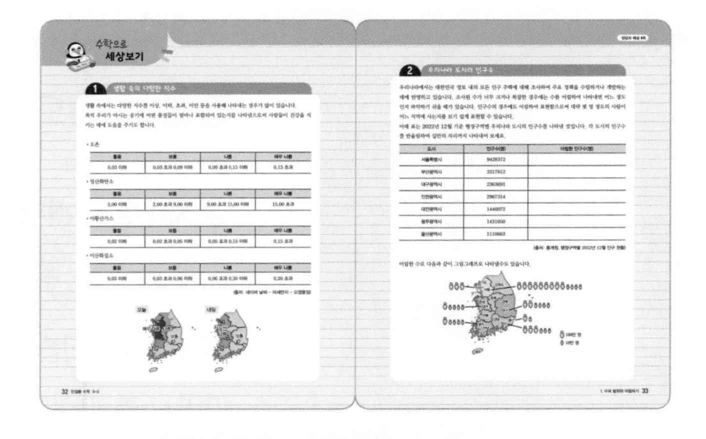

5 | 수학으로 세상보기

실생활 속 수학 이야기와 활동을 통해 단원에서 학습한 개념을 다양한 상황에 적용하고 수학에 대한 흥미를 키울 수 있습니다.

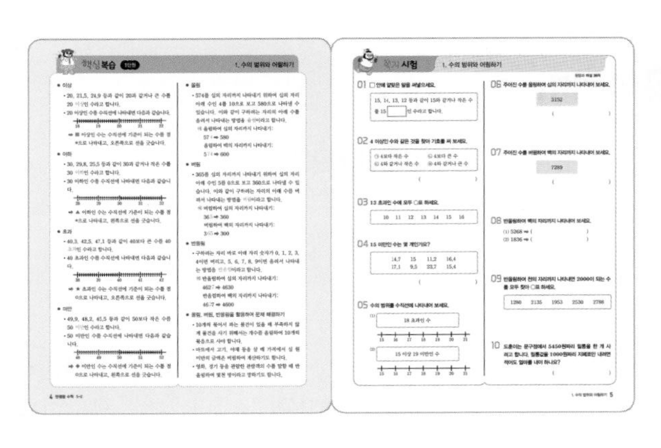

1 | 핵심 복습 + 쪽지 시험

핵심 정리를 통해 학습한 내용을 복습하고, 간단한 쪽지 시험을 통해 자신의 학습 상태를 확인할 수 있습니다.

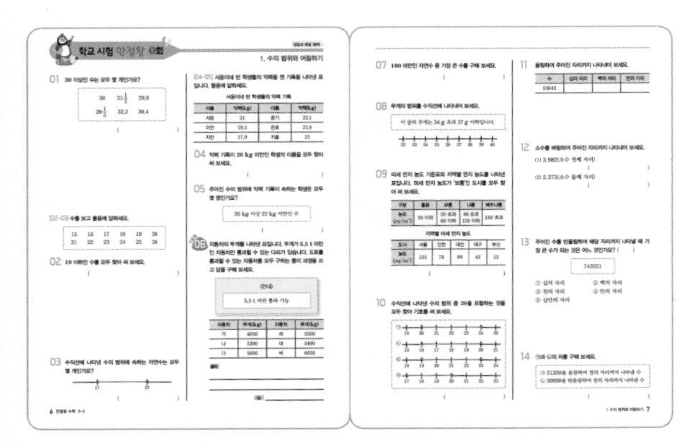

2 | 학교 시험 만점왕

앞서 학습한 내용을 바탕으로 보다 다양한 문제를 경험하여 단원별 평가를 대비할 수 있습니다.

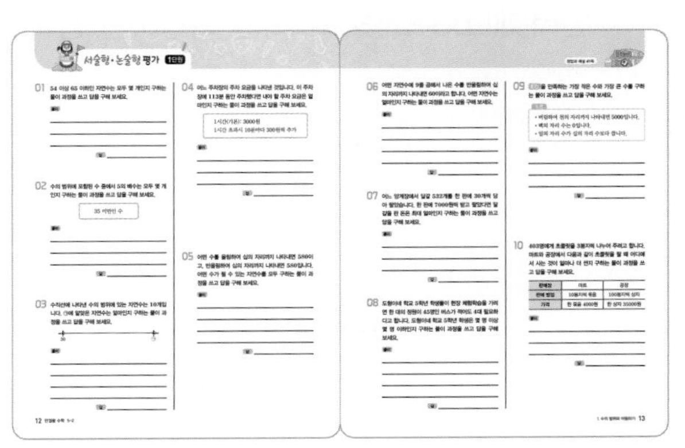

3 | 서술형·논술형 평가

학생들이 고민하는 수행 평가를 대단원 별로 구성하였습니다. 선생님께서 직접 출제하신 문제를 통해 수행 평가를 꼼꼼히 준비할 수 있습니다.

넌 할 수 있어!

자기 주도 활용 방법

BOOK 1 개념책

평상 시 진도 공부는

교재(북1 개념책)로 공부하기

만점왕 북1 개념책으로 진도에 따라 공부해 보세요.
개념책에는 학습 개념이 자세히 설명되어 있어요.
따라서 학교 진도에 맞춰 만점왕을 풀어 보면
혼자서도 쉽게 공부할 수 있습니다.

TV(인터넷) 강의로 공부하기

개념책으로 혼자 공부했는데, 잘 모르는 부분이 있나요?
더 알고 싶은 부분도 있다고요?
만점왕 강의가 있으니 걱정 마세요.
만점왕 강의는 TV를 통해 방송됩니다.
방송 강의를 보지 못했거나 다시 듣고 싶은 부분이 있다면
인터넷(EBS 초등사이트)을 이용하면 됩니다.

이 부분은
잘 모르겠으니
인터넷으로 다시
봐야겠어.

만점왕 방송 시간: EBS홈페이지 편성표 참조
EBS 초등사이트: primary.ebs.co.kr

시험 대비 공부는 북2 실전책으로! (북2 2쪽 자기 주도 활용 방법을 읽어 보세요.)

이 책의 **차례**

BOOK 1 개념책

1 단원

수의 범위와 어림하기

민우가 미세먼지 예보 기준을 알아보니 1 m²당 먼지의 양이 0(μg) 이상 31(μg) 미만일 때 미세먼지가 '좋음', 31(μg) 이상 81(μg) 미만일 때 '보통', 81(μg) 이상 151(μg) 미만일 때 '나쁨', 151(μg) 이상일 때 '매우 나쁨'인 것을 알 수 있었어요.

이 단원에서는 실생활 장면에서 이상, 이하, 초과, 미만의 쓰임과 의미를 알고, 이를 활용하여 수의 범위를 나타낼 수 있으며, 어림값을 구하기 위한 방법으로 올림, 버림, 반올림의 의미와 필요성을 알고 이를 실생활에 활용하는 법을 배울 거예요.

단원 학습 목표

1. 이상과 이하의 뜻과 그 범위에 있는 수를 알고, 수직선에 나타낼 수 있습니다.
2. 초과와 미만의 뜻과 그 범위에 있는 수를 알고, 수직선에 나타낼 수 있습니다.
3. 생활 장면에서 수의 범위를 활용하여 문제를 해결하고 수의 범위를 수직선에 나타낼 수 있습니다.
4. 올림, 버림, 반올림의 뜻을 알고, 어림수로 나타낼 수 있습니다.
5. 올림, 버림, 반올림이 이용되는 상황과 관련된 문제를 해결할 수 있습니다.

단원 진도 체크

회차	구성		진도 체크
1차	개념 1 이상과 이하를 알아볼까요	개념 확인 학습 + 문제 / 교과서 내용 학습	✓
2차	개념 2 초과와 미만을 알아볼까요	개념 확인 학습 + 문제 / 교과서 내용 학습	✓
3차	개념 3 수의 범위를 활용하여 문제를 해결해 볼까요	개념 확인 학습 + 문제 / 교과서 내용 학습	✓
4차	개념 4 올림을 알아볼까요 개념 5 버림을 알아볼까요	개념 확인 학습 + 문제 / 교과서 내용 학습	✓
5차	개념 6 반올림을 알아볼까요 개념 7 올림, 버림, 반올림을 활용하여 문제를 해결해 볼까요	개념 확인 학습 + 문제 / 교과서 내용 학습	✓
6차	단원 확인 평가		✓
7차	수학으로 세상 보기		✓

해당 부분을 공부한 후 ✓표를 하세요.

오늘은
미세먼지가 보통이어서
밖에서 마음껏 놀 수 있겠다.
00구 00동
좋음
통합지수 15
초미세 먼지
아침
점심
저녁
12㎍/㎥
보통
보통
보통
미세먼지 좋음 보통 나쁨 매우나쁨
환경부 0~30 31~80 81~150 151~
WHO 0~30 31~50 51~100 101~
초미세먼지 좋음 보통 나쁨 매우나쁨
환경부 0~15 16~50 51~100 101~
WHO 0~15 16~25 26~50 51~

개념 1 이상과 이하를 알아볼까요

- 이상
  - 이상에는 기준이 되는 수가 포함됩니다.
  - ■ 이상인 수 중 가장 작은 수는 ■입니다.

- 이상을 넣어 문장 만들기
  - 예 이 놀이 기구는 키가 150 cm 이상인 사람만 탈 수 있습니다.

이상 알아보기

• 80.0, 83.9, 87.3 등과 같이 80과 같거나 큰 수를 80 이상인 수라고 합니다.

■ 이상인 수 ➡ ■와 같거나 큰 수

• 80 이상인 수를 수직선에 나타내면 다음과 같습니다.

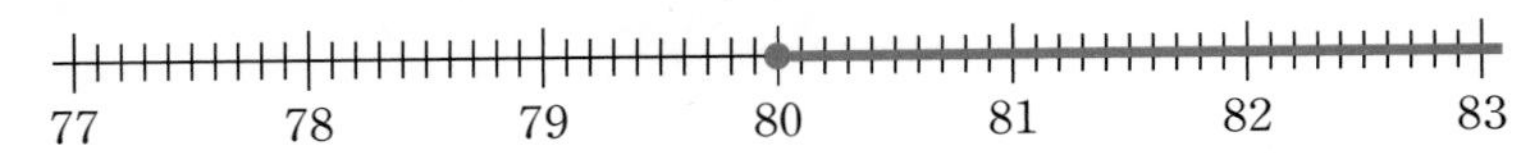

80이 포함되므로 수직선에 기준이 되는 수 80을 점 ●으로 나타내고, 오른쪽으로 선을 긋습니다.

예 효주네 모둠 학생들의 몸무게

이름	효주	지원	민재	한솔	현지
몸무게(kg)	32.7	30.5	35	38.9	42.3

몸무게가 35 kg과 같거나 무거운 것은 35 kg, 38.9 kg, 42.3 kg입니다.
몸무게가 35 kg 이상인 학생은 민재, 한솔, 현지입니다.

- 이하
  - 이하에는 기준이 되는 수가 포함됩니다.
  - ▲ 이하인 수 중 가장 큰 수는 ▲입니다.

- 이하를 넣어 문장 만들기
  - 예 이 터널은 높이가 6 m 이하인 차량만 통과할 수 있습니다.

이하 알아보기

• 45, 44.7, 40.3 등과 같이 45와 같거나 작은 수를 45 이하인 수라고 합니다.

▲ 이하인 수 ➡ ▲와 같거나 작은 수

• 45 이하인 수를 수직선에 나타내면 다음과 같습니다.

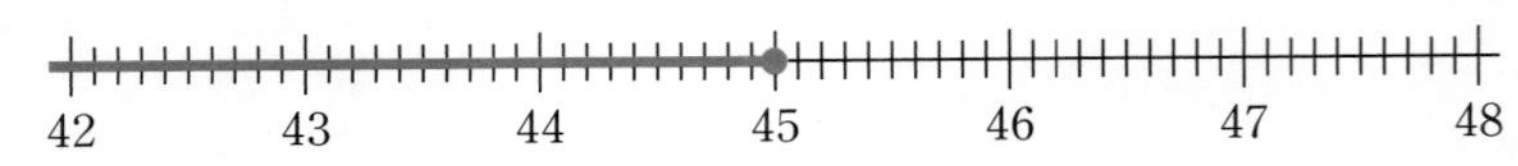

45가 포함되므로 수직선에 기준이 되는 수 45를 점 ●으로 나타내고, 왼쪽으로 선을 긋습니다.

예 재희네 모둠 학생들의 키

이름	재희	서윤	준수	정수	호성
키(cm)	141.1	133.8	135	132.5	138.4

키가 135 cm와 같거나 작은 것은 133.8 cm, 135 cm, 132.5 cm입니다.
키가 135 cm 이하인 학생은 서윤, 준수, 정수입니다.

문제를 풀어 이해해요

정답과 해설 2쪽

1 지호네 반 학생들의 50 m 달리기 기록을 조사하여 나타낸 표입니다. 물음에 답하세요.

지호네 반 학생들의 50 m 달리기 기록

이름	시간(초)	이름	시간(초)
지호	11	수지	10
세민	8.9	예나	9.7
준우	12.6	효민	11.8

(1) 50 m 달리는 데 걸리는 시간이 11초와 같거나 더 걸린 학생의 이름을 모두 찾아 써 보세요.

( )

(2) 50 m 달리는 데 걸리는 시간이 11초 이상인 학생의 기록을 모두 찾아 써 보세요.

( )

(3) 50 m 달리는 데 걸리는 시간이 10초와 같거나 덜 걸린 학생의 이름을 모두 찾아 써 보세요.

( )

(4) 50 m 달리는 데 걸리는 시간이 10초 이하인 학생의 기록을 모두 찾아 써 보세요.

( )

이상과 이하를 이해하고 있는지 묻는 문제예요.

11과 같거나 큰 수를 11 이상인 수라고 해요.

10과 같거나 작은 수를 10 이하인 수라고 해요.

2 9를 기준으로 수를 분류해 보세요.

5 6 7 8 9 10 11 12

9 이하의 수

9 이상의 수

이상과 이하에는 기준이 되는 수가 포함돼요.

교과서 내용 학습

01 □ 안에 알맞은 말을 써넣으세요.

> 28, 29.5, 31, 35 등과 같이 28과 같거나 큰 수를 28 □인 수라고 합니다.

중요

02 51 이상인 수에 ○표, 50 이하인 수에 △표 하세요.

53	50	52.1	49
44.5	42	55	51

[03~04] 성진이네 모둠 학생들이 한 달 동안 읽은 책 수를 조사하여 나타낸 표입니다. 물음에 답하세요.

성진이네 모둠 학생들이 읽은 책 수

이름	책 수(권)	이름	책 수(권)
성진	7	현진	5
태형	9	예주	10
진서	3	지나	4

03 한 달 동안 읽은 책이 7권 이상인 학생의 이름을 모두 찾아 써 보세요.

( )

04 한 달 동안 읽은 책이 4권 이하인 학생의 이름을 모두 찾아 써 보세요.

( )

중요

05 수의 범위를 수직선에 나타내어 보세요.

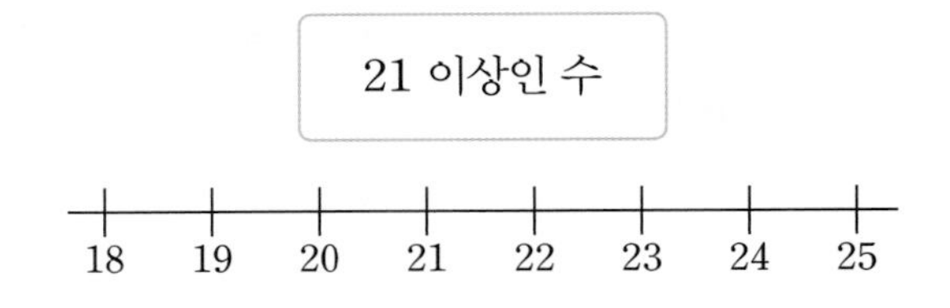

06 수직선에 나타낸 수의 범위를 바르게 나타낸 것은 어느 것인가요? ( )

① 23 이상인 수
② 19 이하인 수
③ 22 이하인 수
④ 22 이상인 수
⑤ 20 이하인 수

07 15 이하인 수들의 합은 얼마인가요?

12	13	14	15	16	17	18	19

( )

정답과 해설 2쪽

08 나이가 15세 이상인 사람만 볼 수 있는 영화가 있습니다. 이 영화를 볼 수 있는 학생의 이름을 모두 찾아 써 보세요.

학생들의 나이

이름	나이(세)	이름	나이(세)
태우	15	지영	13
희정	14	주혜	16
민수	17	승우	11

( )

09 놀이 기구에 다음과 같이 안내문이 있습니다. 이 놀이 기구를 탈 수 있는 학생은 몇 명인가요?

〈안내〉

키 120 cm 이하 탑승 가능

학생들의 키

이름	키(cm)	이름	키(cm)
시후	119.8	준우	120.1
나은	120	시율	110.5
예진	121.1	윤아	125

( )

⊂어려운 문제⊃

10 30 이하인 자연수 중에서 5의 배수를 모두 구해 보세요.

( )

도움말 5의 배수는 5를 1배, 2배, 3배, ...한 수입니다.

문제해결 접근하기

11 우리나라는 나이가 만 18세 이상이면 투표할 수 있습니다. 가족 중에서 투표할 수 있는 사람은 모두 몇 명인지 구해 보세요.

우리 가족의 만 나이

이름	나이(만 세)	이름	나이(만 세)
아버지	45	동생	8
어머니	42	누나	18
나	11	할머니	69

이해하기

구하려는 것은 무엇인가요?

답 ______

계획 세우기

어떤 방법으로 문제를 해결하면 좋을까요?

답 ______

해결하기

(1) 18세 이상은 18세와 같거나 (적은 , 많은) 나이입니다.

(2) 우리 가족 중에서 나이가 18세 이상인 사람은 ☐, ☐, ☐, ☐로 투표할 수 있는 사람은 모두 ☐명입니다.

되돌아보기

우리 가족 중에서 만 18세 이하인 사람은 누구인지 모두 써 보세요.

답 ______

개념 2 초과와 미만을 알아볼까요

- 초과
  - 초과에는 기준이 되는 수가 포함되지 않습니다.
  - ★이 자연수일 때, ★ 초과인 수 중 가장 작은 자연수는 ★+1입니다.
- 초과를 넣어 문장 만들기
  - 예 짐의 무게가 20 kg을 초과하면 요금을 더 내야 합니다.

초과 알아보기

- 63.3, 65.2, 77.7 등과 같이 63보다 큰 수를 63 초과인 수라고 합니다.

★ 초과인 수 ➡ ★보다 큰 수

- 63 초과인 수를 수직선에 나타내면 다음과 같습니다.

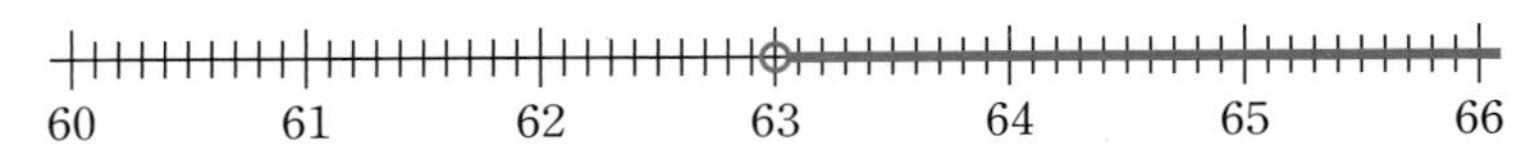

63이 포함되지 않으므로 수직선에 기준이 되는 수 63을 점 ○으로 나타내고, 오른쪽으로 선을 긋습니다.

예 슬비네 모둠 학생들의 윗몸 말아 올리기 기록

이름	슬비	지현	우영	현서	진우	영지
횟수(회)	50	24	63	52	49	77

윗몸 말아 올리기 기록이 50회보다 많은 기록은 63회, 52회, 77회입니다.

윗몸 말아 올리기 기록이 50회 초과인 학생은 우영, 현서, 영지입니다.

- 미만
  - 미만에는 기준이 되는 수가 포함되지 않습니다.
  - ◆이 자연수일 때, ◆ 미만인 수 중 가장 큰 자연수는 ◆−1입니다.
- 미만을 넣어 문장 만들기
  - 예 이 놀이 기구는 키 100 cm 미만인 사람은 탈 수 없습니다.

미만 알아보기

- 99.8, 90.6, 84.5 등과 같이 100보다 작은 수를 100 미만인 수라고 합니다.

◆ 미만인 수 ➡ ◆보다 작은 수

- 100 미만인 수를 수직선에 나타내면 다음과 같습니다.

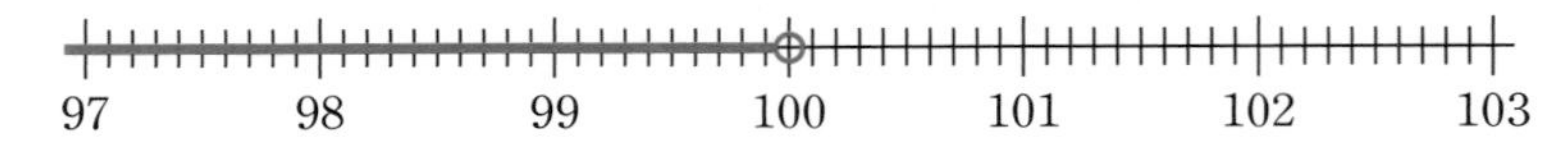

100이 포함되지 않으므로 수직선에 기준이 되는 수 100을 점 ○으로 나타내고, 왼쪽으로 선을 긋습니다.

예 아영이네 모둠 학생들의 왕복 오래 달리기 기록

이름	아영	윤서	성민	태우	서준	지혜
횟수(회)	65	71	60	64	57	72

왕복 오래 달리기 기록이 65회보다 적은 기록은 60회, 64회, 57회입니다.

왕복 오래 달리기 기록이 65회 미만인 학생은 성민, 태우, 서준입니다.

문제를 풀며 이해해요

정답과 해설 2쪽

1 예린이네 반 학생들의 악력을 잰 기록을 나타낸 표입니다. 물음에 답하세요.

예린이네 반 학생들의 악력 기록

이름	악력(kg)	이름	악력(kg)
예린	20	윤지	21.5
하준	18.3	영준	22.8
지우	17.9	도훈	24

(1) 악력 기록이 20 kg보다 큰 학생의 이름을 모두 찾아 써 보세요.

( )

(2) 악력 기록이 20 kg 초과인 학생의 기록을 모두 찾아 써 보세요.

( )

(3) 악력 기록이 20 kg보다 작은 학생의 이름을 모두 찾아 써 보세요.

( )

(4) 악력 기록이 20 kg 미만인 학생의 기록을 모두 찾아 써 보세요.

( )

초과와 미만을 이해하고 있는지 묻는 문제예요.

20보다 큰 수를 20 초과인 수라고 해요.

20보다 작은 수를 20 미만인 수라고 해요.

2 수를 보고 물음에 답하세요.

24	25	26	27	28	29	30

(1) 27 초과인 수를 모두 찾아 써 보세요.

( )

(2) 27 미만인 수를 모두 찾아 써 보세요.

( )

초과와 미만에는 기준이 되는 수가 포함되지 않아요.

교과서 내용 학습

01 45 초과인 수에 ○표, 45 미만인 수에 △표 하세요.

45.6	50	52.1	39
44.5	42	45	51

02 30 초과인 수는 모두 몇 개인가요?

28	29	30	31	32	33

( )

[03~04] 민준이네 반 학생들의 제자리 멀리뛰기 기록을 조사하여 나타낸 표입니다. 물음에 답하세요.

민준이네 반 학생들의 제자리 멀리뛰기 기록

이름	거리(cm)	이름	거리(cm)
민준	135	지민	138
강윤	134.9	수연	142.5
희재	129.8	연호	135.1

03 제자리 멀리뛰기를 한 거리가 135 cm 미만인 학생의 기록을 모두 찾아 써 보세요.

( )

04 제자리 멀리뛰기를 한 거리가 135 cm 초과인 학생의 이름을 모두 찾아 써 보세요.

( )

중요

05 수의 범위를 수직선에 나타내어 보세요.

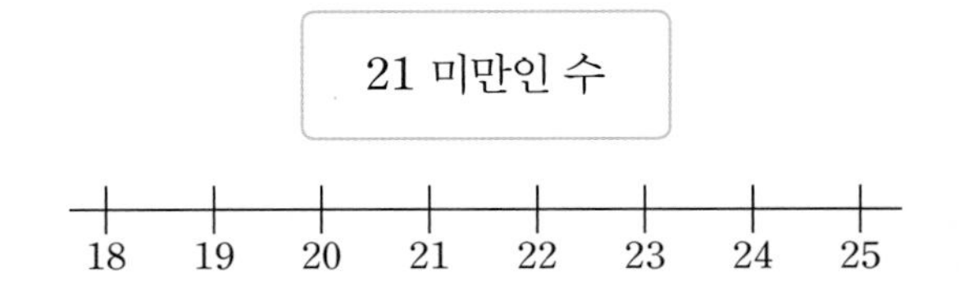

06 수직선에 나타낸 수의 범위를 바르게 나타낸 것은 어느 것인가요? ( )

38 39 40 41 42 43 44 45

① 43 이상인 수
② 39 이하인 수
③ 42 이상인 수
④ 41 미만인 수
⑤ 42 초과인 수

07 시원이네 반 학생들이 한 학기 동안 읽은 책 수를 조사하여 나타낸 표입니다. 한 학기 동안 읽은 책이 50권 초과인 학생에게 상을 주려고 합니다. 상을 받을 학생의 이름을 모두 찾아 써 보세요.

시원이네 반 학생들이 읽은 책 수

이름	책 수(권)	이름	책 수(권)
시원	55	민유	44
정호	49	서우	39
태희	50	예은	51

( )

08 자동차의 높이를 나타낸 표입니다. 높이가 2 m 미만인 자동차만 통과할 수 있는 터널이 있습니다. 터널을 통과할 수 있는 자동차를 모두 찾아 기호를 써 보세요.

〈안내〉

2 m 미만 통과 가능

자동차	높이(cm)	자동차	높이(cm)
가	212.0	라	150.5
나	200.0	마	195.5
다	177.5	바	201.1

(　　　　　　　　)

09 12가 포함되지 않는 수의 범위는 어느 것인가요? (　　)

① 12 이상인 수　② 12 이하인 수
③ 11 이상인 수　④ 12 미만인 수
⑤ 10 초과인 수

⊂어려운 문제⊃

10 20 초과 40 미만인 수 중에서 자연수는 모두 몇 개인가요?

(　　　　　　　　)

도움말 ■ 초과인 수 또는 ■ 미만인 수의 경우에는 ■가 포함되지 않습니다.

문제해결 접근하기

11 수 카드 4장 중 2장을 골라 만들 수 있는 두 자리 수 중 60 초과인 수는 모두 몇 개인지 구해 보세요.

2　4　6　8

이해하기

구하려는 것은 무엇인가요?

답 ____________________

계획 세우기

어떤 방법으로 문제를 해결하면 좋을까요?

답 ____________________

해결하기

(1) 60 초과인 수는 60보다 (큰 , 작은) 수이므로 60 초과인 수를 만들려면 십의 자리에 ☐과 ☐을 놓을 수 있습니다.

(2) 만들 수 있는 두 자리 수 중 60 초과인 수는 ☐, ☐, ☐, ☐, ☐, ☐입니다.

(3) 만들 수 있는 두 자리 수 중 60 초과인 수는 모두 ☐개입니다.

되돌아보기

수 카드 5장 중 2장을 골라 만들 수 있는 두 자리 수 중 50 미만인 수는 몇 개인지 구해 보세요.

2　4　5　7　9

답 ____________________

개념 3 수의 범위를 활용하여 문제를 해결해 볼까요

- 수직선에 나타내기
  - 이상과 이하는 기준이 되는 수가 포함되고, 초과와 미만은 기준이 되는 수가 포함되지 않습니다.
  - 이상과 이하는 ●을 이용하여 나타내고, 초과와 미만은 ○을 이용하여 나타냅니다.

수의 범위를 수직선에 나타내기

• 수의 범위를 이상, 이하, 초과, 미만을 이용하여 수직선에 나타내면 다음과 같습니다.

① 3 이상 7 이하인 수

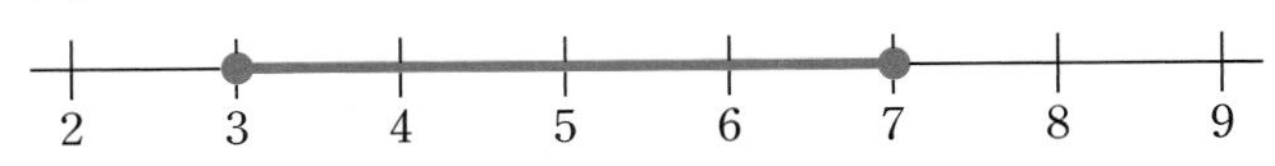

② 3 이상 7 미만인 수

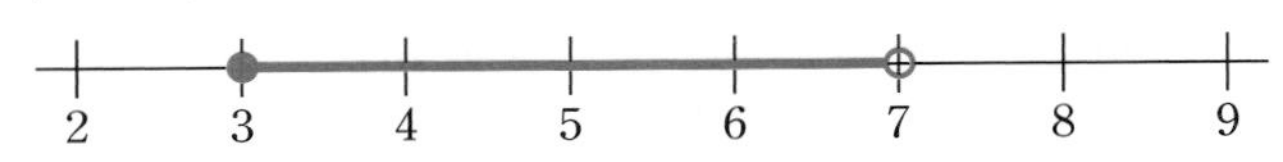

③ 3 초과 7 이하인 수

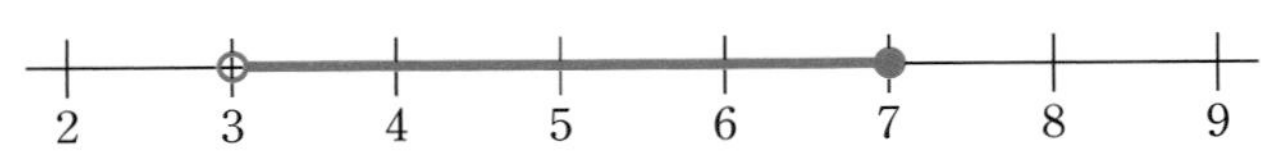

④ 3 초과 7 미만인 수

수의 범위 활용하기

㉮예

승빈이네 반 남학생들의 몸무게

이름	승빈	준혁	세민	우진	서진	주원
몸무게(kg)	34.5	32	36	38	39.1	40

초등학교 고학년부 태권도 체급(남자)

체급	몸무게(kg)
핀급	32 이하
플라이급	32 초과 34 이하
밴텀급	34 초과 36 이하
페더급	36 초과 39 이하
라이트급	39 초과 42 이하

(2020년 대한태권도협회 태권도 겨루기 경기규칙 체급표)

• 승빈이네 반 남학생들의 체급

이름	체급
승빈	밴텀급
준혁	핀급
세민	밴텀급
우진	페더급
서진	라이트급
주원	라이트급

승빈이가 속한 체급의 몸무게 범위는 34 kg 초과 36 kg 이하로 밴텀급입니다.
승빈이와 같은 체급에 속하는 학생은 세민이입니다.
승빈이가 속한 체급의 몸무게 범위를 수직선에 나타내면 다음과 같습니다.

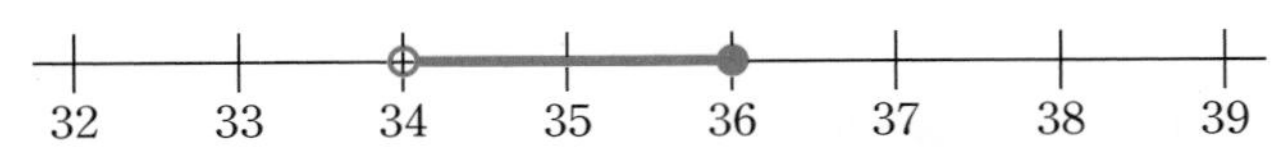

문제를 풀며 이해해요

정답과 해설 3쪽

수의 범위를 활용하여 문제를 해결할 수 있는지 묻는 문제예요.

1 지우네 학교에서는 1년 동안 독서한 책의 권수에 따라 학생들에게 독서인증서를 줍니다. 학생들이 읽은 책 수와 독서 인증 등급을 나타낸 표입니다. 물음에 답하세요.

지우네 반 학생들이 읽은 책 수

이름	지우	지원	윤규	하윤	시현	정호
책 수(권)	90	88	100	44	50	98

독서 인증 등급

등급	책 수(권)
1	100 이상
2	90 이상 100 미만
3	70 이상 90 미만
4	50 이상 70 미만
5	50 미만

(1) 지우가 속한 등급을 써 보세요.

( )

■ 90권이 속하는 범위를 알아보아요.

(2) 지우와 같은 등급에 속하는 학생의 이름을 찾아 써 보세요.

( )

(3) 시현이가 속한 등급을 써 보세요.

( )

■ 50권이 속하는 범위를 알아보아요.

2 수를 보고 물음에 답하세요.

■ 이상과 이하는 기준이 되는 수가 포함되고 초과와 미만은 기준이 되는 수가 포함되지 않아요.

22	23	24	25	26	27	28	29	30	31

(1) 25 이상 27 미만인 수를 모두 찾아 써 보세요.

( )

(2) 26 초과 30 이하인 자연수는 모두 몇 개인가요?

( )

01 32 초과 36 이하인 수를 모두 찾아 ○표 하세요.

30	31	32	33	34
35	36	37	38	39

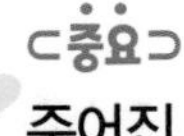

02 주어진 수를 모두 포함하는 범위는 어느 것인가요?

( )

52.5　50　55.3　57.2　51

① 51 이상 57 이하인 수
② 51 초과 58 미만인 수
③ 50 초과 57 이하인 수
④ 50 초과 58 미만인 수
⑤ 50 이상 58 미만인 수

03 놀이공원의 체험 프로그램 이용 기준을 나타낸 표입니다. 12세인 현수가 이용할 수 있는 체험 프로그램을 모두 찾아 써 보세요.

체험 프로그램 이용 안내

체험 프로그램	이용 기준
마술 체험	12세 이하 이용 가능
도자기 체험	12세 이상 이용 가능
환경 체험	12세 미만 이용 가능
직업 체험	12세 초과 이용 가능

( )

중요

04 수의 범위를 수직선에 나타내어 보세요.

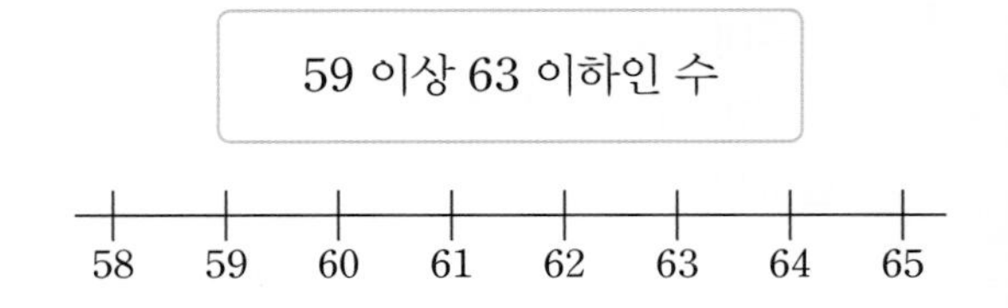

[05~06] 무게별 택배 요금을 나타낸 표입니다. 표를 보고 물음에 답하세요.

무게별 택배 요금

무게(kg)	요금(원)
3 이하	4000
3 초과 5 이하	4500
5 초과 7 이하	5000
7 초과 10 이하	6000

05 연주는 무게가 7 kg인 택배를 보내려고 합니다. 연주가 내야 할 택배 요금은 얼마인가요?

( )

06 주환이가 내야 할 택배 요금은 4500원입니다. 주환이의 택배 무게의 범위를 수직선에 나타내어 보세요.

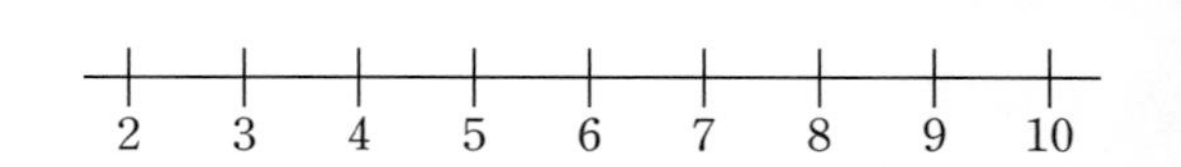

[07~08] 어느 북카페의 이용 요금을 나타낸 표입니다. 물음에 답하세요.

북카페 이용 요금

시간(시간)	요금(원)
1 미만	3000
1 이상 2 미만	3500
2 이상 3 미만	4000
3 이상	4500

07 주희는 2시간 10분 동안 북카페를 이용하였습니다. 주희가 내야 할 이용 요금은 얼마인가요?

( )

08 진성이는 북카페 이용 요금으로 3500원을 냈습니다. 진성이의 북카페 이용 시간이 속하는 범위를 써 보세요.

( )

09 주어진 수는 수의 범위에 포함된 자연수를 모두 쓴 것입니다. □ 안에 이상, 이하, 초과, 미만 중에서 알맞은 말을 써넣으세요.

12 13 14 15 16 17

➡ 12 □ 17 □ 인 자연수

10 ⊂어려운 문제⊃

35 초과 99 미만인 자연수 중 가장 큰 수와 가장 작은 수의 합은 얼마인가요?

( )

도움말 ■가 자연수일 때 ■ 초과인 수 중 가장 작은 수는 ■+1이고, ■ 미만인 수 중 가장 큰 수는 ■−1입니다.

문제해결 접근하기

11 초등학교 고학년부 태권도 체급(여자)과 여학생들의 몸무게를 나타낸 표입니다. 지우와 체급이 같은 학생의 이름을 모두 써 보세요.

초등학교 고학년부 태권도 체급(여자)

체급	몸무게(kg)
핀급	30 이하
플라이급	30 초과 32 이하
밴텀급	32 초과 34 이하
페더급	34 초과 37 이하

(2020년 대한태권도협회 태권도 겨루기 경기규칙 체급표)

지우네 반 여학생들의 몸무게

이름	몸무게(kg)	이름	몸무게(kg)
지우	30.5	유나	32.8
서영	30	하령	32
아윤	33.7	혜린	31.9

이해하기

구하려는 것은 무엇인가요?

답 ____________________

계획 세우기

어떤 방법으로 문제를 해결하면 좋을까요?

답 ____________________

해결하기

(1) 지우의 몸무게는 □ kg으로 □ 급입니다.

(2) 지우가 속한 체급은 □ kg 초과 □ kg 이하이므로 이 범위에 속하는 학생은 □, □ 입니다.

되돌아보기

밴텀급에 속하는 학생의 이름을 모두 써 보세요.

답 ____________________

개념 4 올림을 알아볼까요

- 구하려는 자리의 아래 수가 0인 수를 올림하여 나타내기
  - 520을 올림하여 십의 자리까지 나타내기: 520 ➡ 520
  - 500을 올림하여 백의 자리까지 나타내기: 500 ➡ 500
- 올림이 사용되는 경우
  - 10개씩 묶음이나 100개씩 묶음으로 물건을 사야 하는 경우
  - 농장에서 수확한 농작물을 상자에 모두 담을 때 필요한 상자의 수를 구하는 경우

올림 알아보기

- 구하려는 자리의 아래 수를 올려서 나타내는 방법을 올림이라고 합니다.
- 132를 올림하여 주어진 자리까지 나타내기
  ① 올림하여 십의 자리까지 나타내기: 132 ➡ 140
  └ 십의 자리 아래 수를 10으로 봅니다.
  ② 올림하여 백의 자리까지 나타내기: 132 ➡ 200
  └ 백의 자리 아래 수를 100으로 봅니다.
- 2.314를 올림하여 주어진 자리까지 나타내기
  ① 올림하여 소수 첫째 자리까지 나타내기: 2.314 ➡ 2.4
  └ 소수 첫째 자리 아래 수를 0.1로 봅니다.
  ② 올림하여 소수 둘째 자리까지 나타내기: 2.314 ➡ 2.32
  └ 소수 둘째 자리 아래 수를 0.01로 봅니다.

개념 5 버림을 알아볼까요

- 구하려는 자리의 아래 수가 0인 수를 버림하여 나타내기
  - 440을 버림하여 십의 자리까지 나타내기: 440 ➡ 440
  - 400을 버림하여 백의 자리까지 나타내기: 400 ➡ 400
- 버림이 사용되는 경우
  - 10개씩 묶음이나 100개씩 묶음으로 물건을 팔 때, 팔 수 있는 물건의 수를 구하는 경우
  - 동전을 지폐로 바꾸는 경우

버림 알아보기

- 구하려는 자리의 아래 수를 버려서 나타내는 방법을 버림이라고 합니다.
- 256을 버림하여 주어진 자리까지 나타내기
  ① 버림하여 십의 자리까지 나타내기: 256 ➡ 250
  └ 십의 자리 아래 수를 0으로 봅니다.
  ② 버림하여 백의 자리까지 나타내기: 256 ➡ 200
  └ 백의 자리 아래 수를 0으로 봅니다.
- 2.397을 버림하여 주어진 자리까지 나타내기
  ① 버림하여 소수 첫째 자리까지 나타내기: 2.397 ➡ 2.3
  └ 소수 첫째 자리 아래 수를 0으로 봅니다.
  ② 버림하여 소수 둘째 자리까지 나타내기: 2.397 ➡ 2.39
  └ 소수 둘째 자리 아래 수를 0으로 봅니다.

문제를 풀며 이해해요

정답과 해설 4쪽

1 **2184를 올림하여 주어진 자리까지 나타내려고 합니다. □ 안에 알맞은 수를 써넣으세요.**

(1) 올림하여 십의 자리까지 나타낸 수 ➡ 2□□□

(2) 올림하여 백의 자리까지 나타낸 수 ➡ 2□□□

올림을 이해하고 있는지 묻는 문제예요.

2 **올림하여 주어진 자리까지 나타내어 보세요.**

수	십의 자리	백의 자리
325		
582		

올림은 구하려는 자리 아래 수를 올려서 나타내는 방법이에요.

3 **7463을 버림하여 주어진 자리까지 나타내려고 합니다. □ 안에 알맞은 수를 써넣으세요.**

(1) 버림하여 백의 자리까지 나타낸 수 ➡ 7□□□

(2) 버림하여 천의 자리까지 나타낸 수 ➡ □□□□

버림을 이해하고 있는지 묻는 문제예요.

4 **버림하여 주어진 자리까지 나타내어 보세요.**

수	십의 자리	백의 자리
773		
1894		

버림은 구하려는 자리 아래 수를 버려서 나타내는 방법이에요.

교과서 내용 학습

01 올림하여 주어진 자리까지 나타내어 보세요.

수	십의 자리	백의 자리	천의 자리
54089			

02 소수를 올림하여 주어진 자리까지 나타내어 보세요.

(1) 3.68(소수 첫째 자리)

( )

(2) 7.253(소수 둘째 자리)

( )

03 ⊂중요⊃ 올림하여 백의 자리까지 나타낸 수가 다른 것은 어느 것인가요? ( )

① 3245 ② 3241 ③ 3239
④ 3210 ⑤ 3145

04 버림하여 주어진 자리까지 나타내어 보세요.

수	십의 자리	백의 자리	천의 자리
37125			

05 소수를 버림하여 주어진 자리까지 나타내어 보세요.

(1) 5.99(소수 첫째 자리)

( )

(2) 4.139(소수 둘째 자리)

( )

06 ⊂중요⊃ 버림하여 천의 자리까지 나타내었을 때 5000이 되는 수는 어느 것인가요? ( )

① 4512 ② 4989 ③ 5900
④ 6000 ⑤ 6130

07 어림하여 □ 안에 알맞은 수를 구하고, 어림한 수의 크기를 비교하여 ○ 안에 >, =, <를 알맞게 써넣으세요.

1592를 올림하여 십의 자리까지 나타낸 수 □

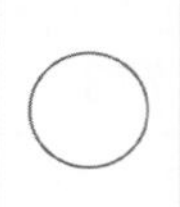

1691을 버림하여 백의 자리까지 나타낸 수 □

08 정우의 사물함 자물쇠 비밀번호를 올림하여 백의 자리까지 나타내면 3700입니다. 정우의 사물함 자물쇠의 비밀번호를 구해 보세요.

내 사물함 자물쇠의 비밀번호는 □□27이야.
정우

( )

09 선희네 밭에서 캔 고구마가 모두 4560개입니다. 한 상자에 고구마를 100개씩 담아서 팔려고 한다면 상자에 담아서 팔 수 있는 고구마는 최대 몇 개인가요?

( )

⊂어려운 문제⊃

10 버림하여 천의 자리까지 나타내면 5000이 되는 자연수 중에서 가장 큰 수를 써 보세요.

( )

도움말 천의 자리 아래 수를 버려서 나타내면 5000이 되는 수의 범위를 알아봅니다.

문제해결 접근하기

11 소연이는 서점에서 8800원짜리 동화책 한 권과 15600원짜리 문제집 한 권을 사려고 합니다. 소연이가 책값을 1000원짜리 지폐로만 낸다면 적어도 얼마를 내야 하는지 구해 보세요.

이해하기

구하려는 것은 무엇인가요?

답 ______________________

계획 세우기

어떤 방법으로 문제를 해결하면 좋을까요?

답 ______________________

해결하기

(1) 소연이가 서점에서 사려는 책값은

8800＋15600＝□(원)입니다.

(2) 1000원짜리 지폐로만 내야 하므로 책값을 올림하여 천의 자리까지 나타내면 □원입니다.

(3) 소연이가 서점에 내야 하는 돈은 적어도 □원입니다.

되돌아보기

희원이는 제과점에서 27500원짜리 케이크와 7800원짜리 샌드위치 2개를 사려고 합니다. 빵값을 희원이가 10000원짜리 지폐로만 낸다면 적어도 얼마를 내야 하는지 구해 보세요.

답 ______________________

개념 확인 학습

개념 6 반올림을 알아볼까요

• **반올림**
올림과 버림은 구하려는 자리 아래 수를 모두 확인해야 하지만 반올림은 구하려는 자리 바로 아래 자리의 숫자만 확인하면 됩니다.

반올림 알아보기

• 구하려는 자리 바로 아래 자리 숫자가 0, 1, 2, 3, 4이면 버리고, 5, 6, 7, 8, 9이면 올려서 나타내는 방법을 반올림이라고 합니다.

• 3274를 반올림하여 나타내기

① 반올림하여 십의 자리까지 나타내기: 3274 ➡ 3270
└ 일의 자리 숫자가 4이므로 버림합니다.

② 반올림하여 백의 자리까지 나타내기: 3274 ➡ 3300
└ 십의 자리 숫자가 7이므로 올림합니다.

• 2.591을 반올림하여 나타내기

① 반올림하여 소수 첫째 자리까지 나타내기: 2.591 ➡ 2.6
└ 소수 둘째 자리 숫자가 9이므로 올림합니다.

② 반올림하여 소수 둘째 자리까지 나타내기: 2.591 ➡ 2.59
└ 소수 셋째 자리 숫자가 1이므로 버림합니다.

개념 7 올림, 버림, 반올림을 활용하여 문제를 해결해 볼까요

• **올림, 버림, 반올림을 활용하여 문제 해결하기**
① 올림, 버림, 반올림 중에서 어느 방법을 이용해야 하는지 알아봅니다.
② 어느 자리까지 나타내야 하는지 알아봅니다.
③ 문제에 알맞은 답을 바르게 씁니다.

• 올림을 이용하는 경우

➡ 일정한 묶음으로 파는 물건을 부족하지 않게 사야 하는 경우, 물건을 상자에 모두 담는 데 필요한 상자 수를 구하는 경우

㉮ 빵을 만드는 데 설탕이 530 g 필요합니다. 마트에서 설탕을 한 봉지에 100 g씩 판다면 설탕을 600 g 사면 됩니다.

• 버림을 이용하는 경우

➡ 일정한 묶음으로 물건을 포장할 때 포장할 수 있는 물건의 수를 구하는 경우, 동전을 지폐로 바꿀 때 바꿀 수 있는 지폐의 금액을 구하는 경우

㉮ 은행에서 10원짜리 동전 746개를 1000원짜리 지폐로 바꿀 때 최대 7000원까지 바꿀 수 있습니다.

• 반올림을 이용하는 경우

➡ 길이, 거리, 무게 등을 단위에 따라 나타내는 경우

㉮ 한 달 동안 미술관에 입장한 관람객의 수가 3826명일 때 반올림하여 약 4000명이라고 말하기도 합니다.

문제를 풀여 이해해요

정답과 해설 5쪽

1 **7629를 반올림하여 주어진 자리까지 나타내려고 합니다. □ 안에 알맞은 수를 써넣으세요.**

(1) 반올림하여 백의 자리까지 나타내기 ➡ □□□□

(2) 반올림하여 천의 자리까지 나타내기 ➡ □□□□

수를 반올림하여 나타낼 수 있는지 묻는 문제예요.

2 **반올림하여 주어진 자리까지 나타내어 보세요.**

수	십의 자리	백의 자리
2705		
50862		

반올림은 구하려는 자리 바로 아래 자리 숫자가 0, 1, 2, 3, 4이면 버리고, 5, 6, 7, 8, 9이면 올려서 나타내는 방법이에요.

3 **5950원짜리 물건을 사려는데 1000원짜리 지폐만 가지고 있습니다. 물음에 답하세요.**

(1) 올림, 버림, 반올림 중에서 어떤 방법으로 어림해야 하나요?

( )

(2) 물건을 사기 위해서는 적어도 얼마를 내야 할까요?

( )

우리 주변에서 올림, 버림, 반올림이 필요한 경우를 알아보는 문제예요.

물건을 사기 위해서는 지불하는 금액이 부족하면 안돼요.

4 **공장에서 초콜릿 659개를 생산하여 한 상자에 100개씩 담아서 포장하려고 합니다. 물음에 답하세요.**

(1) 올림, 버림, 반올림 중에서 어떤 방법으로 어림해야 하나요?

( )

(2) 포장할 수 있는 초콜릿은 최대 몇 개인가요?

( )

초콜릿을 포장할 때에는 한 상자에 담는 초콜릿의 개수가 부족하면 안돼요.

교과서 내용 학습

01 반올림하여 주어진 자리까지 나타내어 보세요.

수	십의 자리	백의 자리	천의 자리
38629			

02 소수를 반올림하여 소수 첫째 자리까지 나타내어 보세요.

(1) 3.25 ➡ (　　　　　　　)

(2) 2.645 ➡ (　　　　　　　)

03 중요

반올림하여 백의 자리까지 나타내면 9300이 되는 수는 어느 것인가요? (　　　)

① 9251　② 9360　③ 9219
④ 9182　⑤ 9238

04 주어진 수를 반올림하여 십의 자리까지 나타내면 2950입니다. □ 안에 들어갈 수 있는 수를 모두 구해 보세요.

294□

(　　　　　　　)

05 반올림하여 백의 자리까지 나타낸 수와 버림하여 백의 자리까지 나타낸 수가 같은 수를 모두 찾아 써 보세요.

5590　5747　5642　5484

(　　　　　　　)

06 은지는 52500원짜리 모자를 한 개 사려고 합니다. 1000원짜리 지폐로만 모자값을 내려면 적어도 얼마를 내야 하나요?

(　　　　　　　)

07 현우의 저금통에서 꺼낸 동전의 수를 나타낸 표입니다. 이 돈을 1000원짜리 지폐로 바꿀 수 있는 금액은 최대 얼마인가요?

동전	100원짜리	50원짜리	10원짜리
동전 수(개)	125	21	35

(　　　　　　　)

08 영화를 보러온 관람객 수를 조사하여 나타낸 표입니다. 관람객 수를 반올림하여 천의 자리까지 나타내어 보세요.

날짜	1일	2일	3일
관람객 수(명)	13251	22698	15356
반올림한 관람객 수(명)			

⊂중요⊃

09 등산객 283명이 케이블카를 타고 전망대에 오르려고 서 있습니다. 케이블카 한 대에 탈 수 있는 정원이 20명일 때 케이블카는 적어도 몇 번 운행해야 모든 등산객이 전망대에 오를 수 있나요?

( )

⊂어려운 문제⊃

10 어떤 수를 반올림하여 십의 자리까지 나타내었더니 320이 되었습니다. 어떤 수가 될 수 있는 수의 범위를 수직선에 나타내어 보세요.

310 320 330

도움말 반올림하여 십의 자리까지 나타낸 수 320은 일의 자리에서 올림하거나 버림합니다.

문제해결 접근하기

11 어느 과수원에서 사과를 1026개 따서 한 상자에 50개씩 담으려고 합니다. 사과 한 상자의 가격이 10000원일 때 상자에 담아 판매할 수 있는 사과의 가격은 최대 얼마인지 구해 보세요.

이해하기

구하려는 것은 무엇인가요?

답

계획 세우기

어떤 방법으로 문제를 해결하면 좋을까요?

답

해결하기

(1) $1026 \div 50 =$ □ … □

(2) 사과를 한 상자에 50개씩 담으면 □상자이고 사과 □개가 남습니다.

(3) 한 상자의 가격이 10000원이므로 상자에 담아 판매할 수 있는 사과의 가격은

□ $\times 10000 =$ □(원)입니다.

되돌아보기

어느 과수원에서 배를 531개 따서 한 상자에 12개씩 담으려고 합니다. 배 한 상자의 가격이 8000원일 때 상자에 담아 판매할 수 있는 배의 가격은 최대 얼마인지 구해 보세요.

답

단원 확인 평가

[01~02] 수를 보고 물음에 답하세요.

18	19	20	21	22
23	24	25	26	27

01 24 이상인 수를 모두 찾아 써 보세요.

( )

02 22 미만인 수는 모두 몇 개인가요?

( )

03 어느 항공사에서는 무게가 8 kg 이하인 가방만 비행기 안에 가지고 탈 수 있습니다. 다음 중 비행기 안에 가지고 탈 수 있는 가방의 기호를 모두 찾아 써 보세요.

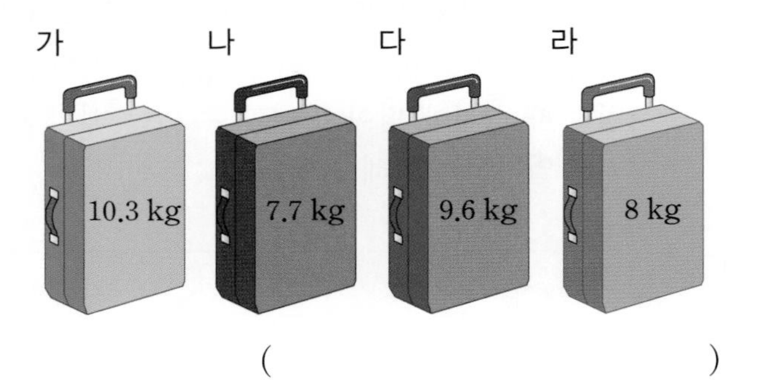

( )

04 학생들이 놀이 기구를 타려고 합니다. 이 놀이 기구를 탈 수 있는 학생의 이름을 모두 찾아 써 보세요.

키 120 cm 초과 탑승 가능

학생들의 키

이름	키(cm)	이름	키(cm)
호진	125.3	서율	128.5
시원	116.9	종윤	135.1
연우	109.8	하민	120

( )

05 수의 범위를 수직선에 나타내어 보세요.

83 이상 88 미만인 수

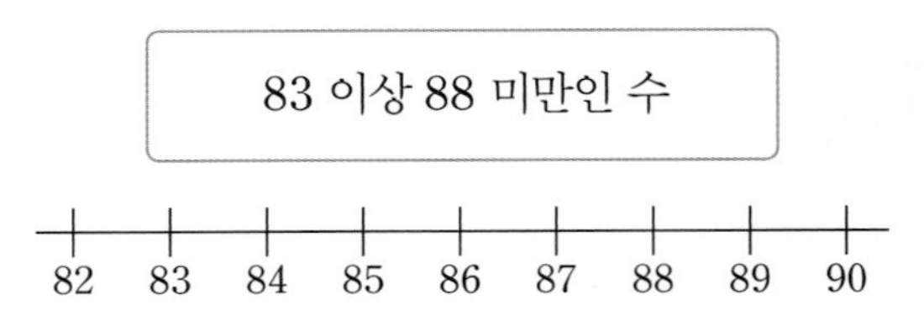

⊂중요⊃

06 수의 범위에 포함되는 자연수의 개수가 가장 많은 것을 찾아 기호를 써 보세요.

㉠ 35 초과 39 이하인 수
㉡ 35 이상 39 미만인 수
㉢ 35 이상 40 이하인 수
㉣ 35 초과 39 미만인 수

( )

07 키즈 카페의 이용 요금을 조사하여 나타낸 표입니다. 지용이는 키즈 카페에서 1시간 50분 동안 놀았습니다. 지용이가 내야 할 이용 요금은 얼마인가요?

키즈 카페 이용 요금

시간(시간)	요금(원)
1 미만	10000
1 이상 2 미만	18000
2 이상 3 미만	24000
3 이상	28000

( )

08 어떤 범위에 속하는 자연수를 모두 나타낸 것입니다. □ 안에 알맞은 자연수를 써넣으세요.

42 43 44 45 46 47

□ 이상 □ 미만인 자연수
□ 초과 □ 이하인 자연수

⊂서술형⊃

09 두 수직선에 나타낸 수의 범위에 공통으로 속하는 자연수를 모두 구하는 풀이 과정을 쓰고 답을 구해 보세요.

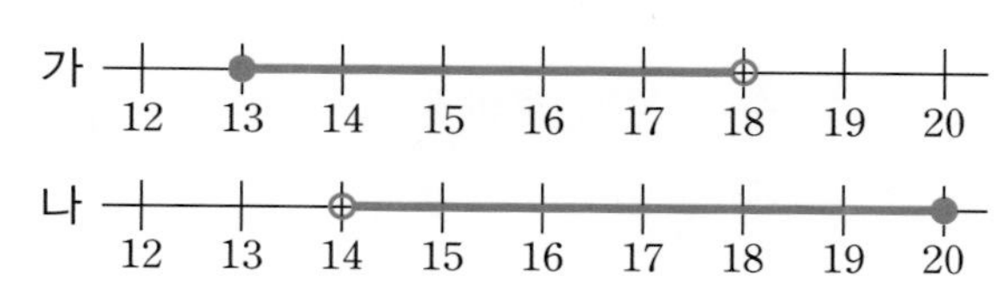

풀이

(1) 가 수직선에 나타낸 수의 범위는 ( )인 수입니다.

(2) 나 수직선에 나타낸 수의 범위는 ( )인 수입니다.

(3) 두 수의 범위에 공통으로 속하는 자연수의 범위는 ( )인 수이므로 이 범위에 포함되는 자연수는 ( ), ( ), ( )입니다.

답 ____________

⊂어려운 문제⊃

10 수직선에 나타낸 수의 범위에 있는 자연수는 모두 5개입니다. ㉠에 알맞은 자연수를 구해 보세요.

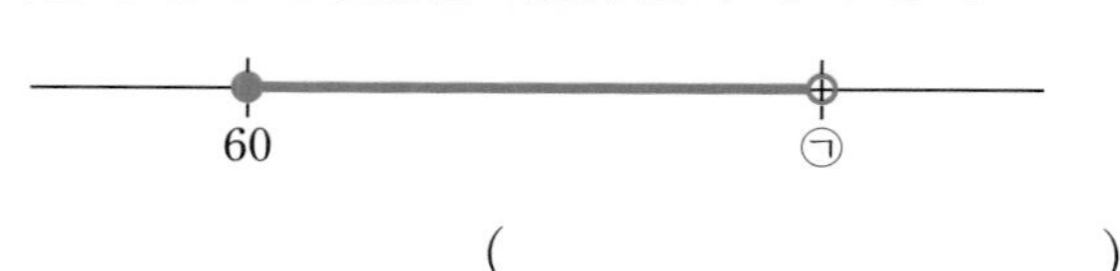

( )

11 ⊂중요⊃

주어진 수를 올림, 버림, 반올림하여 소수 첫째 자리까지 나타내어 보세요.

수	올림	버림	반올림
2.357			

12 어림하여 □ 안에 알맞은 수를 구하고, 어림한 수의 크기를 비교하여 ○ 안에 >, =, <를 알맞게 써넣으세요.

842를 올림하여 십의 자리까지 나타낸 수 □	○	842를 버림하여 백의 자리까지 나타낸 수 □

13 올림하여 천의 자리까지 나타낸 수와 반올림하여 천의 자리까지 나타낸 수가 같은 수를 모두 찾아 써 보세요.

6580 5219 7891 2413

( )

14 주어진 수를 반올림하여 백의 자리까지 나타내면 4500입니다. □ 안에 들어갈 수 있는 수의 합을 구해 보세요.

45□9

( )

15 어림하는 방법이 다른 친구는 누구인가요?

[지호] 우리 학교 학생은 모두 623명이야. 학생들에게 공책을 모두 한 권씩 주려면 100권씩 묶음으로 파는 문구점에서 공책을 적어도 몇 권을 사야 할까?

[수연] 공장에서 만든 장난감 462개를 한 상자에 20개씩 담으려고 해. 상자에 담아서 팔 수 있는 장난감은 최대 몇 개일까?

[선우] 선물 한 개를 포장하는 데 30 cm의 색 테이프가 필요해. 색 테이프 461 cm로는 선물을 최대 몇 개까지 포장할 수 있을까?

( )

16 어느 공장에서 야구공 8712개를 만들었습니다. 한 상자에 100개씩 포장하여 판매하려고 합니다. 판매할 수 있는 야구공은 최대 몇 개인가요?

( )

17 효빈이네 학교의 5학년 학생은 517명입니다. 5학년 학생들이 긴 의자 1개에 20명씩 모두 앉으려고 할 때 긴 의자는 적어도 몇 개 필요한가요?

( )

18 수 카드 4장을 한 번씩만 사용하여 네 자리 수를 만들려고 합니다. 만들 수 있는 네 자리 수 중 가장 큰 수를 반올림하여 십의 자리까지 나타내어 보세요.

7 3 6 9

( )

⊂서술형⊃

19 반올림하여 백의 자리까지 나타내면 7400이 되는 자연수 중에서 가장 큰 수와 가장 작은 수의 합을 구하는 풀이 과정을 쓰고 답을 구해 보세요.

풀이

(1) 반올림하여 백의 자리까지 나타내면 7400이 되는 자연수 중 가장 큰 수는 ( )입니다.

(2) 반올림하여 백의 자리까지 나타내면 7400이 되는 자연수 중 가장 작은 수는 ( )입니다.

(3) 가장 큰 수와 가장 작은 수의 합은 ( ) 입니다.

답 ____________________

⊂어려운 문제⊃

20 예린이는 공책을 365권 사려고 합니다. 공책을 문구점에서는 10권씩 묶음으로만 판매하며 한 묶음에 4000원이고, 마트에서는 100권씩 상자로만 판매하며 한 상자에 32000원입니다. 어디에서 사는 것이 얼마나 더 저렴한가요?

(,)

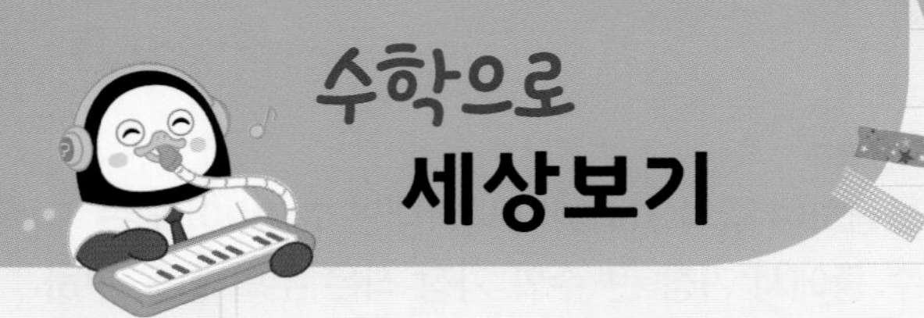

1 생활 속의 다양한 지수

생활 속에서는 다양한 지수를 이상, 이하, 초과, 미만 등을 사용해 나타내는 경우가 많이 있습니다. 특히 우리가 마시는 공기에 어떤 물질들이 얼마나 포함되어 있는지를 나타냄으로써 사람들이 건강을 지키는 데에 도움을 주기도 합니다.

• 오존

좋음	보통	나쁨	매우 나쁨
0.03 이하	0.03 초과 0.09 이하	0.09 초과 0.15 이하	0.15 초과

• 일산화탄소

좋음	보통	나쁨	매우 나쁨
2.00 이하	2.00 초과 9.00 이하	9.00 초과 15.00 이하	15.00 초과

• 아황산가스

좋음	보통	나쁨	매우 나쁨
0.02 이하	0.02 초과 0.05 이하	0.05 초과 0.15 이하	0.15 초과

• 이산화질소

좋음	보통	나쁨	매우 나쁨
0.03 이하	0.03 초과 0.06 이하	0.06 초과 0.20 이하	0.20 초과

(출처: 네이버 날씨 – 미세먼지 – 오염물질)

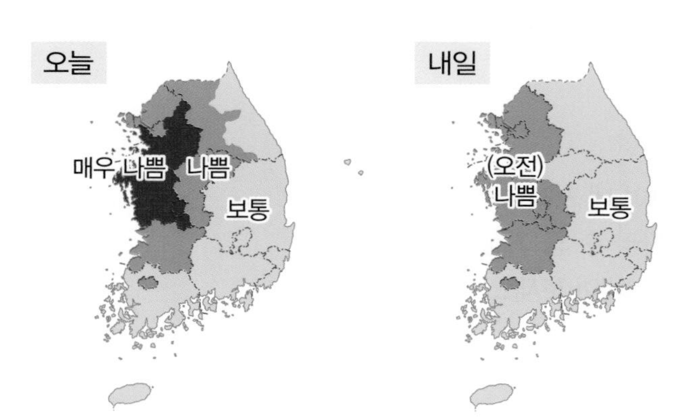

2 우리나라 도시의 인구수

우리나라에서는 대한민국 영토 내의 모든 인구 주택에 대해 조사하여 주요 정책을 수립하거나 개발하는 데에 반영하고 있습니다. 조사된 수가 너무 크거나 복잡한 경우에는 수를 어림하여 나타내면 어느 정도인지 파악하기 쉬울 때가 있습니다. 인구수의 경우에도 어림하여 표현함으로써 대략 몇 명 정도의 사람이 어느 지역에 사는지를 보기 쉽게 표현할 수 있습니다.

아래 표는 2022년 12월 기준 행정구역별 우리나라 도시의 인구수를 나타낸 것입니다. 각 도시의 인구수를 반올림하여 십만의 자리까지 나타내어 보세요.

도시	인구수(명)	어림한 인구수(명)
서울특별시	9428372	
부산광역시	3317812	
대구광역시	2363691	
인천광역시	2967314	
대전광역시	1446072	
광주광역시	1431050	
울산광역시	1110663	

(출처: 통계청, 행정구역별 2022년 12월 인구 현황)

어림한 수로 다음과 같이 그림그래프로 나타낼수도 있습니다.

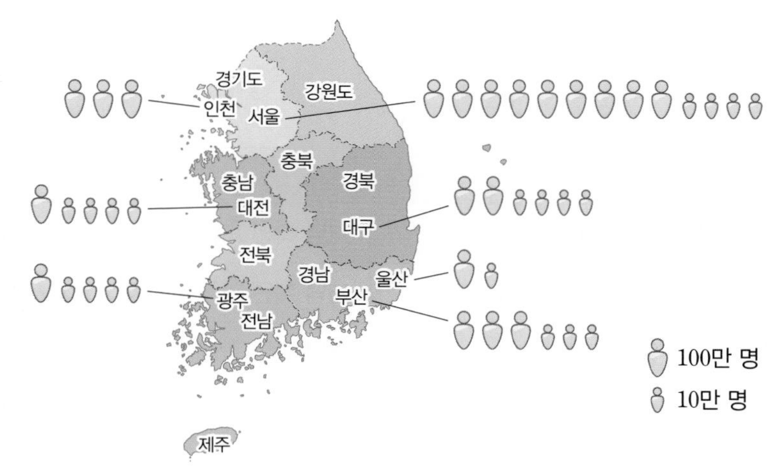

2 단원

분수의 곱셈

혜윤이네 반 친구들은 학교 축제 준비를 하고 있어요. 혜윤이와 몇몇 친구들은 축제 현수막을 보며 어디에 걸면 좋을지 생각해 보고 있어요. 그리고 축제에 사용할 물건과 음식을 어떻게 준비할지도 의논하며 친구들과 함께 멋진 학교 축제를 위해 노력하고 있답니다.

이번 2단원에서는 제시된 상황이 분수의 곱셈 상황이라는 것을 알고, (분수)×(자연수), (자연수)×(분수), (분수)×(분수)를 계산하는 방법을 배울 거예요.

단원 학습 목표

1. (분수)×(자연수)의 계산 원리를 이해하고 이를 계산할 수 있습니다.
2. (자연수)×(분수)의 계산 원리를 이해하고 이를 계산할 수 있습니다.
3. 진분수 곱셈의 계산 원리를 이해하고 이를 계산할 수 있습니다.
4. 여러 가지 분수의 곱셈의 계산 원리를 이해하고 이를 계산할 수 있습니다.

단원 진도 체크

회차	구성		진도 체크
1차	개념 1 (분수)×(자연수)를 알아볼까요	개념 확인 학습 + 문제 / 교과서 내용 학습	✓
2차	개념 2 (자연수)×(분수)를 알아볼까요	개념 확인 학습 + 문제 / 교과서 내용 학습	✓
3차	개념 3 진분수 곱셈을 알아볼까요	개념 확인 학습 + 문제 / 교과서 내용 학습	✓
4차	개념 4 여러 가지 분수의 곱셈을 알아볼까요	개념 확인 학습 + 문제 / 교과서 내용 학습	✓
5차	단원 확인 평가		✓
6차	수학으로 세상 보기		✓

해당 부분을 공부한 후 ✓표를 하세요.

세상의 모든 소리
축제 준비하기
5 m
OO초등학교 OO축제
$\frac{9}{10}$ m
현수막 크기가 어느 정도 될까?
현수막을 어디에 걸지?

오렌지 주스
우리 반 30명 중 $\frac{3}{5}$이 오렌지 주스를 좋아한다고 했는데, 몇 명이 오렌지 주스를 좋아하는 거지?

개념 1 (분수)×(자연수)를 알아볼까요

(단위분수)×(자연수) 계산하기

• 분모는 그대로 두고 단위분수의 분자 1과 자연수를 곱하여 계산합니다.

예 $\frac{1}{5}\times 4$의 계산

$$\frac{1}{5}\times 4=\frac{1}{5}+\frac{1}{5}+\frac{1}{5}+\frac{1}{5}=\frac{1\times 4}{5}=\frac{4}{5}$$

• (진분수)×(자연수)
- 분수의 분자와 자연수를 곱하여 계산합니다.
- 약분하는 순서에 따라 3가지 방법으로 계산합니다.

(진분수)×(자연수) 계산하기

• 분모는 그대로 두고 진분수의 분자와 자연수를 곱하여 계산합니다.

예 $\frac{5}{6}\times 4$의 계산

방법 1 곱셈을 한 후 약분하기

$$\frac{5}{6}\times 4=\frac{5\times 4}{6}=\frac{\overset{10}{\cancel{20}}}{\underset{3}{\cancel{6}}}=\frac{10}{3}=3\frac{1}{3}$$

방법 2 곱하는 과정에서 약분하기

$$\frac{5}{6}\times 4=\frac{5\times \overset{2}{\cancel{4}}}{\underset{3}{\cancel{6}}}=\frac{10}{3}=3\frac{1}{3}$$

방법 3 주어진 식에서 바로 약분하기

$$\frac{5}{\underset{3}{\cancel{6}}}\times \overset{2}{\cancel{4}}=\frac{5\times 2}{3}=\frac{10}{3}=3\frac{1}{3}$$

• (대분수)×(자연수)
대분수를 가분수로 고치지 않고 분모와 자연수를 약분하면 안됩니다.

예 $3\frac{1}{\underset{2}{\cancel{4}}}\times \overset{1}{\cancel{2}}=3\frac{1}{2}$ (×)

$3\frac{1}{4}\times 2=\frac{13}{\underset{2}{\cancel{4}}}\times \overset{1}{\cancel{2}}=\frac{13}{2}$
$=6\frac{1}{2}$ (○)

(대분수)×(자연수) 계산하기

예 $1\frac{1}{3}\times 4$의 계산

방법 1 대분수를 가분수로 바꾸어 계산하기

$$1\frac{1}{3}\times 4=\frac{4}{3}\times 4=\frac{4\times 4}{3}=\frac{16}{3}=5\frac{1}{3}$$

방법 2 대분수를 자연수와 진분수의 합으로 보고 계산하기

$$1\frac{1}{3}\times 4=(1\times 4)+\left(\frac{1}{3}\times 4\right)=4+\frac{4}{3}=4+1\frac{1}{3}=5\frac{1}{3}$$

문제를 풀어 이해해요

정답과 해설 8쪽

1 그림을 보고 □ 안에 알맞은 수를 써넣으세요.

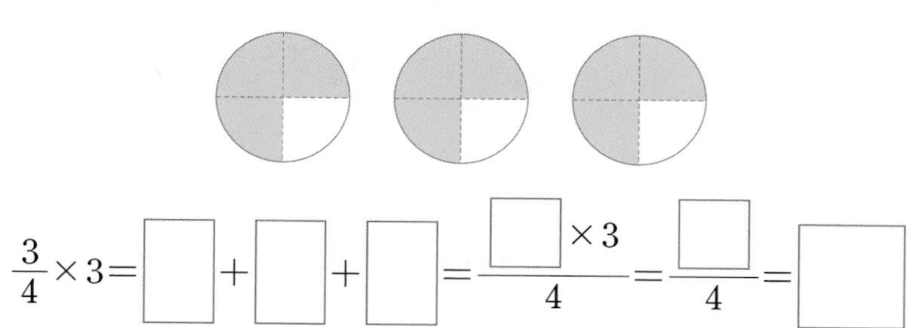

$\frac{3}{4}\times 3=\square+\square+\square=\frac{\square\times 3}{4}=\frac{\square}{4}=\square$

(분수)×(자연수)의 계산을 할 수 있는지 묻는 문제예요.

2 $\frac{7}{10}\times 6$을 여러 가지 방법으로 계산하려고 합니다. □ 안에 알맞은 수를 써넣으세요.

분수의 분모는 그대로 두고 분자와 자연수를 곱해요.

(1) $\frac{7}{10}\times 6=\frac{7\times 6}{10}=\frac{\overset{\square}{\cancel{42}}}{\underset{\square}{\cancel{10}}}=\frac{\square}{\square}=\square$

(2) $\frac{7}{10}\times 6=\frac{7\times \overset{\square}{\cancel{6}}}{\underset{\square}{\cancel{10}}}=\frac{\square}{\square}=\square$

(3) $\frac{7}{\underset{\square}{\cancel{10}}}\times \overset{\square}{\cancel{6}}=\frac{\square}{\square}=\square$

3 $1\frac{5}{7}\times 2$를 두 가지 방법으로 계산하려고 합니다. □ 안에 알맞은 수를 써넣으세요.

대분수를 가분수로 바꾼 후 계산하거나 대분수를 자연수와 진분수의 합으로 보고 계산해요.

(1) $1\frac{5}{7}\times 2=\frac{\square}{7}\times 2=\frac{\square}{7}=\square$

(2) $1\frac{5}{7}\times 2=(1\times 2)+\left(\frac{\square}{7}\times 2\right)=\square+1\frac{\square}{7}=\square$

교과서 내용 학습

01 빈칸에 알맞은 수를 써넣으세요.

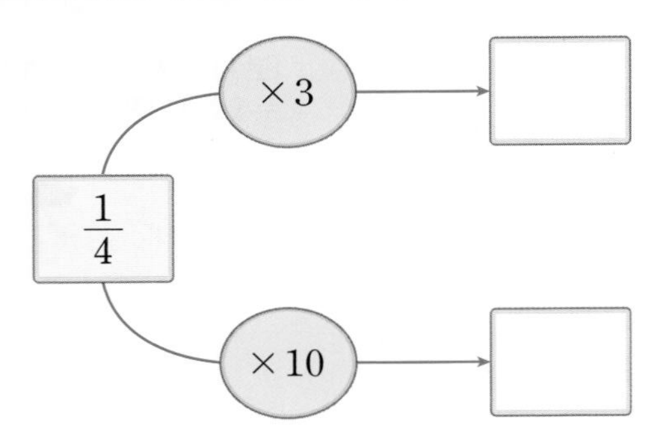

02 $2\frac{3}{4} \times 5$와 계산 결과가 같은 것을 모두 고르세요.

(　　　　　　)

① $\frac{11}{4} \times 5$　② $2+\frac{3}{4} \times 5$

③ $(2 \times 5)+\left(\frac{3}{4} \times 5\right)$　④ $\frac{3}{4} \times 5$

⑤ $2\frac{3 \times 5}{4}$

중요

03 계산해 보세요.

(1) $\frac{2}{3} \times 7$

(2) $\frac{9}{10} \times 2$

04 보기 와 같은 방법으로 계산해 보세요.

보기

$$1\frac{1}{4} \times 3=(1 \times 3)+\left(\frac{1}{4} \times 3\right)$$
$$=3+\frac{3}{4}=3\frac{3}{4}$$

$4\frac{1}{2} \times 9=$ ______________________

____

중요

05 □ 안에 알맞은 수를 써넣으세요.

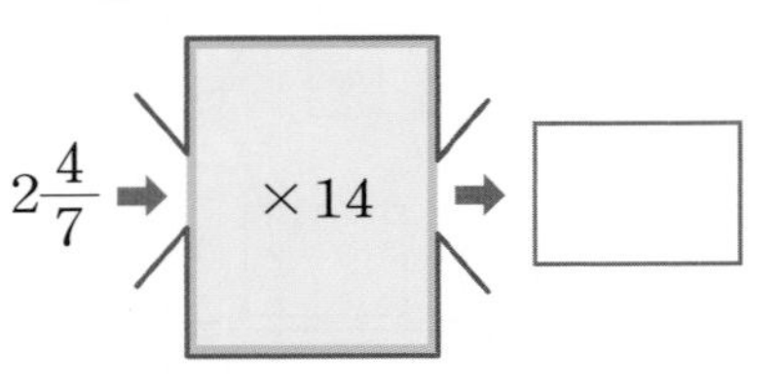

06 크기를 비교하여 ○ 안에 >, =, <를 알맞게 써넣으세요.

$4\frac{2}{3}$ ○ $2\frac{7}{8} \times 2$

07 계산 결과가 자연수인 것을 찾아 기호를 써 보세요.

㉠ $\frac{5}{8}\times 10$ ㉡ $\frac{7}{9}\times 18$ ㉢ $\frac{5}{12}\times 16$

( )

08 사과 주스가 $1\frac{2}{5}$ L씩 들어 있는 병이 10개 있습니다. 사과 주스는 모두 몇 L인가요?

( )

09 직사각형의 넓이는 몇 cm^2인지 구해 보세요.

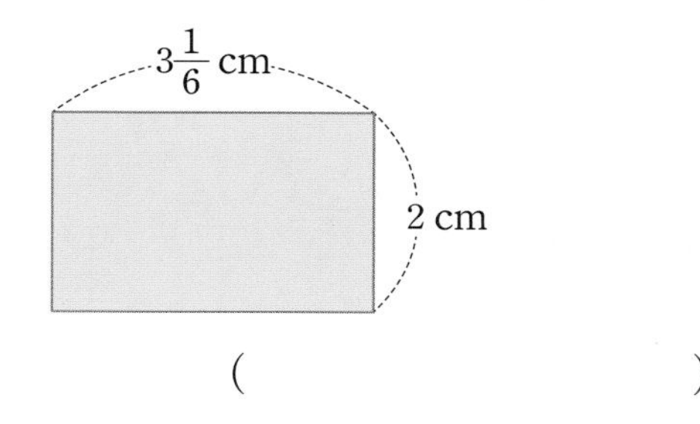

( )

10 ⊂어려운 문제⊃

영주는 매일 $\frac{5}{6}$시간씩 8일 동안 독서를 하였고, 운규는 매일 $\frac{3}{4}$시간씩 10일 동안 독서를 하였습니다. 독서를 누가 몇 시간 더 많이 했는지 구해 보세요.

(,)

도움말 매일 독서를 한 시간과 독서한 날의 수를 곱하면 전체 독서한 시간이 나옵니다.

문제해결 접근하기

11 두 정다각형의 둘레의 차는 몇 cm인지 구해 보세요.

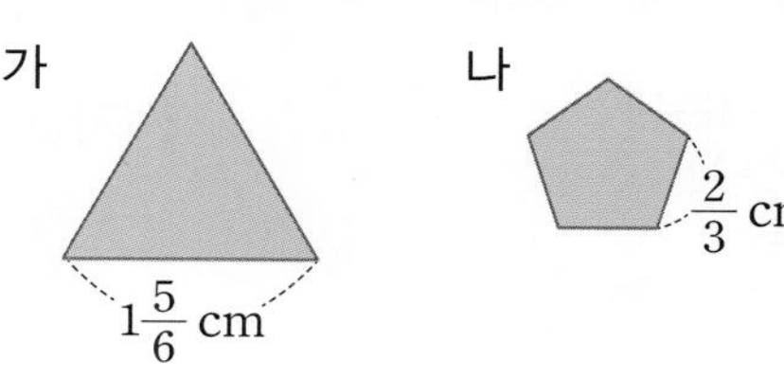

이해하기

구하려는 것은 무엇인가요?

답 ______

계획 세우기

어떤 방법으로 문제를 해결하면 좋을까요?

답 ______

해결하기

(1) 가는 ☐ 이므로

(가의 둘레)$=1\frac{5}{6}\times$ ☐ $=$ ☐ (cm)

(2) 나는 ☐ 이므로

(나의 둘레)$=\frac{2}{3}\times$ ☐ $=$ ☐ (cm)

(3) (두 정다각형의 둘레의 차)

$=$ ☐ $-$ ☐ $=$ ☐ (cm)

되돌아보기

두 정다각형의 둘레의 합은 몇 cm인지 구해 보세요.

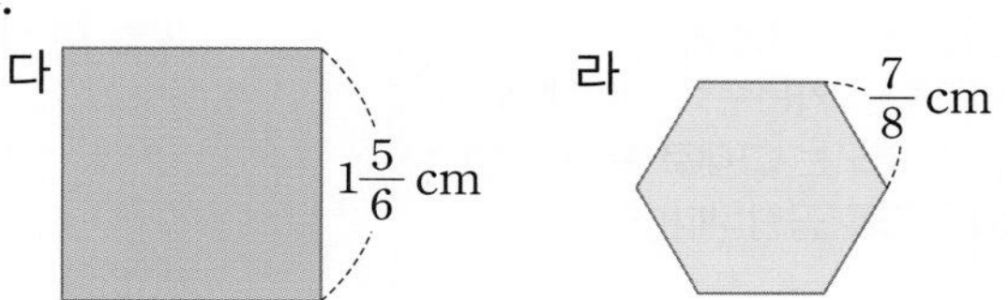

답 ______

개념 2 (자연수)×(분수)를 알아볼까요

• (자연수)×(분수)
㉠×(진분수)<㉠
㉠×1=㉠
㉠×(대분수)>㉠
예 $5\times\frac{2}{3}<5$
$5\times1=5$
$5\times1\frac{1}{4}>5$

(자연수)×(진분수) 알아보기

예 $10\times\frac{3}{5}$의 계산

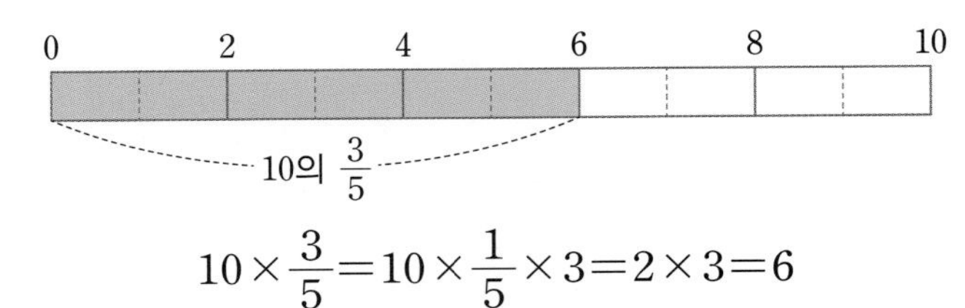

$$10\times\frac{3}{5}=10\times\frac{1}{5}\times3=2\times3=6$$

(자연수)×(진분수) 계산하기

• 분모는 그대로 두고 자연수와 진분수의 분자를 곱하여 계산합니다.

예 $6\times\frac{5}{8}$의 계산

방법 1 곱셈을 한 후 약분하기

$$6\times\frac{5}{8}=\frac{6\times5}{8}=\frac{\overset{15}{\cancel{30}}}{\underset{4}{\cancel{8}}}=\frac{15}{4}=3\frac{3}{4}$$

방법 2 곱하는 과정에서 약분하기

$$6\times\frac{5}{8}=\frac{\overset{3}{\cancel{6}}\times5}{\underset{4}{\cancel{8}}}=\frac{15}{4}=3\frac{3}{4}$$

방법 3 주어진 식에서 바로 약분하기

$$\overset{3}{\cancel{6}}\times\frac{5}{\underset{4}{\cancel{8}}}=\frac{15}{4}=3\frac{3}{4}$$

(자연수)×(대분수) 계산하기

• (자연수)×(대분수)
대분수를 가분수로 나타낸 후 분수의 분모는 그대로 두고 자연수와 분자를 곱합니다.

예 $2\times1\frac{2}{5}$의 계산

방법 1 대분수를 가분수로 바꾸어 계산하기

$$2\times1\frac{2}{5}=2\times\frac{7}{5}=\frac{2\times7}{5}=\frac{14}{5}=2\frac{4}{5}$$

방법 2 대분수를 자연수와 진분수의 합으로 보고 계산하기

$$2\times1\frac{2}{5}=(2\times1)+\left(2\times\frac{2}{5}\right)=2+\frac{4}{5}=2\frac{4}{5}$$

문제를 풀어 이해해요

정답과 해설 9쪽

1 $12\times\frac{3}{4}$을 계산하려고 합니다. □ 안에 알맞은 수를 써넣으세요.

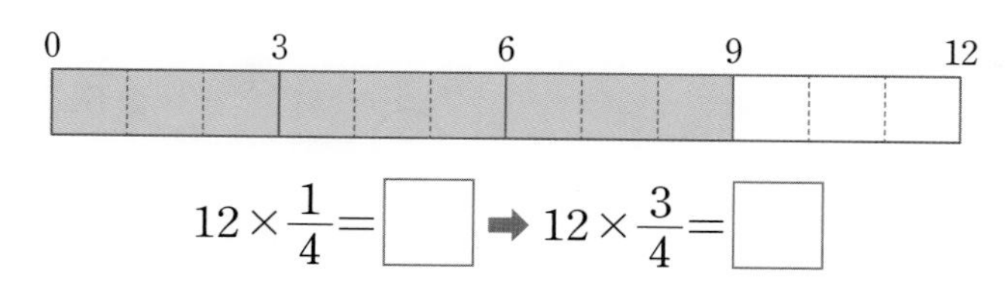

$12\times\frac{1}{4}=\square$ ➡ $12\times\frac{3}{4}=\square$

(자연수)×(분수)의 계산을 할 수 있는지 묻는 문제예요.

2 $36\times\frac{3}{8}$을 여러 가지 방법으로 계산하려고 합니다. □ 안에 알맞은 수를 써넣으세요.

약분하는 순서에 따라 여러 가지 방법으로 계산할 수 있어요.

(1) $36\times\frac{3}{8}=\frac{36\times3}{8}=\frac{\overset{\square}{\cancel{108}}}{\underset{\square}{\cancel{8}}}=\frac{\square}{\square}=\square$

(2) $36\times\frac{3}{8}=\frac{\overset{\square}{\cancel{36}}\times3}{\underset{\square}{\cancel{8}}}=\frac{\square}{\square}=\square$

(3) $\overset{\square}{\cancel{36}}\times\frac{3}{\underset{\square}{\cancel{8}}}=\frac{\square}{\square}=\square$

3 $3\times1\frac{1}{4}$을 두 가지 방법으로 계산하려고 합니다. □ 안에 알맞은 수를 써넣으세요.

대분수를 가분수로 바꾸어 계산하거나 대분수를 자연수와 진분수의 합으로 보고 계산할 수 있어요.

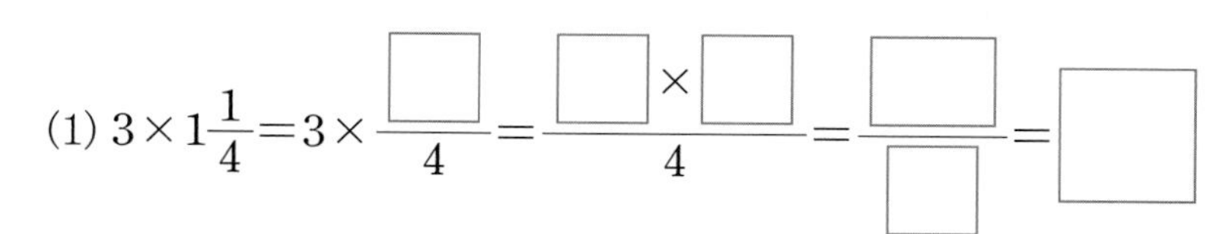

(1) $3\times1\frac{1}{4}=3\times\frac{\square}{4}=\frac{\square\times\square}{4}=\frac{\square}{\square}=\square$

(2) $3\times1\frac{1}{4}=(3\times1)+\left(3\times\frac{1}{4}\right)=\square+\frac{\square}{\square}=\square$

교과서 내용 학습

01 그림을 보고 잘못 설명한 친구는 누구인가요?

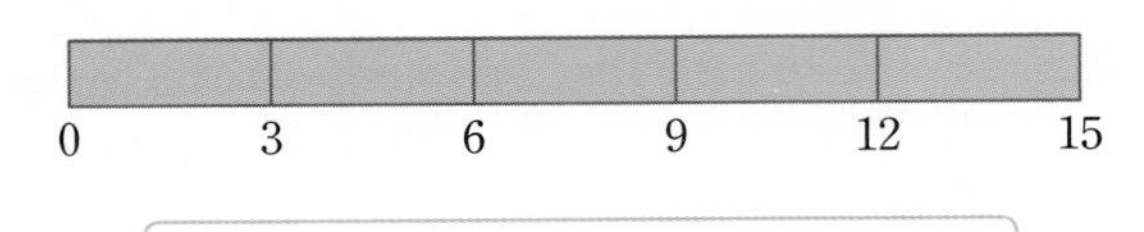

[은주] 15의 $\frac{1}{5}$은 3이야.

[민재] 15의 $\frac{3}{5}$은 10보다 커.

[서현] 15의 $\frac{4}{5}$는 12야.

(　　　　　　　　)

중요

02 계산 결과를 찾아 선으로 이어 보세요.

$16\times\frac{3}{4}$ •	• 10
$24\times\frac{5}{8}$ •	• 12
$25\times\frac{2}{5}$ •	• 15

03 현규는 2 L 짜리 페트병에 가득 들어 있는 우유의 $\frac{1}{4}$을 마셨습니다. 현규가 마신 우유의 양은 몇 L인가요?

(　　　　　　　　)

04 빈칸에 알맞은 수를 써넣으세요.

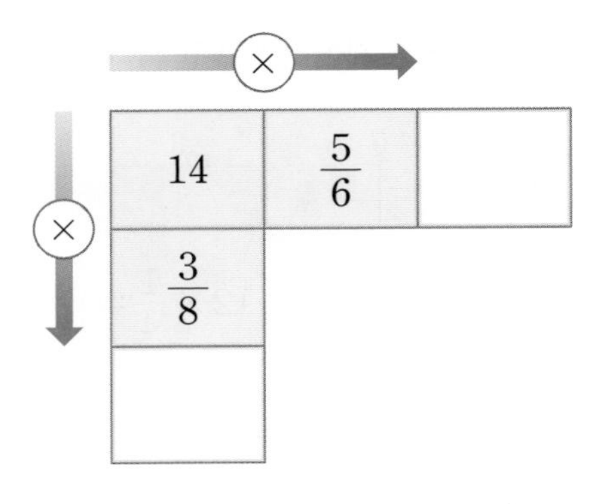

05 계산해 보세요.

(1) $4\times2\frac{1}{5}$

(2) $12\times2\frac{5}{6}$

중요

06 계산 결과가 8보다 큰 식에 ○표, 작은 식에 △표 하세요.

$8\times\frac{1}{9}$　　8×1　　$8\times2\frac{6}{7}$　　$8\times\frac{99}{100}$

07 윤미네 학교 5학년 학생은 180명입니다. 이 중 안경을 쓴 학생이 전체의 $\frac{3}{5}$이라면 안경을 쓴 학생은 몇 명인가요?

(　　　　　　　　)

정답과 해설 10쪽

08 계산 결과가 가장 큰 것의 기호를 써 보세요.

㉠ $8\times1\frac{3}{4}$

㉡ $6\times2\frac{1}{2}$

㉢ $15\times1\frac{2}{9}$

(　　　　　　　　)

09 민주의 몸무게는 45 kg이고 민주 오빠의 몸무게는 민주 몸무게의 $1\frac{3}{10}$배입니다. 민주 오빠의 몸무게는 몇 kg인가요?

(　　　　　　　　)

⊏어려운 문제⊐

10 어느 동물원의 입장료를 나타낸 것입니다. 주말 어린이 입장료는 얼마인가요?

평일 요금		주말 요금
어른	어린이	
9000원	어른 요금의 $\frac{2}{3}$배	평일 요금의 $1\frac{2}{5}$배

(　　　　　　　　)

도움말 평일 어린이 요금을 먼저 구합니다.

문제해결 접근하기

11 ㉠과 ㉡에 알맞은 수의 합을 구해 보세요.

- 1시간의 $\frac{1}{3}$은 ㉠분입니다.
- 1 m의 $\frac{1}{2}$은 ㉡ cm입니다.

이해하기

구하려는 것은 무엇인가요?

답 ______________________

계획 세우기

어떤 방법으로 문제를 해결하면 좋을까요?

답 ______________________

해결하기

(1) 1시간=□분이므로

1시간의 $\frac{1}{3}$은 □분입니다.

(2) 1 m=□cm이므로

1 m의 $\frac{1}{2}$은 □cm입니다.

(3) ㉠은 □이고, ㉡은 □이므로 ㉠과 ㉡에 알맞은 수의 합은 □입니다.

되돌아보기

㉢과 ㉣에 알맞은 수의 차를 구해 보세요.

- 1시간의 $\frac{2}{5}$는 ㉢분입니다.
- 1 m의 $\frac{3}{10}$은 ㉣ cm입니다.

답 ______________________

개념 3 진분수의 곱셈을 알아볼까요

(단위분수)×(단위분수) 계산하기

- 분자 1은 그대로 두고 분모끼리 곱합니다.

예 $\frac{1}{2}\times\frac{1}{3}$의 계산

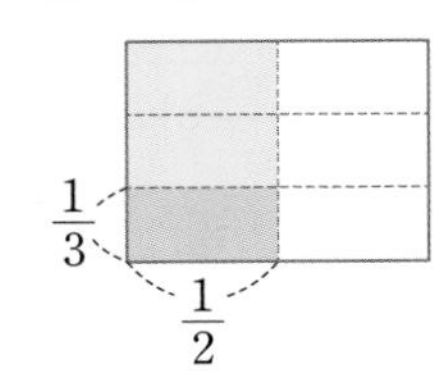

$\frac{1}{2}\times\frac{1}{3}$은 전체를 (2×3)으로 나눈 것 중의 1입니다.

$\frac{1}{2}\times\frac{1}{3}=\frac{1}{2\times3}=\frac{1}{6}$

• (단위분수)×(단위분수)

$\frac{1}{▲}\times\frac{1}{■}=\frac{1}{▲\times■}$

(진분수)×(진분수) 계산하기

- 분자는 분자끼리, 분모는 분모끼리 곱합니다.

예 $\frac{7}{12}\times\frac{9}{14}$의 계산

방법 1 곱셈을 한 후 약분하기

$$\frac{7}{12}\times\frac{9}{14}=\frac{7\times9}{12\times14}=\frac{\overset{3}{\cancel{63}}}{\underset{8}{\cancel{168}}}=\frac{3}{8}$$

방법 2 곱하는 과정에서 약분하기

$$\frac{7}{12}\times\frac{9}{14}=\frac{\overset{1}{\cancel{7}}\times\overset{3}{\cancel{9}}}{\underset{4}{\cancel{12}}\times\underset{2}{\cancel{14}}}=\frac{3}{8}$$

방법 3 주어진 식에서 바로 약분하기

$$\frac{\overset{1}{\cancel{7}}}{\underset{4}{\cancel{12}}}\times\frac{\overset{3}{\cancel{9}}}{\underset{2}{\cancel{14}}}=\frac{1\times3}{4\times2}=\frac{3}{8}$$

• (진분수)×(진분수)
분모끼리 또는 분자끼리 약분하지 않도록 합니다.

$\frac{5}{\underset{2}{\cancel{8}}}\times\frac{1}{\underset{1}{\cancel{4}}}=\frac{5}{2}=2\frac{1}{2}$ (×)

세 분수의 곱셈

예 $\frac{1}{2}\times\frac{1}{3}\times\frac{3}{4}$의 계산

방법 1 두 분수씩 차례로 계산하기

$$\frac{1}{2}\times\frac{1}{3}\times\frac{3}{4}=\left(\frac{1}{2}\times\frac{1}{3}\right)\times\frac{3}{4}=\frac{1}{\underset{2}{\cancel{6}}}\times\frac{\overset{1}{\cancel{3}}}{4}=\frac{1}{8}$$

방법 2 세 분수를 한꺼번에 계산하기

$$\frac{1}{2}\times\frac{1}{3}\times\frac{3}{4}=\frac{1\times1\times\overset{1}{\cancel{3}}}{2\times\underset{1}{\cancel{3}}\times4}=\frac{1}{8}$$

• 세 분수의 곱셈
곱셈은 순서를 바꾸어도 계산 결과가 같으므로 간단하게 계산할 수 있는 두 분수를 먼저 계산해도 됩니다.

$\frac{1}{2}\times\frac{1}{3}\times\frac{3}{4}=\frac{1}{2}\times\left(\frac{1}{\underset{1}{\cancel{3}}}\times\frac{\overset{1}{\cancel{3}}}{4}\right)$
$=\frac{1}{2}\times\frac{1}{4}=\frac{1}{8}$

문제를 풀며 이해해요

정답과 해설 11쪽

1 그림을 보고 □ 안에 알맞은 수를 써넣으세요.

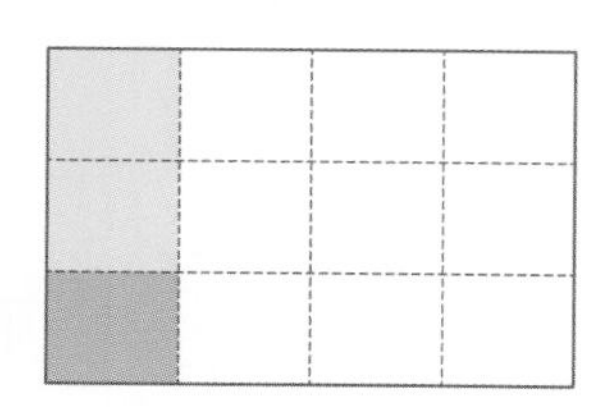

$\frac{1}{4} \times \frac{1}{3} = \frac{1 \times 1}{\square \times \square} = \frac{1}{\square}$

진분수끼리의 곱셈을 계산할 수 있는지 묻는 문제예요.

2 $\frac{7}{10} \times \frac{8}{9}$을 여러 가지 방법으로 계산하려고 합니다. □ 안에 알맞은 수를 써넣으세요.

■ 약분하는 순서에 따라 여러 가지 방법으로 계산할 수 있어요.

(1) $\frac{7}{10} \times \frac{8}{9} = \frac{7 \times 8}{10 \times 9} = \frac{\overset{\square}{\cancel{56}}}{\underset{\square}{\cancel{90}}} = \square$

(2) $\frac{7}{10} \times \frac{8}{9} = \frac{7 \times \overset{\square}{\cancel{8}}}{\underset{\square}{\cancel{10}} \times 9} = \square$

(3) $\frac{7}{\underset{\square}{\cancel{10}}} \times \frac{\overset{\square}{\cancel{8}}}{9} = \square$

3 그림을 보고 □ 안에 알맞은 수를 써넣으세요.

■ 세 분수의 곱셈은 분자는 분자끼리, 분모는 분모끼리 곱해요.

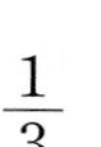

$\frac{1}{3}$

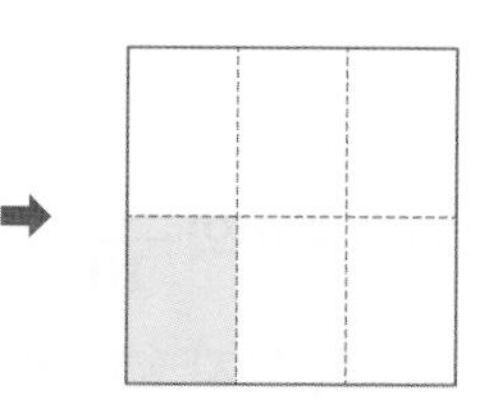

$\frac{1}{3} \times \frac{1}{2}$

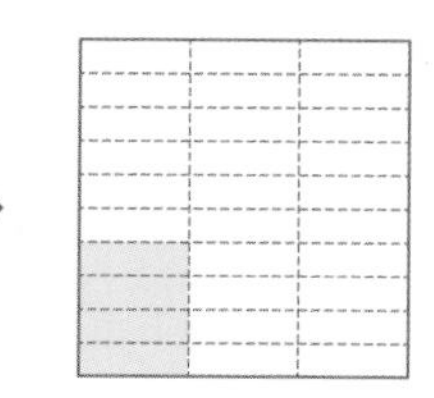

$\frac{1}{3} \times \frac{1}{2} \times \frac{4}{5} = \square$

교과서 내용 학습

01 □ 안에 알맞은 수를 써넣으세요.

(1) $\frac{1}{3}\times\frac{1}{7}=\frac{1\times1}{\square\times\square}=\frac{1}{\square}$

(2) $\frac{5}{8}\times\frac{7}{9}=\frac{\square\times\square}{\square\times\square}=\square$

중요

02 계산해 보세요.

(1) $\frac{3}{4}\times\frac{1}{5}$

(2) $\frac{1}{10}\times\frac{4}{7}$

(3) $\frac{3}{4}\times\frac{6}{7}\times\frac{5}{12}$

03 크기를 비교하여 ○ 안에 $>$, $=$, $<$를 알맞게 써넣으세요.

(1) $\frac{1}{4}$ ○ $\frac{1}{4}\times\frac{1}{2}$

(2) $\frac{2}{5}\times\frac{1}{4}$ ○ $\frac{2}{5}\times\frac{3}{4}$

중요

04 세 분수의 곱을 구해 보세요.

$\frac{4}{7}$	$\frac{5}{6}$	$\frac{2}{5}$

(　　　　　　　　　　)

05 빈칸에 알맞은 수를 써넣으세요.

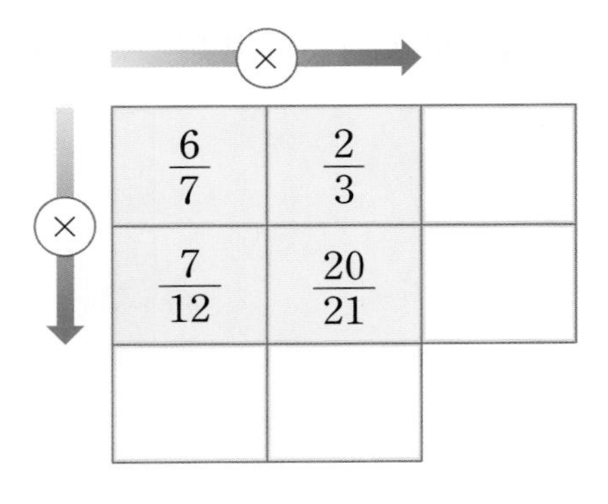

	× →		
× ↓	$\frac{6}{7}$	$\frac{2}{3}$	
	$\frac{7}{12}$	$\frac{20}{21}$	

06 ㉠과 ㉡의 계산 결과의 합을 구해 보세요.

㉠ $\frac{7}{10}\times\frac{5}{28}$　　㉡ $\frac{7}{36}\times\frac{9}{10}$

(　　　　　　　　　　)

07 지구 표면의 $\frac{3}{10}$은 육지로 이루어져 있습니다. 남극 대륙은 육지 넓이의 약 $\frac{1}{11}$을 차지할 때 남극 대륙이 차지하는 넓이는 지구 표면 전체의 얼마인지 구해 보세요.

(　　　　　　　　　　)

정답과 해설 11쪽

08 밑변의 길이가 $\frac{9}{10}$ m, 높이가 $\frac{11}{12}$ m인 평행사변형 모양의 땅이 있습니다. 이 땅의 넓이는 몇 m^2인지 구해 보세요.

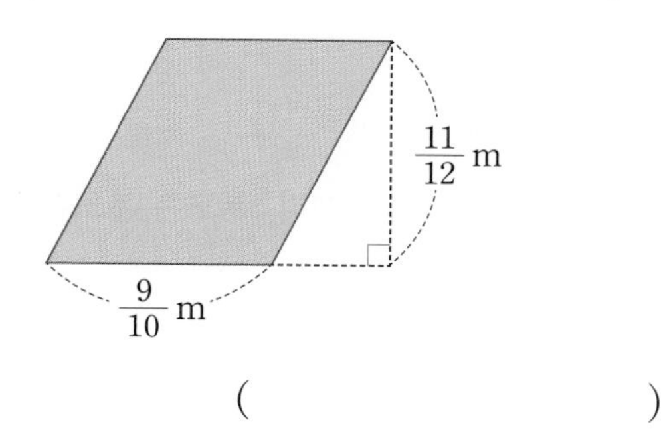

(　　　　　　　　　　)

09 희정이네 반 학생의 $\frac{4}{7}$는 여학생이고, 여학생 중 $\frac{3}{8}$은 바지를 입고 있습니다. 바지를 입고 있는 여학생의 $\frac{4}{9}$는 청바지를 입고 있습니다. 희정이네 반에서 청바지를 입고 있는 여학생은 반 전체 학생의 얼마인가요?

(　　　　　　　　　　)

⊂어려운 문제⊃

10 □ 안에 들어갈 수 있는 한 자리 수를 모두 구해 보세요.

$$\frac{1}{30} > \frac{1}{\square} \times \frac{1}{3} \times \frac{1}{2}$$

(　　　　　　　　　　)

도움말 단위분수는 분모가 작을수록 큰 수입니다.

문제해결 접근하기

11 건우는 어제 책을 읽기 시작하여 전체의 $\frac{1}{3}$을 읽었습니다. 오늘은 어제 읽고 난 나머지의 $\frac{1}{4}$만큼을 읽었습니다. 책 한 권이 120쪽일 때 건우가 오늘 읽은 책은 모두 몇 쪽인지 구해 보세요.

이해하기

구하려는 것은 무엇인가요?

답 ____________________

계획 세우기

어떤 방법으로 문제를 해결하면 좋을까요?

답 ____________________

해결하기

(1) 건우가 어제 읽고 난 나머지는 책 전체의

$1-\frac{1}{3}=\square$입니다.

(2) 건우는 오늘 책 전체의

$\square \times \frac{1}{4}=\square$을 읽었습니다.

(3) 건우가 오늘 읽은 책은

$120 \times \square = \square$(쪽)입니다.

되돌아보기

주안이는 어제 책을 읽기 시작하여 전체의 $\frac{1}{5}$을 읽었습니다. 오늘은 어제 읽고 난 나머지의 $\frac{2}{3}$만큼을 읽었습니다. 책 한 권이 150쪽일 때 주안이가 오늘 읽은 책은 모두 몇 쪽인지 구해 보세요.

답 ____________________

개념 확인 학습

개념 4 여러 가지 분수의 곱셈을 알아볼까요

(대분수)×(대분수) 계산하기

• $2\frac{4}{7}\times2\frac{2}{3}$의 계산

방법 1 대분수를 가분수로 나타낸 후 계산하기

대분수를 가분수로 바꾼 후 분자는 분자끼리, 분모는 분모끼리 곱합니다.

$$2\frac{4}{7}\times2\frac{2}{3}=\frac{\overset{6}{\cancel{18}}}{7}\times\frac{8}{\underset{1}{\cancel{3}}}=\frac{48}{7}=6\frac{6}{7}$$

방법 2 대분수를 자연수 부분과 진분수 부분으로 나누어 계산하기

$2\frac{2}{3}=2+\frac{2}{3}$로 보고 계산합니다.

$$2\frac{4}{7}\times2\frac{2}{3}=\left(2\frac{4}{7}\times2\right)+\left(2\frac{4}{7}\times\frac{2}{3}\right)$$

$$=\left(\frac{18}{7}\times2\right)+\left(\frac{\overset{6}{\cancel{18}}}{7}\times\frac{2}{\underset{1}{\cancel{3}}}\right)$$

$$=\frac{36}{7}+\frac{12}{7}$$

$$=5\frac{1}{7}+1\frac{5}{7}=6\frac{6}{7}$$

• **(대분수)×(대분수)**

대분수의 곱셈을 할 때에는 대분수 상태에서 약분하면 안되고 반드시 대분수를 먼저 가분수로 나타낸 후 약분합니다.

$$2\frac{\overset{1}{\cancel{5}}}{\underset{2}{\cancel{6}}}\times1\frac{\overset{1}{\cancel{3}}}{\underset{1}{\cancel{5}}}=2\frac{1}{2}\times1$$

$$=2\frac{1}{2}\ (\times)$$

$$2\frac{5}{6}\times1\frac{3}{5}=\frac{17}{\underset{3}{\cancel{6}}}\times\frac{\overset{4}{\cancel{8}}}{5}$$

$$=\frac{68}{15}=4\frac{8}{15}\ (\bigcirc)$$

여러 가지 분수의 곱셈

• 분수가 들어간 모든 곱셈은 진분수나 가분수 형태로 바꾼 후 분자는 분자끼리, 분모는 분모끼리 곱하여 계산할 수 있습니다.

① (자연수)×(분수)

$$7\times\frac{3}{4}=\frac{7}{1}\times\frac{3}{4}=\frac{7\times3}{1\times4}=\frac{21}{4}=5\frac{1}{4}$$

② (분수)×(자연수)

$$1\frac{4}{5}\times3=\frac{9}{5}\times\frac{3}{1}=\frac{9\times3}{5\times1}=\frac{27}{5}=5\frac{2}{5}$$

③ (분수)×(분수)

$$2\frac{3}{4}\times1\frac{6}{7}=\frac{11}{4}\times\frac{13}{7}=\frac{11\times13}{4\times7}=\frac{143}{28}=5\frac{3}{28}$$

• **(분수)×(자연수)와 (자연수)×(분수)를 (분수)×(분수)로 계산하는 방법**

$$\frac{●}{■}\times▲=\frac{●}{■}\times\frac{▲}{1}$$

$$●\times\frac{▲}{■}=\frac{●}{1}\times\frac{▲}{■}$$

문제를 풀며 이해해요

정답과 해설 12쪽

1 $2\frac{3}{4}\times1\frac{2}{3}$를 계산하려고 합니다. □ 안에 알맞은 수를 써넣으세요.

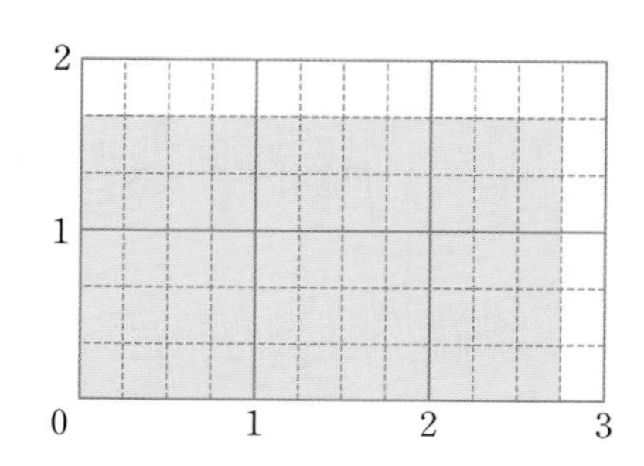

$$2\frac{3}{4}\times1\frac{2}{3}=\frac{\square}{4}\times\frac{\square}{3}=\frac{\square}{12}=\square$$

대분수의 곱셈을 계산할 수 있는지 묻는 문제예요.

2 보기 와 같은 방법으로 계산해 보세요.

보기

$$1\frac{4}{5}\times2\frac{2}{3}=\left(1\frac{4}{5}\times2\right)+\left(1\frac{4}{5}\times\frac{2}{3}\right)$$
$$=\left(\frac{9}{5}\times2\right)+\left(\frac{\overset{3}{\cancel{9}}}{5}\times\frac{2}{\underset{1}{\cancel{3}}}\right)$$
$$=\frac{18}{5}+\frac{6}{5}=3\frac{3}{5}+1\frac{1}{5}=4\frac{4}{5}$$

$7\frac{1}{2}\times2\frac{2}{5}=$ ______________________

____

■ 대분수를 자연수와 진분수의 합으로 바꾸어 계산해요.

3 □ 안에 알맞은 수를 써넣으세요.

(1) $3\times\frac{7}{8}=\frac{\square}{1}\times\frac{7}{8}=\frac{\square\times7}{1\times8}=\frac{\square}{\square}=\square$

(2) $\frac{5}{12}\times13=\frac{5}{12}\times\frac{\square}{1}=\frac{5\times\square}{12\times1}=\frac{\square}{\square}=\square$

■ 자연수는 분모가 1인 가분수로 나타낸 후 계산해요.

교과서 내용 학습

01 두 수의 곱을 빈칸에 써넣으세요.

$3\frac{1}{5}$	$3\frac{7}{12}$

02 다음이 나타내는 수를 구해 보세요.

$3\frac{1}{3}$의 $1\frac{1}{20}$배인 수

( )

03 계산 결과를 찾아 선으로 이어 보세요.

$1\frac{2}{9}\times3\frac{1}{11}$ • • $3\frac{1}{7}$

$2\frac{4}{7}\times1\frac{2}{9}$ • • $3\frac{7}{9}$

$1\frac{5}{11}\times3\frac{3}{10}$ • • $4\frac{4}{5}$

중요

04 잘못 계산한 친구는 누구인가요?

[강훈] $1\frac{3}{8}\times3\frac{4}{5}=1\frac{3}{2}\times3\frac{1}{5}=\frac{5}{2}\times\frac{16}{5}=8$ (약분: $\frac{3}{8}$의 8→2, 4→1; $\frac{5}{2}$의 2→1, 5→1... $\frac{16}{5}$의 16→8, 5→1)

[지아] $1\frac{3}{8}\times3\frac{4}{5}=\frac{11}{8}\times\frac{19}{5}=\frac{11\times19}{8\times5}$
$=\frac{209}{40}=5\frac{9}{40}$

( )

05 가장 큰 수와 가장 작은 수의 곱을 구해 보세요.

$4\frac{3}{7}$ $8\frac{1}{3}$ $2\frac{2}{5}$

( )

06 □ 안에 들어갈 수 있는 자연수는 몇 개인가요?

$5\frac{2}{3}\times2\frac{1}{4}>\square\frac{1}{4}$

( )

07 한 변의 길이가 $2\frac{1}{4}$ cm인 정사각형의 넓이는 몇 cm^2인지 구해 보세요.

( )

08

휘발유 1 L로 $17\frac{2}{3}$ km를 갈 수 있는 자동차가 있습니다. 이 자동차는 휘발유 $1\frac{4}{5}$ L로 몇 km를 갈 수 있나요?

(　　　　　　　　)

09

떨어진 높이의 $\frac{9}{10}$만큼 튀어 오르는 공이 있습니다. 75 m 높이에서 이 공을 떨어뜨렸을 때 공이 두 번째 튀어 오른 높이는 몇 m인지 구해 보세요.

(　　　　　　　　)

⊂어려운 문제⊃

10

가로가 $8\frac{1}{2}$ m, 세로가 $5\frac{2}{3}$ m인 텃밭의 일부분에 배추를 심었습니다. 배추를 심은 부분의 넓이는 몇 m^2인지 구해 보세요.

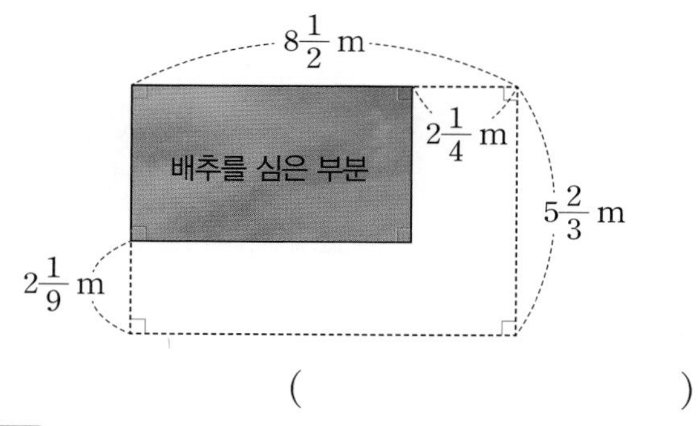

(　　　　　　　　)

도움말 배추를 심은 부분의 가로와 세로를 구한 후 가로와 세로를 곱하여 넓이를 구합니다.

문제해결 접근하기

11

수 카드를 한 번씩만 모두 사용하여 대분수를 만들려고 합니다. 만들 수 있는 대분수 중 가장 큰 수와 가장 작은 수의 곱을 구해 보세요.

3　5　8

이해하기

구하려는 것은 무엇인가요?

답 ______________________

계획 세우기

어떤 방법으로 문제를 해결하면 좋을까요?

답 ______________________

해결하기

(1) 만들 수 있는 대분수 중 가장 큰 수는 □ 입니다.

(2) 만들 수 있는 대분수 중 가장 작은 수는 □ 입니다.

(3) 가장 큰 대분수와 가장 작은 대분수의 곱은

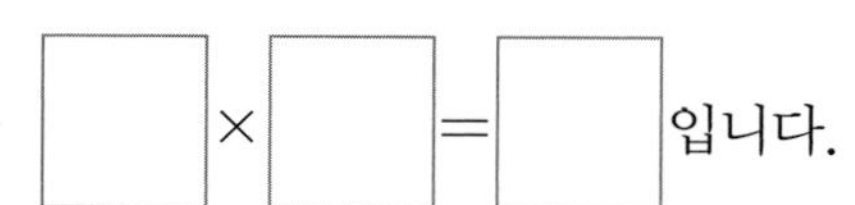

입니다.

되돌아보기

수 카드를 한 번씩만 모두 사용하여 대분수를 만들려고 합니다. 만들 수 있는 대분수 중 가장 큰 수와 가장 작은 수의 곱을 구해 보세요.

1　4　7

답 ______________________

단원 확인 평가

2. 분수의 곱셈

01 그림을 보고 □ 안에 알맞은 수를 써넣으세요.

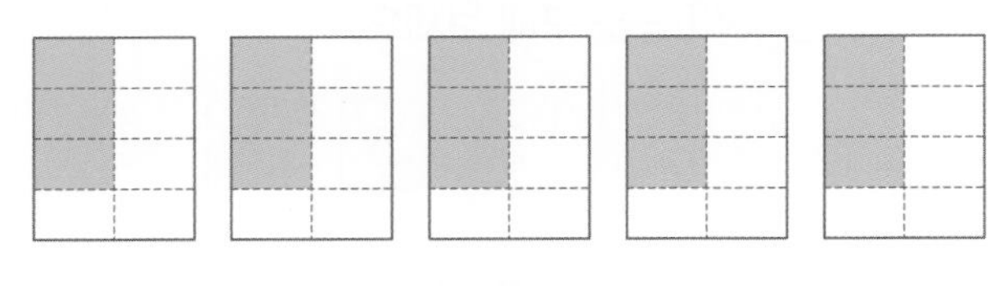

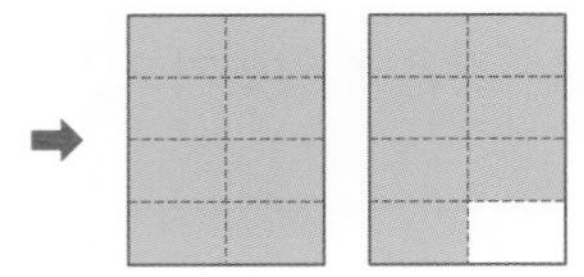

$\frac{3}{8}\times 5$

$=\frac{\square}{8}+\frac{\square}{8}+\frac{\square}{8}+\frac{\square}{8}+\frac{\square}{8}$

$=\frac{3\times\square}{8}=\square$

02 빈칸에 알맞은 수를 써넣으세요.

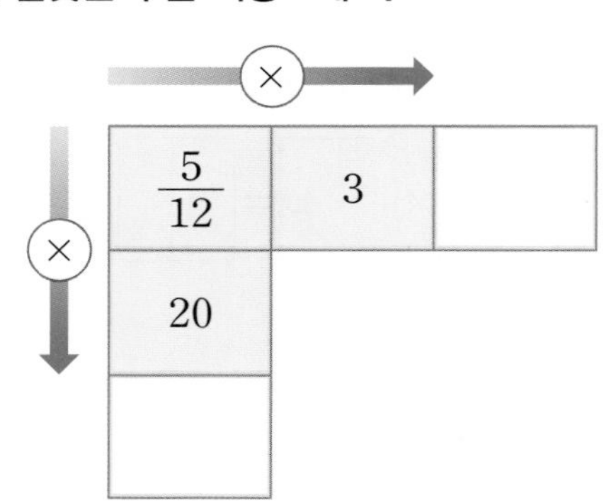

03 계산 결과가 $5\frac{1}{2}$이 아닌 식에 ×표 하세요.

$1\frac{3}{8}\times 4$	$2\frac{1}{4}\times 2$	$1\frac{5}{6}\times 3$
(　　)	(　　)	(　　)

04 세연이가 생각한 수의 $1\frac{3}{10}$배는 얼마인지 구해 보세요.

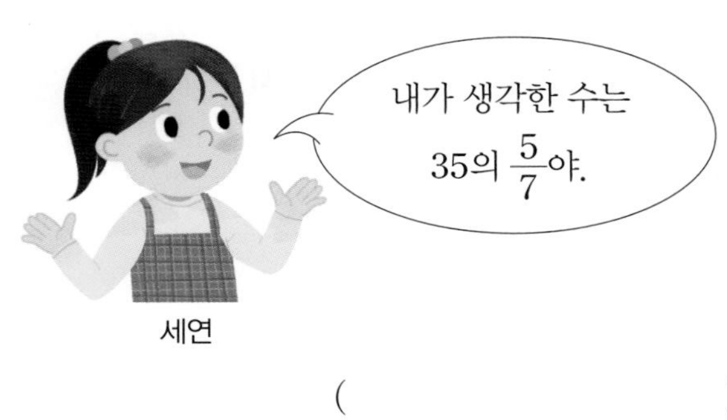

(　　　　　　　　)

05 중요 [보기]와 같은 방법으로 계산해 보세요.

보기

$6\times 2\frac{3}{8}=(6\times 2)+(\overset{3}{\cancel{6}}\times\frac{3}{\underset{4}{\cancel{8}}})$

$=12+\frac{9}{4}=12+2\frac{1}{4}=14\frac{1}{4}$

$9\times 2\frac{7}{12}=$ ______________________

____

06 크기를 비교하여 ○ 안에 >, =, <를 알맞게 써넣으세요.

$$5\times\frac{9}{20} \bigcirc 2\times1\frac{1}{5}$$

07 계산 결과가 12보다 큰 식에 ○표, 작은 식에 △표 하세요.

$12\times1\frac{3}{4}$ 12×1 $12\times\frac{3}{4}$ $12\times\frac{7}{5}$

08 윤정이는 전체 용량이 128 GB인 이동형 데이터 기억 장치 용량의 $\frac{5}{8}$만큼을 사용했습니다. 남아 있는 용량은 몇 GB인지 구해 보세요.

( )

09 잘못 나타낸 것을 찾아 기호를 써 보세요.

㉠ 1 kg의 $\frac{3}{4}$은 750 g입니다.
㉡ 1 m의 $\frac{3}{5}$은 60 cm입니다.
㉢ 1시간의 $\frac{1}{6}$은 12분입니다.

( )

10 계산 결과가 다른 하나를 찾아 색칠해 보세요.

$\frac{1}{9}\times\frac{1}{8}$ $\frac{1}{10}\times\frac{1}{7}$ $\frac{1}{12}\times\frac{1}{6}$

ㄷ서술형ㄱ

11 □ 안에 들어갈 수 있는 자연수 중에서 가장 큰 수를 구하는 풀이 과정을 쓰고 답을 구해 보세요.

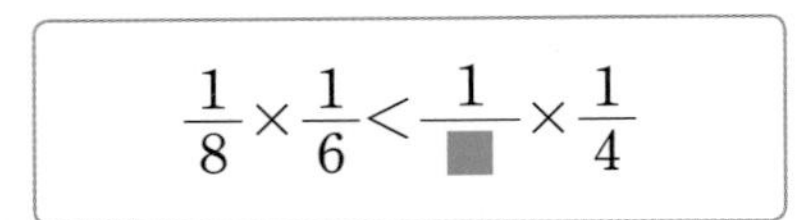

$$\frac{1}{8}\times\frac{1}{6}<\frac{1}{■}\times\frac{1}{4}$$

풀이

(1) $8\times6=($　　　$)$이므로 ■$\times4$는 (　　　)보다 작아야 합니다.

(2) (　　　)$\times4=($　　　$)$이므로 ■ 안에 들어갈 수 있는 자연수는 (　　　)보다 작은 수입니다.

(3) ■ 안에 들어갈 수 있는 자연수 중에서 가장 큰 수는 (　　　)입니다.

답 ________________

12 빈칸에 알맞은 수를 써넣으세요.

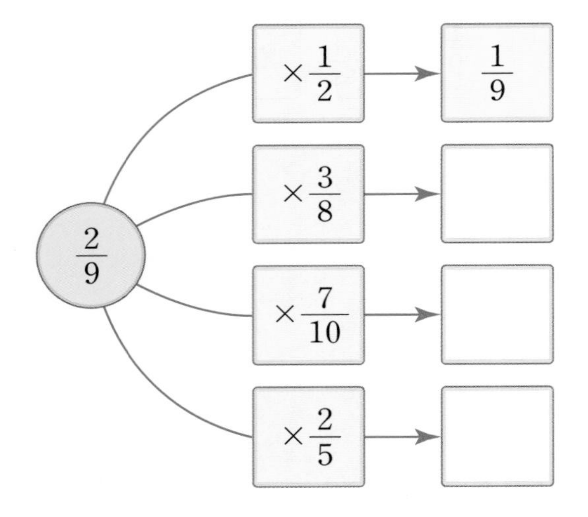

13 계산 결과가 단위분수인 것의 기호를 써 보세요.

㉠ $\frac{1}{3}\times\frac{4}{9}\times\frac{3}{8}$

㉡ $\frac{4}{7}\times\frac{1}{6}\times\frac{3}{5}$

(　　　　　　　　)

14 빈칸에 알맞은 수를 써넣으세요.

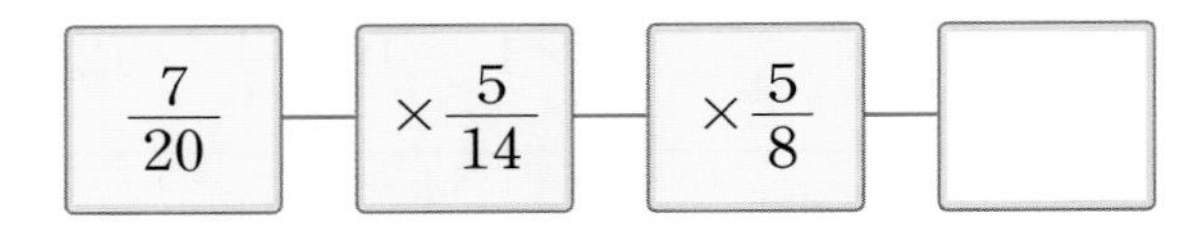

ㄷ중요ㄱ

15 계산 결과가 큰 것부터 차례로 기호를 써 보세요.

㉠ $3\frac{1}{3}\times1\frac{3}{4}$

㉡ $1\frac{5}{9}\times2\frac{3}{7}$

㉢ $2\frac{3}{4}\times1\frac{9}{10}$

(　　　　　　　　)

서술형

16

민이는 매일 $\frac{11}{12}$시간씩 6일 동안 줄넘기를 하였고, 정아는 매일 $\frac{3}{4}$시간씩 8일 동안 줄넘기를 하였습니다. 줄넘기를 누가 몇 시간 더 많이 했는지 구하는 풀이 과정을 쓰고 답을 구해 보세요.

풀이

(1) (민이가 줄넘기를 한 시간)

$=\frac{11}{12}\times 6=($ $\quad\quad\quad$ $)$(시간)

(2) (정아가 줄넘기를 한 시간)

$=\frac{3}{4}\times 8=($ $\quad\quad\quad$ $)$(시간)

(3) 줄넘기를 더 많이 한 사람은 (　　　　)이고 (　　　　)시간 더 많이 했습니다.

답 ______________________

어려운 문제

17

수 카드를 한 번씩 모두 사용하여 분모와 분자가 각각 한 자리 수인 3개의 진분수를 만들어 곱하려고 합니다. 계산 결과가 가장 작은 곱은 얼마인가요?

7	1	5	9	3	6

(　　　　　　　　　　)

18

직사각형 가와 평행사변형 나가 있습니다. 가는 나보다 몇 cm^2 더 넓은지 구해 보세요.

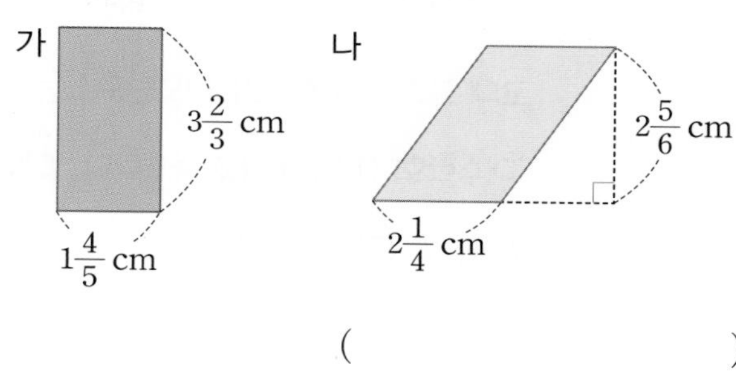

(　　　　　　　　　　)

19

어떤 수에 $2\frac{1}{2}$을 곱해야 할 것을 잘못하여 더하였더니 $5\frac{7}{8}$이 되었습니다. 바르게 계산한 값을 구해 보세요.

(　　　　　　　　　　)

어려운 문제

20

한 시간에 $2\frac{4}{5}$ L의 물이 나오는 수도꼭지가 있습니다. 이 수도꼭지를 1시간 10분 동안 틀었을 때 나오는 물은 몇 L인가요?

(　　　　　　　　　　)

고대 그리스의 수학자 디오판토스는 문자를 이용하여 문제 푸는 방법을 최초로 도입한 사람으로 '대수학의 아버지'라고 불립니다. 디오판토스의 업적을 기념하기 위해서 그의 묘비에는 수수께끼의 글귀가 있습니다.

1 어느 수학자의 묘비

고대 그리스의 수학자 디오판토스의 묘비의 수수께끼는 다음과 같습니다.

여행자들이여!

이 돌 아래에는 디오판토스의 영혼이 잠들어 있다.
그의 신비스런 생애를 수로 말해 보겠노라.

그는 일생의 6분의 1을 귀여운 소년으로 지냈노라.
그 후 일생의 12분의 1이 지나서 수염을 길렀으며,
다시 그 후 일생의 7분의 1이 지나서 결혼을 하였고,
결혼 후 5년 만에 첫 아들을 얻었다.
슬프구나, 그 아이는 사람들의 사랑과 보살핌 속에
아비의 생애의 절반을 살고, 세상을 떠나고 말았다.
이 슬픈 시련을 견디며 지내기를 4년,
아비 또한 이 땅의 삶을 마쳤도다.

2 디오판토스의 일생 알아보기

이 내용을 수학적으로 풀이하면 디오판토스는 84세까지 살았던 것으로 알 수 있습니다.

묘비 내용을 참고하여 디오판토스의 일생을 알아볼까요?

일생의 6분의 1을 귀여운 소년으로 지냈으므로
$84 \times \frac{1}{6} = 14$에서 소년으로 지낸 시간은 14년입니다.

그 후 일생의 12분의 1이 지나서 수염을 길렀다고 하였으므로 $84 \times \frac{1}{12} = 7$에서 7년 동안 청년 시절을 지냈습니다.

다시 그 후 일생의 7분의 1이 지나서 결혼을 하였다고 하였으므로 $84 \times \frac{1}{7} = 12$에서 12년이 지난 후에 결혼을 하였음을 알 수 있습니다. 따라서 디오판토스는 $14 + 7 + 12 = 33$으로 33세에 결혼했음을 알 수 있습니다.

결혼 5년 후 $33 + 5 = 38$(세)에 첫 아들을 얻었습니다.
$84 \times \frac{1}{2} = 42$에서 아들은 42년 후에 세상을 떠나고 4년 후 디오판토스가 떠났으므로
$38 + 42 + 4 = 84$(세)까지 살았습니다.

3 단원

합동과 대칭

은솔이는 친구들과 무늬를 만들고 있어요. 색종이를 오리거나 접어서 이리저리 붙이며 규칙적인 무늬를 만드는 게 너무 재미있어요. 은솔이는 모양과 크기가 같은 네 개의 작은 무늬를 이어 붙여 큰 무늬를 만들었고, 서하는 반으로 접으면 완전히 겹쳐지는 무늬를 만들었어요. 호준이가 만든 무늬는 반 바퀴를 돌리면 처음 모양과 같아져요. 친구들이 만든 무늬에는 또 어떤 특징이 있을까요?

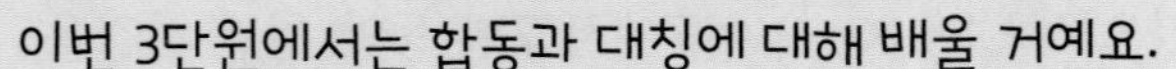
이번 3단원에서는 합동과 대칭에 대해 배울 거예요.

단원 학습 목표

1. 합동의 개념을 이해하고, 서로 합동인 도형을 찾을 수 있으며 합동인 도형을 그리거나 만들 수 있습니다.
2. 서로 합동인 두 도형에서 대응점, 대응변, 대응각을 찾고 합동인 도형의 성질을 알 수 있습니다.
3. 선대칭도형의 개념을 이해하고, 찾을 수 있으며 선대칭도형의 성질을 알고 그릴 수 있습니다.
4. 점대칭도형의 개념을 이해하고, 찾을 수 있으며 점대칭도형의 성질을 알고 그릴 수 있습니다.

단원 진도 체크

회차	구성		진도 체크
1차	개념 1 도형의 합동을 알아볼까요 개념 2 합동인 도형의 성질을 알아볼까요	개념 확인 학습 + 문제 / 교과서 내용 학습	✓
2차	개념 3 선대칭도형과 그 성질을 알아볼까요	개념 확인 학습 + 문제 / 교과서 내용 학습	✓
3차	개념 4 점대칭도형과 그 성질을 알아볼까요	개념 확인 학습 + 문제 / 교과서 내용 학습	✓
4차	단원 확인 평가		✓
5차	수학으로 세상 보기		✓

해당 부분을 공부한 후 ✓표를 하세요.

〈은솔〉
〈호준〉
풀
풀
〈서하〉

개념 1 도형의 합동을 알아볼까요

- **합동**
  모양은 같지만 크기가 다른 도형은 합동이 아닙니다.
  예

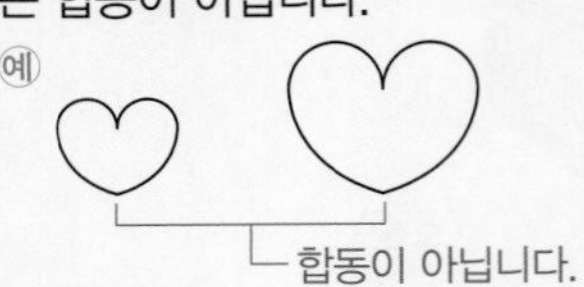

합동 알아보기

- 모양과 크기가 같아서 포개었을 때 완전히 겹치는 두 도형을 서로 합동이라고 합니다.

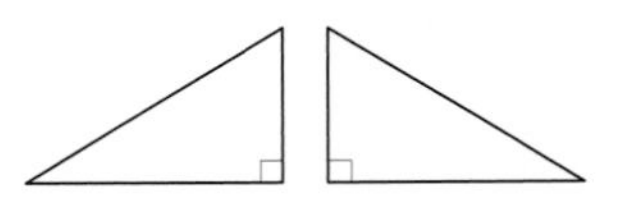

합동인 도형 만들기

- 점선을 따라 잘라서 만들어지는 도형들을 포개었을 때 완전히 겹치도록 만듭니다.

서로 합동인 도형 2개 만들기	서로 합동인 도형 4개 만들기

개념 2 합동인 도형의 성질을 알아볼까요

- **대응점, 대응변, 대응각**
  서로 합동인 두 ●각형에는 대응점, 대응변, 대응각이 각각 ●쌍 있습니다.

대응점, 대응변, 대응각 알아보기

- 서로 합동인 두 도형을 포개었을 때 완전히 겹치는 점을 대응점, 겹치는 변을 대응변, 겹치는 각을 대응각이라고 합니다.

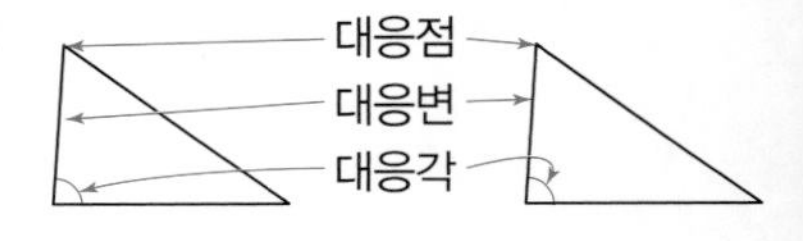

합동인 도형의 성질 알아보기

- 각각의 대응변의 길이가 서로 같습니다.
- 각각의 대응각의 크기가 서로 같습니다.

예

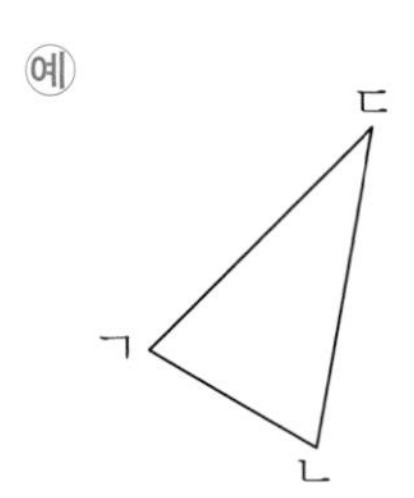

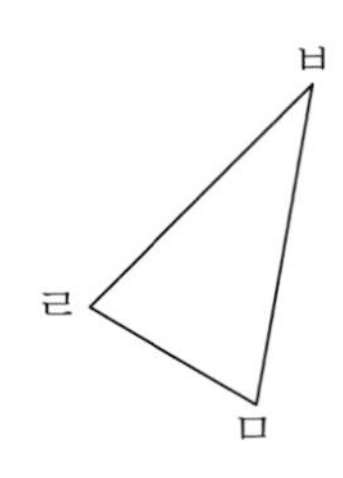

- (변 ㄱㄴ)=(변 ㄹㅁ), (변 ㄴㄷ)=(변 ㅁㅂ), (변 ㄷㄱ)=(변 ㅂㄹ)
- (각 ㄱㄴㄷ)=(각 ㄹㅁㅂ), (각 ㄴㄷㄱ)=(각 ㅁㅂㄹ), (각 ㄷㄱㄴ)=(각 ㅂㄹㅁ)

문제를 풀어 이해해요

정답과 해설 16쪽

합동인 도형과 그 성질을 이해하고 있는지 묻는 문제예요.

1 그림과 같이 종이 두 장을 포개어 놓고 도형을 오렸습니다. □ 안에 알맞은 말을 써넣으세요.

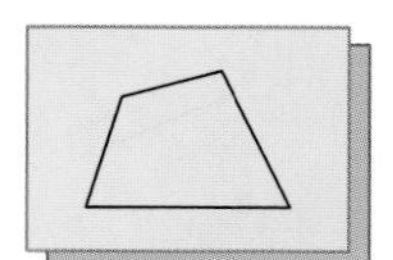

오려서 나온 두 도형은 모양과 크기가 같습니다.
이러한 두 도형을 서로 □ 이라고 합니다.

2 서로 합동인 두 삼각형에서 대응점, 대응변, 대응각을 각각 알아보려고 합니다. □ 안에 알맞게 써넣으세요.

■ 두 도형을 포개었을 때 겹치는 점, 겹치는 변, 겹치는 각을 찾아봐요.

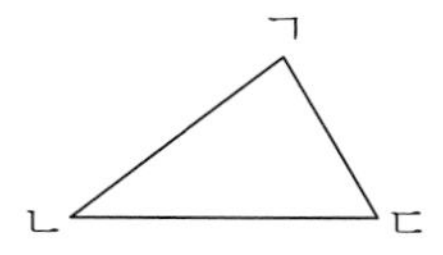

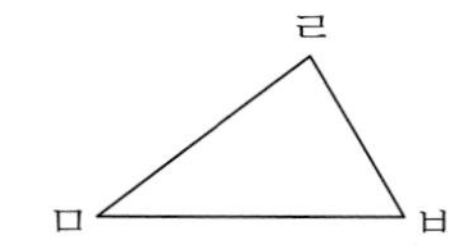

(1) 대응점: 점 ㄱ과 점 □, 점 ㄴ과 점 □, 점 ㄷ과 점 □

(2) 대응변: 변 ㄱㄴ과 변 □, 변 ㄴㄷ과 변 □,
변 ㄷㄱ과 변 □

(3) 대응각: 각 ㄱㄴㄷ과 각 □, 각 ㄴㄷㄱ과 각 □,
각 ㄷㄱㄴ과 각 □

3 두 도형은 서로 합동입니다. 물음에 답하세요.

■ 합동인 도형은 대응변의 길이와 대응각의 크기가 각각 서로 같아요.

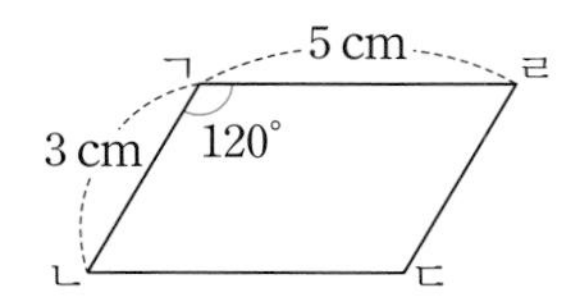

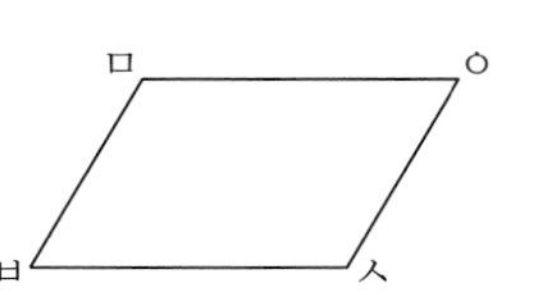

(1) 변 ㅁㅇ은 몇 cm인가요?

(　　　　　　　　)

(2) 각 ㅂㅁㅇ은 몇 도인가요?

(　　　　　　　　)

교과서 내용 학습

01 나무판에 대해 바르게 말한 친구는 누구인가요?

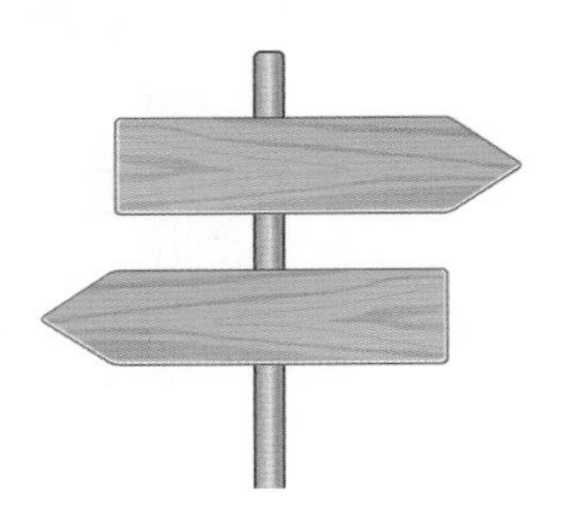

[재민] 나무판의 모양은 같지만 방향이 다르니까 서로 합동은 아니야.
[채하] 방향은 다르지만 포개었을 때 완전히 겹쳐지니까 합동이야.

(　　　　　　　　)

⊂중요⊃
02 서로 합동인 도형을 찾아 기호를 써 보세요.

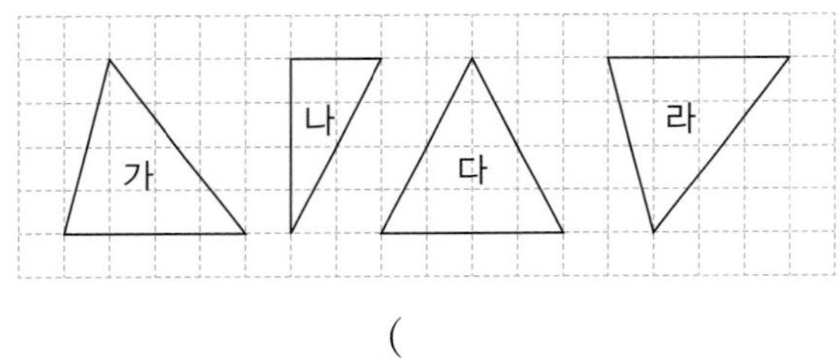

(　　　　　　　　)

03 점선을 따라 잘랐을 때 잘린 두 도형이 서로 합동인 것을 찾아 기호를 써 보세요.

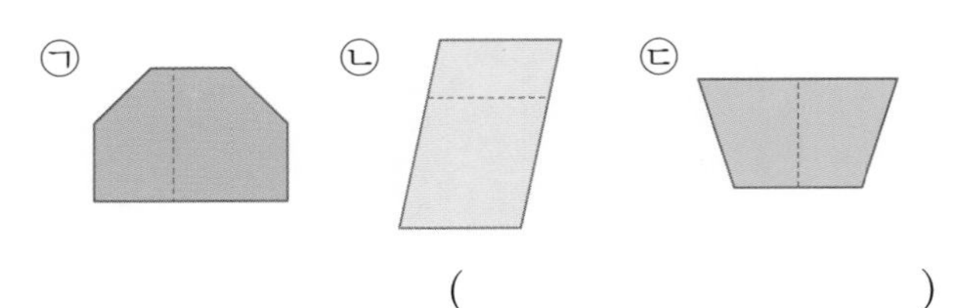

(　　　　　　　　)

04 두 도형은 서로 합동입니다. 대응점, 대응변, 대응각이 각각 몇 쌍인가요?

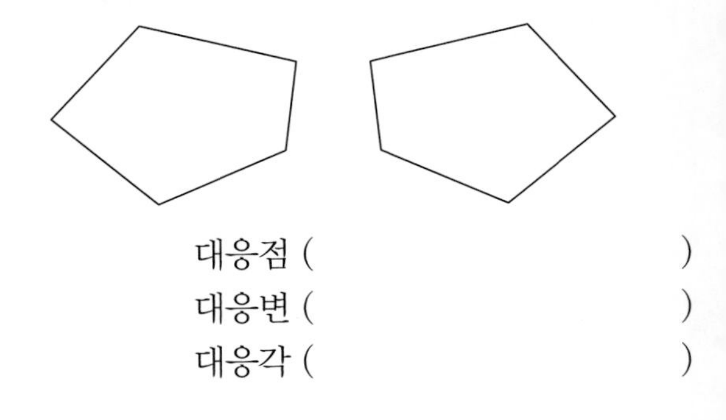

대응점 (　　　　　　　　)
대응변 (　　　　　　　　)
대응각 (　　　　　　　　)

05 주어진 도형과 서로 합동인 도형을 그려 보세요.

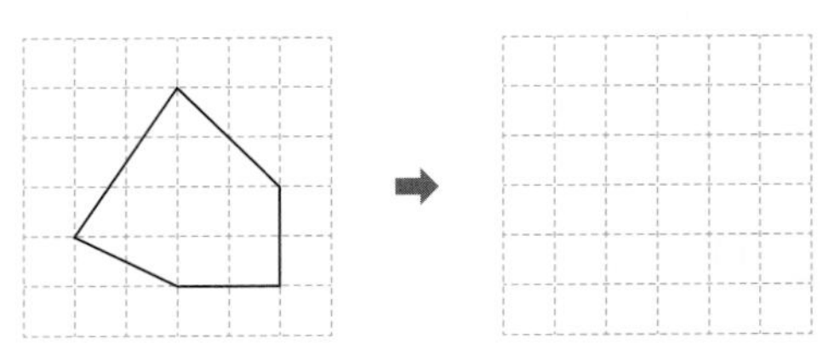

⊂중요⊃
06 두 삼각형은 서로 합동입니다. 변 ㄹㅂ은 몇 cm인지 구해 보세요.

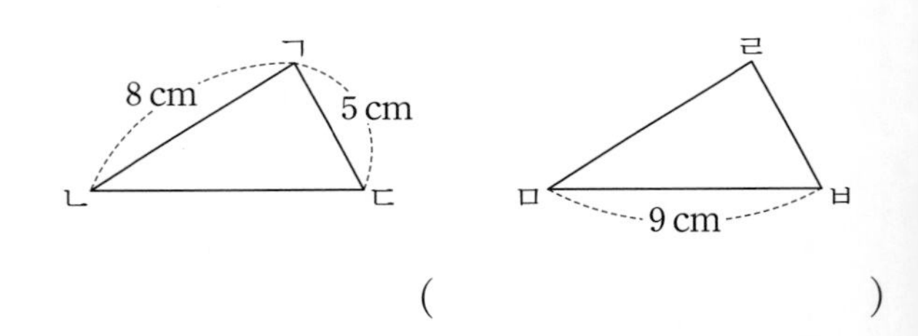

(　　　　　　　　)

07 두 사각형은 서로 합동입니다. 각 ㄱㄴㄷ과 각 ㄴㄷㄹ의 크기의 합은 몇 도인가요?

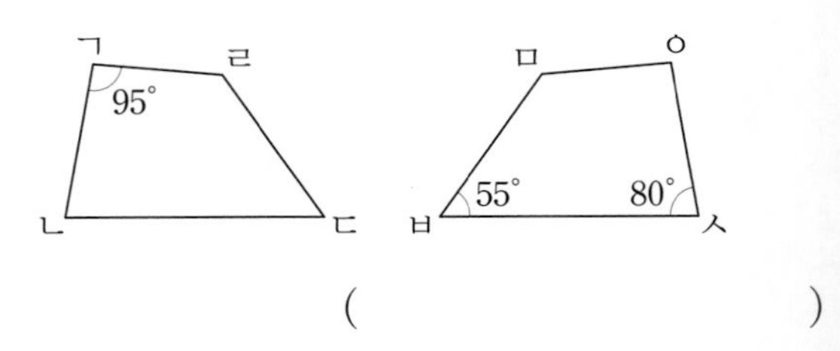

(　　　　　　　　)

정답과 해설 16쪽

08 정사각형 모양의 종이를 잘라서 서로 합동인 삼각형 4개를 만들려고 합니다. 2가지 방법으로 선을 그어 보세요.

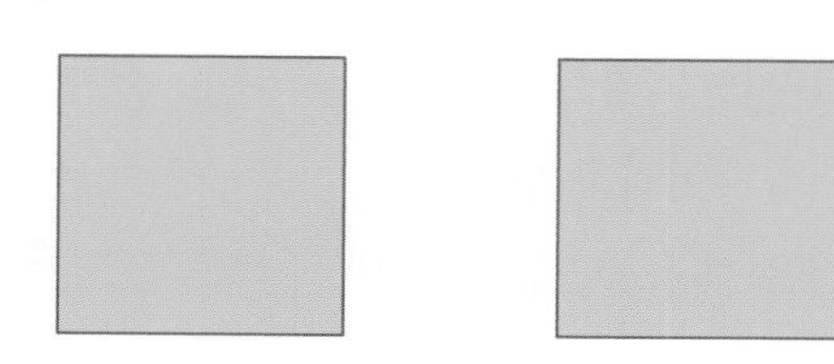

09 삼각형 ㄱㄴㄷ과 삼각형 ㄷㄹㅁ은 서로 합동입니다. 설명 중 옳은 것은 어느 것인가요? (　　　)

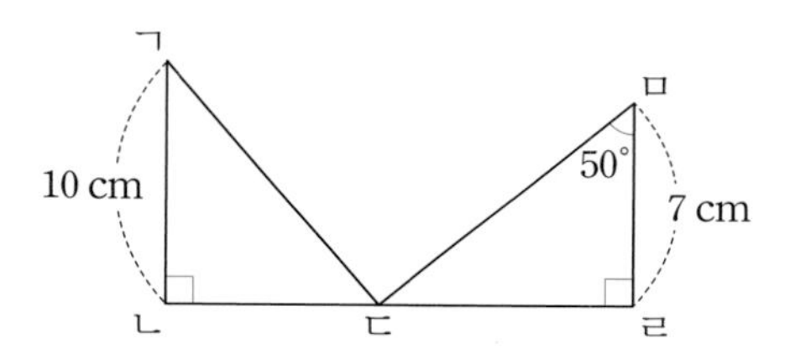

① 점 ㄱ의 대응점은 점 ㅁ입니다.
② 변 ㄴㄷ의 대응변은 변 ㄷㄹ입니다.
③ 각 ㄱㄷㄴ의 대응각은 각 ㅁㄷㄹ입니다.
④ 선분 ㄴㄹ의 길이는 17 cm입니다.
⑤ 각 ㄷㄱㄴ의 크기는 50°입니다.

⊂어려운 문제⊃

10 삼각형 ㄱㄴㄷ과 삼각형 ㄹㅁㅂ은 서로 합동이고 이등변삼각형입니다. 각 ㄱㄴㄷ은 몇 도인가요?

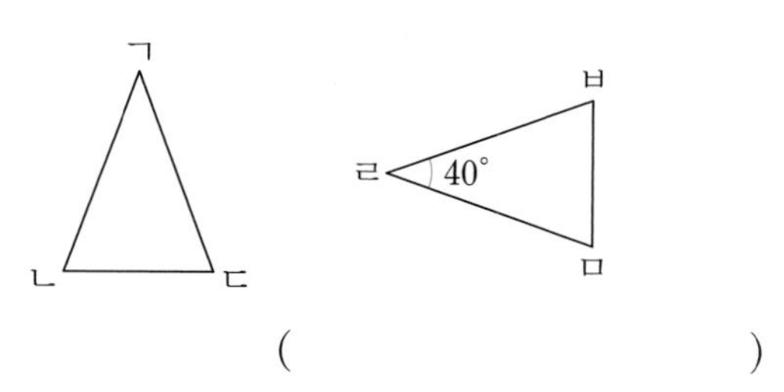

(　　　　　　　　　　)

도움말 이등변삼각형은 두 각의 크기가 같습니다.

문제해결 접근하기

11 두 사각형은 서로 합동입니다. 각 ㅇㅅㅂ은 몇 도인지 구해 보세요.

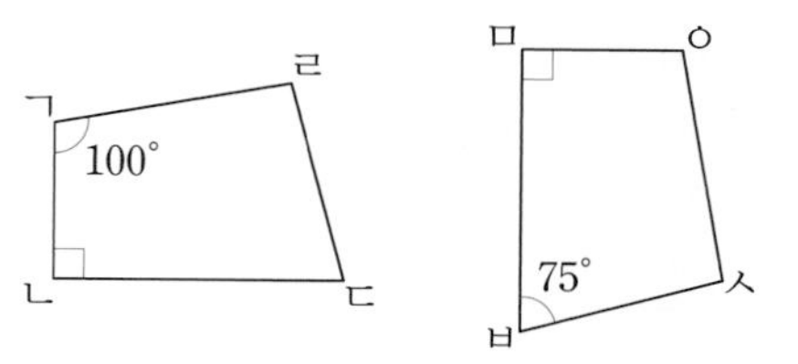

이해하기

구하려고 하는 것은 무엇일까요?

답 ______________________

계획 세우기

어떤 방법으로 문제를 해결하면 좋을까요?

답 ______________________

해결하기

(1) 각 ㅁㅇㅅ의 대응각은 각 ☐ 이므로

(각 ㅁㅇㅅ)=(각 ☐)=☐°

(2) 사각형의 네 각의 크기의 합은 ☐°이므로

(각 ㅇㅅㅂ)

=☐°−90°−75°−☐°

=☐°

되돌아보기

두 삼각형은 서로 합동입니다. 각 ㄹㅁㅂ은 몇 도인지 구해 보세요.

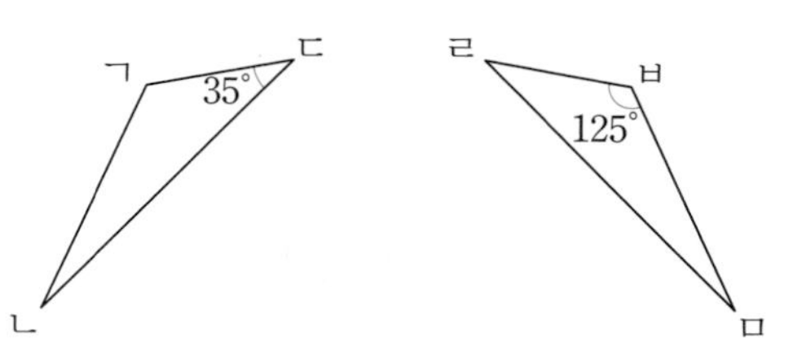

답 ______________________

개념 3 선대칭도형과 그 성질을 알아볼까요

선대칭도형

• 한 직선을 따라 접었을 때 완전히 겹치는 도형을 선대칭도형이라고 합니다. 이때 그 직선을 대칭축이라고 합니다.

• 대칭축을 따라 접었을 때 겹치는 점을 대응점, 겹치는 변을 대응변, 겹치는 각을 대응각이라고 합니다.

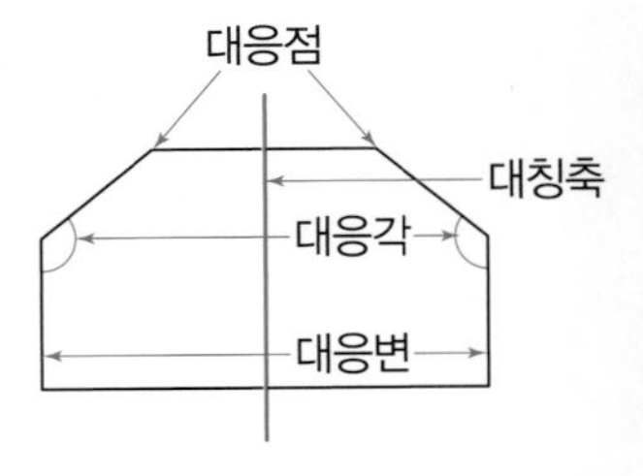

선대칭도형의 성질

• 각각의 대응변의 길이가 서로 같습니다.

• 각각의 대응각의 크기가 서로 같습니다.

• 대응점끼리 이은 선분은 대칭축과 수직으로 만납니다.

• 대칭축은 대응점끼리 이은 선분을 둘로 똑같이 나누므로 각각의 대응점에서 대칭축까지의 거리가 같습니다.

예

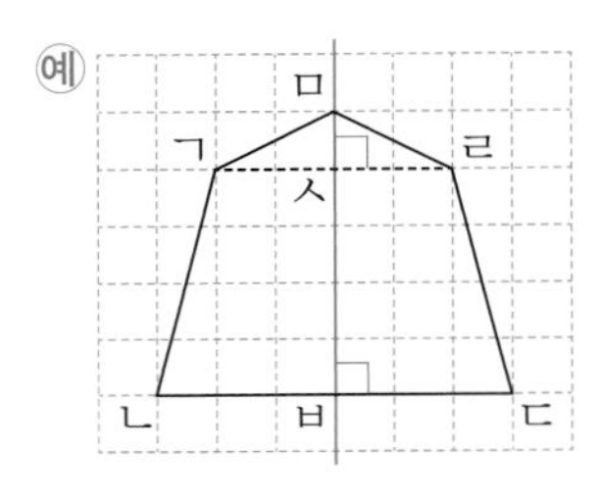

• (변 ㄱㅁ)=(변 ㄹㅁ), (변 ㄱㄴ)=(변 ㄹㄷ)

• (각 ㅁㄱㄴ)=(각 ㅁㄹㄷ), (각 ㄱㄴㅂ)=(각 ㄹㄷㅂ)

• 선분 ㄱㄹ과 선분 ㄴㄷ이 대칭축과 만나서 이루는 각은 90°입니다.

• (선분 ㄱㅅ)=(선분 ㄹㅅ), (선분 ㄴㅂ)=(선분 ㄷㅂ)

선대칭도형 그리기

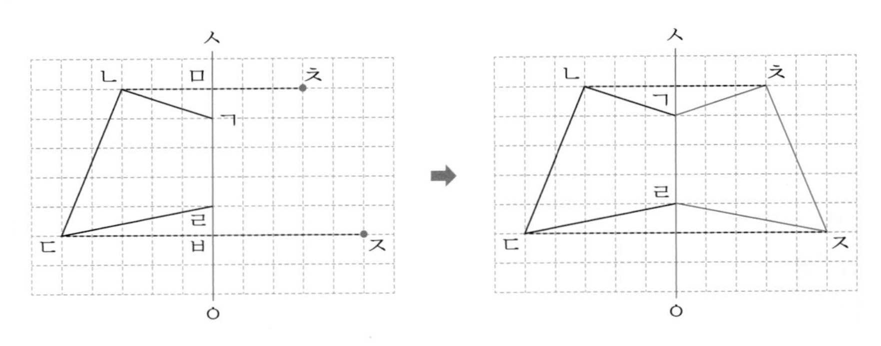

① 점 ㄴ에서 대칭축 ㅅㅇ에 수선을 긋고, 대칭축과 만나는 점을 ㅁ으로 표시합니다.

② 이 수선에 선분 ㄴㅁ과 길이가 같은 ㅊㅁ이 되도록 점 ㄴ의 대응점을 찾아 점 ㅊ으로 표시합니다.

③ 이와 같은 방법으로 점 ㄷ의 대응점을 찾아 점 ㅈ으로 표시합니다.

④ 대응점을 차례로 이어 선대칭도형을 완성하고 선대칭도형이 맞는지 확인합니다.

• 대칭축

선대칭도형에 따라 대칭축은 1개일 수도 있고, 여러 개가 있을 수도 있습니다.

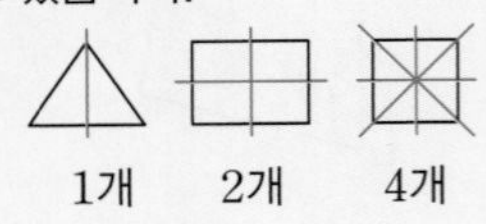

1개 2개 4개

• 원의 대칭축

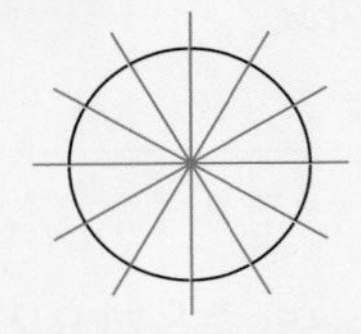

– 원의 중심을 지나는 직선은 모두 원의 대칭축이 될 수 있습니다.
– 원의 대칭축은 셀 수 없이 많습니다.

• 선대칭도형이 맞는지 확인하는 방법

– 대칭축이 대응점끼리 이은 선분을 둘로 똑같이 나누는지 확인합니다.
– 대응점끼리 이은 선분이 대칭축과 수직으로 만나는지 확인합니다.

문제를 풀며 이해해요

정답과 해설 17쪽

1 선대칭도형을 모두 찾아 기호를 써 보세요.

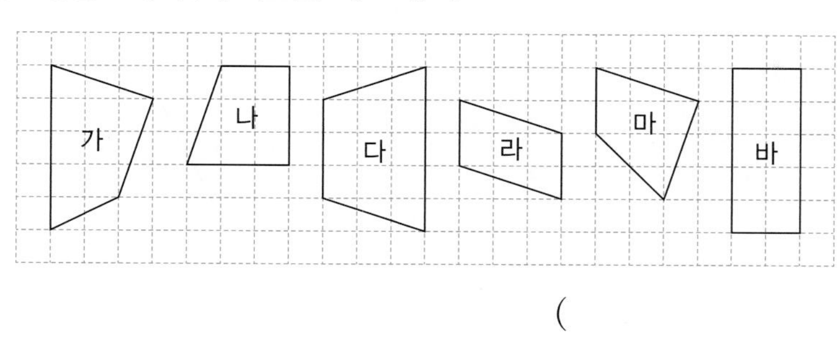

(　　　　　　　　　　)

선대칭도형과 그 성질을 이해하고 있는지 묻는 문제예요.

2 선대칭도형에서 대칭축을 그려 보세요.

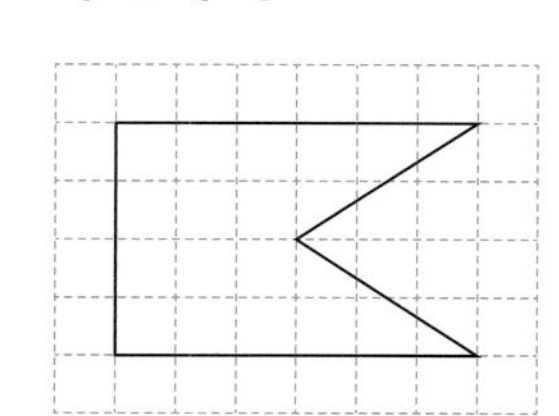

도형이 완전히 포개어지도록 접을 수 있는 직선을 그려요.

3 직선 ㅅㅇ을 대칭축으로 하는 선대칭도형입니다. 빈칸에 알맞게 써넣으세요.

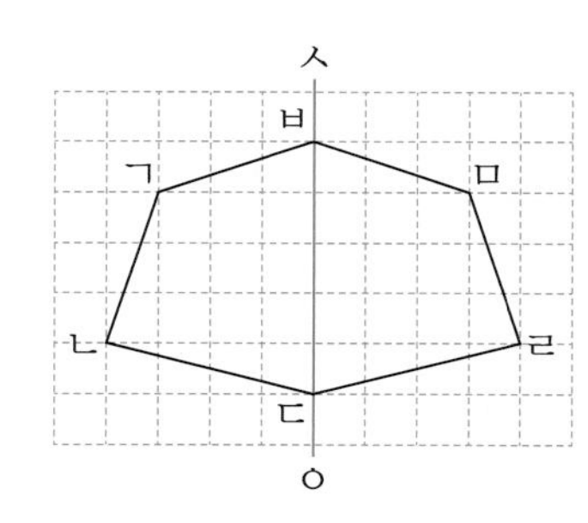

점 ㄴ의 대응점	
변 ㄱㄴ의 대응변	
각 ㅂㄱㄴ의 대응각	

대칭축을 따라 접었을 때 겹치는 점, 겹치는 변, 겹치는 각을 찾아봐요.

4 오른쪽은 직선 ㅅㅇ을 대칭축으로 하는 선대칭도형입니다. □ 안에 알맞게 써넣으세요.

(1) 선분 ㄱㅁ과 길이가 같은 선분은 선분 □ 입니다.

(2) 각 ㄹㅁㄱ은 □°입니다.

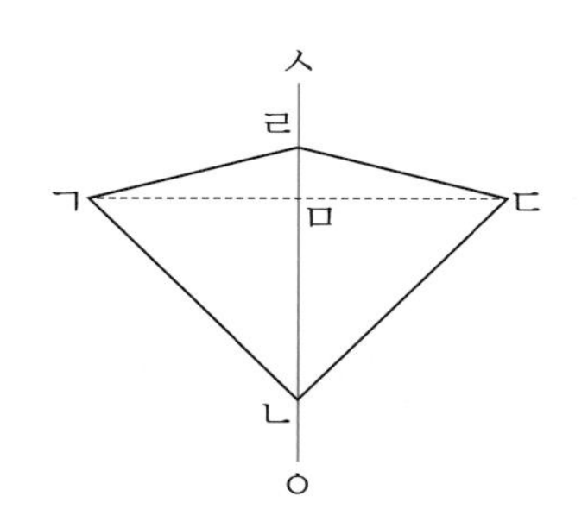

선대칭도형에서 대응점끼리 이은 선분과 대칭축의 관계를 알아봐요.

교과서 내용 학습

01 선대칭도형을 모두 찾아 기호를 써 보세요.

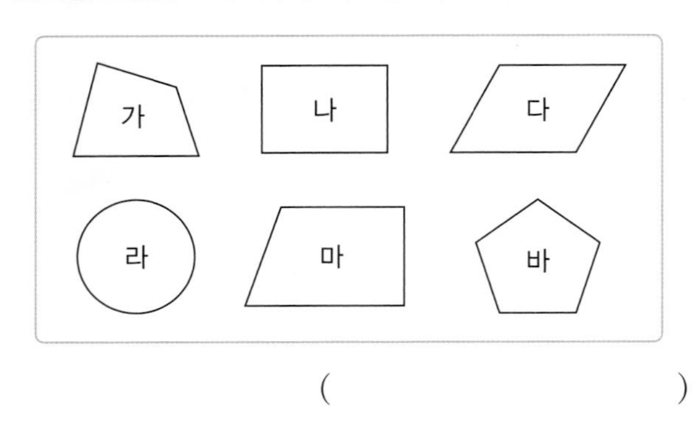

( )

02 주어진 알파벳 중에서 선대칭도형은 모두 몇 개인가요?

A C F M J

( )

03 대칭축을 바르게 나타낸 것은 어느 것인가요? ( )

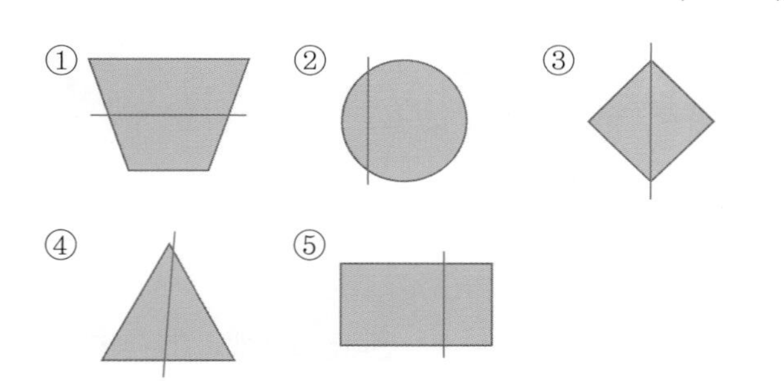

04 대칭축의 수가 가장 적은 도형은 어느 것인가요?

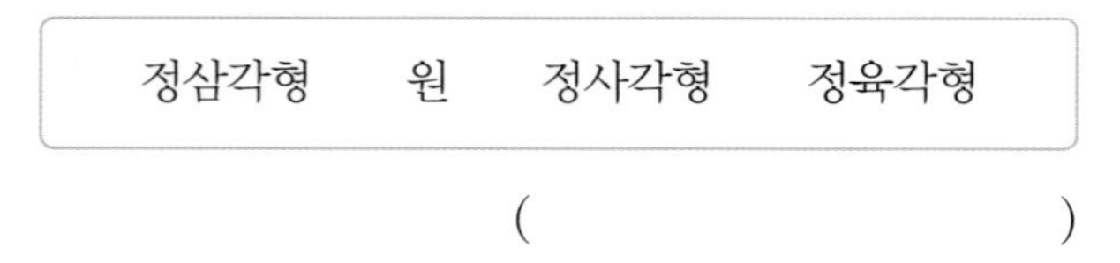

( )

중요

05 직선 ㅁㅂ을 대칭축으로 하는 선대칭도형입니다. 변 ㄱㄷ은 몇 cm인지 구해 보세요.

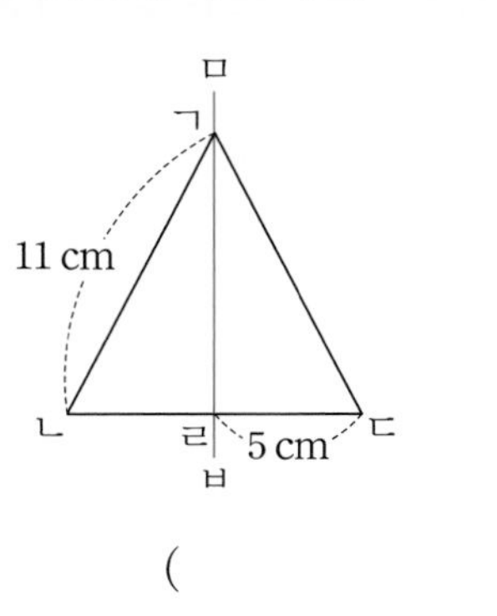

( )

06 직선 ㅅㅇ을 대칭축으로 하는 선대칭도형입니다. □ 안에 알맞은 수를 써넣으세요.

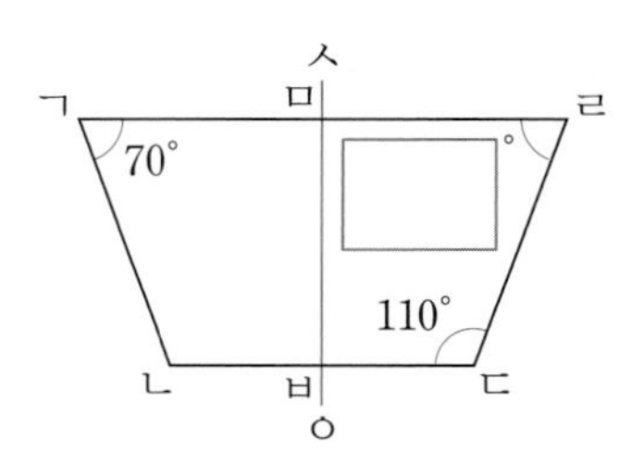

07 선대칭도형을 완성해 보세요.

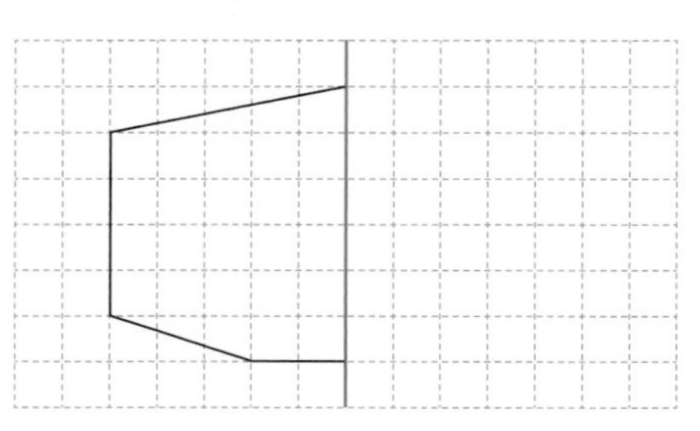

⊂중요⊃

08 직선 ㅈㅊ을 대칭축으로 하는 선대칭도형입니다. 대칭축에 의해 둘로 똑같이 나누어지는 선분을 모두 찾아 써 보세요.

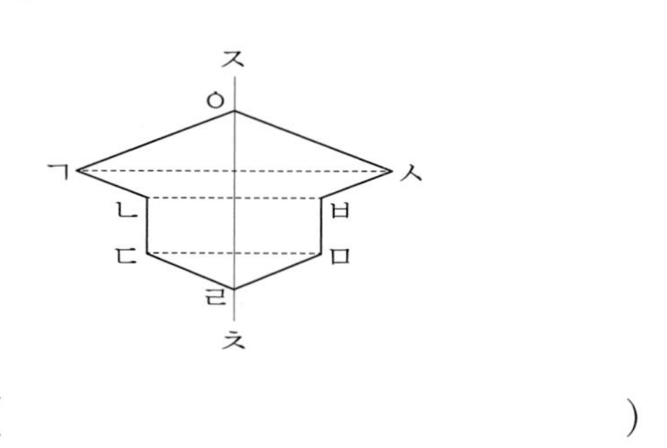

(　　　　　　　　　　)

09 직선 ㅅㅇ을 대칭축으로 하는 선대칭도형입니다. 변 ㄱㅂ과 변 ㄴㄷ의 길이의 합은 몇 cm인지 구해 보세요.

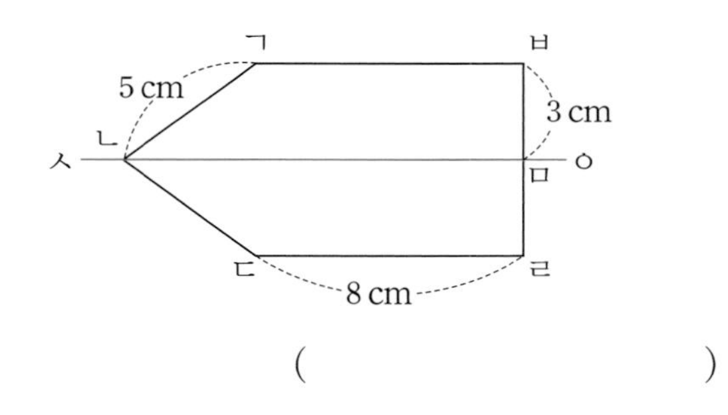

(　　　　　　　　　　)

⊂어려운 문제⊃

10 직선 ㅁㅂ을 대칭축으로 하는 선대칭도형입니다. 각 ㄴㄱㄹ은 몇 도인가요?

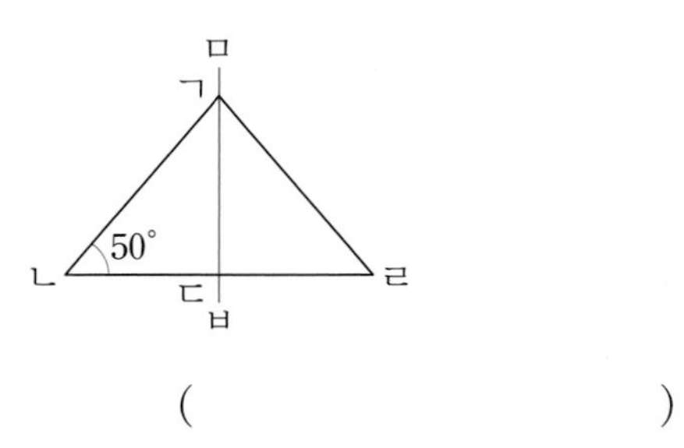

(　　　　　　　　　　)

도움말 삼각형 ㄱㄴㄷ의 세 각의 크기의 합은 180°입니다.

문제해결 접근하기

11 직선 ㅅㅇ을 대칭축으로 하는 선대칭도형입니다. 도형의 둘레는 몇 cm인지 구해 보세요.

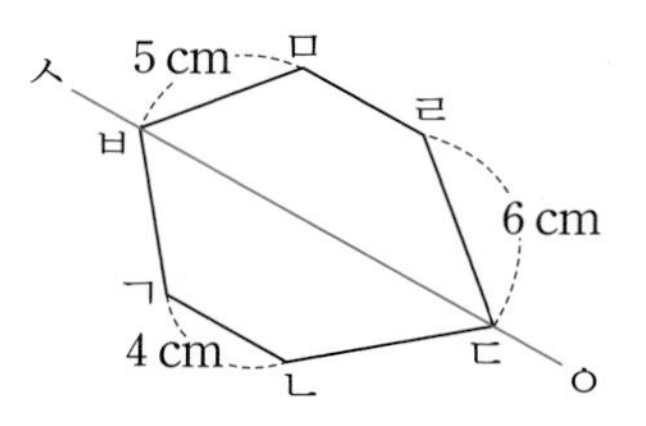

이해하기

구하려고 하는 것은 무엇일까요?

답 ______________________

계획 세우기

어떤 방법으로 문제를 해결하면 좋을까요?

답 ______________________

해결하기

(1) 변 ㄴㄷ의 대응변은 변 ☐이므로 ☐ cm입니다.

(2) 변 ㄹㅁ의 대응변은 변 ☐이므로 ☐ cm입니다.

(3) 변 ㄱㅂ의 대응변은 변 ☐이므로 ☐ cm입니다.

(4) 도형의 둘레는 ☐ cm입니다.

되돌아보기

직선 ㅈㅊ을 대칭축으로 하는 선대칭도형입니다. 도형의 둘레는 몇 cm인지 구해 보세요.

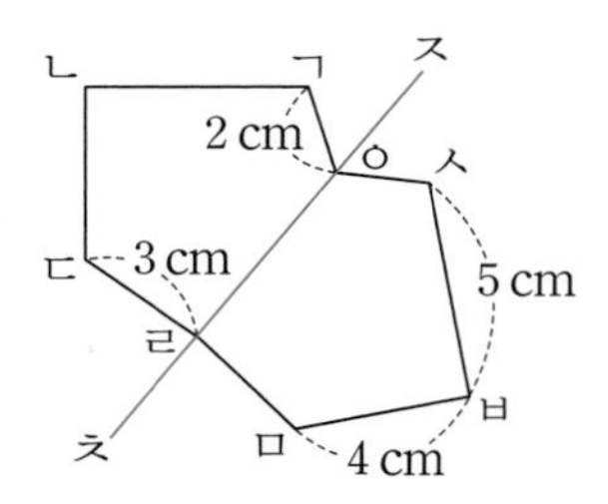

답 ______________________

개념 4 점대칭도형과 그 성질을 알아볼까요

• 대칭의 중심
- 대응점끼리 이은 선분이 만나는 점을 찾습니다.
- 도형의 한가운데에 있습니다.

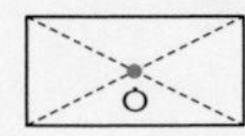

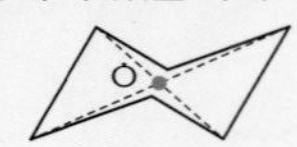

점대칭도형

• 한 도형을 어떤 점을 중심으로 180° 돌렸을 때 처음 도형과 완전히 겹치는 도형을 점대칭도형이라고 합니다. 이때 중심이 되는 점을 대칭의 중심이라고 합니다.

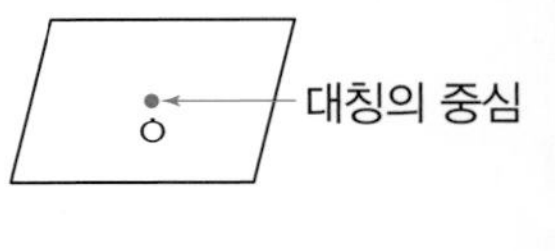

• 대칭의 중심을 중심으로 180° 돌렸을 때 겹치는 점을 대응점, 겹치는 변을 대응변, 겹치는 각을 대응각이라고 합니다.

점대칭도형의 성질

• 각각의 대응변의 길이가 서로 같습니다.
• 각각의 대응각의 크기가 서로 같습니다.
• 대칭의 중심은 대응점끼리 이은 선분을 둘로 똑같이 나누므로 각각의 대응점에서 대칭의 중심까지의 거리가 같습니다.

예
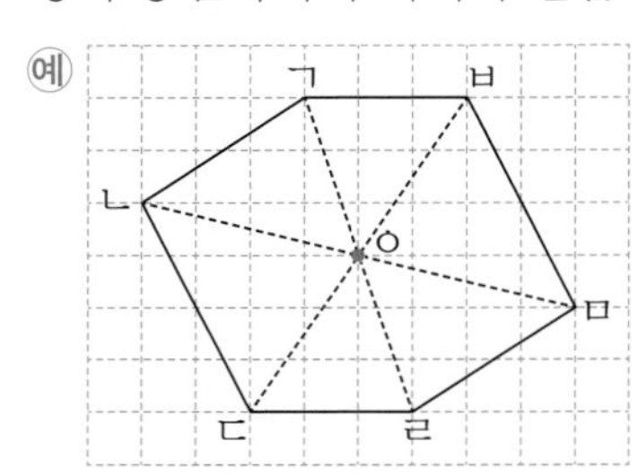

• (변 ㄱㄴ)=(변 ㄹㅁ), (변 ㄴㄷ)=(변 ㅁㅂ), (변 ㄷㄹ)=(변 ㅂㄱ)
• (각 ㄱㄴㄷ)=(각 ㄹㅁㅂ), (각 ㄴㄷㄹ)=(각 ㅁㅂㄱ), (각 ㄷㄹㅁ)=(각 ㅂㄱㄴ)
• (선분 ㄱㅇ)=(선분 ㄹㅇ), (선분 ㄴㅇ)=(선분 ㅁㅇ), (선분 ㄷㅇ)=(선분 ㅂㅇ)

• 점대칭도형이 맞는지 확인하는 방법
- 대응변의 길이, 대응각의 크기가 각각 같은지 확인합니다.
- 대응점끼리 이은 선분이 대칭의 중심에 의해 둘로 똑같이 나누어지는지 확인합니다.

점대칭도형 그리기

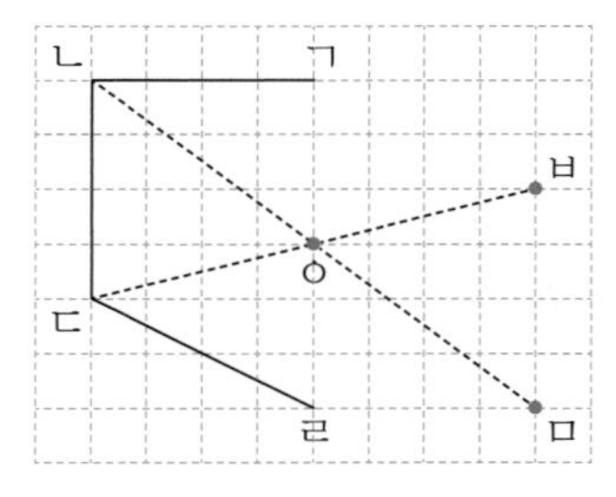

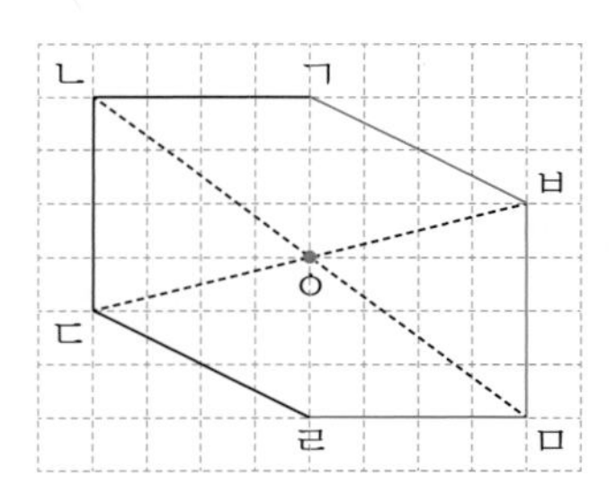

① 점 ㄴ에서 대칭의 중심인 점 ㅇ을 지나는 직선을 긋습니다.
② 이 직선에 선분 ㄴㅇ과 길이가 같은 선분 ㅁㅇ이 되도록 점 ㄴ의 대응점을 찾아 점 ㅁ으로 표시합니다.
③ 이와 같은 방법으로 점 ㄷ의 대응점을 찾아 점 ㅂ으로 표시합니다.
④ 대응점을 차례로 이어 점대칭도형을 완성하고 점대칭도형이 맞는지 확인합니다.

문제를 풀며 이해해요

정답과 해설 18쪽

1 점대칭도형을 찾아 기호를 써 보세요.

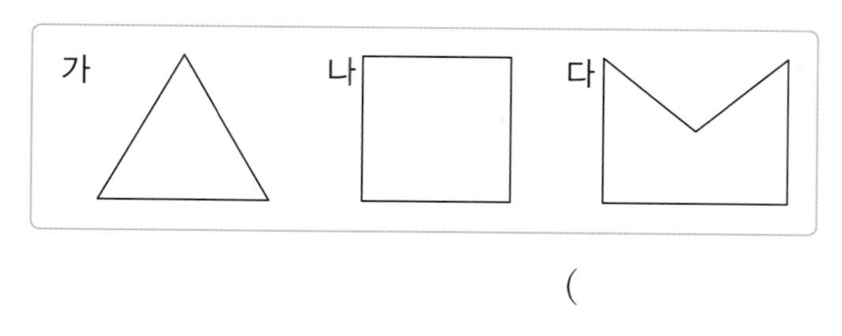

( )

점대칭도형과 그 성질을 이해하고 있는지 묻는 문제예요.

2 점대칭도형에서 대칭의 중심을 찾아 표시해 보세요.

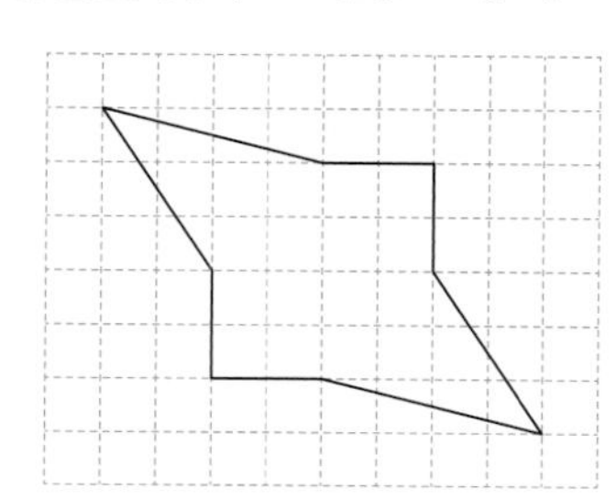

대응점끼리 이은 선분들이 만나는 점이 대칭의 중심이에요.

3 점 ㅇ을 대칭의 중심으로 하는 점대칭도형입니다. 빈칸에 알맞게 써넣으세요.

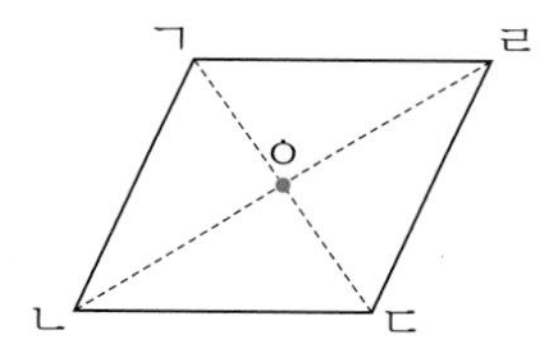

점 ㄱ의 대응점	
변 ㄱㄴ의 대응변	
각 ㄴㄱㄹ의 대응각	

180° 돌렸을 때 겹치는 점, 겹치는 변, 겹치는 각을 찾아봐요.

4 점 ㅇ을 대칭의 중심으로 하는 점대칭도형입니다. 주어진 선분과 길이가 같은 선분을 찾아 각각 써 보세요.

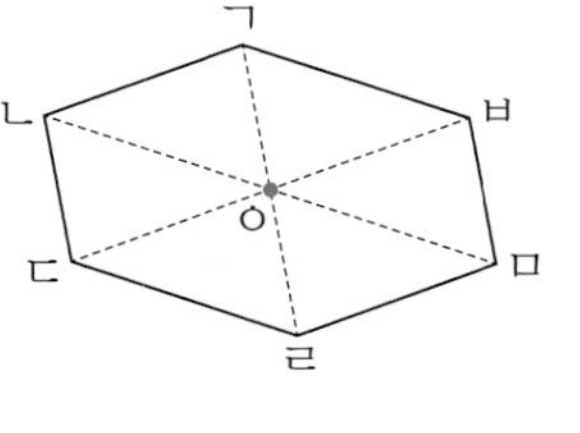

선분 ㄱㅇ ( )
선분 ㄴㅇ ( )
선분 ㄷㅇ ( )

대칭의 중심은 대응점끼리 이은 선분을 둘로 똑같이 나누어요.

교과서 내용 학습

01 점 ㅇ을 중심으로 180° 돌렸을 때 처음 도형과 완전히 겹치는 도형을 찾아 ○표 하세요.

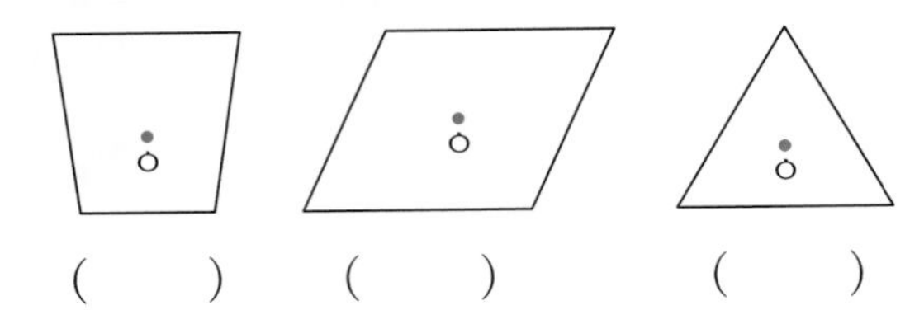

( ) ( ) ( )

02 점대칭도형에서 대칭의 중심은 몇 개인가요?

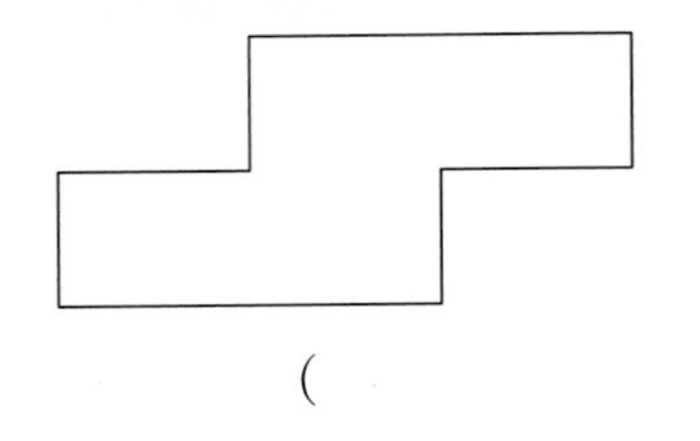

( )

03 주어진 글자 중 점대칭도형은 모두 몇 개인가요?

ㄱ ㄹ ㅇ ㅊ ㅍ ㅎ

( )

04 선대칭도형도 되고 점대칭도형도 되는 것을 찾아 기호를 써 보세요.

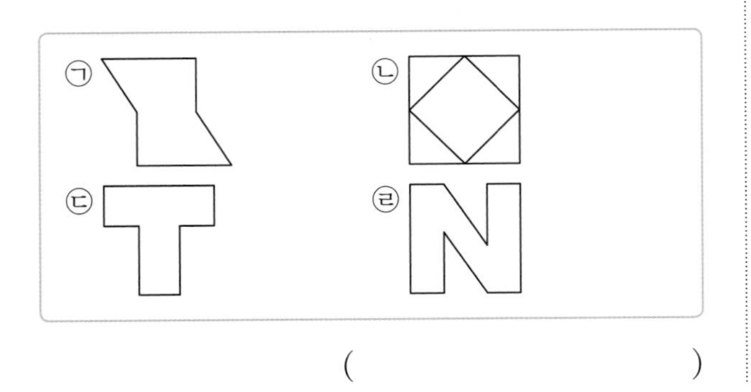

( )

05 점 ㅇ을 대칭의 중심으로 하는 점대칭도형입니다. 대응점, 대응변, 대응각을 각각 찾아 써 보세요.

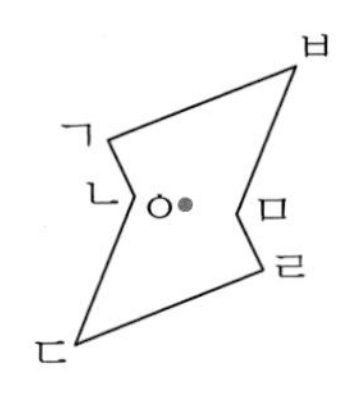

점 ㄴ의 대응점 ( )

변 ㄷㄹ의 대응변 ( )

각 ㅂㄱㄴ의 대응각 ( )

⊂중요⊃

06 점대칭도형을 완성해 보세요.

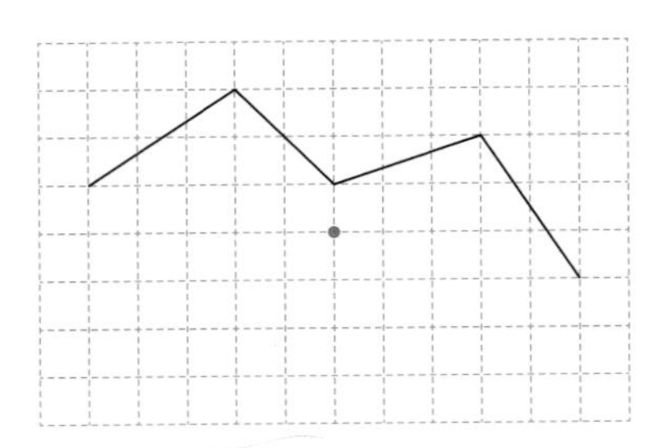

07 점 ㅇ을 대칭의 중심으로 하는 점대칭도형입니다. 바르게 말한 친구는 누구인가요?

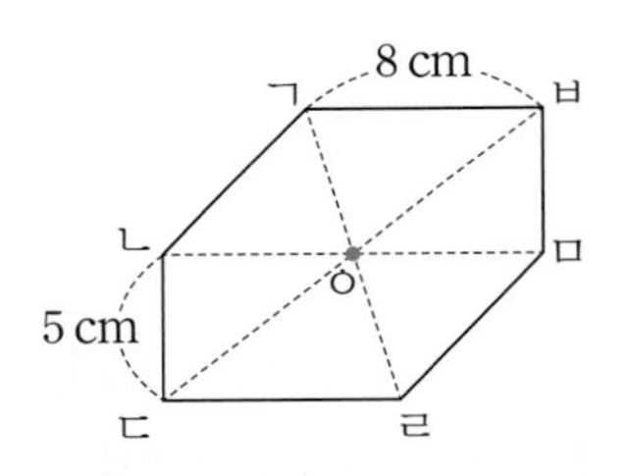

현우: 변 ㄷㄹ의 길이는 8 cm야.

찬우: 변 ㄱㄴ의 길이는 8 cm야.

우영: 변 ㄹㅁ의 길이는 5 cm야.

( )

08 점 ㅇ을 대칭의 중심으로 하는 점대칭도형입니다. 각 ㄴㄱㅂ은 몇 도인가요?

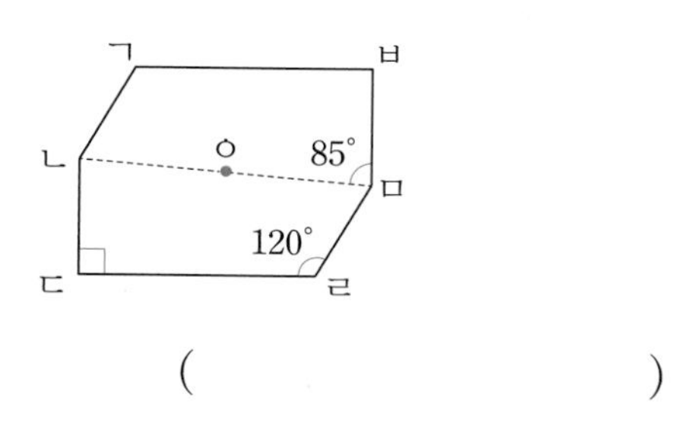

( )

09 점 ㅇ을 대칭의 중심으로 하는 점대칭도형입니다. 선분 ㄱㄹ과 선분 ㄴㅁ의 길이의 합은 몇 cm인지 구해 보세요.

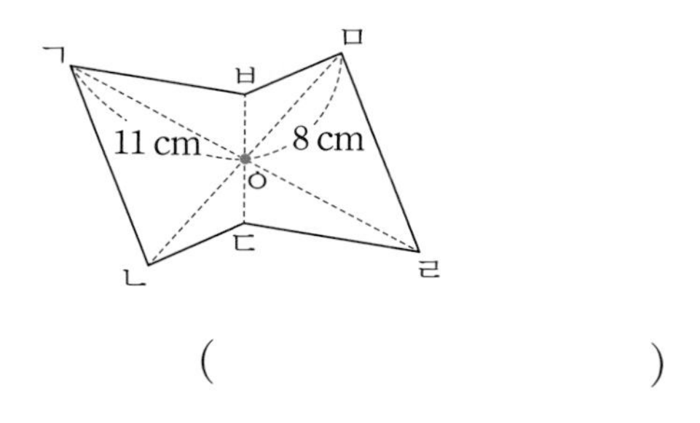

( )

⊂어려운 문제⊃

10 점 ㅇ을 대칭의 중심으로 하는 점대칭도형입니다. 각 ㄱㄴㄷ은 몇 도인가요?

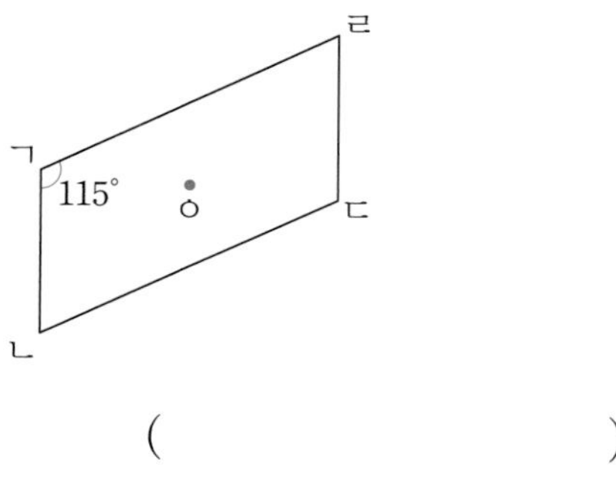

( )

도움말 사각형의 네 각의 크기의 합은 360°입니다.

문제해결 접근하기

11 점 ㅇ을 대칭의 중심으로 하는 점대칭도형입니다. 변 ㄴㄷ은 몇 cm인지 구해 보세요.

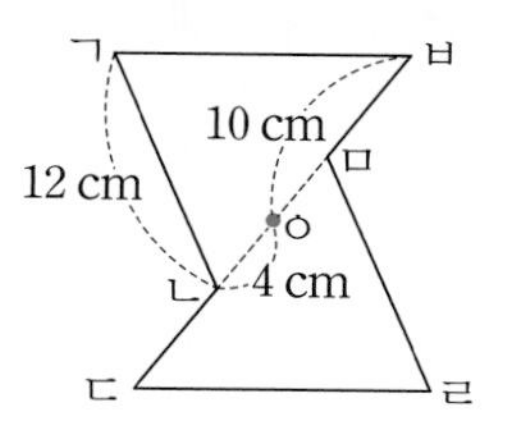

이해하기

구하려고 하는 것은 무엇일까요?

답 ______________________

계획 세우기

어떤 방법으로 문제를 해결하면 좋을까요?

답 ______________________

해결하기

(1) 대칭의 중심은 대응점을 이은 선분을 둘로 똑같이 나누므로

(선분 ㅇㄷ)=(선분 ☐)=☐ cm

(2) (변 ㄴㄷ)=(선분 ㅇㄷ)−(선분 ㅇㄴ)

=☐−☐=☐(cm)

되돌아보기

점 ㅇ을 대칭의 중심으로 하는 점대칭도형입니다. 선분 ㄷㅂ은 몇 cm인지 구해 보세요.

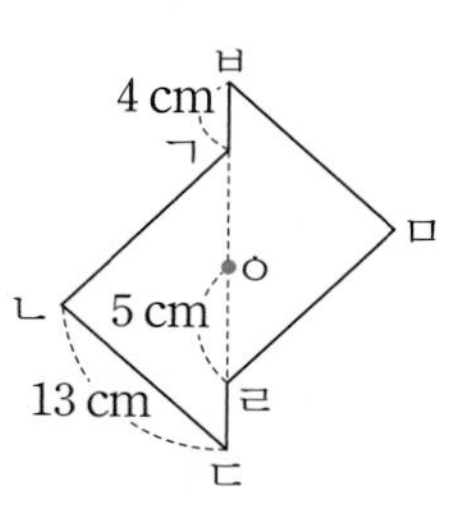

답 ______________________

단원 확인 평가

01 오른쪽 도형과 서로 합동인 도형을 찾아 기호를 써 보세요.

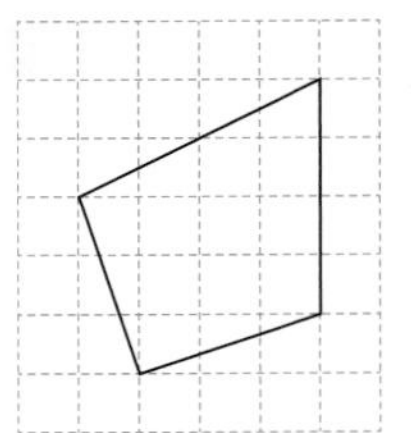

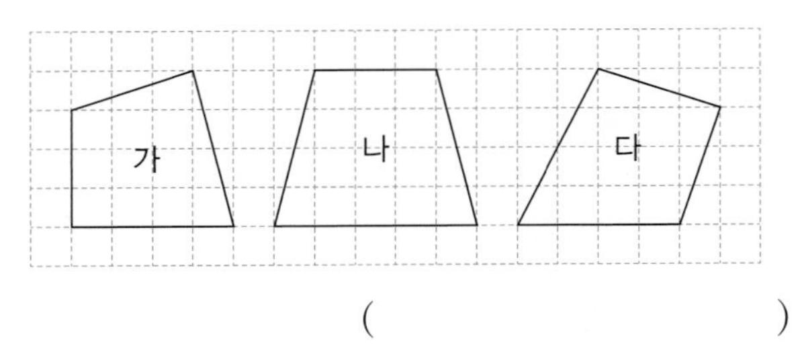

( )

02 주어진 도형과 서로 합동인 도형을 그려 보세요.

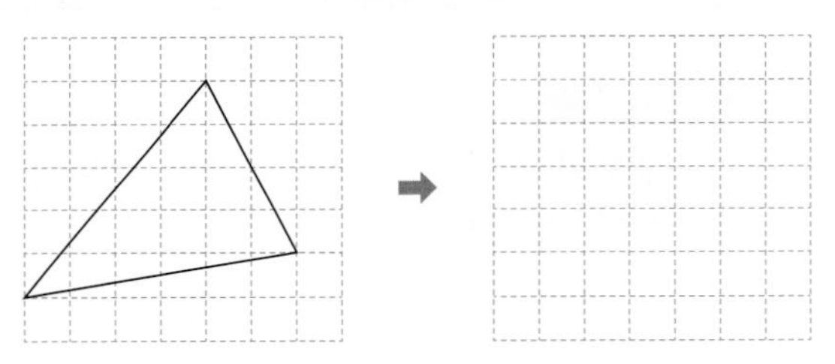

03 두 삼각형은 서로 합동입니다. 대응점, 대응변, 대응각을 잘못 짝 지은 친구는 누구인가요?

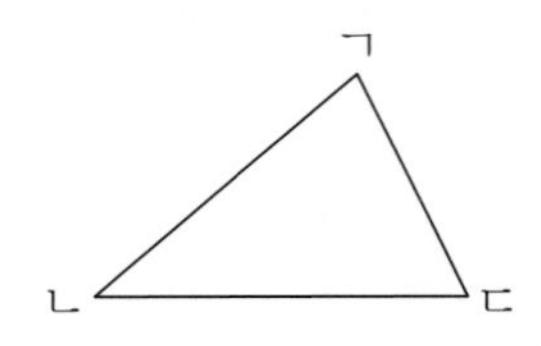

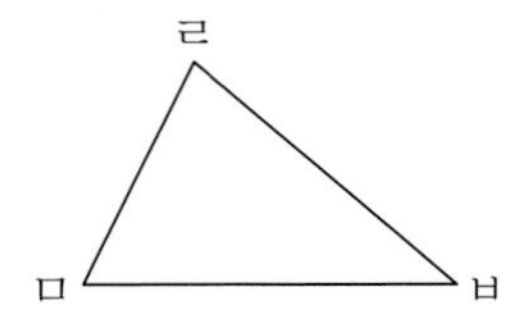

[경아] 점 ㄴ의 대응점은 점 ㅂ이야.
[현진] 변 ㄱㄷ의 대응변은 변 ㄹㅂ이야.
[종현] 각 ㄱㄴㄷ의 대응각은 각 ㄹㅂㅁ이야.

( )

04 삼각형 ㄱㄴㄷ과 삼각형 ㄷㄹㅁ은 서로 합동입니다. 선분 ㄴㄹ은 몇 cm인지 구해 보세요.

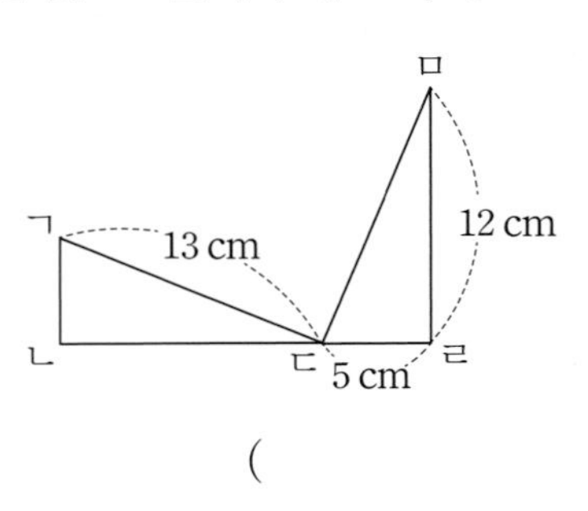

( )

⊂서술형⊃

05 두 사각형은 서로 합동입니다. 각 ㄱㄹㄷ은 몇 도인지 구하는 풀이 과정을 쓰고 답을 구해 보세요.

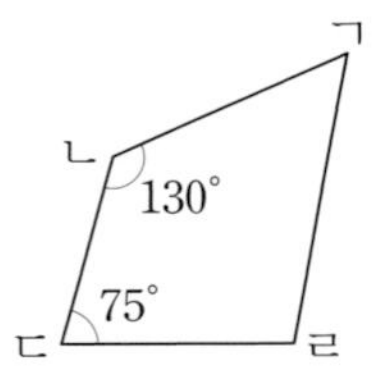

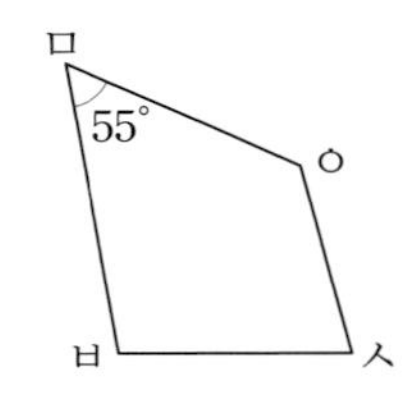

풀이

(1) 각 ㄴㄱㄹ의 대응각은 각 ( )이므로 ( )°입니다.

(2) 사각형 ㄱㄴㄷㄹ의 네 각의 크기의 합은 ( )°이므로 각 ㄱㄹㄷ의 크기는 ( )°입니다.

답 ____________________

06 □ 안에 알맞은 말을 써넣으세요.

한 직선을 따라 접어서 완전히 겹치는 도형을 □(이)라고 하고, 어떤 점을 중심으로 180° 돌렸을 때 처음 도형과 완전히 겹치는 도형을 □(이)라고 합니다.

07 대칭축이 2개인 선대칭도형은 어느 것인가요?

( )

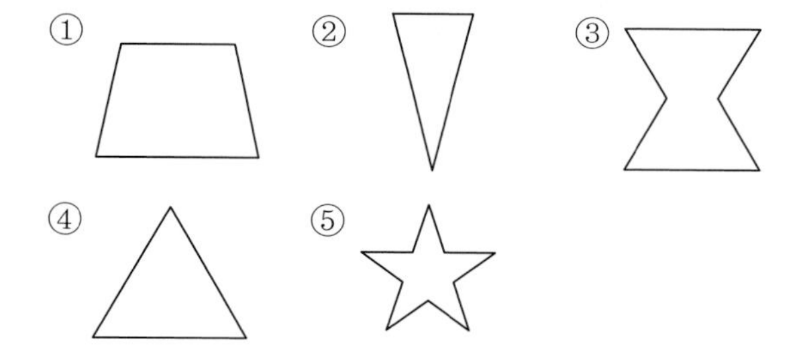

[08~09] 직선 ㅈㅊ을 대칭축으로 하는 선대칭도형입니다. 물음에 답하세요.

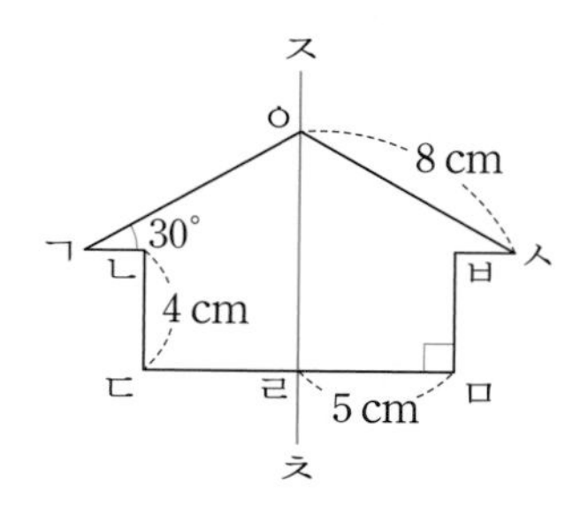

08 변 ㅁㅂ은 몇 cm인지 구해 보세요.

( )

09 각 ㅇㅅㅂ은 몇 도인가요?

( )

중요

10 선대칭도형에 대해 잘못 설명한 것은 어느 것인가요?

( )

① 정삼각형의 대칭축은 3개입니다.
② 대응점끼리 이은 선분은 대칭축과 수직으로 만납니다.
③ 선대칭도형의 대칭축이 여러 개일 때 대칭축은 항상 수직으로 만납니다.
④ 대칭축을 기준으로 접었을 때 완전히 겹칩니다.
⑤ 각각의 대응변의 길이가 같습니다.

11 선대칭도형이 되도록 그림을 완성해 보세요.

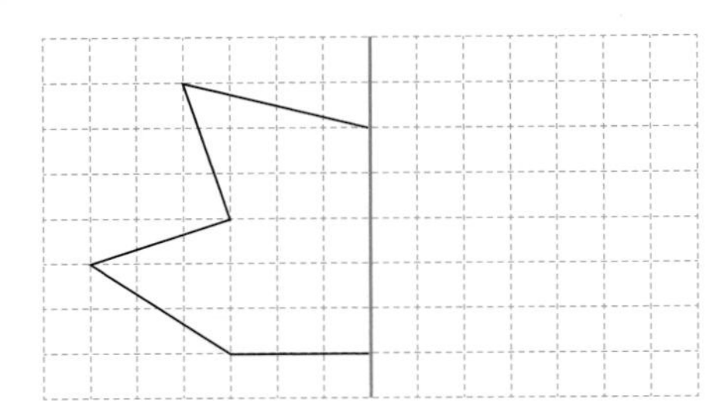

12 주어진 직선을 대칭축으로 하는 선대칭도형이 되도록 그림을 완성하고, 완성했을 때 나타나는 식을 계산해 보세요.

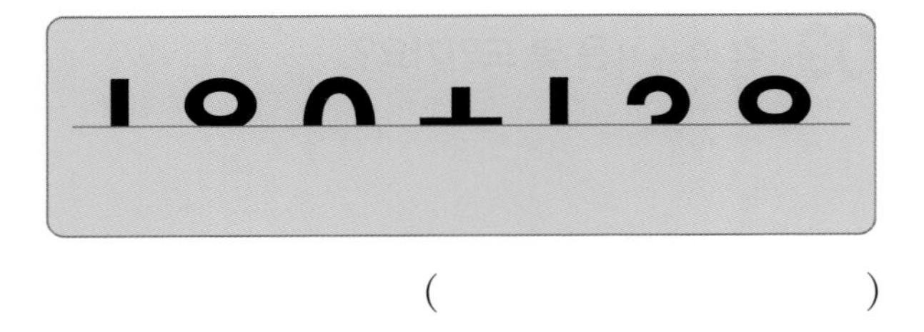

(　　　　　　　　　　)

13 점대칭도형 카드를 가진 친구는 누구인가요?

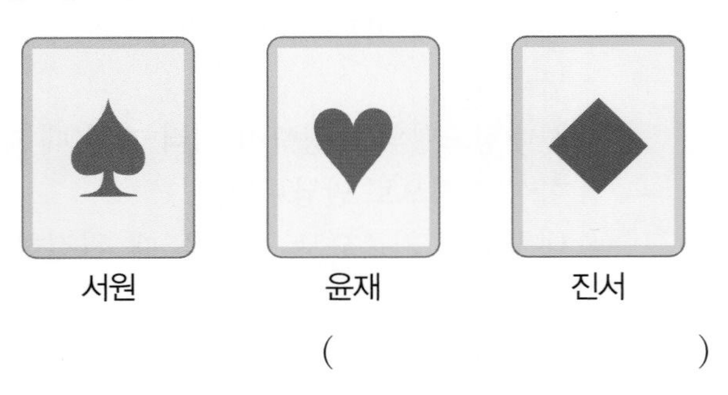

(　　　　　　　　　　)

14 점대칭도형에서 대칭의 중심을 찾아 표시해 보세요.

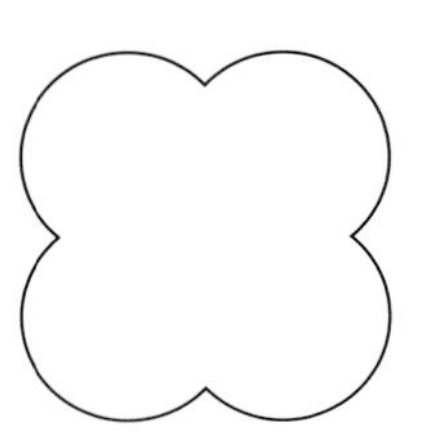

15 점 ㅇ을 대칭의 중심으로 하는 점대칭도형입니다. 대응각끼리 선으로 이어 보세요.

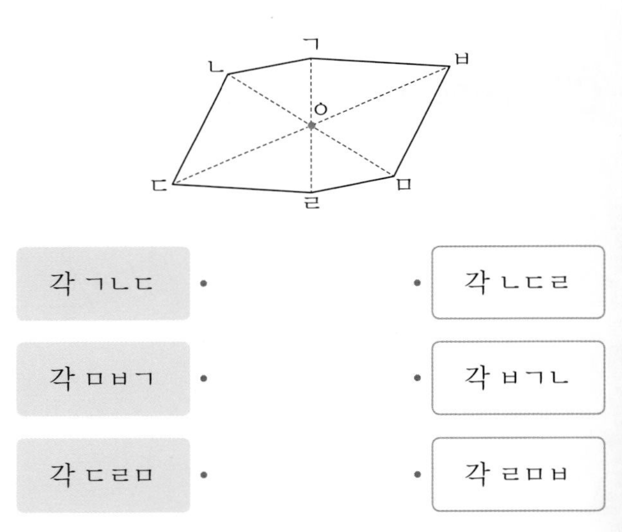

⊂중요⊃

16 점 ㅇ을 대칭의 중심으로 하는 점대칭도형입니다. 두 대각선의 길이의 합이 44 cm일 때 선분 ㄱㅇ은 몇 cm인지 구해 보세요.

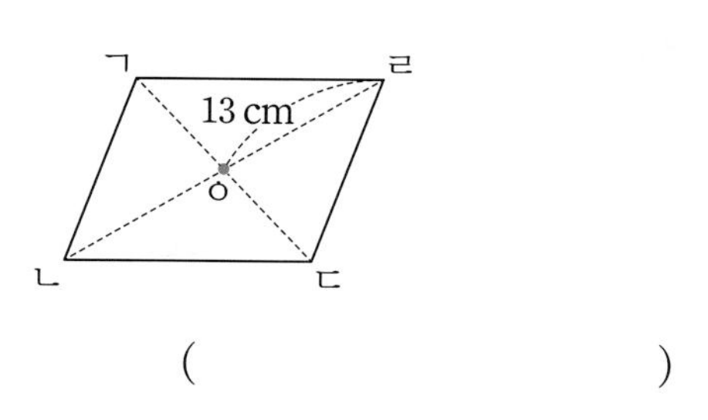

(　　　　　　　　)

17 점 ㅇ을 대칭의 중심으로 하는 점대칭도형입니다. 이 점대칭도형의 둘레는 몇 cm인지 구해 보세요.

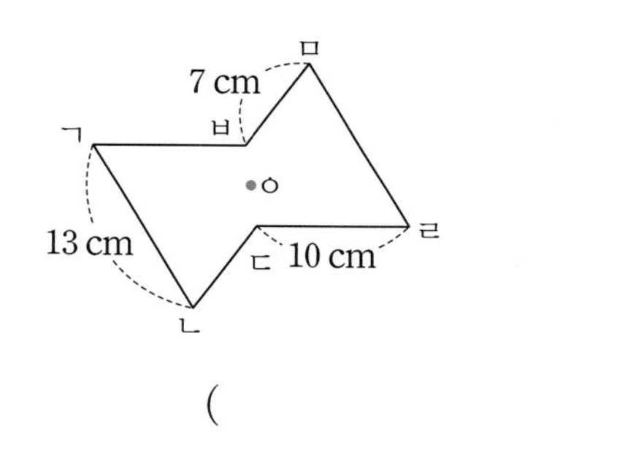

(　　　　　　　　)

⊂어려운 문제⊃

18 삼각형 ㄱㄴㄷ과 삼각형 ㄹㄷㄴ은 서로 합동입니다. 각 ㄴㅁㄷ은 몇 도인가요?

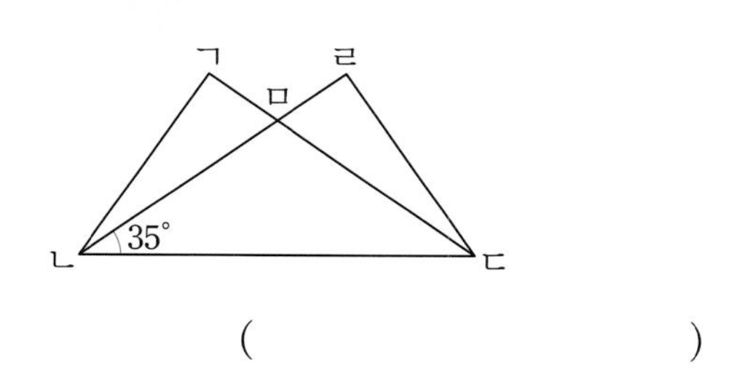

(　　　　　　　　)

⊂어려운 문제⊃

19 점 ㅇ을 대칭의 중심으로 하는 점대칭도형입니다. 각 ㄱㄴㄷ은 몇 도인가요?

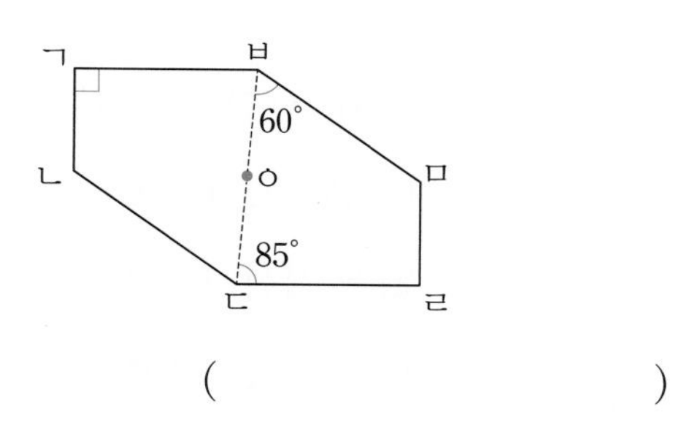

(　　　　　　　　)

⊂서술형⊃

20 선분 ㄱㄹ을 대칭축으로 하는 선대칭도형입니다. 선분 ㄴㄹ은 몇 cm인지 구하는 풀이 과정을 쓰고 답을 구해 보세요.

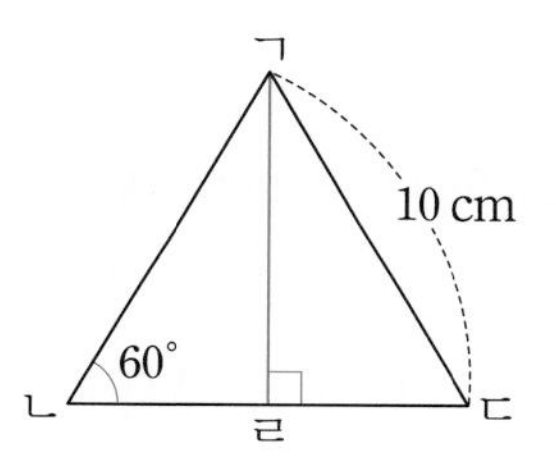

풀이

(1) 각 ㄱㄷㄹ의 대응각은 각 (　　　　)이므로 각 ㄱㄷㄹ의 크기는 (　　　　)°입니다.

(2) 삼각형 ㄱㄴㄷ의 세 각의 크기의 합은 (　　　　)°이므로 각 ㄴㄱㄷ의 크기는 (　　　　)°입니다.

(3) 삼각형 ㄱㄴㄷ은 세 각이 모두 (　　　　)°이므로 (　　　　　　　　)입니다.

(4) 변 ㄴㄷ의 길이는 (　　　　) cm이고, 선분 ㄴㄹ과 선분 ㄹㄷ의 길이는 같으므로 선분 ㄴㄹ의 길이는 (　　　　) cm입니다.

답 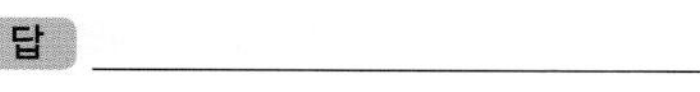

수학으로 세상보기

우리는 이번 단원에서 합동, 선대칭도형, 점대칭도형에 대해 배우고, 선대칭도형의 대칭축, 점대칭도형의 대칭의 중심을 찾아보았습니다. 우리가 매일 쓰는 한글의 자음과 모음, 숫자와 알파벳, 불상, 탑, 기와의 무늬 등에서도 합동과 대칭을 찾을 수 있답니다. 우리나라를 대표하는 태극기에도 합동이나 대칭인 도형이 있는지 살펴볼까요?

1 태극기에서 합동과 대칭 찾기!

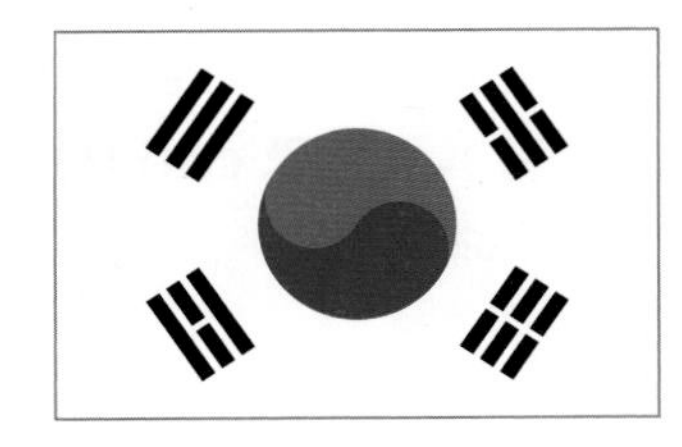

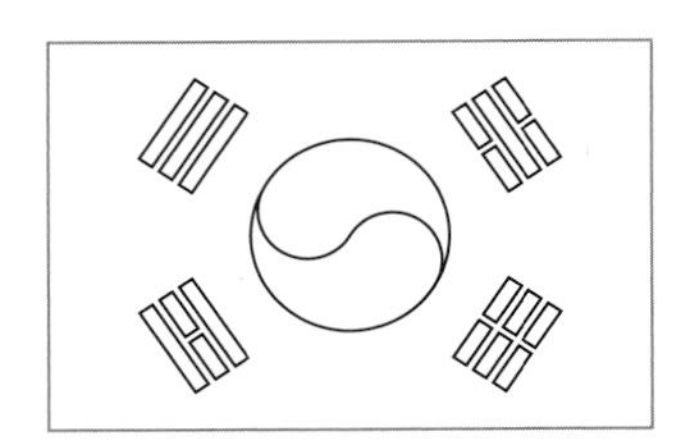

태극기에서 색깔은 빼고 선만 그리면 오른쪽과 같습니다. 오른쪽 태극기 그림에서 우리가 이번 단원에서 배운 합동, 선대칭도형, 점대칭도형을 찾아봅시다.

모양과 크기가 같아서 포개었을 때 완전히 겹쳐지는 도형을 찾아보면 가운데 태극 문양은 서로 합동인 도형(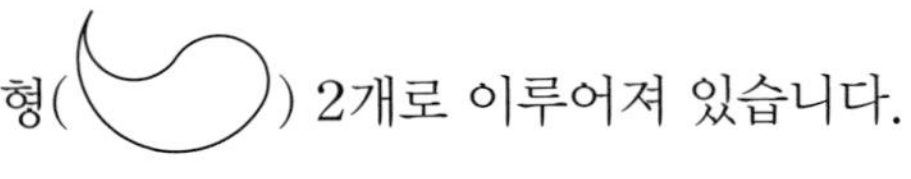) 2개로 이루어져 있습니다.

태극 문양은 점대칭도형입니다. 대칭의 중심을 찾아 표시해 보세요.

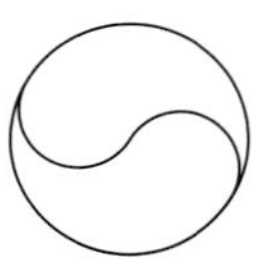

태극 문양

태극기의 네 귀퉁이에는 건, 곤, 감, 리 문양이 있습니다. 각각의 문양은 선대칭도형이면서 점대칭도형입니다.

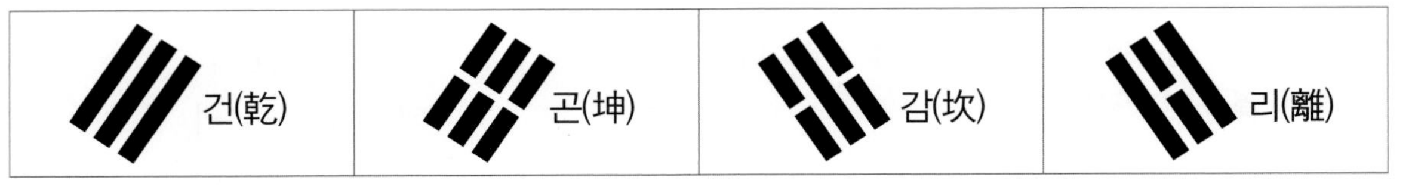

이렇게 자랑스러운 우리 태극기에는 대칭이 곳곳에 숨어 있어 균형감 있는 아름다움을 느낄 수 있습니다. 그럼 다른 나라 국기들은 어떨까요?

2 다른 나라 국기에서 합동과 대칭 찾기!

태극기는 전체를 하나의 도형으로 보면 선대칭도형도 점대칭도형도 아닙니다. 하지만 다른 나라 국기 중에서는 국기 전체가 선대칭도형이거나 점대칭도형인 경우가 있습니다.

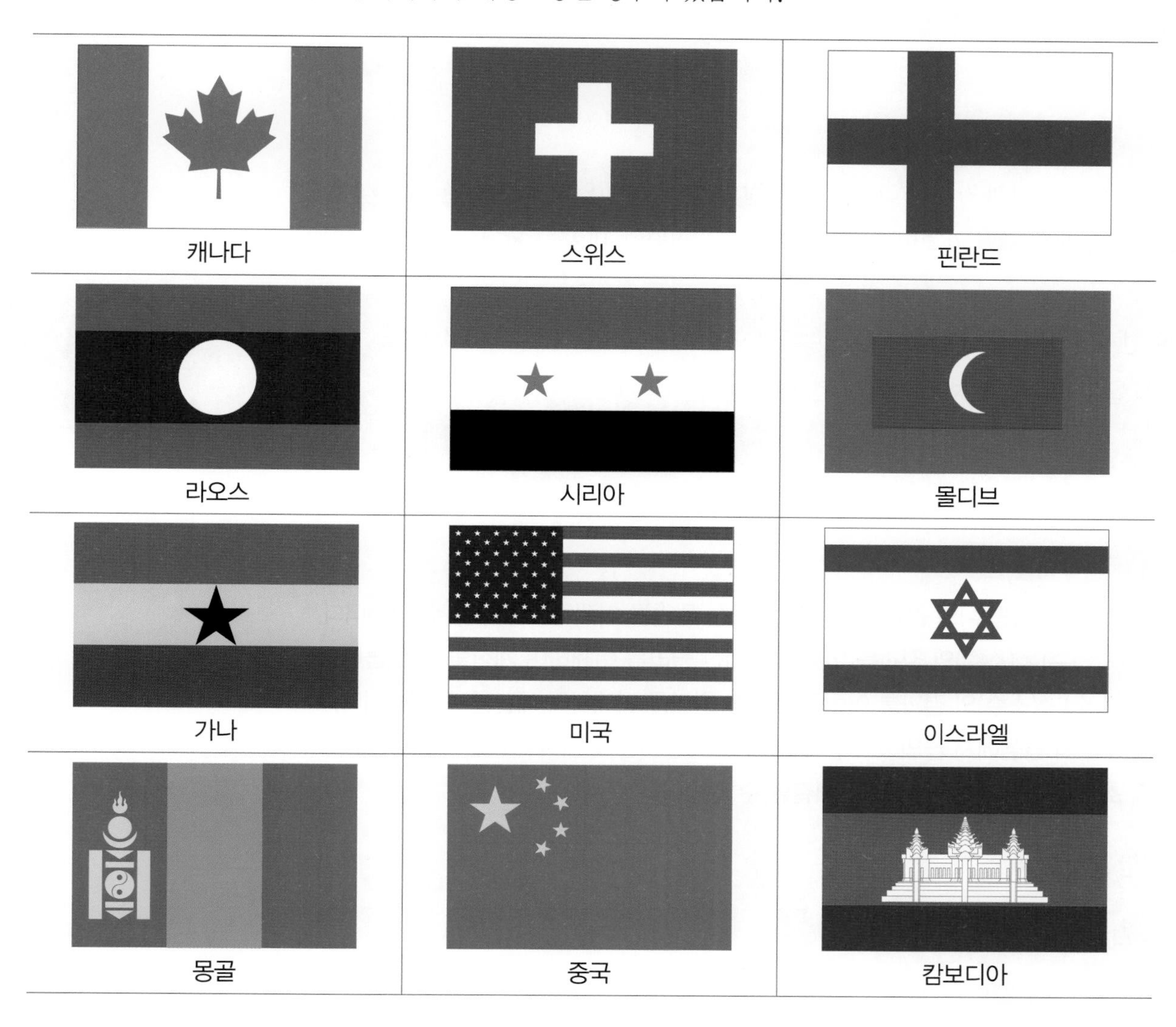

(1) 대칭축이 1개인 국기를 모두 찾아 나라의 이름을 써 보세요.

( )

(2) 대칭축이 2개인 국기를 모두 찾아 나라의 이름을 써 보세요.

( )

(3) 선대칭도형도 되고 점대칭도형도 되는 국기는 모두 몇 개일까요?

( )

4 단원

소수의 곱셈

사탕 가게에 여러 가지 맛과 색깔의 사탕이 통에 담겨 있어요. 사탕을 먹고 싶은 만큼 담아 무게를 재면 가격이 정해져요. 1g당 34.5원일 때 사탕 80g의 가격은 얼마일까요?

이번 4단원에서는 (소수)×(자연수), (자연수)×(소수), (소수)×(소수)를 계산해 보고, 곱의 소수점 위치가 어떻게 변하는지 배울 거예요.

단원 학습 목표

1. (소수)×(자연수)의 결과를 어림하고 계산 원리를 이해하여 계산할 수 있습니다.
2. (자연수)×(소수)의 결과를 어림하고 계산 원리를 이해하여 계산할 수 있습니다.
3. (소수)×(소수)의 결과를 어림하고 계산 원리를 이해하여 계산할 수 있습니다.
4. 소수의 곱셈에서 곱의 소수점 위치 변화의 원리를 이해하여 계산할 수 있습니다.
5. 소수의 곱셈에 관한 문제를 해결할 수 있습니다.

단원 진도 체크

회차	구성		진도 체크
1차	개념 1 (소수)×(자연수)를 알아볼까요(1) 개념 2 (소수)×(자연수)를 알아볼까요(2)	개념 확인 학습 + 문제 / 교과서 내용 학습	✓
2차	개념 3 (자연수)×(소수)를 알아볼까요(1) 개념 4 (자연수)×(소수)를 알아볼까요(2)	개념 확인 학습 + 문제 / 교과서 내용 학습	✓
3차	개념 5 (소수)×(소수)를 알아볼까요(1) 개념 6 (소수)×(소수)를 알아볼까요(2)	개념 확인 학습 + 문제 / 교과서 내용 학습	✓
4차	개념 7 소수점 위치는 어떻게 달라질까요	개념 확인 학습 + 문제 / 교과서 내용 학습	✓
5차	단원 확인 평가		✓
6차	수학으로 세상 보기		✓

해당 부분을 공부한 후 ✓표를 하세요.

1g당 34.5원
내가 담은 사탕 무게는
80 g이야.
그럼 얼마지?
RABBIT

개념 1 (소수)×(자연수)를 알아볼까요(1) – 1보다 작은 소수

(1보다 작은 소수)×(자연수)

예 0.4×3의 계산

방법 1 덧셈식으로 계산하기

$$0.4\times3=\underbrace{0.4+0.4+0.4}_{3번}=1.2$$

방법 2 분수의 곱셈으로 계산하기

$$0.4\times3=\frac{4}{10}\times3=\frac{4\times3}{10}=\frac{12}{10}=1.2$$

방법 3 자연수의 곱셈으로 계산하기

$4\times3=12$

$\frac{1}{10}$배 ↓ ↓ $\frac{1}{10}$배

$0.4\times3=1.2$

- **0.1의 개수로 계산하기**
  $0.4\times3=0.1\times4\times3$
  $=0.1\times12$
  0.1이 모두 12개이므로
  $0.4\times3=1.2$입니다.

- **세로로 계산하기**
  $4\times3=12$ ➡ 0.4 ← 소수 한 자리 수, $\times3$, 1.2 ← 소수 한 자리 수

개념 2 (소수)×(자연수)를 알아볼까요 (2) – 1보다 큰 소수인

(1보다 큰 소수)×(자연수)

예 1.33×2의 계산

방법 1 덧셈식으로 계산하기

$$1.33\times2=\underbrace{1.33+1.33}_{2번}=2.66$$

방법 2 분수의 곱셈으로 계산하기

$$1.33\times2=\frac{133}{100}\times2=\frac{266}{100}=2.66$$

방법 3 자연수의 곱셈으로 계산하기

$133\times2=266$

$\frac{1}{100}$배 ↓ ↓ $\frac{1}{100}$배

$1.33\times2=2.66$

- **0.01의 개수로 계산하기**
  $1.33\times2=0.01\times133\times2$
  $=0.01\times266$
  0.01이 모두 266개이므로
  $1.33\times2=2.66$입니다.

- **자연수의 곱셈으로 소수의 곱셈하기**
  – 곱해지는 수가 $\frac{1}{10}$배가 되면 계산 결과도 $\frac{1}{10}$배가 됩니다.
  – 곱해지는 수가 $\frac{1}{100}$배가 되면 계산 결과도 $\frac{1}{100}$배가 됩니다.

문제를 풀며 이해해요

정답과 해설 21쪽

1 그림을 보고 0.3×6을 계산하려고 합니다. □ 안에 알맞은 수를 써넣으세요.

0.1	0.1	0.1

0.1	0.1	0.1

0.1	0.1	0.1

0.1	0.1	0.1

0.1	0.1	0.1

0.1	0.1	0.1

$$0.3 \times 6 = \square$$

(소수)×(자연수)의 곱셈을 할 수 있는지 묻는 문제예요.

2 소수와 자연수의 곱셈을 덧셈식으로 계산하려고 합니다. □ 안에 알맞은 수를 써넣으세요.

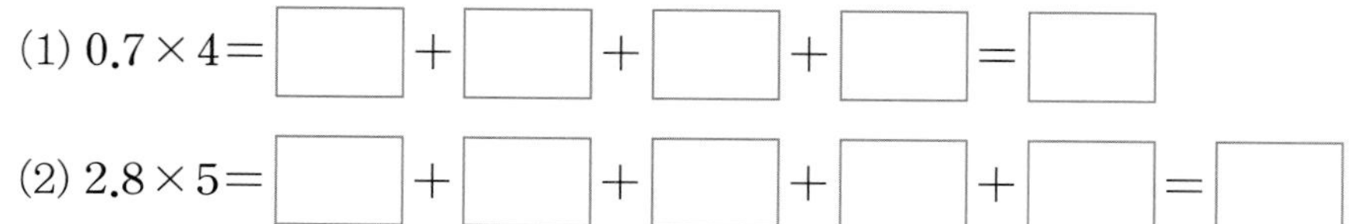

(1) $0.7 \times 4 = \square + \square + \square + \square = \square$

(2) $2.8 \times 5 = \square + \square + \square + \square + \square = \square$

■×㉠은 ■을 ㉠번 더해서 구해요.

3 소수와 자연수의 곱셈을 분수의 곱셈으로 계산하려고 합니다. □ 안에 알맞은 수를 써넣으세요.

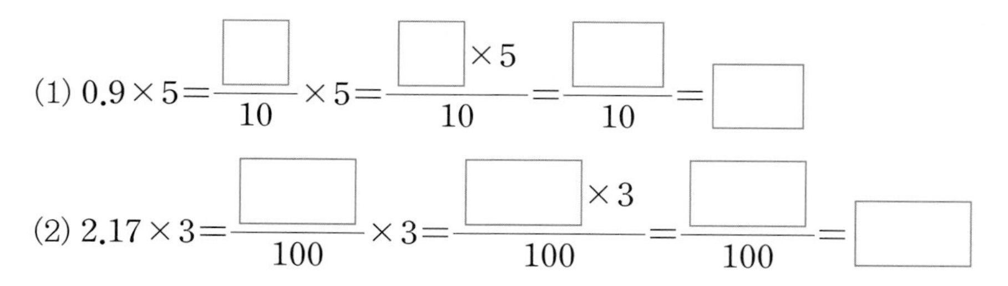

(1) $0.9 \times 5 = \frac{\square}{10} \times 5 = \frac{\square \times 5}{10} = \frac{\square}{10} = \square$

(2) $2.17 \times 3 = \frac{\square}{100} \times 3 = \frac{\square \times 3}{100} = \frac{\square}{100} = \square$

소수 한 자리 수는 분모가 10인 분수로, 소수 두 자리 수는 분모가 100인 분수로 고쳐서 계산할 수 있어요.

4 소수와 자연수의 곱셈을 자연수의 곱셈으로 계산하려고 합니다. □ 안에 알맞은 수를 써넣으세요.

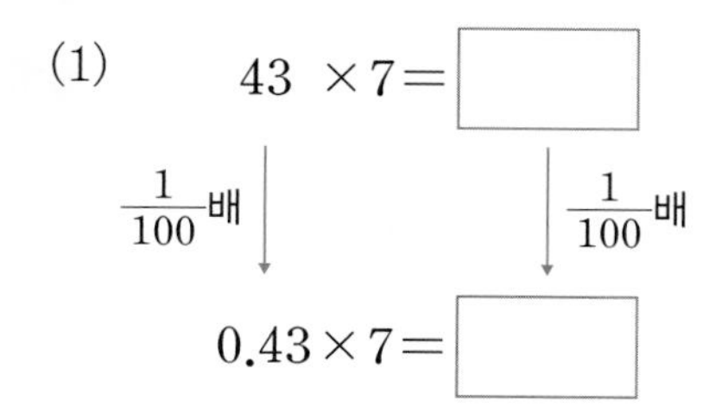

(1) $43 \times 7 = \square$

$\frac{1}{100}$배 ↓ ↓ $\frac{1}{100}$배

$0.43 \times 7 = \square$

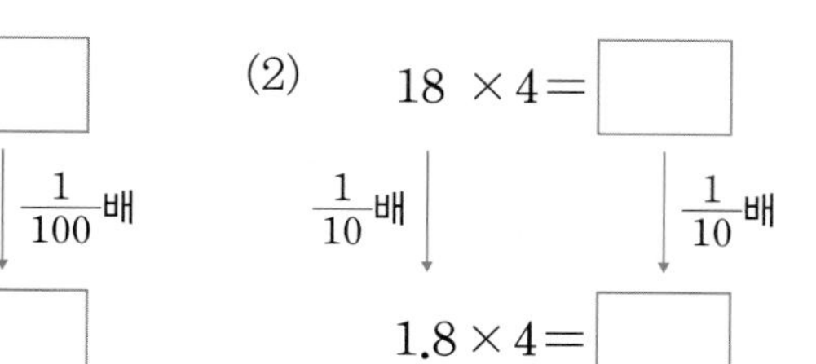

(2) $18 \times 4 = \square$

$\frac{1}{10}$배 ↓ ↓ $\frac{1}{10}$배

$1.8 \times 4 = \square$

곱해지는 수가 $\frac{1}{10}$배가 되면 계산 결과도 $\frac{1}{10}$배가 되고, 곱해지는 수가 $\frac{1}{100}$배가 되면 계산 결과도 $\frac{1}{100}$배가 돼요.

교과서 내용 학습

01 계산 결과가 나머지 넷과 다른 하나는 어느 것인가요? (　　　)

① 2.29×3　② $2.29+2.29+2.29$

③ $\frac{229\times3}{10}$　④ $\frac{229}{100}\times3$

⑤ $0.01\times229\times3$

02 계산 결과가 1보다 큰 식을 찾아 ○표 하세요.

0.2×4	0.6×2	0.3×3
(　　)	(　　)	(　　)

03 계산 결과를 찾아 선으로 이어 보세요.

0.4×7 •	• 2.8
0.07×6 •	• 3
0.6×5 •	• 0.42

04 보기 와 같은 방법으로 계산해 보세요.

보기

$$7.2\times3=\frac{72}{10}\times3=\frac{216}{10}=21.6$$

$5.27\times6=$ ______________________

05 두 식의 계산 결과의 차를 구해 보세요.

2.4×4	1.73×3

(　　　　　　　　)

중요

06 0.34×5를 계산하는 방법에 대해 잘못 이야기한 친구가 누구인지 쓰고 바르게 고쳐 보세요.

효신: 0.34는 0.1이 34개인 수이니까 0.34×5는 $0.1\times34\times5$로 나타낼 수 있어.

세윤: 아니야. $34\times5=170$이니까 $0.34\times5=1.7$이야.

효신

세윤

(　　　　　　　　)

바르게 고치기 ______________________

____

07 빈칸에 알맞은 수를 써넣으세요.

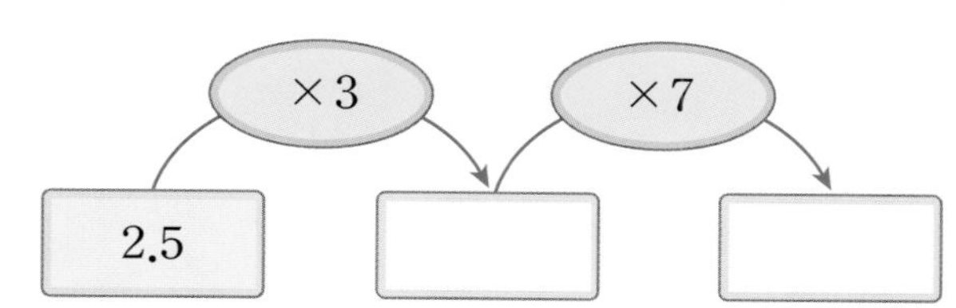

08 한 팩에 0.18 L인 두유가 3팩 있습니다. 두유는 모두 몇 L인가요?

(   )

⊂어려운 문제⊃

09 직사각형의 둘레는 몇 cm인지 구해 보세요.

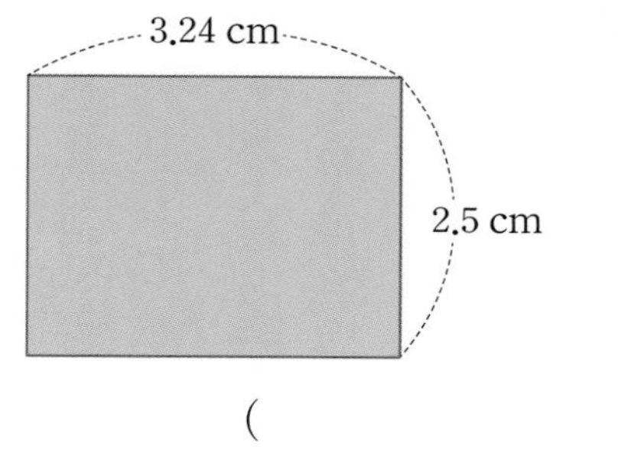

(   )

도움말 (직사각형의 둘레)=(가로+세로)×2

10 딸기 주스 한 컵을 만드는 데 딸기가 0.34 kg 필요합니다. 화영이가 딸기 주스 15컵을 만들려면 딸기 1 kg이 들어 있는 바구니를 적어도 몇 개 사야 하나요?

(   )

문제해결 접근하기

11 수 카드 중 2장을 사용하여 조건에 맞는 곱셈식을 만들려고 합니다. 만들 수 있는 곱셈식은 모두 몇 개인지 구해 보세요.

2   3   4   5

[조건 1] 0.□×□의 □ 안에 카드가 한 장씩 들어갑니다.
[조건 2] 계산 결과가 1보다 작습니다.

이해하기

구하려는 것은 무엇인가요?

답 ______________________

계획 세우기

어떤 방법으로 문제를 해결하면 좋을까요?

답 ______________________

해결하기

(1) 0.2×□의 결과가 1보다 작은 경우를 모두 찾으면 □개입니다.

(2) 0.3×□의 결과가 1보다 작은 경우를 모두 찾으면 □개입니다.

(3) 0.4×□의 결과가 1보다 작은 경우를 모두 찾으면 □개입니다.

(4) 0.5×□의 결과가 1보다 작은 경우는 없으므로 만들 수 있는 곱셈식은 모두 □개입니다.

되돌아보기

위의 수 카드 중 2장을 사용하여 0.□×□의 □ 안에 카드가 한 장씩 넣어 계산 결과가 1이 되는 식을 모두 찾아 써 보세요.

답 ______________________

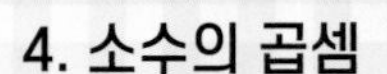

개념 3 (자연수)×(소수)를 알아볼까요(1) — 1보다 작은 소수인

- 0.8×2와 2×0.8
  - 0.8×2는 0.8이 2개라는 의미이고, 2×0.8은 2의 0.8배를 의미합니다.
  - 0.8×2는 덧셈식으로 나타낼 수 있지만 2×0.8은 덧셈식으로 나타낼 수 없습니다.

- 세로로 계산하기

$$\begin{array}{r} 2 \\ \times\ 8 \\ \hline 1\ 6 \end{array} \Rightarrow \begin{array}{r} 2 \\ \times\ 0.8 \\ \hline 1.6 \end{array}$$

0.8 ← 소수 한 자리 수
1.6 ← 소수 한 자리 수

(자연수)×(1보다 작은 소수)

예 2×0.8의 계산

방법 1 그림으로 계산하기

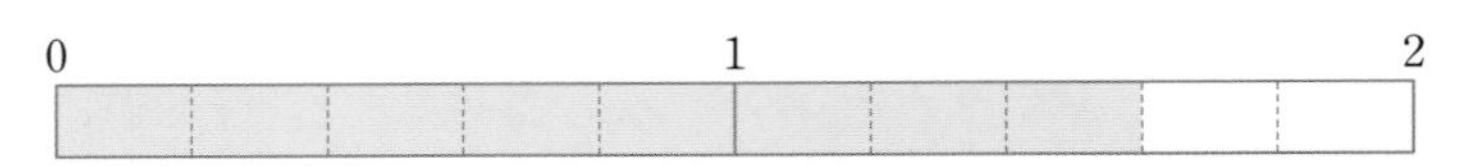

2를 10등분한 것 중 8칸의 크기는 2의 $\frac{8}{10}$이므로 $\frac{16}{10}=1.6$입니다.

방법 2 분수의 곱셈으로 계산하기

$$2 \times 0.8 = 2 \times \frac{8}{10} = \frac{2 \times 8}{10} = \frac{16}{10} = 1.6$$

방법 3 자연수의 곱셈으로 계산하기

$2 \times 8 = 16$

$\frac{1}{10}$배 ↓ ↓ $\frac{1}{10}$배

$2 \times 0.8 = 1.6$

개념 4 (자연수)×(소수)를 알아볼까요(2) — 1보다 큰 소수인

- (소수)×(자연수)와 (자연수)×(소수)의 크기 비교
  곱해지는 수와 곱하는 수의 순서를 바꾸어 곱해도 계산 결과는 같습니다.
  $3 \times 2.5 = 7.5$
  $2.5 \times 3 = 7.5$

- (자연수)×(소수)의 크기 비교
  어떤 수에 1보다 작은 수를 곱하면 어떤 수보다 작아지고, 어떤 수에 1보다 큰 수를 곱하면 어떤 수보다 커집니다.

(자연수)×(1보다 큰 소수)

예 3×2.5의 계산

방법 1 그림으로 계산하기

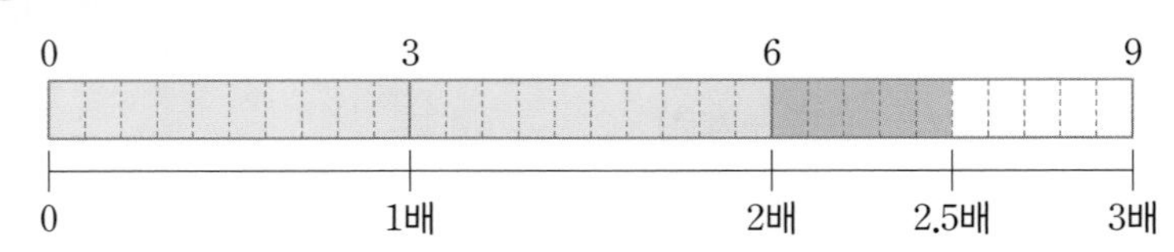

3의 2배는 6이고 3의 0.5배는 1.5이므로 3의 2.5배는 7.5입니다.

방법 2 분수의 곱셈으로 계산하기

$$3 \times 2.5 = 3 \times \frac{25}{10} = \frac{3 \times 25}{10} = \frac{75}{10} = 7.5$$

방법 3 자연수의 곱셈으로 계산하기

$3 \times 25 = 75$

$\frac{1}{10}$배 ↓ ↓ $\frac{1}{10}$배

$3 \times 2.5 = 7.5$

문제를 풀어 이해해요

정답과 해설 22쪽

(자연수)×(소수)의 곱셈을 할 수 있는지 묻는 문제예요.

1 그림을 보고 □ 안에 알맞은 수를 써넣으세요.

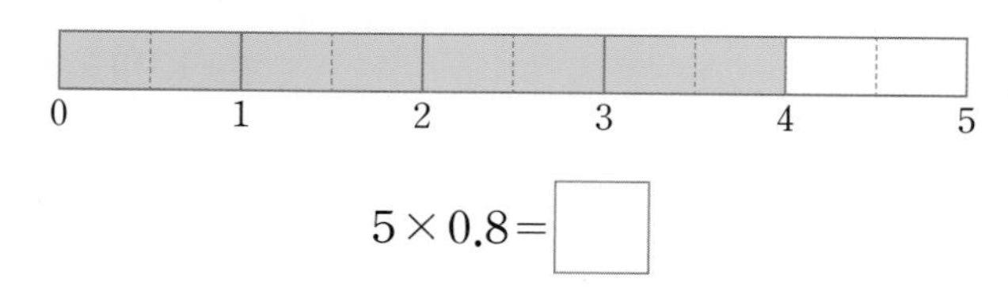

$5 \times 0.8 = \square$

2 11×0.2를 두 가지 방법으로 계산하려고 합니다. □ 안에 알맞은 수를 써넣으세요.

(1) 분수의 곱셈으로 계산해 보세요.

■ 소수 한 자리 수는 분모가 10인 분수로 고치면 돼요.

$$11 \times 0.2 = 11 \times \frac{\square}{10} = \frac{\square}{10} = \square$$

(2) 자연수의 곱셈으로 계산해 보세요.

■ 곱하는 수가 $\frac{1}{10}$배가 되면 계산 결과도 $\frac{1}{10}$배가 돼요.

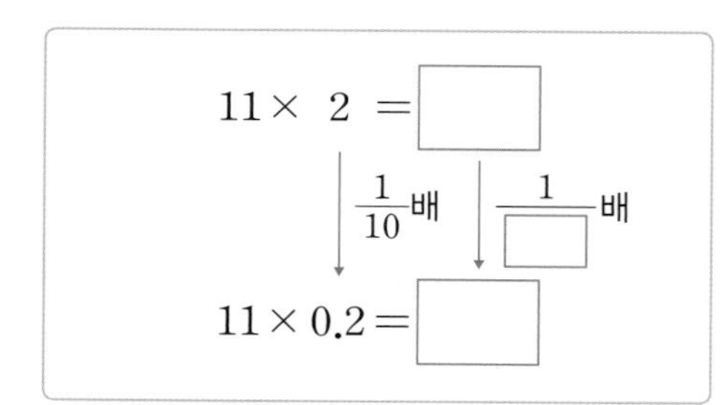

3 4×1.63을 두 가지 방법으로 계산하려고 합니다. □ 안에 알맞은 수를 써넣으세요.

(1) 분수의 곱셈으로 계산해 보세요.

■ 소수 두 자리 수는 분모가 100인 분수로 고치면 돼요.

$$4 \times 1.63 = 4 \times \frac{\square}{100} = \frac{\square}{100} = \square$$

(2) 자연수의 곱셈으로 계산해 보세요.

■ 곱하는 수가 $\frac{1}{100}$배가 되면 계산 결과도 $\frac{1}{100}$배가 돼요.

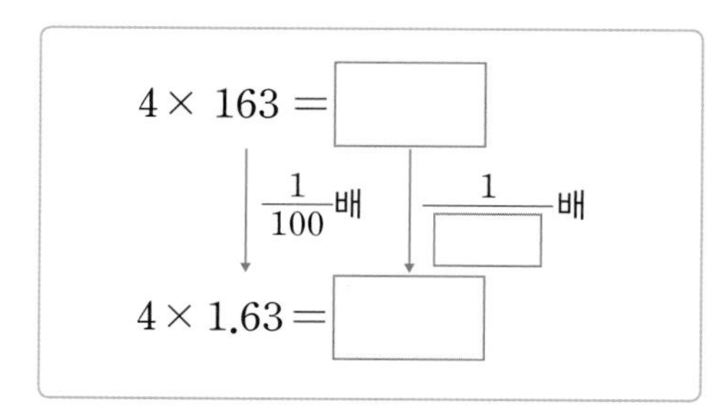

교과서 내용 학습

01 바르게 계산한 것을 찾아 ○표 하세요.

$3\times0.4=1.2$	$3\times0.4=0.12$
(　　　)	(　　　)

02 6×0.23을 두 가지 방법으로 계산해 보세요.

(1) 분수의 곱셈으로 계산하기

(2) 자연수의 곱셈으로 계산하기

⊂중요⊃

03 6×0.7의 값을 바르게 어림한 친구는 누구인가요?

6보다 작을 것 같아.
6보다 클 것 같아.
윤승
담희

(　　　　　　　　　　)

04 계산 결과가 더 큰 것을 찾아 기호를 써 보세요.

㉠ 57의 0.6배
㉡ 13의 2.5배

(　　　　　　　　　　)

05 계산 결과를 찾아 선으로 이어 보세요.

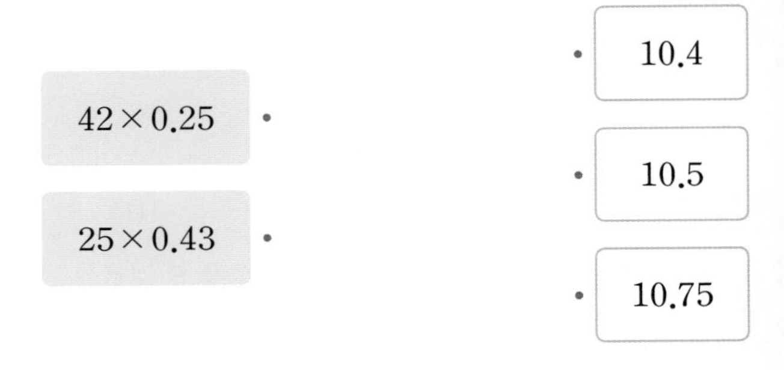

06 곱셈 결과가 가장 작은 것을 찾아 기호를 써 보세요.

㉠ 23×0.91　　㉡ 683×0.03
㉢ 18×0.78　　㉣ 15×2.08

(　　　　　　　　　　)

⊂중요⊃

07 주어진 곱셈식을 계산하여 곱의 소수 첫째 자리 숫자를 적고, 숫자 아래의 글자를 이용해 단어를 만들어 보세요.

곱셈식	2.78×8	9×0.9	61×0.7
곱의 소수 첫째 자리 숫자			

숫자	0	1	2	3	4	5	6	7	8
글자	김	어	붕	떡	잉	이	볶	빵	튀

(　　　　　　　　　　)

08 □ 안에 들어갈 수 있는 자연수는 모두 몇 개인가요?

$12 \times 0.43 > \square$

( )

09 영미는 지난주에 용돈을 3000원 사용했고, 이번 주는 지난주에 사용한 용돈의 0.85배만큼 사용했습니다. 이번 주에 영미가 사용한 용돈은 얼마인가요?

( )

⊂어려운 문제⊃

10 직사각형 가와 평행사변형 나의 넓이의 차는 몇 cm^2인지 구해 보세요.

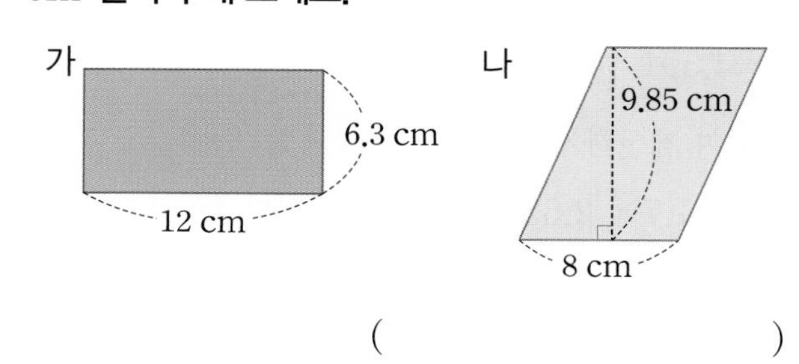

( )

도움말 (직사각형의 넓이)=(가로)×(세로)
(평행사변형의 넓이)=(밑변의 길이)×(높이)

문제해결 접근하기

11 한 시간에 85 km를 갈 수 있는 자동차가 있습니다. 같은 빠르기로 이 자동차가 2시간 30분 동안 갈 수 있는 거리는 몇 km인지 구해 보세요.

이해하기

구하려는 것은 무엇인가요?

답 ______________________

계획 세우기

어떤 방법으로 문제를 해결하면 좋을까요?

답 ______________________

해결하기

(1) 1시간= □분이므로

30분$=\frac{30}{\square}$시간

$=\frac{\square}{10}$시간= □시간

(2) 2시간 30분은 □시간입니다.

(3) 한 시간에 85 km를 갈 수 있는 자동차가 2시간 30분 동안 갈 수 있는 거리는

85 × □ = □(km)입니다.

되돌아보기

한 시간에 78 km를 갈 수 있는 자동차가 있습니다. 같은 빠르기로 이 자동차가 1시간 15분 동안 갈 수 있는 거리는 몇 km인지 구해 보세요.

답 ______________________

개념 확인 학습

개념 5 (소수)×(소수)를 알아볼까요(1) – 1보다 작은 소수인 경

(1보다 작은 소수)×(1보다 작은 소수)

예 0.6×0.7의 계산

방법 1 분수의 곱셈으로 계산하기

$$0.6\times0.7=\frac{6}{10}\times\frac{7}{10}=\frac{42}{100}=0.42$$

방법 2 자연수의 곱셈으로 계산하기

$$6\times7=42$$

$\frac{1}{10}$배 ↓ ↓ $\frac{1}{10}$배 ↓ $\frac{1}{100}$배

$$0.6\times0.7=0.42$$

방법 3 소수의 크기를 생각하여 계산하기

$6\times7=42$인데 0.6에 0.7을 곱하면 0.6보다 작은 값이 나와야 하므로 계산 결과는 0.42입니다.

• 세로셈으로 계산하기

```
  6        0.6 ←소수 한 자리 수
× 7  ➡  × 0.7 ←소수 한 자리 수
 4 2      0.4 2 ←소수 두 자리 수
```

개념 6 (소수)×(소수)를 알아볼까요(2) – 1보다 큰 소수인 경우

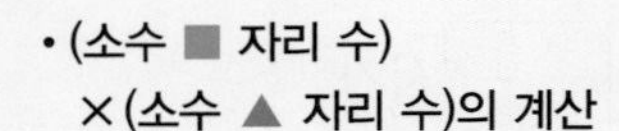

• (소수 ■ 자리 수)
×(소수 ▲ 자리 수)의 계산

자연수의 곱셈과 같은 방법으로 계산하기

곱의 소수점을 왼쪽으로 (■+▲) 자리만큼 옮기기

(1보다 큰 소수)×(1보다 큰 소수)

예 1.7×2.53의 계산

방법 1 분수의 곱셈으로 계산하기

$$1.7\times2.53=\frac{17}{10}\times\frac{253}{100}=\frac{4301}{1000}=4.301$$

방법 2 자연수의 곱셈으로 계산하기

$$17\times253=4301$$

$\frac{1}{10}$배 ↓ ↓ $\frac{1}{100}$배 ↓ $\frac{1}{1000}$배

$$1.7\times2.53=4.301$$

방법 3 소수의 크기를 생각하여 계산하기

$17\times253=4301$인데 1.7에 2.53을 곱하면 1.7보다 큰 값이 나와야 하므로 계산 결과는 4.301입니다.

• 세로셈으로 계산하기

```
      1 7
  × 2 5 3
  4 3 0 1
     ⬇
      1.7 ←소수 한 자리 수
  × 2.5 3 ←소수 두 자리 수
  4.3 0 1 ←소수 세 자리 수
```

문제를 풀며 이해해요

정답과 해설 23쪽

1 **0.9×0.6만큼 색칠하고 □ 안에 알맞은 수를 써넣으세요.**

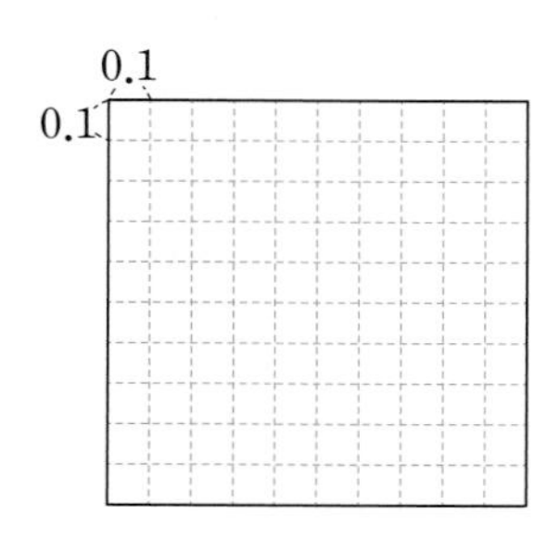

$0.9 \times 0.6 = \square$

소수끼리의 곱셈을 할 수 있는지 묻는 문제예요.

2 **□ 안에 알맞은 수를 써넣으세요.**

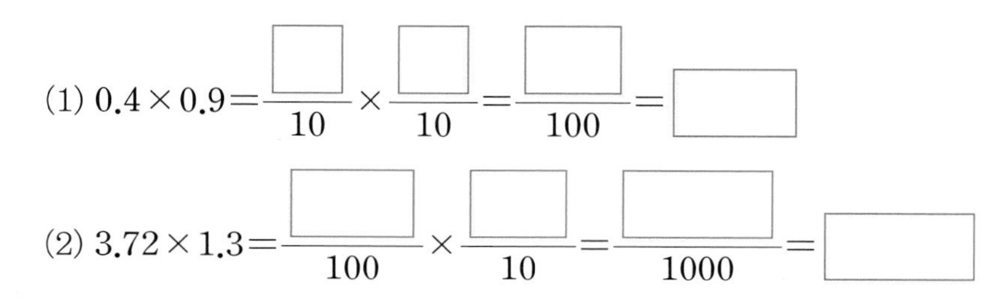

(1) $0.4 \times 0.9 = \frac{\square}{10} \times \frac{\square}{10} = \frac{\square}{100} = \square$

(2) $3.72 \times 1.3 = \frac{\square}{100} \times \frac{\square}{10} = \frac{\square}{1000} = \square$

소수 한 자리 수는 분모가 10인 분수로, 소수 두 자리 수는 분모가 100인 분수로 고쳐서 계산할 수 있어요.

3 **소수의 크기를 생각하여 0.35×0.9의 계산 결과를 구하려고 합니다. 알맞은 수나 말에 ○표 하세요.**

$35 \times 9 = 315$인데 0.35에 0.9를 곱하면 0.35보다 (큰, 작은) 값이 나와야 하므로 계산 결과는 (0.315, 3.15, 31.5)입니다.

어떤 수에 1보다 작은 수를 곱하면 처음 수보다 작아지고, 어떤 수에 1보다 큰 수를 곱하면 처음 수보다 커져요.

4 **2.18×5.2를 자연수의 곱셈으로 계산하려고 합니다. □ 안에 알맞은 수를 써넣으세요.**

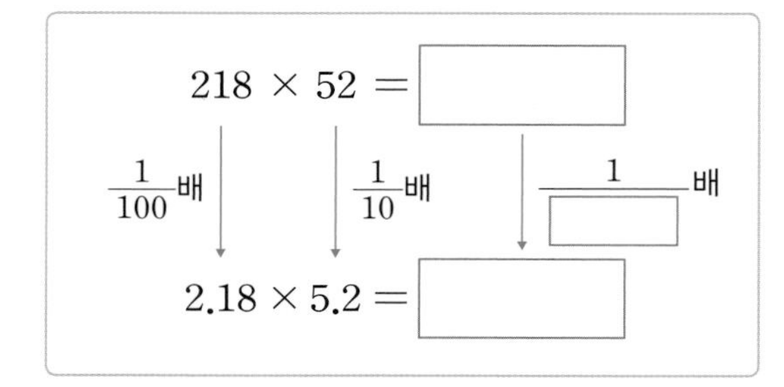

(소수 두 자리 수)
×(소수 한 자리 수)
=(소수 세 자리 수)

교과서 내용 학습

01 0.62×0.83은 얼마인지 어림해서 구한 값에 ○표 해 보세요.

51.46　　5.146　　0.5146

⊂중요⊃

02 보기 와 같은 방법으로 계산해 보세요.

보기

$$0.5 \times 0.7 = \frac{5}{10} \times \frac{7}{10} = \frac{35}{100} = 0.35$$

$2.3 \times 2.07 =$ ______________________

03 $2.9 = 2 + 0.9$로 생각하여 5.6×2.9를 계산하려고 합니다. □ 안에 알맞은 수를 써넣으세요.

$$5.6 \times 2.9 = (5.6 \times 2) + (5.6 \times \square)$$
$$= 11.2 + \square$$
$$= \square$$

04 빈칸에 알맞은 수를 써넣으세요.

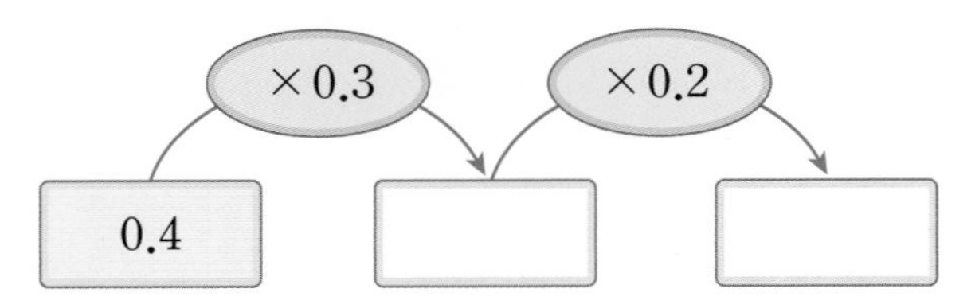

⊂중요⊃

05 계산 결과가 큰 것부터 차례로 ○ 안에 번호를 써넣으세요.

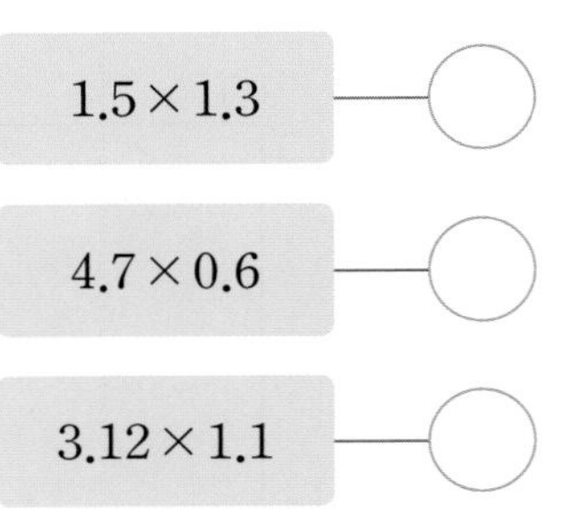

06 크기 비교를 바르게 한 것을 모두 찾아 기호를 써 보세요.

㉠ $0.25 \times 0.6 < 0.25$
㉡ $1.98 \times 3.7 < 3$
㉢ $28.2 \times 1.4 > 28$
㉣ $0.99 \times 6.7 < 6$

(　　　　　　　　　　)

07 두 수의 곱을 위의 빈칸에 써넣으세요.

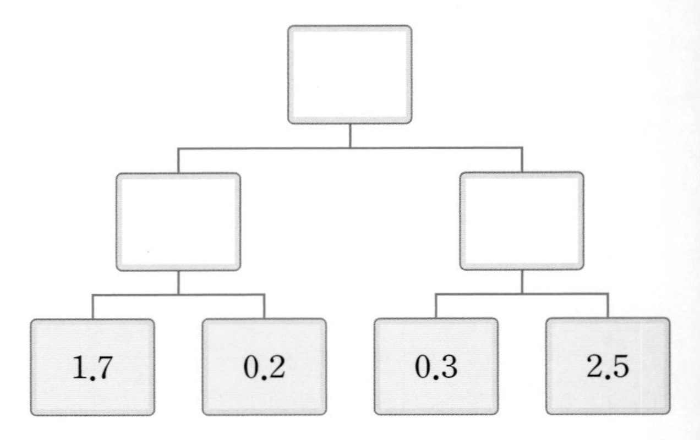

08 주어진 수의 2.6배를 구해 보세요.

1이 3개, 0.1이 7개, 0.01이 4개인 수

( )

09 어느 과자 한 봉지는 260.5 g입니다. 이 과자 한 봉지의 0.72만큼이 탄수화물 성분일 때 탄수화물 성분은 몇 g인가요?

( )

⊂어려운 문제⊃

10 수 카드 4장을 한 번씩 모두 사용하여 계산 결과가 가장 작은 (소수 한 자리 수) × (소수 한 자리 수)를 만들려고 합니다. □ 안에 알맞은 수를 써넣고, 계산 결과를 구해 보세요.

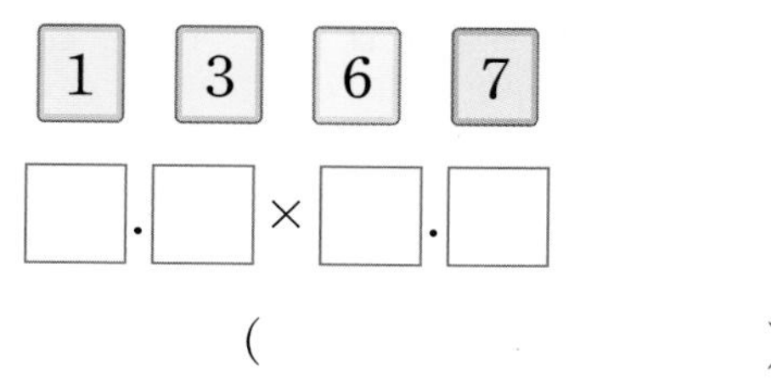

( )

도움말 작은 소수끼리 곱하면 곱셈 결과도 작아져요.

문제해결 접근하기

11 합동인 평행사변형 3개를 겹치지 않게 이어 붙여 만든 평행사변형 ㄱㄴㄷㄹ의 넓이는 몇 cm^2 인지 구해 보세요.

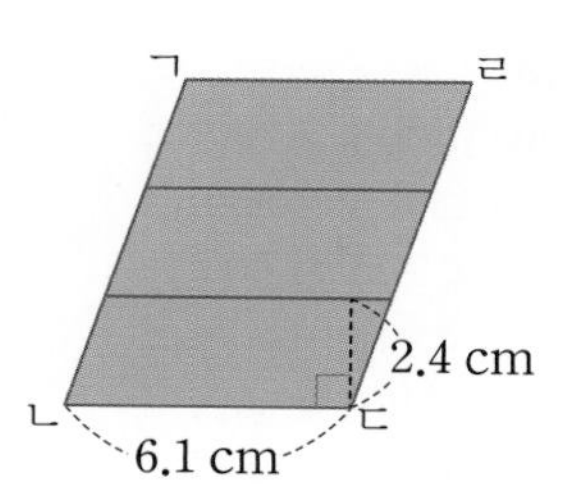

이해하기

구하려는 것은 무엇인가요?

답 ______

계획 세우기

어떤 방법으로 문제를 해결하면 좋을까요?

답 ______

해결하기

(1) 3개의 평행사변형이 합동이므로 평행사변형 ㄱㄴㄷㄹ의 높이는 2.4 cm의 □배입니다.

(2) 평행사변형 ㄱㄴㄷㄹ의 높이는 2.4 × □ = □ (cm)입니다.

(3) (평행사변형 ㄱㄴㄷㄹ의 넓이)
= □ × □ = □ (cm^2)

되돌아보기

합동인 평행사변형 2개를 겹치지 않게 이어 붙여 만든 평행사변형 ㅁㅂㅅㅇ의 넓이는 몇 cm^2인지 구해 보세요.

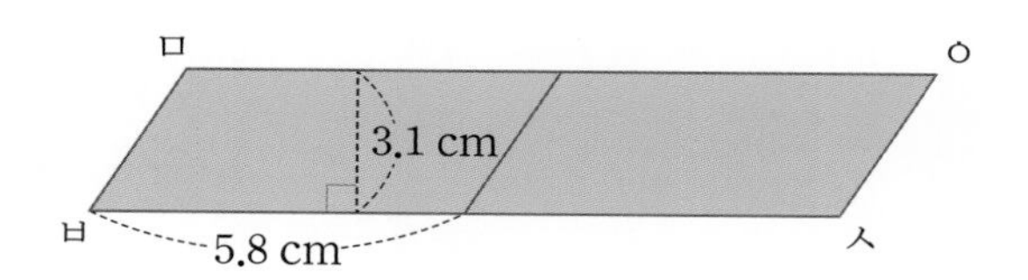

답 ______

개념 7 소수점의 위치는 어떻게 달라질까요

- 곱셈 결과 어림하기
  - ★에 10, 100, 1000을 곱하면 곱셈 결과는 ★보다 커지므로 소수점을 오른쪽으로 옮깁니다.
  - ★에 0.1, 0.01, 0.001을 곱하면 곱셈 결과는 ★보다 작아지므로 소수점을 왼쪽으로 옮깁니다.

소수에 10, 100, 1000 곱하기

- 곱하는 수의 0이 하나씩 늘어날 때마다 곱의 소수점이 오른쪽으로 한 자리씩 옮겨집니다.

6.34 ×			
1	→ 6.34	→ 6.34	
10	→ 6.34	→ 63.4	10배
100	→ 6.34	→ 634	10배
1000	→ 6.34	→ 6340	10배

자연수에 0.1, 0.01, 0.001 곱하기

- 곱하는 소수의 소수점 아래 자리 수가 하나씩 늘어날 때마다 곱의 소수점이 왼쪽으로 한 자리씩 옮겨집니다.

6340 ×			
1	→ 6340	→ 6340	
0.1	→ 6340	→ 634	0.1배
0.01	→ 6340	→ 63.4	0.1배
0.001	→ 6340	→ 6.34	0.1배

소수끼리 곱하기

- 곱의 소수점 위치가 달라지는 이유
  4와 9의 곱인 36은 1이 36개인 수이고, 0.4×0.9는 0.01이 36개인 수이므로 곱의 소수점의 위치가 달라집니다.

- 곱하는 두 수의 소수점 아래 자리 수를 더한 값만큼 곱의 소수점 아래 자리 수가 정해집니다.

$$0.4 \times 0.9 = 0.36$$
$$0.4 \times 0.09 = 0.036$$
$$0.04 \times 0.009 = 0.00036$$

- 자연수끼리 계산한 결과에 곱하는 두 수의 소수점 아래 자리 수를 더한 것만큼 소수점을 왼쪽으로 옮겨 표시해 줍니다.

$$0.04 \times 0.009 = 0.00036$$

소수 두 자리 / 소수 세 자리 / 소수 다섯 자리

문제를 풀며 이해해요

정답과 해설 24쪽

1 □ 안에 알맞은 수를 써넣으세요.

(1) $7.534\times10=\square$

$7.534\times100=\square$

$7.534\times1000=\square$

(2) $1275\times0.1=\square$

$1275\times0.01=\square$

$1275\times0.001=\square$

곱의 소수점의 위치를 알고 있는지 묻는 문제예요.

2 소수끼리의 곱셈에서 곱의 소수점 위치를 알아보려고 합니다. □ 안에 알맞은 수를 써넣고, 알맞은 말에 ○표 하세요.

• $0.8\times0.7=\frac{\square}{10}\times\frac{\square}{10}=\frac{\square}{100}=\square$

• $0.08\times0.7=\frac{\square}{100}\times\frac{\square}{10}=\frac{\square}{1000}=\square$

• $0.08\times0.07=\frac{\square}{100}\times\frac{\square}{100}=\frac{\square}{10000}=\square$

곱하는 두 수의 소수점 아래 자리 수를 더한 값과 곱의 소수점 아래 자리 수가 (같습니다, 다릅니다).

자연수끼리 계산한 결과에 곱하는 두 수의 소수점 아래 자리 수를 더한 것만큼 소수점이 왼쪽으로 옮겨져요.

3 자연수의 곱셈을 이용하여 소수의 곱셈을 계산해 보세요.

(1) $671\times12=8052$ ➡ $67.1\times1.2=\square$

(2) $453\times8=3624$ ➡ $45.3\times0.008=\square$

곱하는 두 수의 소수점 아래 자리 수를 더한 값만큼 곱의 소수점 아래 자리 수를 정하면 돼요.

교과서 내용 학습

01 계산이 맞도록 곱의 결과에 소수점을 찍어야 할 곳을 찾아 기호를 써 보세요.

$7.635 \times 100 =$ 7 6 3 5
(↑ ㉠ ↑ ㉡ ↑ ㉢ ↑ ㉣ ↑ ㉤)

(　　　　　　　　)

02 □ 안에 알맞은 수를 써넣으세요.

$77 \times 14 = 1078$

0.1배 ↓　　□배 ↓　　□배 ↓

$7.7 \times 0.14 =$ □

03 빈칸에 알맞은 수를 써넣으세요.

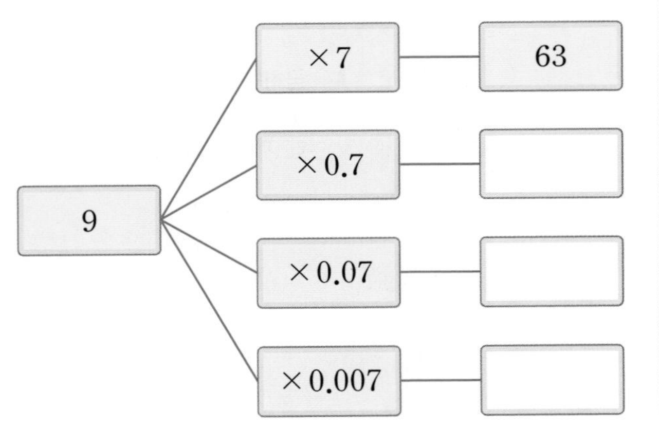

04 □ 안에 알맞은 수는 어느 것인가요? (　　　)

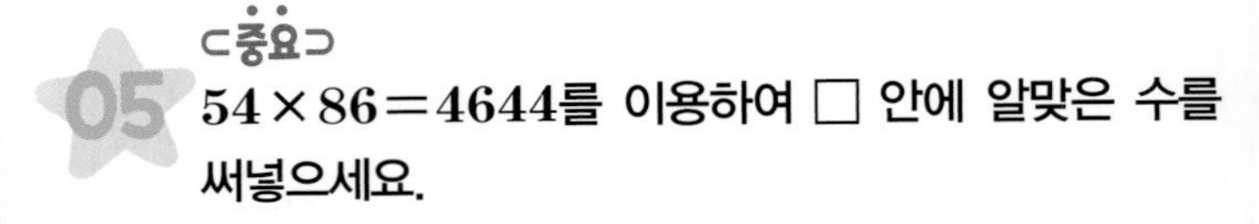

① 0.4　② 0.01　③ 0.001　④ 10　⑤ 100

05 중요

$54 \times 86 = 4644$를 이용하여 □ 안에 알맞은 수를 써넣으세요.

(1) $0.54 \times 86 =$ □

(2) $5.4 \times 0.086 =$ □

06 1.8×0.24와 계산 결과가 같은 것을 모두 찾아 기호를 써 보세요.

㉠ 1.8×2.4　㉡ 18×0.024
㉢ 0.18×2.4　㉣ 0.18×24

(　　　　　　　　)

07 경유 1 L의 가격은 1780원입니다. 경유 0.1 L, 0.01 L, 0.001 L의 가격은 각각 얼마인가요?

0.1 L (　　　　　　)
0.01 L (　　　　　　)
0.001 L (　　　　　　)

08 ㉠은 ㉡의 몇 배인가요?

$0.755 \times ㉠ = 755$	$2613 \times ㉡ = 261.3$

(　　　　　　　　　　)

09 미경이는 320.5 g짜리 사과 10개와 28.7 g짜리 방울토마토 100개를 상자에 담았습니다. 미경이가 상자에 담은 사과와 방울토마토의 무게의 합은 몇 g인가요?

(　　　　　　　　　　)

⊂어려운 문제⊃

10 형준이는 계산기로 4.8×1.94를 계산하다가 두 수 중에서 한 수의 소수점을 잘못 눌렀더니 93.12라는 결과가 나왔습니다. 형준이가 계산한 곱셈식으로 가능한 것을 모두 써 보세요.

식 ____________________

도움말 (소수 한 자리 수)×(소수 두 자리 수)
=(소수 세 자리 수)

문제해결 접근하기

11 1 kg에 35000원인 초콜릿과 1 kg에 24500원인 사탕이 있습니다. 하정이가 초콜릿 10 g과 사탕 100 g을 사려고 한다면 내야 할 돈은 모두 얼마인지 구해 보세요.

이해하기

구하려는 것은 무엇인가요?

답 ____________________

계획 세우기

어떤 방법으로 문제를 해결하면 좋을까요?

답 ____________________

____

해결하기

(1) 1 kg=□ g

(2) 10 g은 1 kg의 □배이므로

(초콜릿 10 g의 가격)=35000×□

=□(원)

(3) 100 g은 1 kg의 □배이므로

(사탕 100 g의 가격)=24500×□

=□(원)

(4) 하정이가 내야 할 돈은

□+□=□(원)

입니다.

되돌아보기

100 g에 180.4원인 밀가루와 10 g에 25.66원인 설탕이 있습니다. 민우가 밀가루 1 kg과 설탕 1 kg을 사려고 한다면 내야 할 돈은 모두 얼마인지 구해 보세요.

답 ____________________

____

단원 확인 평가

01 0.93×6을 0.01의 개수로 계산하려고 합니다. □ 안에 알맞은 수를 써넣으세요.

0.93은 0.01이 □개입니다.
$0.93\times6=0.01\times$□$\times6$
$=0.01\times$□
0.01이 모두 □개이므로
$0.93\times6=$□입니다.

02 잘못 계산한 식을 찾아 기호를 쓰고 바르게 계산한 값을 구해 보세요.

㉠ $0.9\times5=4.5$
㉡ $0.47\times6=28.2$
㉢ $0.73\times4=2.92$

(,)

03 □ 안에 알맞은 수를 써넣으세요.

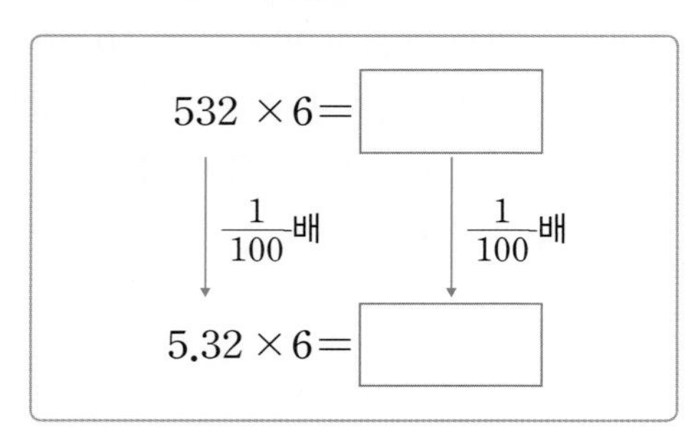

04 두 수의 곱을 구해 보세요.

3.8	13

( )

05 가와 나는 정다각형입니다. 둘레가 더 긴 도형의 기호를 써 보세요.

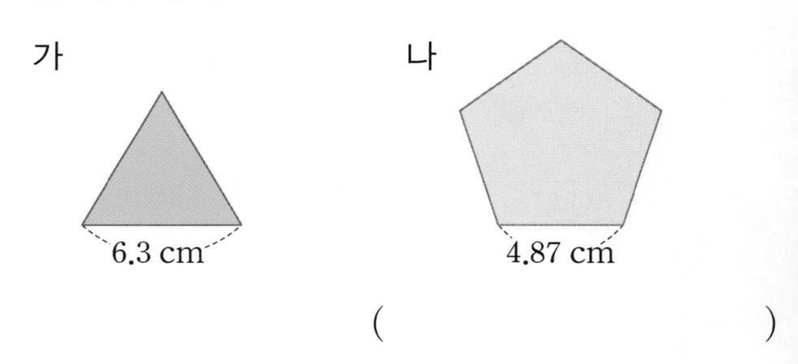

( )

06 3의 1.5배만큼 색칠하고, □ 안에 알맞은 수를 써넣으세요.

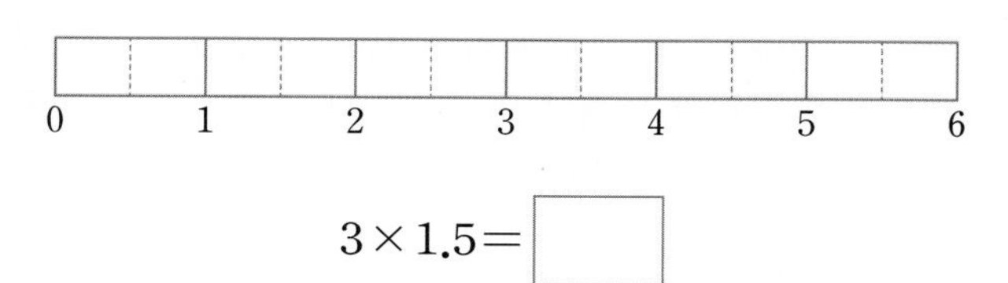

$3 \times 1.5 =$ □

07 어림하여 계산 결과가 8보다 큰 것을 찾아 기호를 써 보세요.

㉠ 4×2.3　　㉡ 4×1.9

(　　　　　　　　)

중요

08 계산 결과를 찾아 선으로 이어 보세요.

7×0.45	4.26
11×0.2	3.15
6×0.71	2.2

09 두 행성에서 잰 성주의 몸무게의 차는 몇 kg인가요?

- 금성에서 잰 몸무게는 지구에서 잰 몸무게의 0.91배입니다.
- 목성에서 잰 몸무게는 지구에서 잰 몸무게의 2.37배입니다.

지구에서 내 몸무게는 40 kg이야.

성주

(　　　　　　　　)

10 그림을 보고 0.8×0.9를 구하려고 합니다. □ 안에 알맞은 수를 써넣으세요.

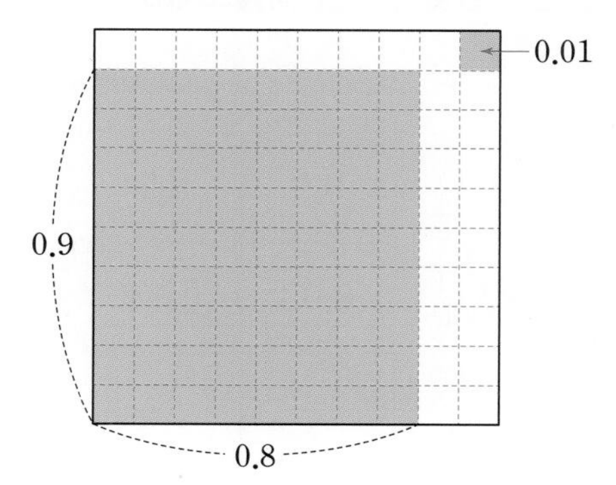

색칠한 부분은 가로를 □칸, 세로를 □칸으로 모두 □칸입니다.

모눈 한 칸의 넓이가 0.01이므로 0.8×0.9는 □입니다.

11 보기 와 같은 방법으로 계산해 보세요.

보기

$$0.4\times0.7=\frac{4}{10}\times\frac{7}{10}=\frac{28}{100}=0.28$$

(1) $0.3\times0.2=$ ____________________

(2) $1.03\times0.5=$ ____________________

12 빈칸에 알맞은 수를 써넣으세요.

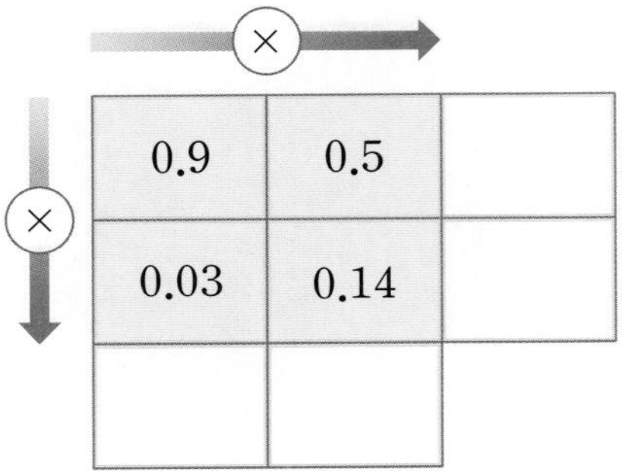

⊂서술형⊃

13 그릇을 만들려고 찰흙을 0.5 kg 준비했습니다. 서준이는 준비한 찰흙의 0.6만큼 사용했고, 서영이는 서준이가 사용한 찰흙의 0.4만큼 사용했습니다. 서영이가 사용한 찰흙은 몇 kg인지 구하는 풀이 과정을 쓰고 답을 구해 보세요.

풀이

(1) 서준이는 준비한 찰흙의 0.6만큼 사용했으므로 서준이가 사용한 찰흙은
(   )×0.6=(   ) (kg)입니다.

(2) 서영이는 서준이가 사용한 찰흙의 0.4만큼 사용했으므로 서영이가 사용한 찰흙은
(   )×0.4=(   ) (kg)입니다.

답 ____________________

⊂중요⊃

14 나머지 셋과 값이 다른 하나를 찾아 기호를 써 보세요.

$0.72\times10=$ ㉠
$720\times0.01=$ ㉡
㉢ $\times100=7200$
㉣ $\times0.1=0.72$

(   )

15 ●×▲의 값은 얼마인가요?

45×●=0.45
0.45×▲=4.5

(   )

16 마트에서는 세제의 가격과 100 mL당 가격을 함께 적고 있습니다. 1 L의 가격이 8500원인 세제 100 mL당 가격은 얼마인가요?

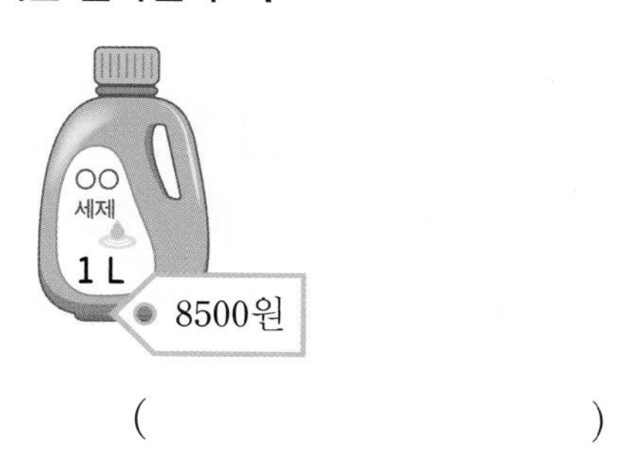

(　　　　　　　　)

17 ㉠과 ㉡에 공통으로 들어갈 수 있는 자연수를 모두 구해 보세요.

㉠ $<3.9\times5$
$8\times1.74<$ ㉡

(　　　　　　　　)

⊂어려운 문제⊃

18 1분에 10.7 L의 물이 일정하게 나오는 수도꼭지가 있습니다. 이 수도꼭지로 6분 30초 동안 받을 수 있는 물은 몇 L인가요?

(　　　　　　　　)

⊂서술형⊃

19 어떤 수에 7.2를 곱해야 할 것을 잘못하여 더했더니 28.7이 되었습니다. 바르게 계산한 값을 구하는 풀이 과정을 쓰고 답을 구해 보세요.

풀이

(1) 어떤 수를 ■라 하면 잘못 계산한 식은
■+(　　　　)=(　　　　)입니다.

(2) 어떤 수를 구하면
■=(　　　　)−(　　　　)=(　　　　)입니다.

(3) 바르게 계산한 값은
(　　　　)×7.2=(　　　　)입니다.

답 ____________________

⊂어려운 문제⊃

20 한 변의 길이가 15 cm인 정사각형의 각 변을 0.3배씩 늘여 새로운 정사각형을 만들었습니다. 늘어난 부분의 넓이는 몇 cm^2인지 구해 보세요.

(　　　　　　　　)

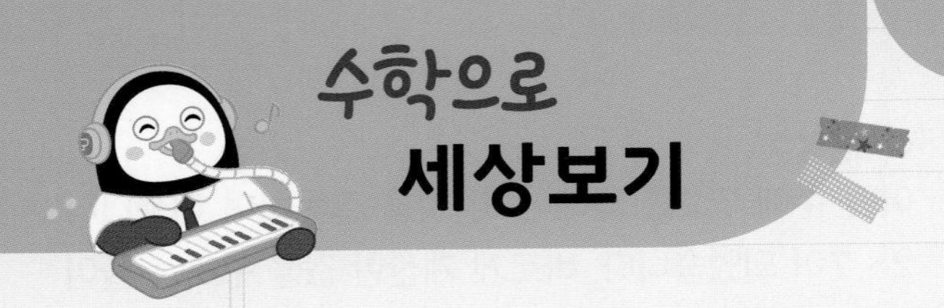

이번 단원에서는 (소수) × (자연수), (자연수) × (소수), (소수) × (소수)를 계산해 보고, 곱의 소수점의 위치에 대해 공부했습니다. 소수의 곱셈은 생활에서 단위를 바꿀 때 많이 사용되고 있어요. 소수의 곱셈을 이용하여 '평', '인치'와 같은 단위를 우리에게 익숙한 단위로 바꾸는 방법에 대해 알아볼까요?

1 땅이 100평?

25평, 34평, 100평과 같은 말을 들어 본 적이 있나요?
주택의 넓이를 표현할 때 '평' 단위를 써서 나타내기도 합니다. '평' 단위는 일본에서 사용하던 넓이 단위인데 일제강점기를 거치면서 우리가 그대로 쓰게 되었습니다. 하지만 '평' 단위는 정확한 넓이를 표현하기 어려워 이제 공식적으로 사용하지 않고 제곱센티미터(cm^2), 제곱미터(m^2)와 같은 단위를 사용하기로 법으로 정했습니다.

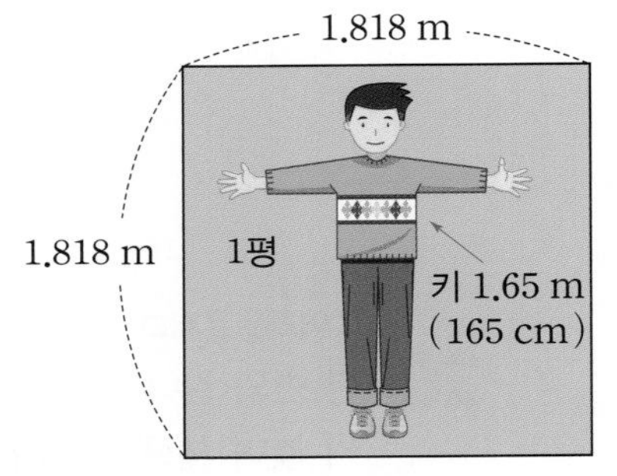

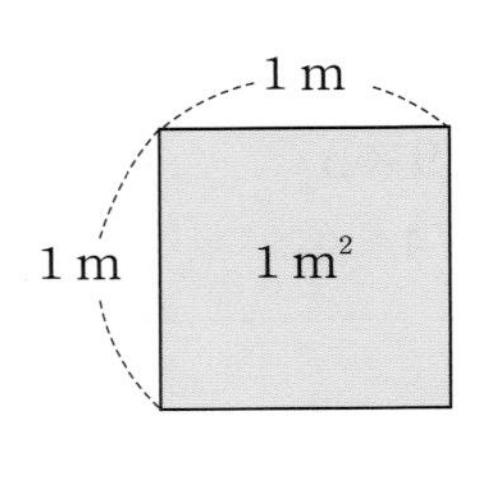

1평은 성인 한 명이 누울만한 방 크기로 한 변의 길이가 약 1.818 m인 정사각형의 넓이를 의미합니다.
$1.818(m) \times 1.818(m) = 3.305124(m^2)$이므로 1평은 약 3.3 m^2입니다.
따라서 평에 3.3을 곱하면 m^2로 단위를 바꿀 수 있습니다.

'평' 단위를 'm^2' 단위로 바꾸어 보세요.

(1) 25평 = 약 $\square$ m^2

(2) 100평 = 약 $\square$ m^2

2 바지가 26인치?

그림의 줄자를 살펴보면 눈금의 간격이 다르다는 것을 알 수 있습니다.

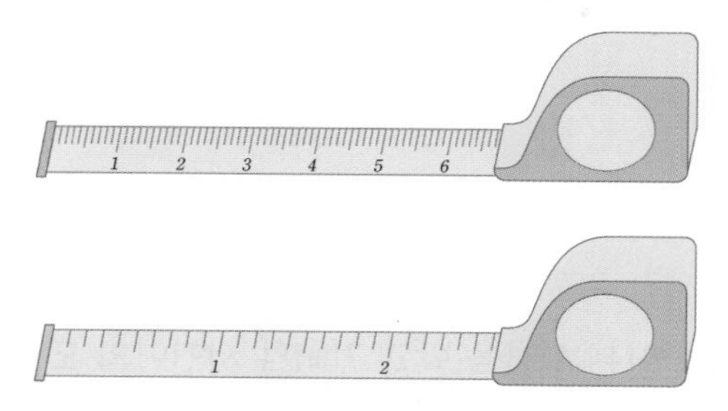

위의 줄자는 단위가 cm이고, 아래의 줄자는 단위가 인치(inch)이기 때문입니다. 그래서 줄자를 사용하여 길이를 잴 때는 단위를 잘 보고 재어야 합니다. 그럼 '인치(inch)'에 대해서 알아볼까요?

인치는 미국이나 영국에서 많이 사용하는 길이 단위입니다. 중세 유럽에서 처음 사용하기 시작했는데 엄지손가락 끝에서 첫 번째 관절(엄지손가락이 구부러지는 부분)까지의 길이를 1인치라고 약속했습니다. 그런데 사람마다 엄지손가락의 길이가 다르니 애매한 부분이 있었습니다. 그래서 몇 개의 나라에서 1인치를 약 2.54 cm로 약속했고 지금까지 널리 사용되고 있습니다. 그러므로 인치 단위에 2.54를 곱하면 센티미터로 단위를 바꿀 수 있습니다.
우리나라에서도 바지 사이즈나 TV 사이즈를 표현할 때 '인치' 단위를 사용합니다. 바지 사이즈는 허리 둘레를 뜻하고, TV 사이즈는 대각선의 길이를 뜻합니다.

'인치' 단위를 'cm' 단위로 바꾸어 보세요.

(1)

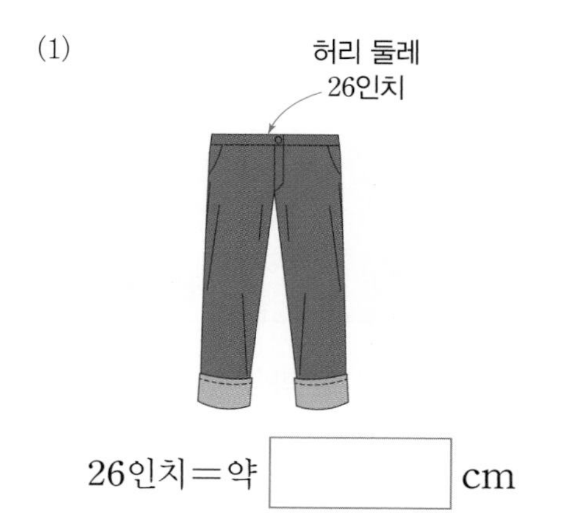

26인치＝약 ☐ cm

(2)

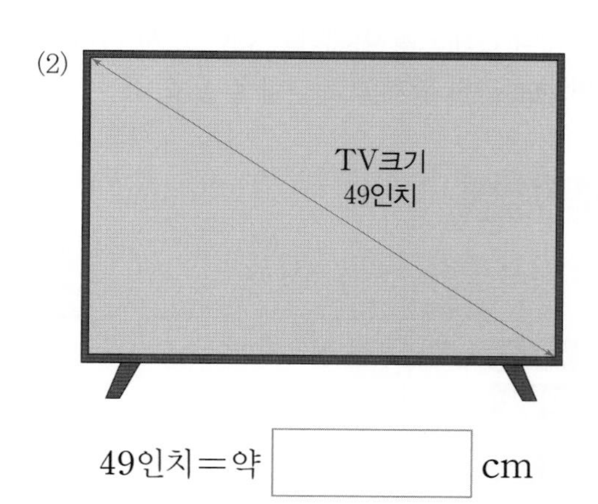

49인치＝약 ☐ cm

5 단원

직육면체

효빈이는 서현이의 생일 선물을 사기 위해 마트에 갔어요. 마트에 가니 여러 상자 모양으로 된 선물들이 있었어요. 효빈이는 선물을 받고 기뻐할 서현이의 모습을 상상하며 선물 상자를 고르고 있어요.

이번 5단원에서는 직육면체와 정육면체의 특징을 이해하고 직육면체의 여러 가지 성질을 알아보며 겨냥도와 전개도를 그리는 방법에 대해 배울 거예요.

단원 학습 목표

1. 직육면체와 구성 요소를 알고 설명할 수 있습니다.
2. 정육면체와 구성 요소를 알고 설명할 수 있습니다.
3. 직육면체의 겨냥도를 이해하고 직육면체의 겨냥도를 그릴 수 있습니다.
4. 직육면체에서 평행한 면과 수직인 면을 찾고 직육면체의 성질을 설명할 수 있습니다.
5. 정육면체의 전개도를 이해하고 여러 가지 방법으로 정육면체의 전개도를 그릴 수 있습니다.
6. 직육면체의 전개도를 이해하고 여러 가지 방법으로 직육면체의 전개도를 그릴 수 있습니다.
7. 직육면체에 관한 문제를 해결할 수 있습니다.

단원 진도 체크

회차	구성		진도 체크
1차	개념 1 직육면체를 알아볼까요 개념 2 정육면체를 알아볼까요	개념 확인 학습 + 문제 / 교과서 내용 학습	✓
2차	개념 3 직육면체의 겨냥도를 알아볼까요 개념 4 직육면체의 성질을 알아볼까요	개념 확인 학습 + 문제 / 교과서 내용 학습	✓
3차	개념 5 정육면체의 전개도를 알아볼까요	개념 확인 학습 + 문제 / 교과서 내용 학습	✓
4차	개념 6 직육면체의 전개도를 알아볼까요	개념 확인 학습 + 문제 / 교과서 내용 학습	✓
5차	단원 확인 평가		✓
6차	수학으로 세상 보기		✓

해당 부분을 공부한 후 ✓표를 하세요.

MY CAR
MY CAR
선물을 어떤 상자에
담을까?

개념 확인 학습

개념 1 직육면체를 알아볼까요

• **직육면체의 면을 읽는 방법**
직육면체의 면은 한 꼭짓점에서부터 한 방향으로 읽습니다.
예 색칠한 면 읽기

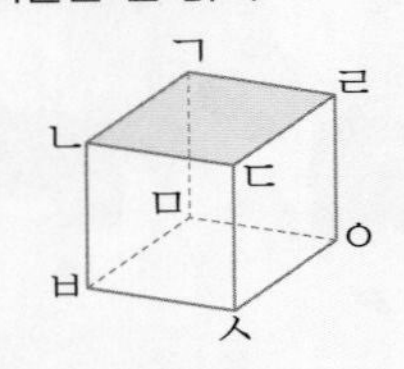

➡ 면 ㄱㄴㄷㄹ, 면 ㄱㄹㄷㄴ,
면 ㄴㄷㄹㄱ, ...

직육면체

• 오른쪽 그림과 같이 직사각형 6개로 둘러싸인 도형을 직육면체라고 합니다.

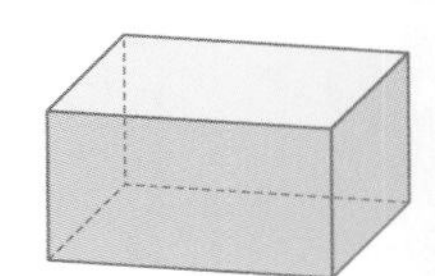

직육면체 구성요소

• 직육면체에서 선분으로 둘러싸인 부분을 면이라고 합니다.
• 면과 면이 만나는 선분을 모서리라고 합니다.
• 모서리와 모서리가 만나는 점을 꼭짓점이라고 합니다.

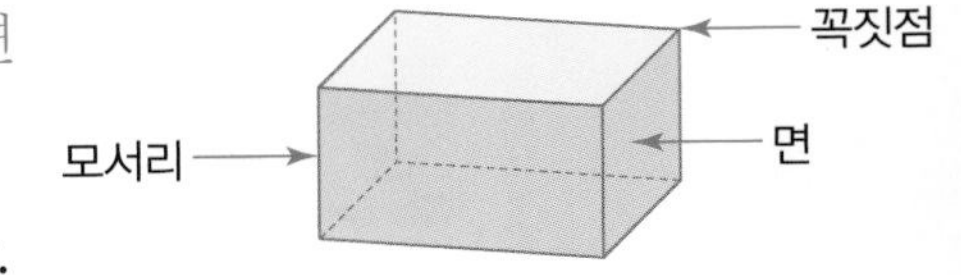

면의 수(개)	모서리의 수(개)	꼭짓점의 수(개)
6	12	8

개념 2 정육면체를 알아볼까요

• **직육면체와 정육면체의 관계**
– 정육면체의 면은 정사각형이고 정사각형은 직사각형이라고 할 수 있으므로 정육면체는 직육면체라고 할 수 있습니다.
– 직육면체는 정사각형이 아닌 면이 있을 수 있으므로 정육면체라고 할 수 없습니다.

정육면체

• 오른쪽 그림과 같이 정사각형 6개로 둘러싸인 도형을 정육면체라고 합니다.
• 정육면체의 특징
① 면 6개의 모양과 크기가 모두 같습니다.
② 모서리 12개의 길이가 모두 같습니다.

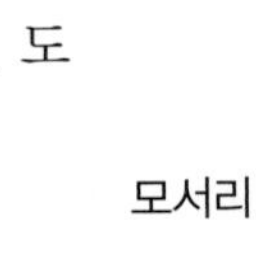

직육면체와 정육면체의 비교

도형	같은 점			다른 점	
	면의 수(개)	모서리의 수(개)	꼭짓점의 수(개)	면의 모양	모서리의 길이
직육면체	6	12	8	직사각형	다를 수 있습니다.
정육면체				정사각형	모두 같습니다.

문제를 풀며 이해해요

정답과 해설 27쪽

1 □ 안에 알맞은 말을 써넣으세요.

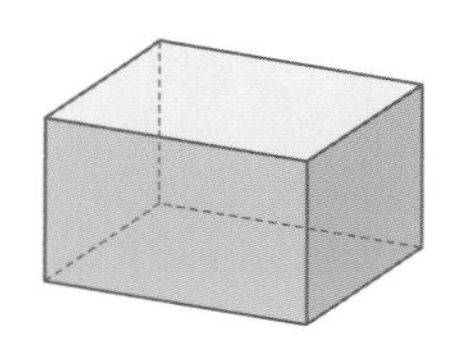

직사각형 6개로 둘러싸인 도형을 □ 라고 합니다.

직육면체와 정육면체를 알고 있는지 묻는 문제예요.

2 □ 안에 알맞은 수를 써넣으세요.

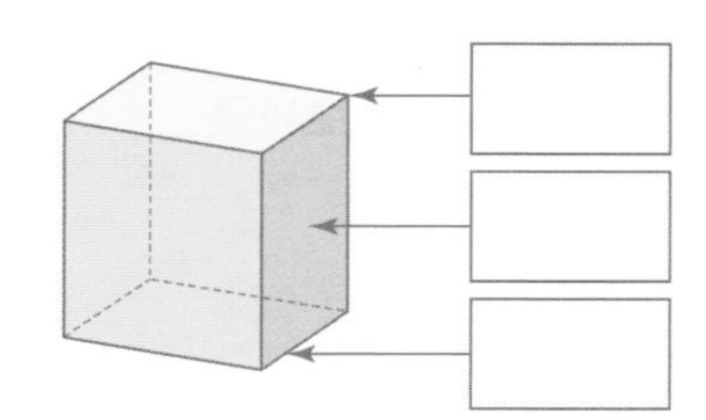

직육면체의 구성 요소를 알아봐요.

3 정육면체를 찾아 ○표 하세요.

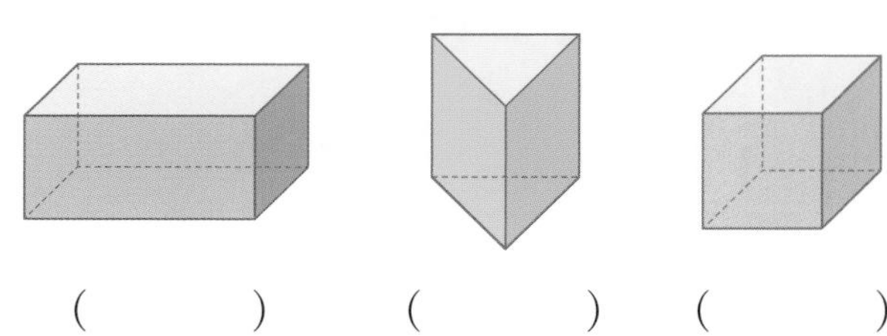

(　　　)　(　　　)　(　　　)

정사각형 6개로 둘러싸인 도형을 찾아봐요.

4 정육면체를 보고 빈칸에 알맞은 수를 써넣으세요.

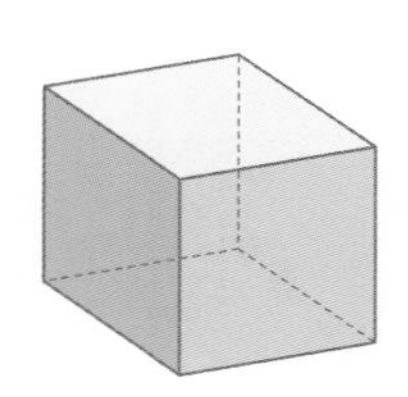

면의 수(개)	
모서리의 수(개)	
꼭짓점의 수(개)	

정육면체의 구성 요소의 수를 알아봐요.

교과서 내용 학습

01 직육면체를 모두 찾아 기호를 써 보세요.

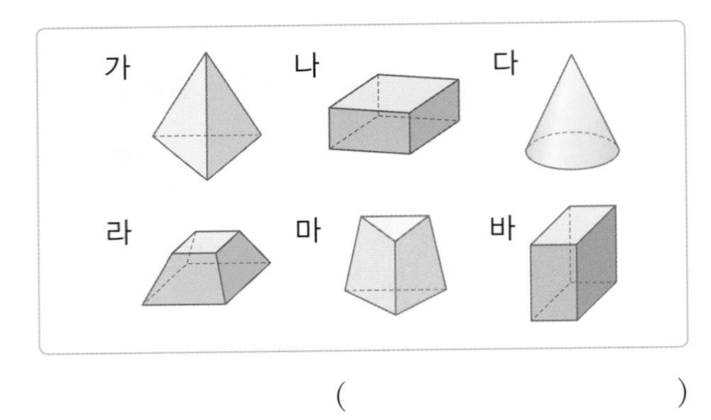

( )

02 직육면체를 앞에서 본 모양은 어떤 도형인가요? ( )

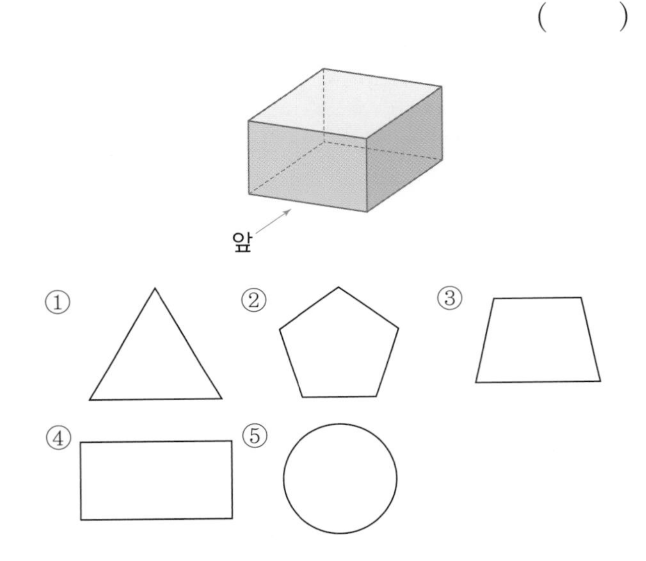

03 직육면체에 대하여 바르게 설명한 것을 모두 찾아 기호를 써 보세요.

㉠ 면과 면이 만나는 선분을 모서리라고 합니다.
㉡ 모서리의 길이는 모두 같습니다.
㉢ 모서리와 모서리가 만나는 점을 면이라고 합니다.
㉣ 꼭짓점의 수는 면의 수보다 많습니다.

( )

중요

04 주어진 도형이 직육면체가 아닌 이유를 써 보세요.

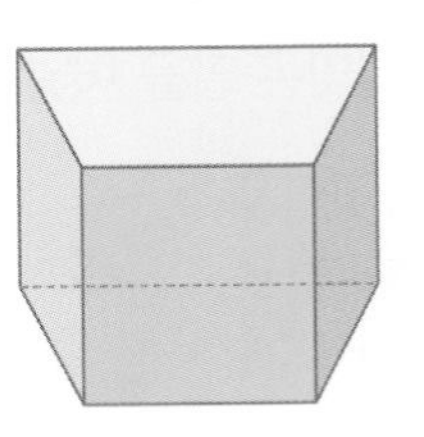

이유 ______________________

05 직육면체의 모든 모서리의 길이의 합은 몇 cm인지 구해 보세요.

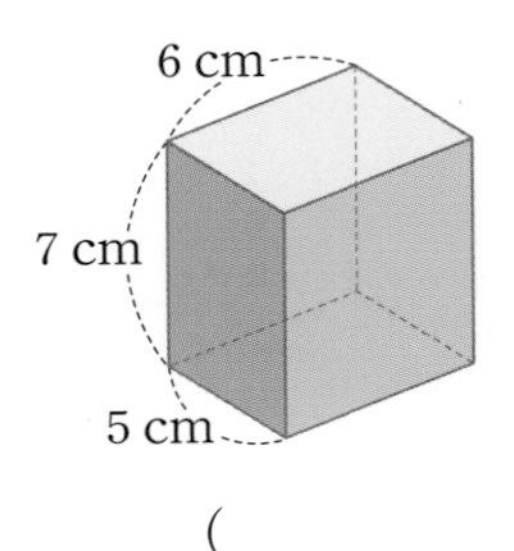

( )

06 정육면체를 보고 □ 안에 알맞은 수를 써넣으세요.

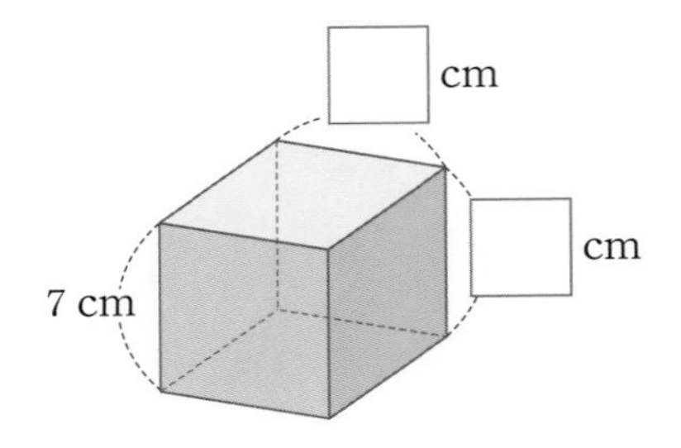

07 한 모서리의 길이가 3 cm인 정육면체 모양의 주사위가 있습니다. 이 주사위의 모든 모서리의 길이의 합은 몇 cm인지 구해 보세요.

( )

08 직육면체와 정육면체에서 서로 다른 것을 모두 찾아 기호를 써 보세요.

㉠ 면의 모양
㉡ 꼭짓점의 수
㉢ 모서리의 수
㉣ 면의 수
㉤ 모서리의 길이

( )

09 바르게 말한 친구는 누구인가요?

정육면체는 직육면체라고 말할 수 있어.

직육면체는 정육면체라고 말할 수 있어.

수정 민우

( )

⊏어려운 문제⊐

10 직육면체의 모든 모서리의 길이의 합은 56 cm입니다. □ 안에 알맞은 수를 써넣으세요.

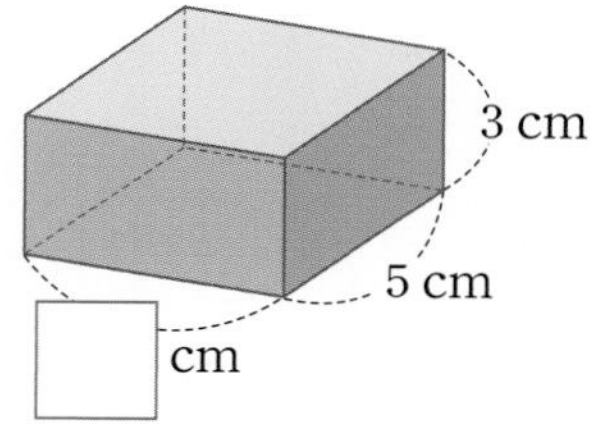

도움말 직육면체에서 길이가 같은 모서리는 4개씩 3쌍 있습니다.

문제해결 접근하기

11 모든 모서리의 길이의 합이 240 cm인 정육면체가 있습니다. 이 정육면체의 한 모서리의 길이는 몇 cm인지 구해 보세요.

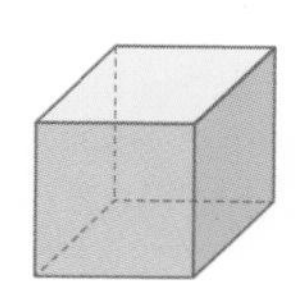

이해하기

구하려는 것은 무엇인가요?

답 ______

계획 세우기

어떤 방법으로 문제를 해결하면 좋을까요?

답 ______

해결하기

(1) 정육면체의 모서리는 □개입니다.

(2) 정육면체의 모서리의 길이는 모두 □.

(3) (정육면체의 한 모서리의 길이)

$=240\div\square=\square$(cm)

되돌아보기

모든 모서리의 길이의 합이 180 cm인 정육면체가 있습니다. 이 정육면체의 한 모서리의 길이는 몇 cm인지 구해 보세요.

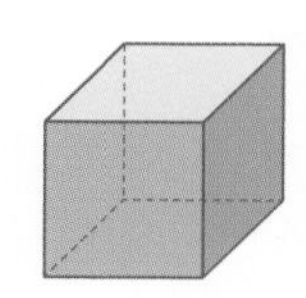

답 ______

개념 3 직육면체의 겨냥도를 알아볼까요

• 직육면체의 보이는 면, 모서리, 꼭짓점의 수

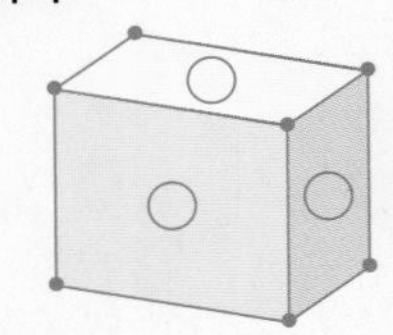

– 보이는 면: 3개
– 보이는 모서리: 9개
– 보이는 꼭짓점: 7개

• 겨냥도 그리기
① 보이는 모서리는 실선으로 그립니다.
② 보이지 않는 모서리는 점선으로 그립니다.
③ 평행한 모서리의 길이는 같게 그립니다.

직육면체의 겨냥도

• 직육면체 모양을 잘 알 수 있도록 하기 위해 보이는 모서리는 실선으로, 보이지 않는 모서리는 점선으로 나타낸 그림을 직육면체의 겨냥도라고 합니다.

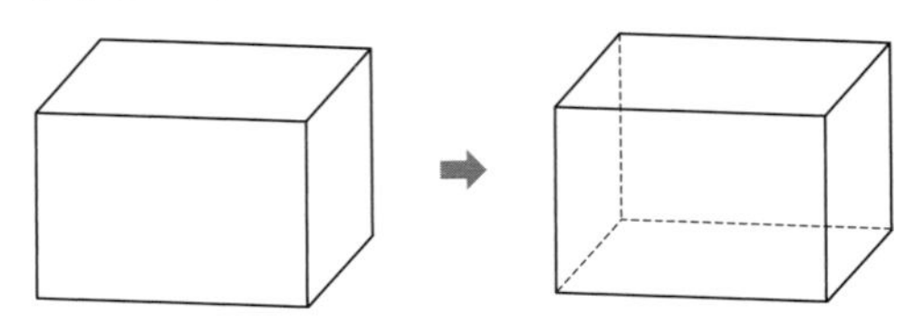

면의 수(개)		모서리의 수(개)		꼭짓점의 수(개)	
보이는 면	보이지 않는 면	보이는 모서리	보이지 않는 모서리	보이는 꼭짓점	보이지 않는 꼭짓점
3	3	9	3	7	1

개념 4 직육면체의 성질을 알아볼까요

• 밑면
직육면체의 기준이 되는 면을 밑면이라고 하는데 기준이 되는 면은 바뀔 수 있으므로 밑면이 바뀌면 옆면도 바뀝니다.

• 직육면체에서 수직인 면
밑면

직육면체에서 한 모서리에서 만나는 두 면은 서로 수직이므로 한 면과 수직으로 만나는 면은 모두 4개입니다.

직육면체의 밑면

• 직육면체에서 색칠한 두 면처럼 계속 늘여도 만나지 않는 두 면을 서로 평행하다고 합니다. 이 두 면을 직육면체의 밑면이라고 합니다.
• 직육면체에는 서로 평행한 면이 3쌍 있고 이 평행한 면은 각각 밑면이 될 수 있습니다.

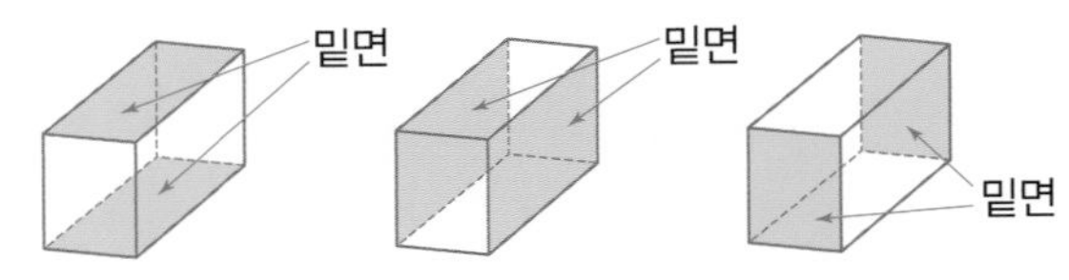

직육면체의 옆면

• 직육면체에서 밑면과 수직인 면을 직육면체의 옆면이라고 합니다.
• 직육면체에서 한 밑면의 옆면은 모두 4개입니다.

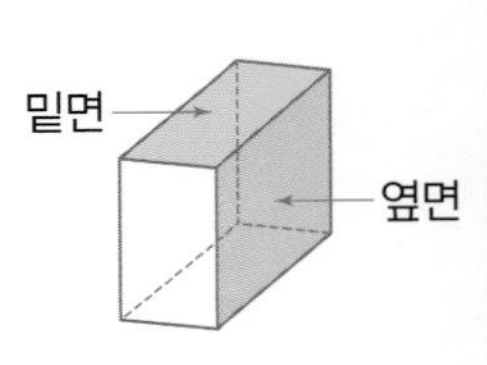

문제를 풀여 이해해요

정답과 해설 27쪽

1 알맞은 말에 ○표 하세요.

직육면체 모양을 잘 알 수 있도록 보이는 모서리는 (실선, 점선)으로, 보이지 않는 모서리는 (실선, 점선)으로 그린 그림을 직육면체의 겨냥도라고 합니다.

겨냥도와 직육면체의 밑면과 옆면을 묻는 문제예요.

2 직육면체의 겨냥도에서 잘못된 부분을 모두 찾아 기호를 써 보세요.

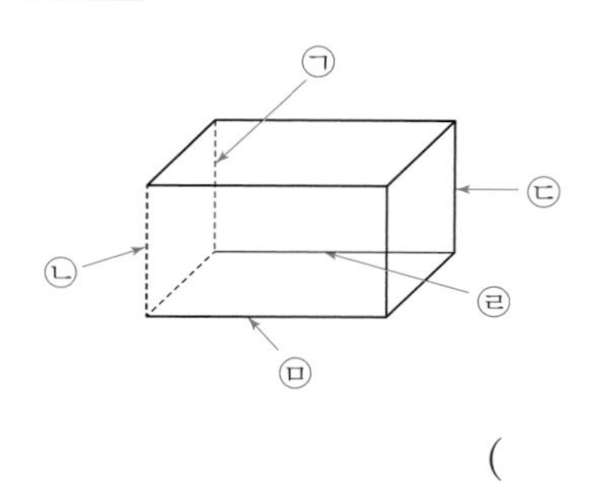

( )

겨냥도에서 보이는 모서리는 실선으로, 보이지 않는 모서리는 점선으로 그려요.

3 직육면체에서 서로 평행한 면을 찾아 써 보세요.

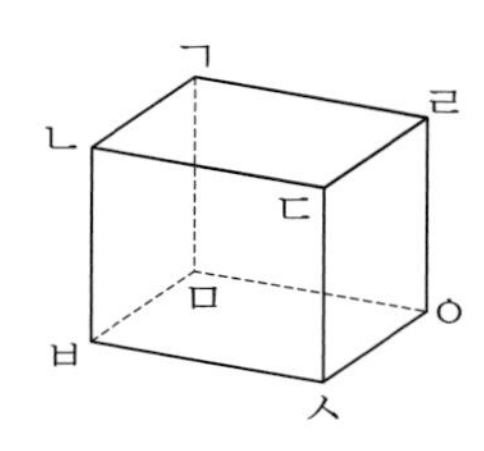

면 ㄱㄴㄷㄹ과 면 [ ]

면 ㄴㅂㅁㄱ과 면 [ ]

면 ㄴㅂㅅㄷ과 면 [ ]

직육면체에서 서로 평행한 면은 마주 보고 있는 면이에요.

4 직육면체에서 빗금친 면과 수직인 면에 색칠한 것의 기호를 써 보세요.

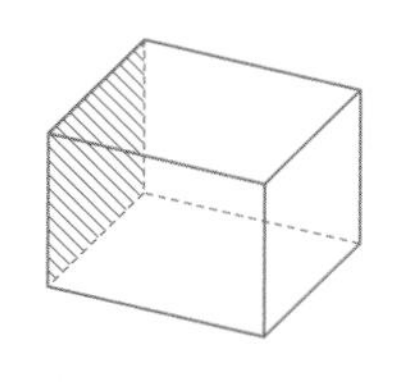

㉠ 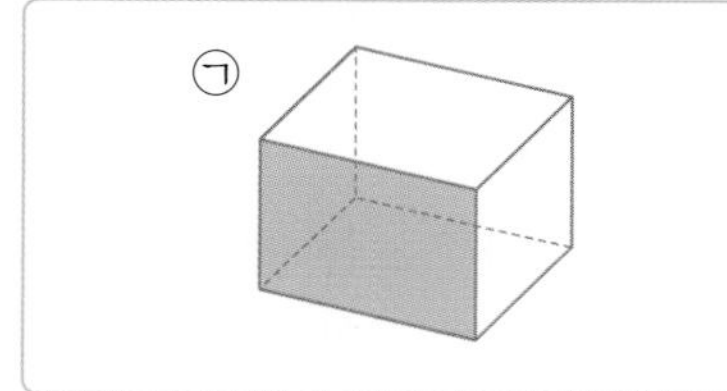

㉡ 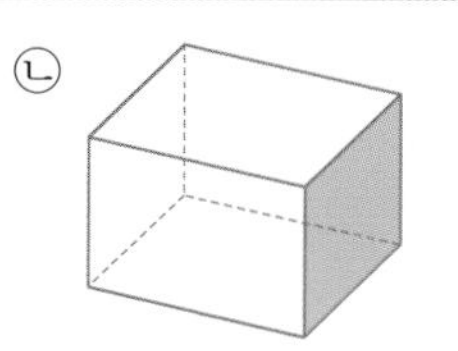

( )

직육면체에서 만나는 두 면은 수직이에요.

교과서 내용 학습

01 직육면체의 겨냥도를 바르게 그린 것을 찾아 기호를 써 보세요.

가 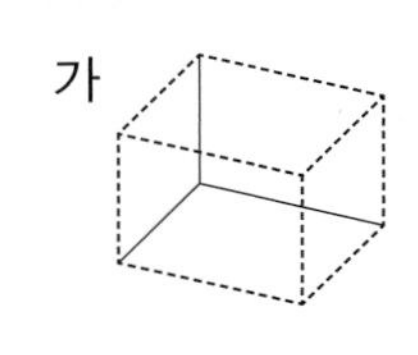 나 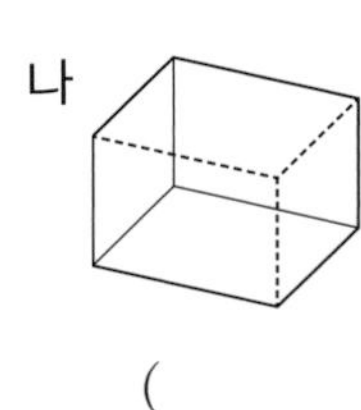 다 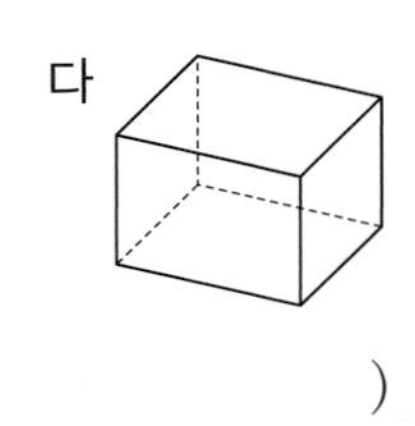

(　　　　　　　　　　)

02 그림에서 빠진 부분을 그려 넣어 직육면체의 겨냥도를 완성해 보세요.

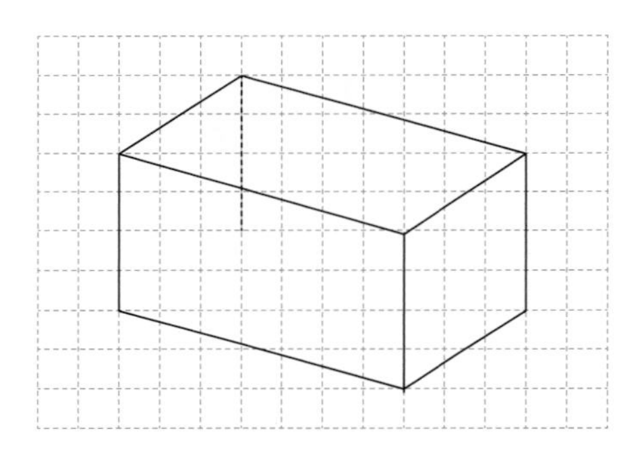

03 직육면체에서 ㉠과 ㉡의 합을 구해 보세요.

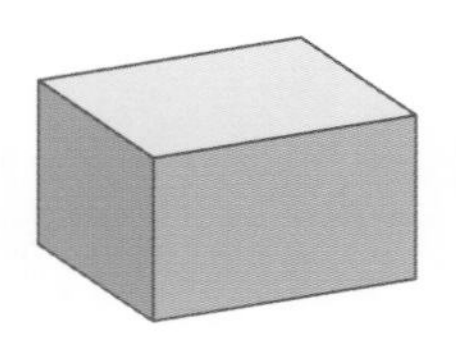

㉠ 보이는 꼭짓점의 수
㉡ 보이지 않는 면의 수

(　　　　　　　　　　)

중요

04 직육면체에서 보이지 않는 모서리의 길이의 합은 몇 cm인지 구해 보세요.

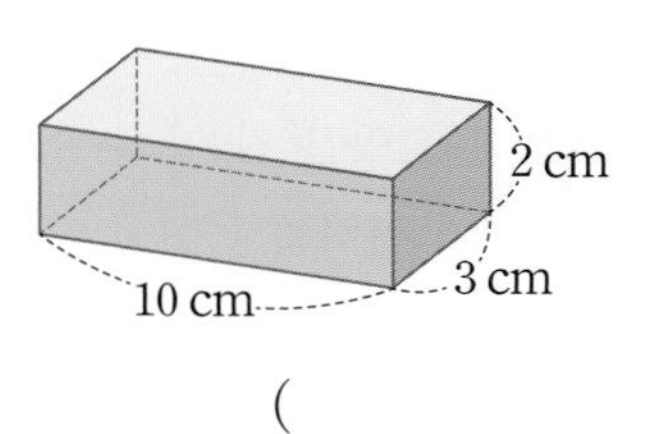

(　　　　　　　　　　)

05 직육면체 모양의 상자를 색칠하려고 합니다. 서로 평행한 면끼리 같은 색을 칠한다면 필요한 색은 모두 몇 가지인가요?

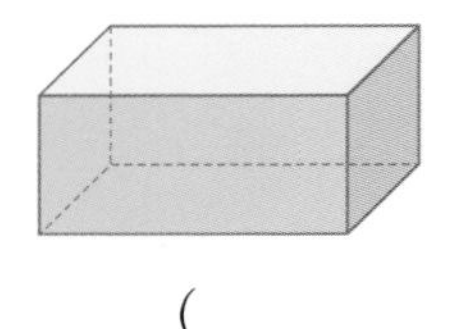

(　　　　　　　　　　)

06 직육면체에서 면 ㄱㅁㅇㄹ과 수직인 면을 모두 찾아 써 보세요.

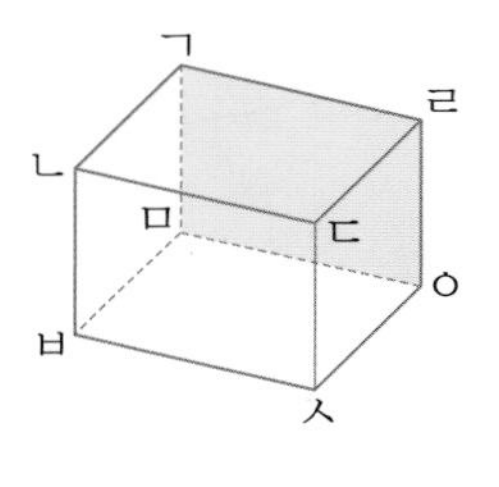

(　　　　　　　　　　)

07 직육면체의 성질에 대해 잘못 설명한 것을 찾아 기호를 써 보세요.

㉠ 서로 마주 보는 면은 평행합니다.
㉡ 한 밑면에 대한 옆면은 모두 4개입니다.
㉢ 서로 수직인 면은 모양과 크기가 같습니다.

(　　　　　　　　　　)

정답과 해설 28쪽

⊂중요⊃

08

오른쪽 직육면체에서 두 면 사이의 관계가 다른 것을 찾아 기호를 써 보세요.

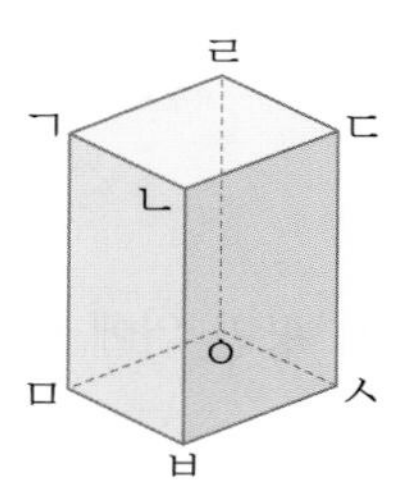

㉠ 면 ㄱㄴㄷㄹ과 면 ㄴㅂㅅㄷ
㉡ 면 ㄱㅁㅂㄴ과 면 ㄹㅇㅅㄷ
㉢ 면 ㅁㅂㅅㅇ과 면 ㄱㅁㅇㄹ
㉣ 면 ㄹㅇㅅㄷ과 면 ㅁㅂㅅㅇ

( )

09

직육면체에서 색칠한 면과 평행한 면의 둘레는 몇 cm인지 구해 보세요.

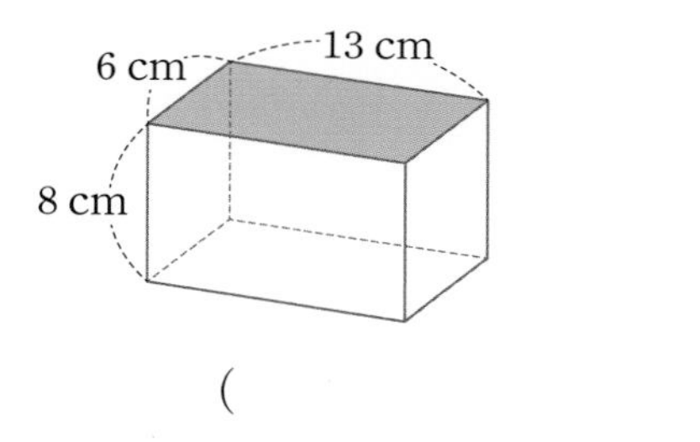

( )

⊂어려운 문제⊃

10

주사위에서 서로 평행한 두 면의 눈의 수의 합은 7입니다. 눈의 수가 3인 면과 수직인 면의 눈의 수의 합은 얼마인가요?

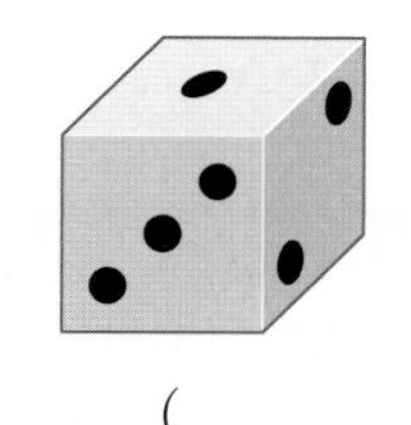

( )

도움말 눈의 수가 3인 면과 평행한 면의 눈의 수는 4입니다.

문제해결 접근하기

11

직육면체에서 색칠한 두 면에 공통으로 수직인 면의 넓이의 합은 몇 cm^2인지 구해 보세요.

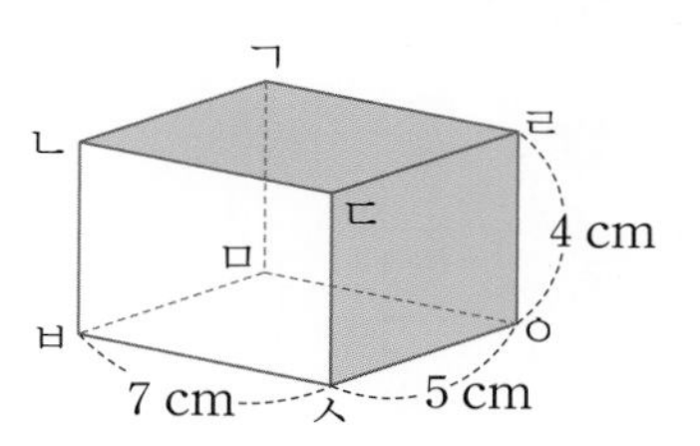

이해하기

구하려는 것은 무엇인가요?

답

계획 세우기

어떤 방법으로 문제를 해결하면 좋을까요?

답

해결하기

(1) 색칠한 두 면에 공통으로 수직인 면은

면 ☐ 과 면 ☐ 입니다.

(2) (1)에서 구한 두 면은 ☐ 하므로 합동입니다.

(3) 두 면의 넓이의 합은

(☐ × ☐) × 2 = ☐ (cm^2)입니다.

되돌아보기

오른쪽 직육면체에서 색칠한 면과 수직인 면의 넓이의 합은 몇 cm^2인지 구해 보세요.

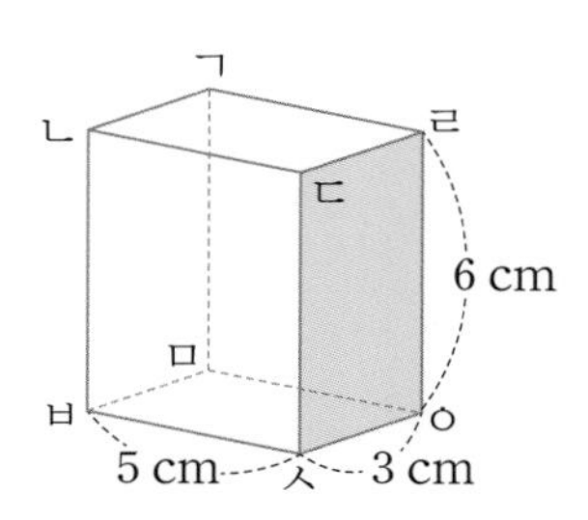

답

개념 5 정육면체의 전개도를 알아볼까요

• 정육면체의 전개도 그리기

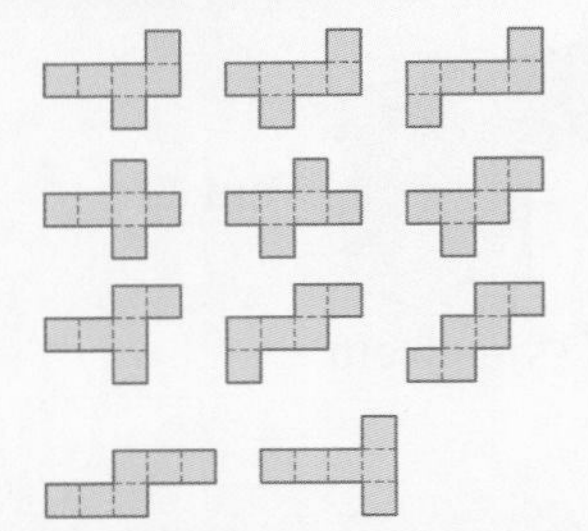

정육면체의 전개도는 다양한 방법으로 그릴 수 있습니다.

• 전개도를 접었을 때 평행한 면과 만나는 점 알아보기

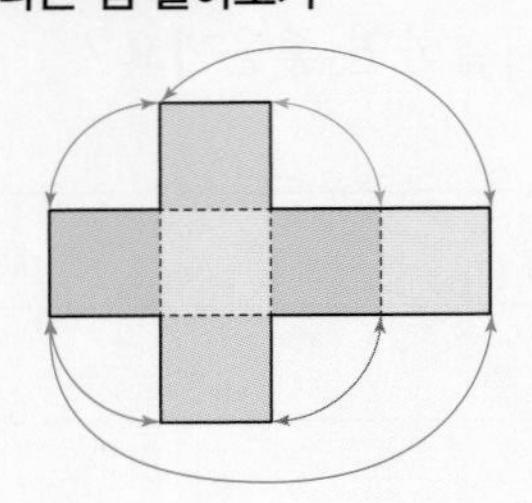

정육면체의 전개도

• 정육면체의 모서리를 잘라서 평면 위에 펼쳐 놓은 그림을 정육면체의 전개도라고 합니다.

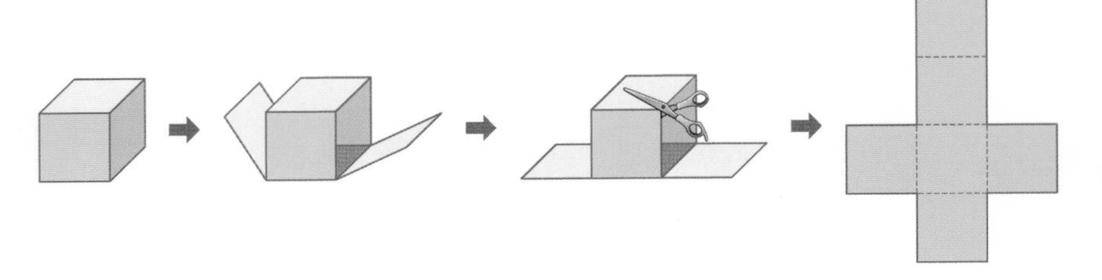

• 정육면체의 전개도 살펴보기

전개도를 접었을 때

① 점 ㄴ과 만나는 점: 점 ㄹ, 점 ㅇ

② 선분 ㅁㅂ과 맞닿는 선분: 선분 ㅅㅂ

③ 서로 평행한 면: 면 가와 면 바, 면 나와 면 라, 면 다와 면 마 ➡ 3쌍

④ 면 다와 수직인 면: 면 가, 면 나, 면 라, 면 바 ➡ 4개

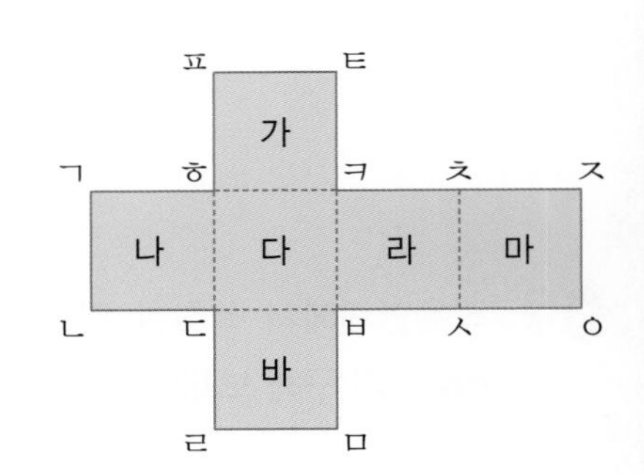

정육면체의 전개도 그리기

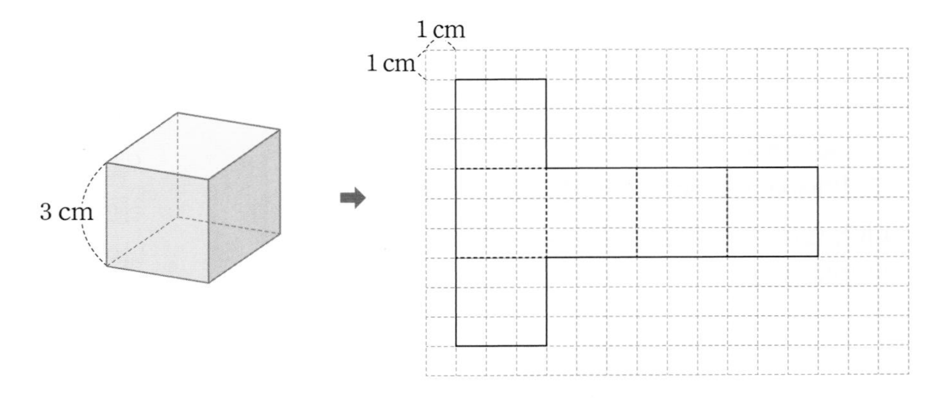

① 잘린 모서리는 실선으로, 잘리지 않는 모서리는 점선으로 그립니다.

② 정사각형 모양의 면 6개를 서로 겹치는 면이 없게 그립니다.

③ 모든 모서리의 길이를 같게 그립니다.

문제를 풀며 이해해요

정답과 해설 28쪽

1 정육면체의 전개도에 ○표 하세요.

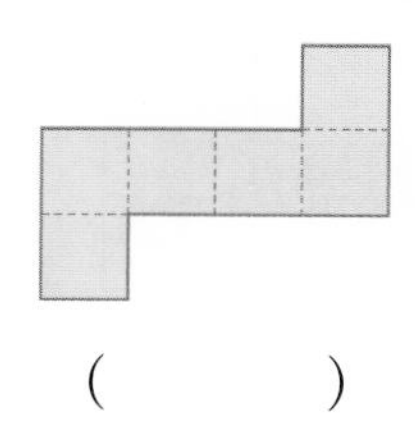

( )

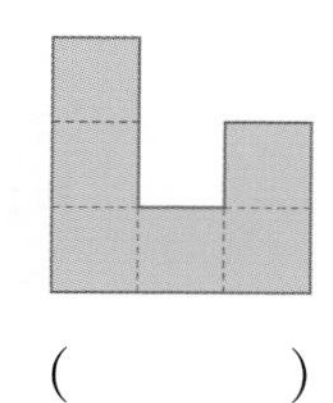

( )

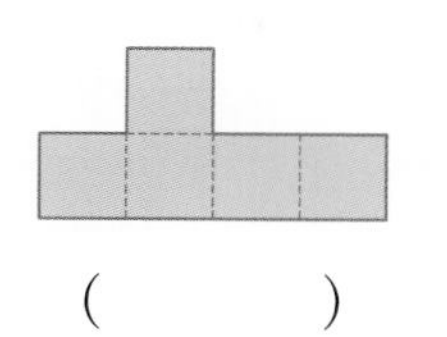

( )

정육면체의 전개도를 알고 있는지 묻는 문제예요.

2 전개도를 접어서 정육면체를 만들었을 때 색칠한 면과 평행한 면에 색칠해 보세요.

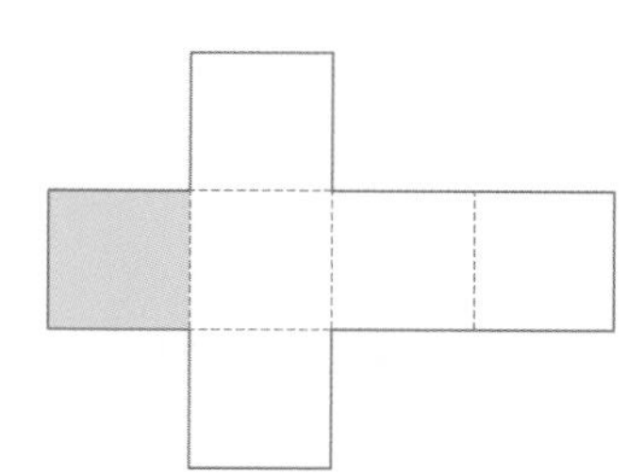

색칠한 면과 평행한 면은 마주 보는 면이에요.

3 전개도를 접어서 정육면체를 만들었을 때 색칠한 면과 수직인 면에 모두 ○표 하세요.

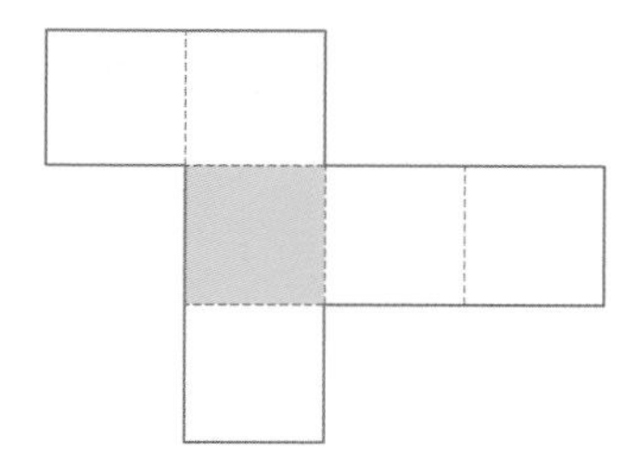

색칠한 면과 만나는 면을 찾아봐요.

4 정육면체의 전개도에서 빠진 부분을 그려 넣으세요.

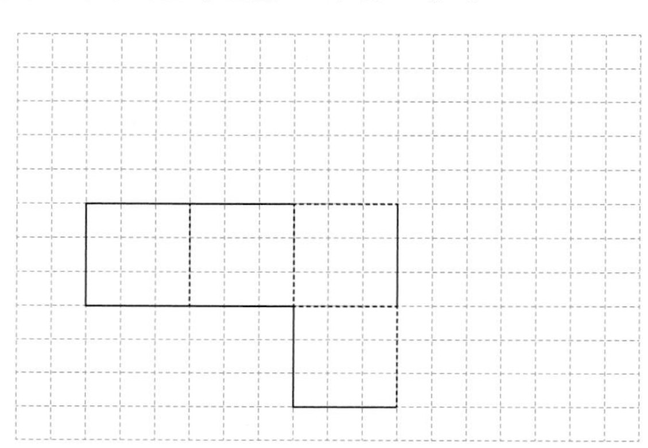

잘린 모서리는 실선으로, 잘리지 않는 모서리는 점선으로 그려요.

교과서 내용 학습

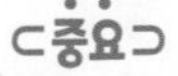

01 정육면체의 전개도인 것을 모두 찾아 기호를 써 보세요.

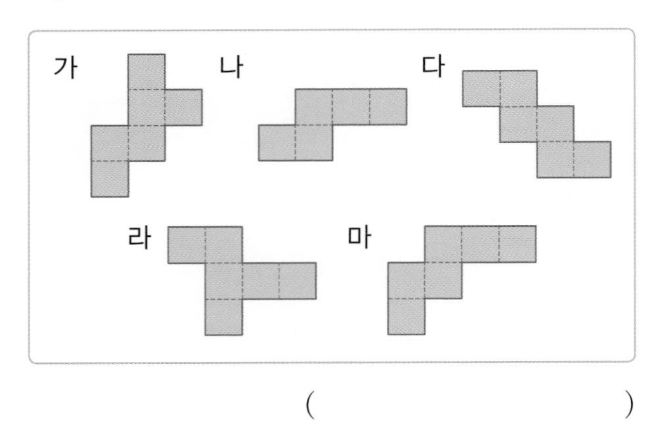

( )

중요

02 정육면체의 전개도가 아닌 이유를 써 보세요.

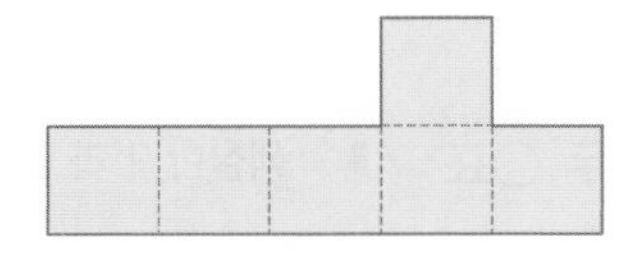

이유 ______________________

03 오른쪽 정육면체를 보고 전개도를 그려 보세요.

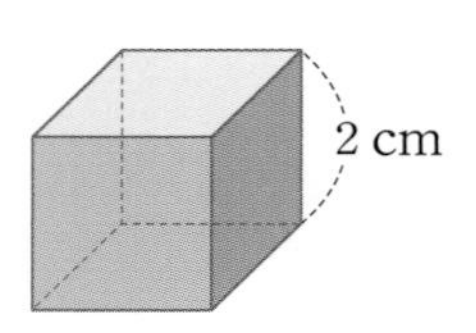

1 cm
1 cm

[04~05] 전개도를 접어서 정육면체를 만들었습니다. 물음에 답하세요.

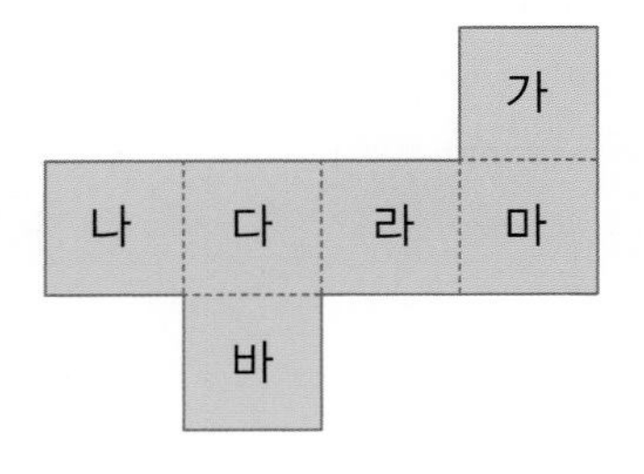

04 면 다와 마주 보는 면을 찾아 써 보세요.

( )

05 면 나와 수직인 면을 모두 찾아 써 보세요.

( )

[06~07] 전개도를 접어서 정육면체를 만들었습니다. 물음에 답하세요.

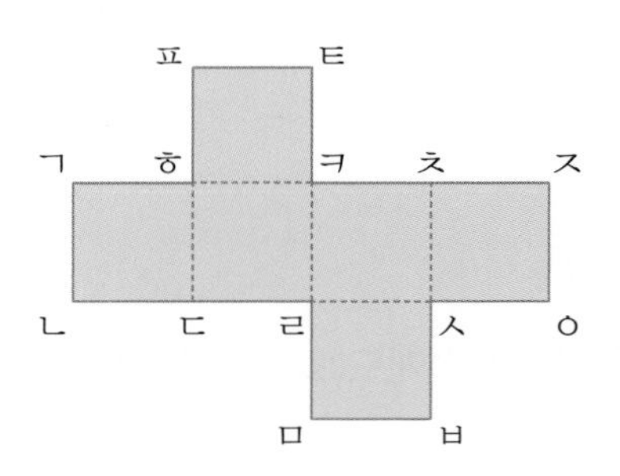

06 점 ㅍ과 만나는 점을 모두 찾아 써 보세요.

( )

07 선분 ㅈㅊ과 만나는 선분을 찾아 써 보세요.

( )

08 전개도를 접어서 정육면체를 만들었을 때 면 가와 면 다에 공통으로 수직인 면을 모두 찾아 써 보세요.

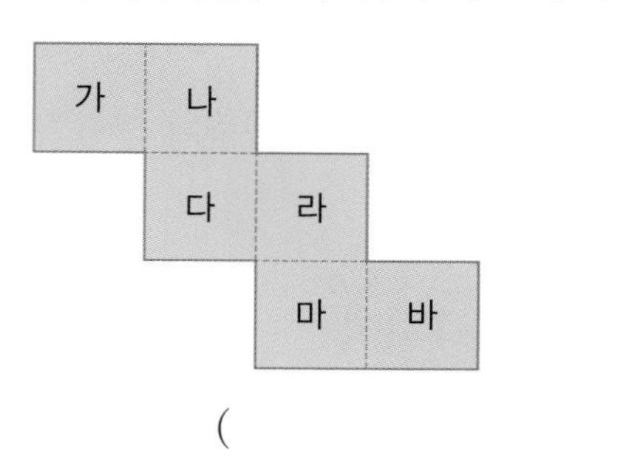

(　　　　　　　　　　)

09 정사각형 모양의 자석 블록으로 정육면체의 전개도를 만들려고 합니다. 블록 하나를 어느 곳에 놓아야 하는지 찾아 기호를 써 보세요.

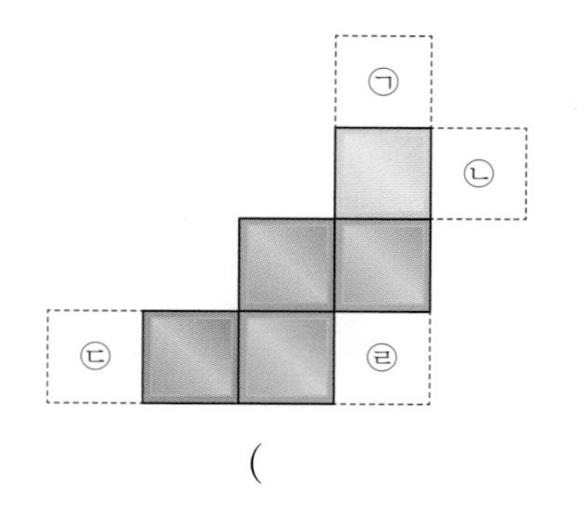

(　　　　　　　　　　)

⊂어려운 문제⊃

10 효빈이가 전개도에 그림을 그린 후 접어서 정육면체를 만들었습니다. 효빈이가 만든 정육면체가 어느 것인지 찾아 기호를 써 보세요.

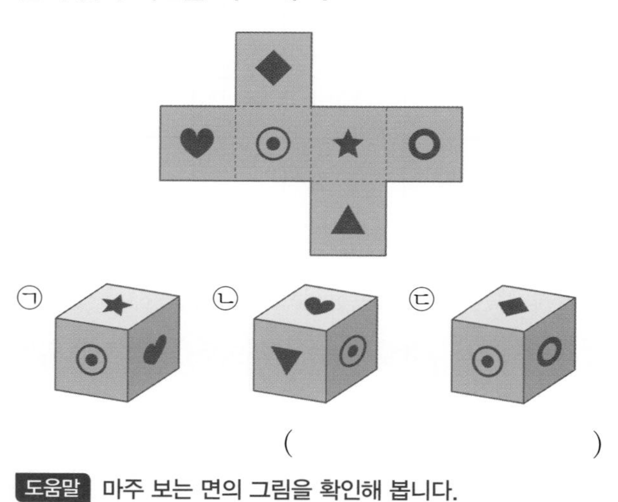

(　　　　　　　　　　)

도움말 마주 보는 면의 그림을 확인해 봅니다.

문제해결 접근하기

11 주사위의 마주 보는 면에 있는 눈의 수를 합하면 7입니다. 주사위 전개도의 가, 나, 다에 알맞은 눈의 수를 구해 보세요.

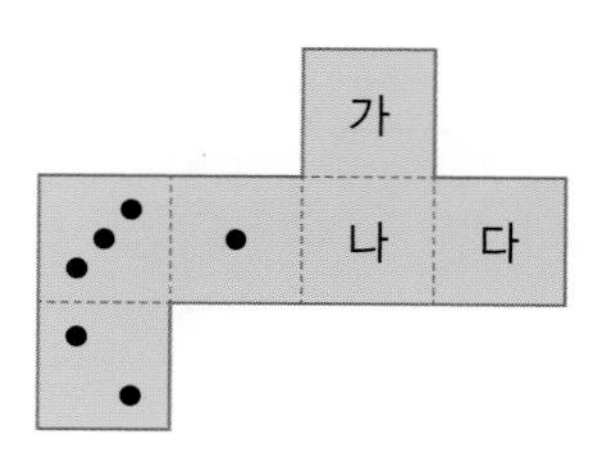

이해하기

구하려는 것은 무엇인가요?

답 ______________________________

계획 세우기

어떤 방법으로 문제를 해결하면 좋을까요?

답 ______________________________

해결하기

(1) 면 가와 마주 보는 면의 눈의 수가 ☐ 이므로 면 가의 눈의 수는 ☐ 입니다.

(2) 면 나와 마주 보는 면의 눈의 수가 ☐ 이므로 면 나의 눈의 수는 ☐ 입니다.

(3) 면 다와 마주 보는 면의 눈의 수가 ☐ 이므로 면 다의 눈의 수는 ☐ 입니다.

되돌아보기

주사위의 마주 보는 면에 있는 눈의 수를 합하면 7입니다. 주사위 전개도의 빈 곳에 눈을 알맞게 그려 보세요.

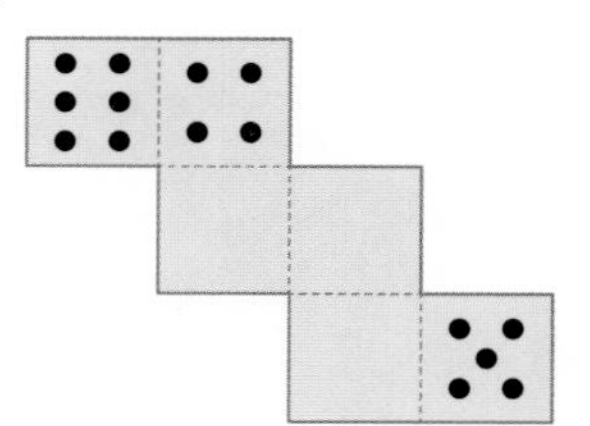

개념 6 직육면체의 전개도를 알아볼까요

직육면체의 전개도

• 직육면체의 모서리를 잘라서 평면 위에 펼쳐 놓은 그림을 직육면체의 전개도라고 합니다.

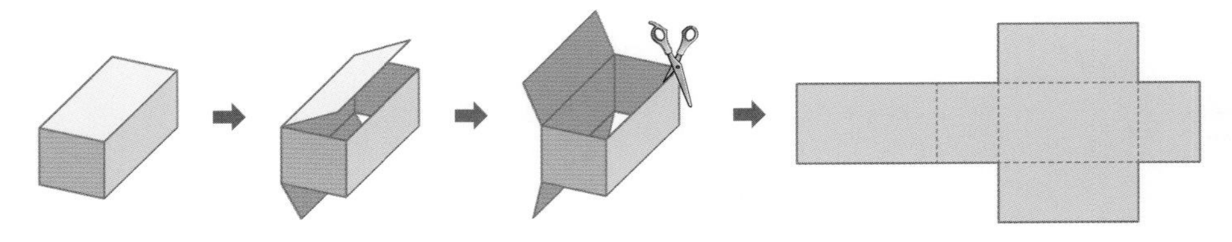

• 직육면체의 전개도 살펴보기

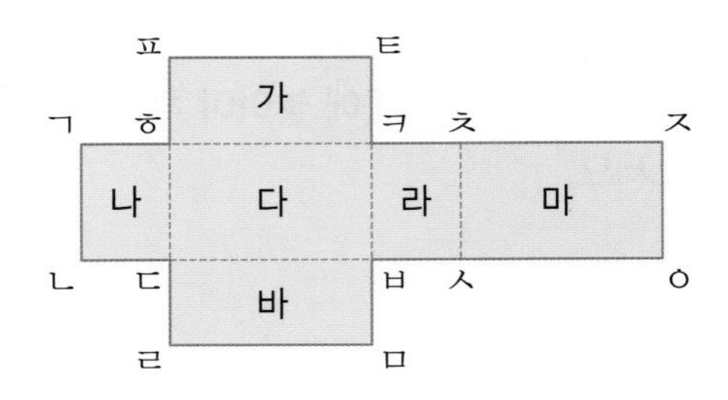

전개도를 접었을 때

① 점 ㅍ과 만나는 점: 점 ㄱ, 점 ㅈ

② 선분 ㅅㅇ과 겹치는 선분: 선분 ㅁㄹ

③ 서로 평행한 면: 면 가와 면 바, 면 나와 면 라, 면 다와 면 마 ➡ 3쌍

④ 면 가와 수직인 면: 면 나, 면 다, 면 라, 면 마 ➡ 4개

직육면체의 전개도 그리기

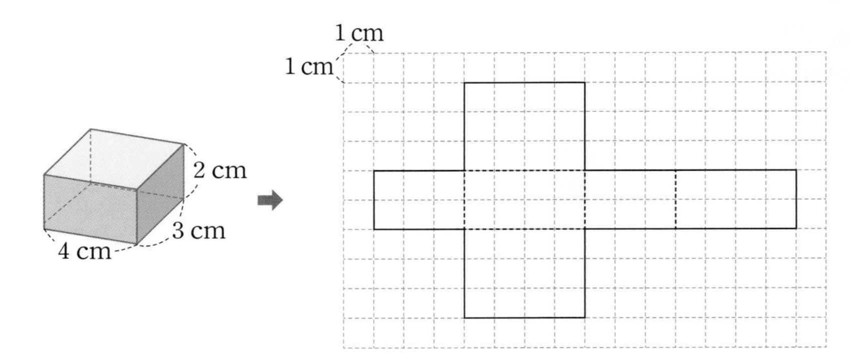

① 잘린 모서리는 실선으로, 잘리지 않는 모서리는 점선으로 그립니다.

② 접었을 때 만나는 모서리의 길이가 같고, 3쌍의 마주 보는 면은 각각 모양과 크기가 같게 그립니다.

③ 접었을 때 겹치는 면이 없게 그립니다.

• 직육면체의 전개도

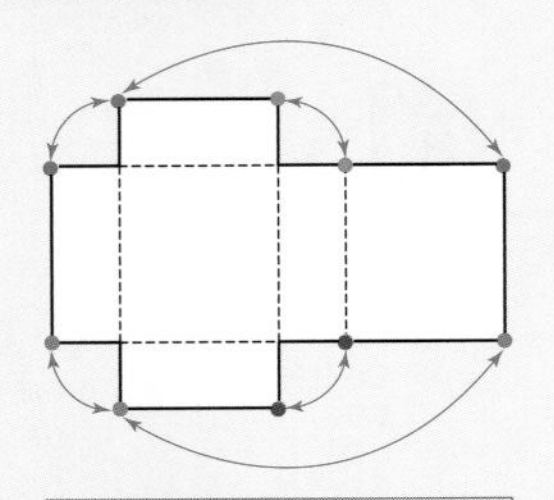

같은 색 점끼리 만남

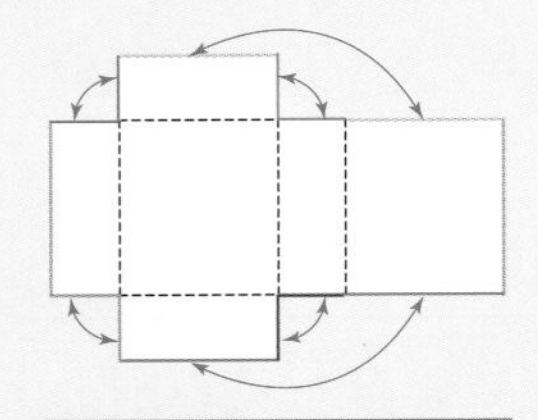

같은 색 선분끼리 만남

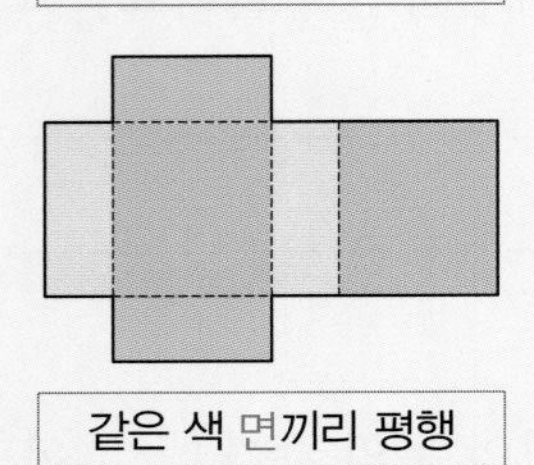

같은 색 면끼리 평행

• 전개도를 바르게 그렸는지 확인하는 방법
- 마주 보는 면 3쌍의 모양과 크기가 같은지 확인합니다.
- 접었을 때 겹치는 면이 있는지 확인합니다.
- 접었을 때 만나는 모서리의 길이가 같은지 확인합니다.

문제를 풀며 이해해요

정답과 해설 29쪽

1 **□ 안에 알맞은 수나 말을 써넣으세요.**

(1) 직육면체의 전개도에서 잘린 모서리는 □(으)로 그립니다.

(2) 직육면체의 전개도에서 잘리지 않는 모서리는 □(으)로 그립니다.

(3) 직육면체에서 전개도에 그려진 면은 □개입니다.

(4) 직육면체의 전개도에서 모양과 크기가 같은 면은 □쌍입니다.

직육면체의 전개도를 그리는 방법을 묻는 문제예요.

2 **직육면체의 전개도를 보고 물음에 답하세요.**

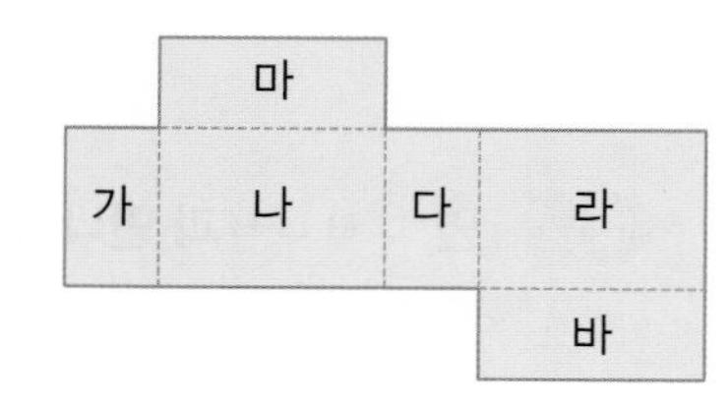

(1) 직육면체를 만들었을 때 면 나와 평행한 면은 어느 것인가요?

( )

(2) 직육면체를 만들었을 때 면 가와 수직인 면을 모두 찾아 써 보세요.

( )

주어진 면과 수직인 면은 평행한 면을 제외한 나머지 면이에요.

3 **직육면체를 보고 전개도를 완성해 보세요.**

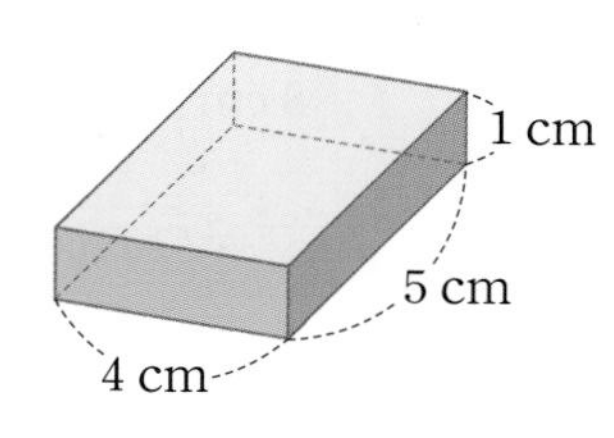

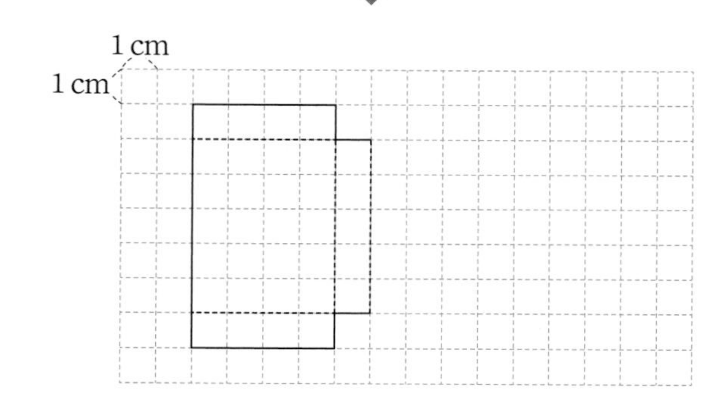

잘린 모서리는 실선으로, 잘리지 않는 모서리는 점선으로 그려요.

교과서 내용 학습

01 직육면체의 전개도가 아닌 것의 기호를 찾아 써 보세요.

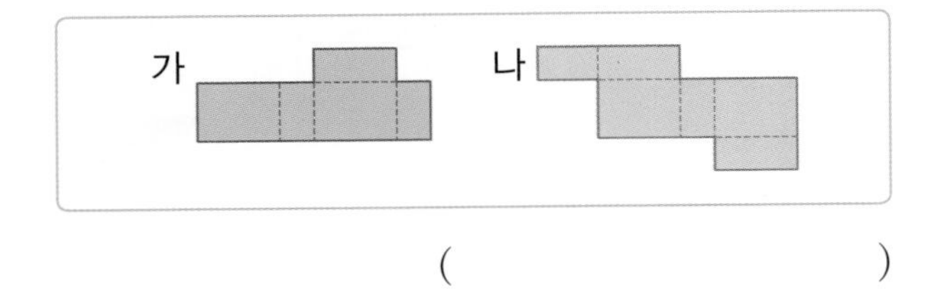

( )

02 직육면체의 전개도가 아닌 이유를 써 보세요.

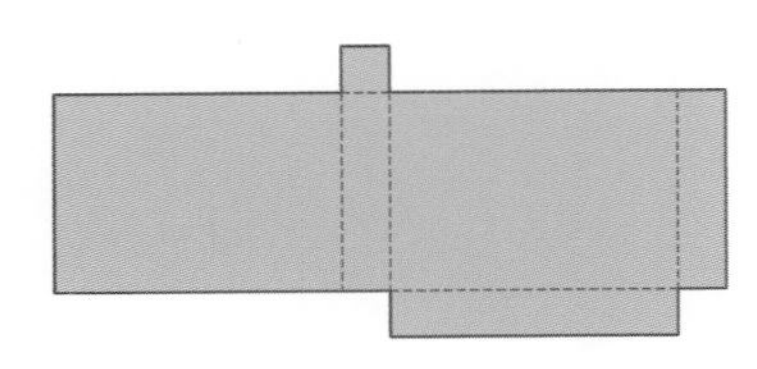

이유

03 직육면체를 보고 □ 안에 알맞은 기호를 써넣으세요.

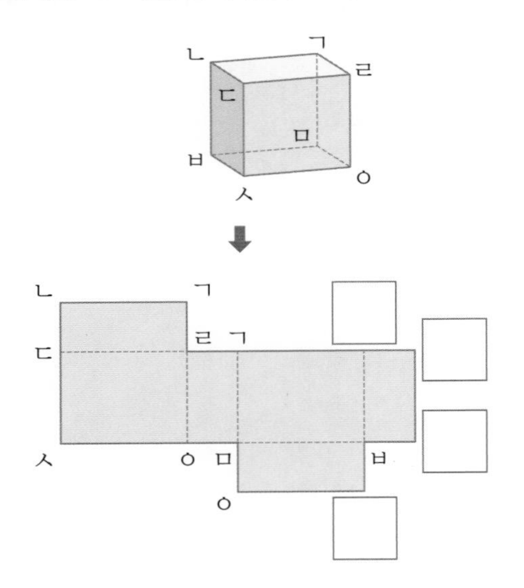

[04~05] 전개도를 접어서 직육면체를 만들었습니다. 물음에 답하세요.

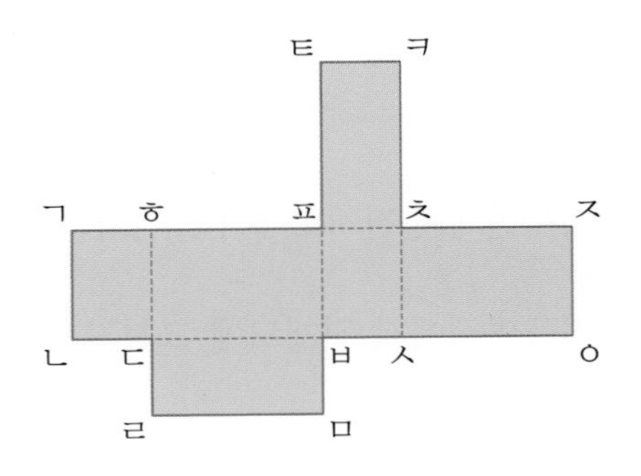

04 선분 ㅋㅌ과 겹치는 선분을 찾아 써 보세요.

( )

05 면 ㄷㄹㅁㅂ과 만나지 않는 면을 찾아 써 보세요.

( )

06 중요
직육면체의 전개도입니다. □ 안에 알맞은 수를 써넣으세요.

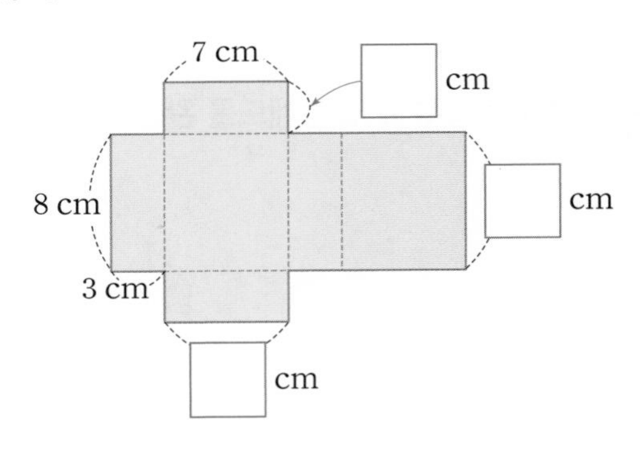

07 직육면체의 전개도를 접었을 때 색칠한 면과 수직인 면에 모두 색칠해 보세요.

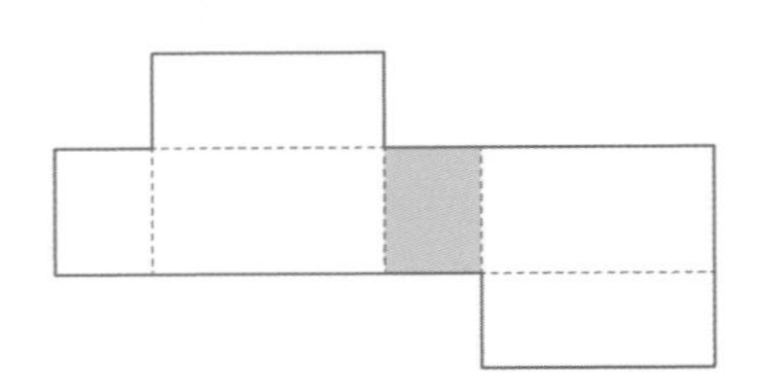

정답과 해설 29쪽

08 직육면체의 전개도입니다. ㉠과 ㉡의 합은 얼마인가요?

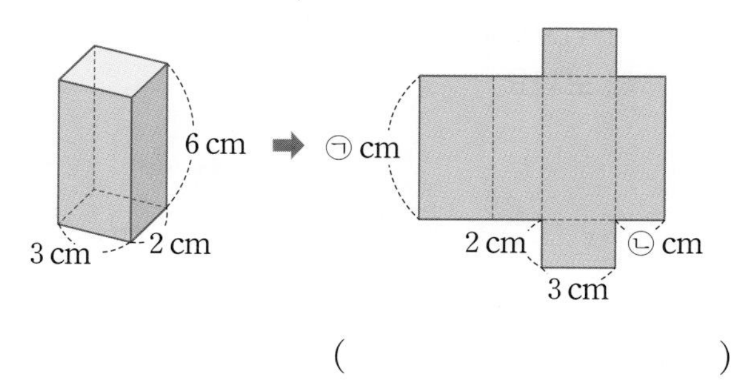

( )

⊂중요⊃

09 직육면체를 보고 전개도를 그려 보세요.

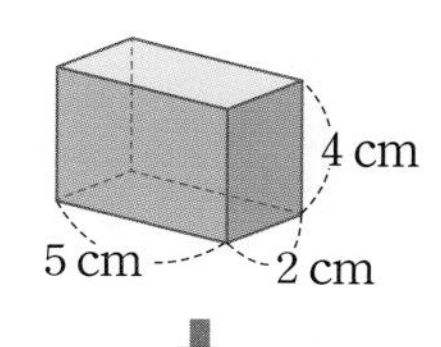

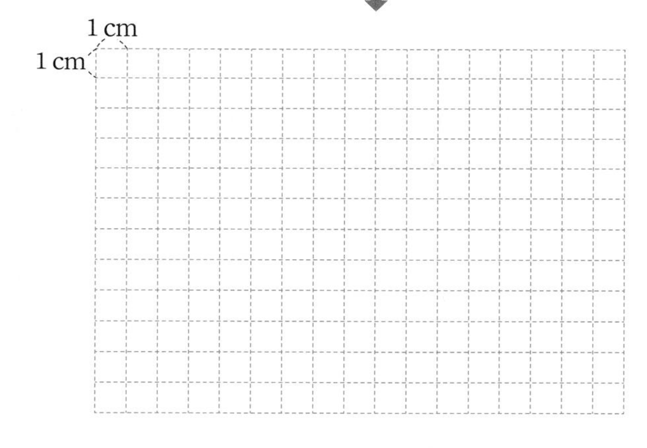

⊂어려운 문제⊃

10 직육면체의 면에 그림과 같이 선을 그었습니다. 직육면체의 전개도에 선이 지나간 자리를 그려 보세요.

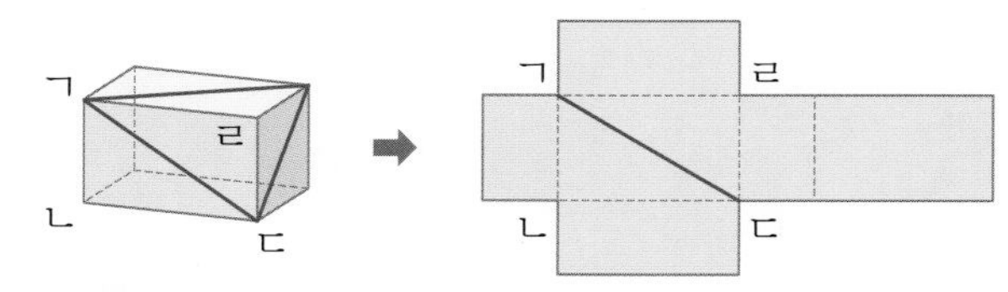

도움말 선이 3개의 면을 지나고 있습니다.

문제해결 접근하기

11 직육면체의 전개도에서 직사각형 ㄱㄴㄷㄹ의 둘레는 몇 cm인지 구해 보세요.

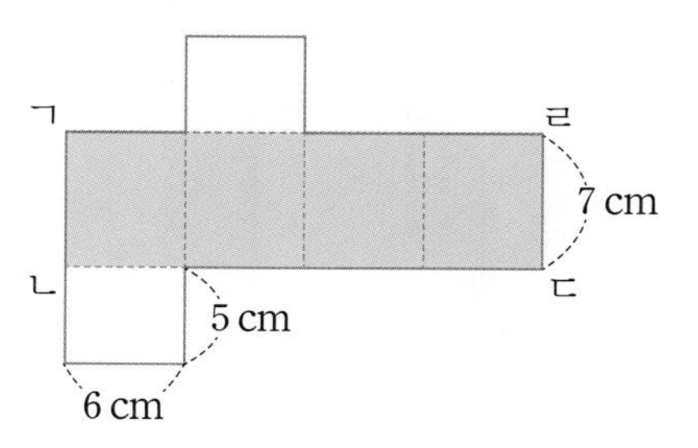

이해하기

구하려는 것은 무엇인가요?

답 ____________________

계획 세우기

어떤 방법으로 문제를 해결하면 좋을까요?

답 ____________________

해결하기

(1) 선분 ㄱㄹ의 길이는

□+5+□+5=□(cm)입니다.

(2) 선분 ㄱㄴ의 길이는 □ cm입니다.

(3) 직사각형 ㄱㄴㄷㄹ의 둘레는

(□+□)×2=□(cm)입니다.

되돌아보기

직육면체의 전개도에서 색칠한 부분의 넓이는 몇 cm^2인지 구해 보세요.

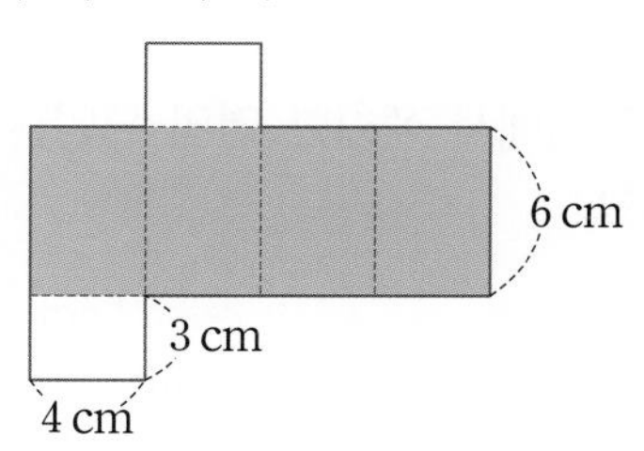

답 ____________________

단원 확인 평가

5. 직육면체

01 직육면체와 정육면체를 모두 찾아 기호를 써 보세요.

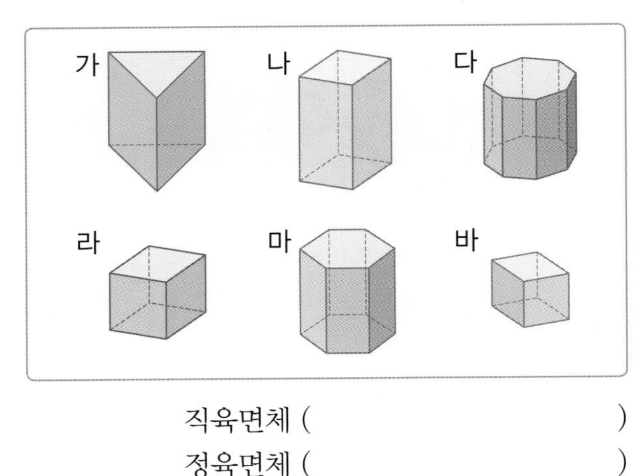

직육면체 (   )
정육면체 (   )

⊂중요⊃
02 직육면체에 대한 설명 중 옳은 것을 모두 찾아 기호를 써 보세요.

㉠ 직육면체의 꼭짓점은 6개입니다.
㉡ 직육면체의 모서리는 12개입니다.
㉢ 직육면체의 면은 모두 크기가 같습니다.
㉣ 직육면체의 모서리의 길이는 모두 같습니다.
㉤ 직육면체에서 모서리와 모서리가 만나는 점을 꼭짓점이라고 합니다.

(   )

03 정육면체에서 색칠한 면의 모양을 모눈종이에 그려 보세요.

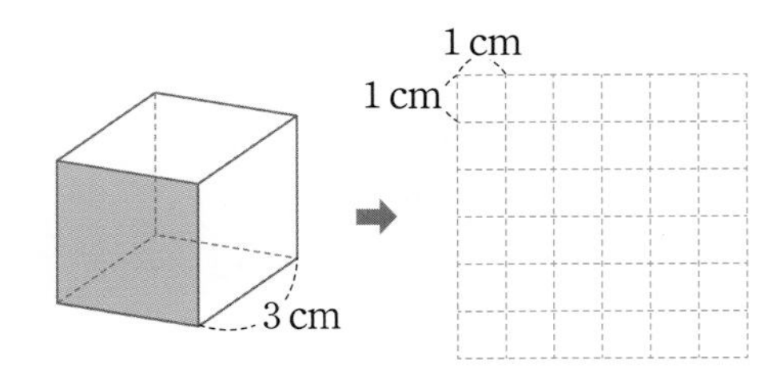

04 모서리의 길이가 7 cm인 정육면체가 있습니다. 이 정육면체의 모든 모서리 길이의 합은 몇 cm인지 구해 보세요.

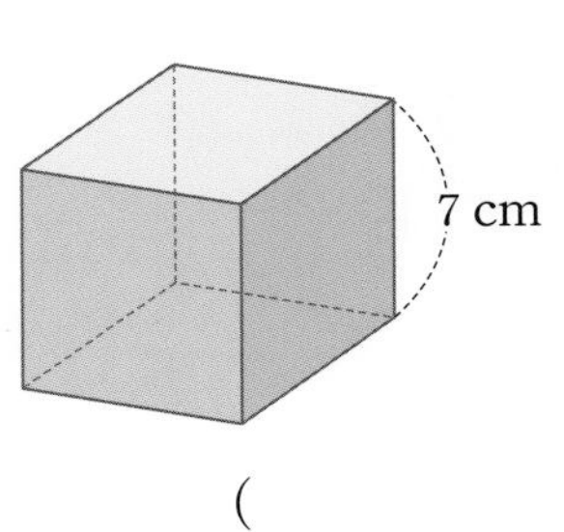

(   )

05 직육면체에서 길이가 6 cm인 모서리는 모두 몇 개인가요?

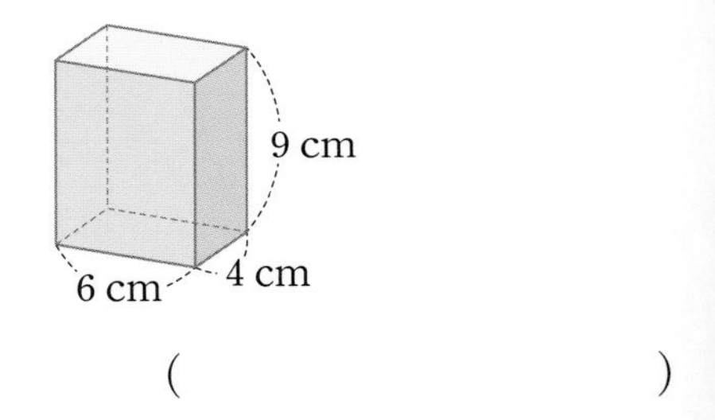

(   )

06 직육면체와 정육면체의 공통점을 바르게 말한 친구는 누구인가요?

( )

중요

07 직육면체의 겨냥도를 바르게 그린 것을 찾아 기호를 써 보세요.

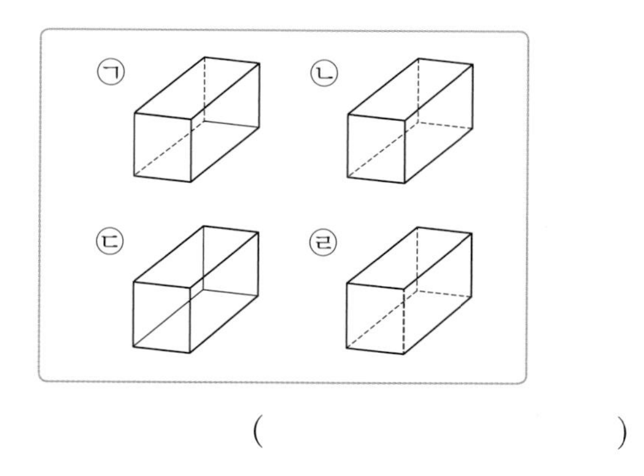

( )

08 직육면체에서 보이지 않는 모서리를 점선으로 나타내어 보세요.

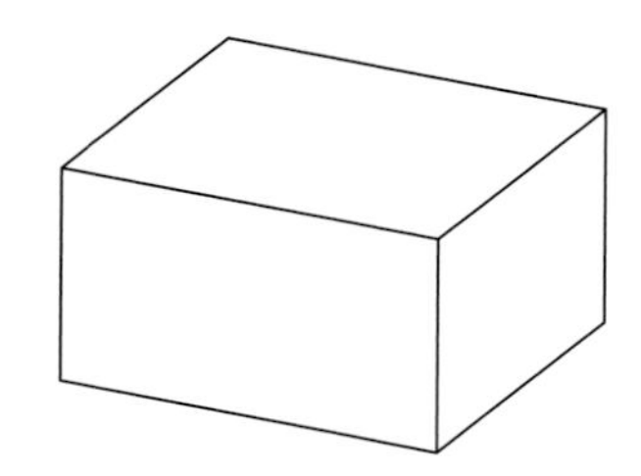

09 정육면체의 겨냥도에서 보이지 않는 모서리의 길이의 합이 12 cm일 때 보이는 모서리의 길이의 합은 몇 cm인지 구해 보세요.

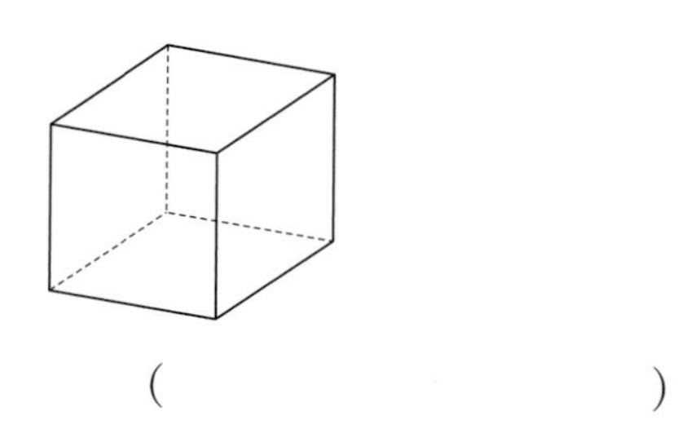

( )

10 직육면체 모양의 상자를 보고 보이는 세 면 중 두 면을 그린 것입니다. 보이는 나머지 한 면의 둘레는 몇 cm인지 구해 보세요.

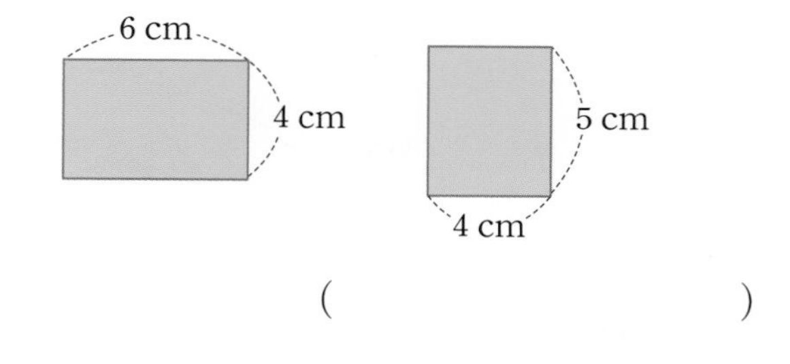

( )

11 직육면체에 대한 설명입니다. ㉠+㉡+㉢+㉣의 값을 구해 보세요.

- 한 꼭짓점에서 만나는 면은 모두 ㉠개입니다.
- 한 면과 평행한 면은 ㉡개입니다.
- 서로 평행한 면은 모두 ㉢쌍입니다.
- 한 면과 수직인 면은 모두 ㉣개입니다.

( )

12 직육면체에서 면 ㄴㅂㅁㄱ과 수직인 면을 모두 찾아 써 보세요.

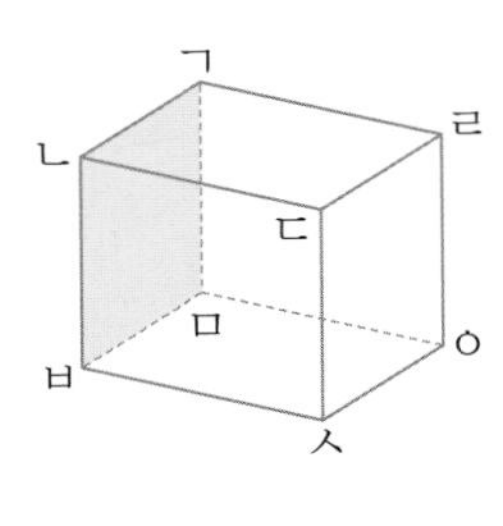

( )

ㄷ서술형ㄷ

13 직육면체의 색칠한 면과 평행한 면의 넓이는 몇 cm^2 인지 구하는 풀이 과정을 쓰고 답을 구해 보세요.

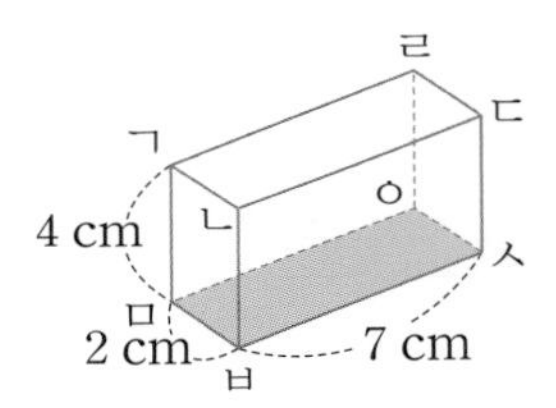

풀이

(1) 색칠한 면과 평행한 면은 면 ( )입니다.

(2) 색칠한 면과 평행한 면은 색칠한 면과 ( )입니다.

(3) 색칠한 면과 평행한 면의 넓이는 ( ) cm^2입니다.

답 ____________________

14 주어진 전개도를 접어서 직육면체를 만들었을 때 면 가와 수직인 면의 넓이의 합은 몇 cm^2인지 구해 보세요.

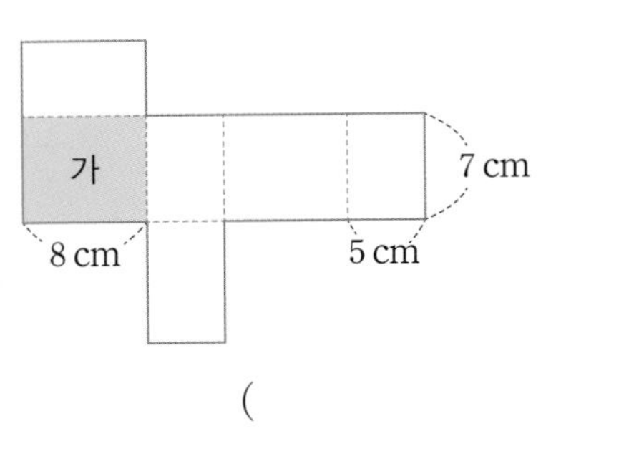

( )

ㄷ어려운 문제ㄷ

15 정육면체의 전개도를 보고 □ 안에 알맞은 기호를 써넣으려고 합니다. 같은 기호가 들어가는 것을 모두 써 보세요.

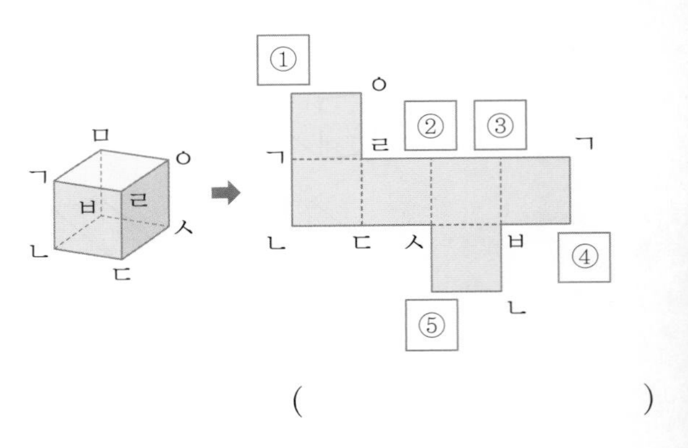

( )

16 정육면체의 전개도를 잘못 그린 것입니다. 면을 1개만 옮겨 올바른 전개도를 만들어 보세요.

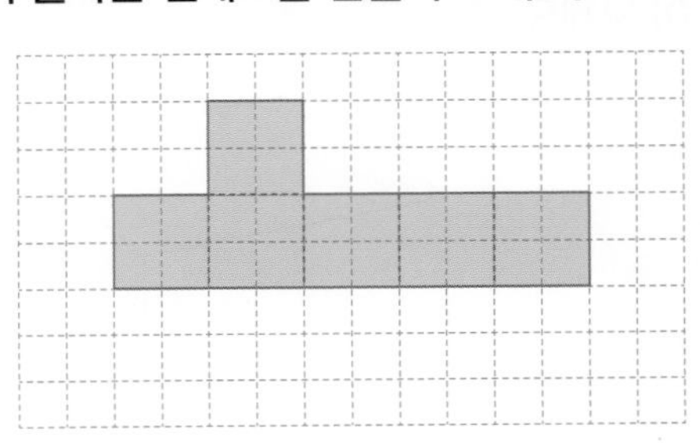

17 직육면체의 전개도입니다. □ 안에 알맞은 수를 써넣으세요.

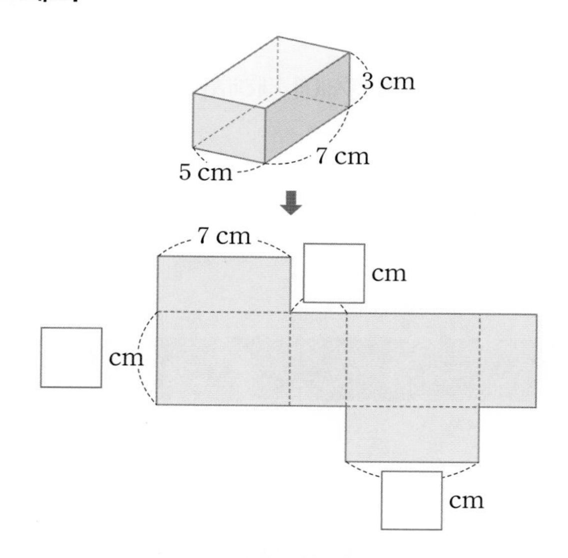

18 직육면체를 보고 전개도를 그려 보세요.

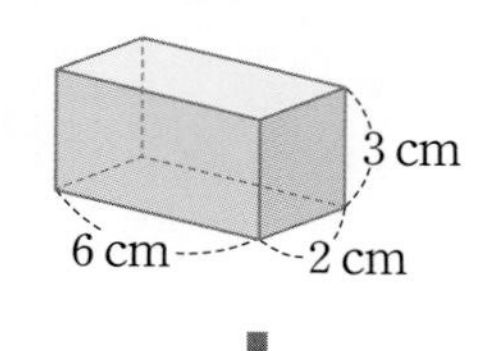

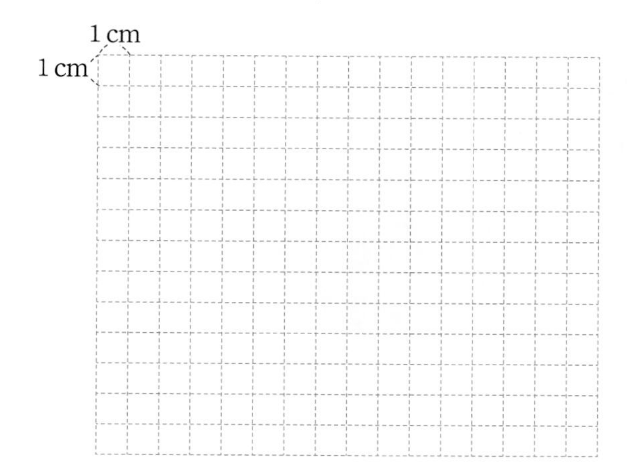

⊂어려운 문제⊃

19 직육면체 모양의 상자에 그림과 같이 색 테이프를 붙였습니다. 직육면체의 전개도에 색 테이프가 지나간 자리를 그려 보세요.

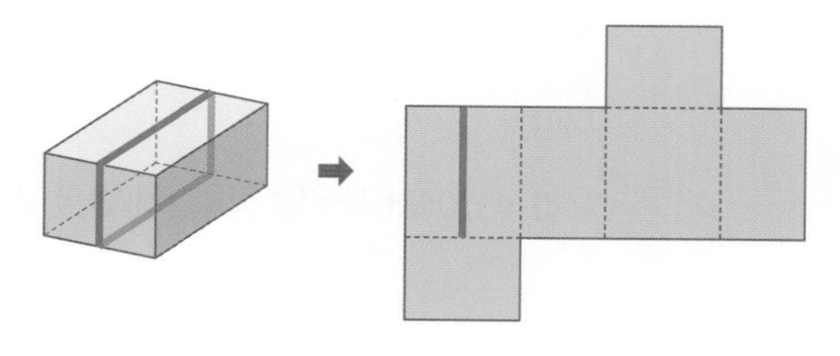

⊂서술형⊃

20 정육면체 모양의 상자를 끈으로 묶었습니다. 매듭의 길이가 30 cm일 때 사용한 끈의 길이는 몇 cm인지 구하는 풀이 과정을 쓰고 답을 구해 보세요.

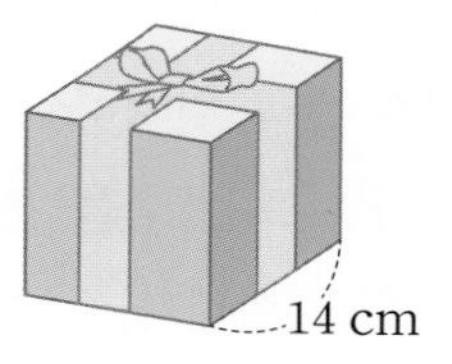

풀이

(1) 매듭을 제외한 끈의 길이는 정육면체의 한 모서리의 (   )배입니다.

(2) 매듭의 길이가 30 cm이므로 사용한 끈의 길이는 14×(   )+30=(   ) (cm)입니다.

답 ______________

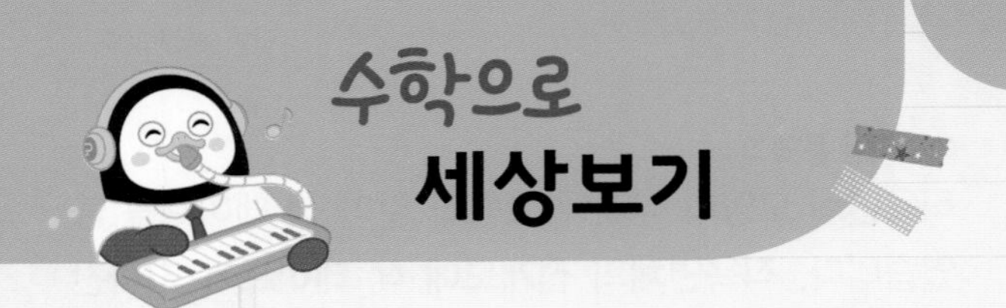

직사각형 6개로 이루어진 직육면체와 정사각형 6개로 이루어진 정육면체에 대해서 공부했습니다.

우리 주변에서 사용된 직육면체와 정육면체 모양을 알아볼까요?

1 벽돌과 레고

주변에서 자주 볼 수 있는 직육면체에는 벽돌과 레고가 있습니다.

옛날에는 집을 지을 때 직육면체의 모양의 빨간 벽돌을 사용했습니다. 벽돌을 납작하게 놓아서 집을 지으면 지붕이 아래쪽으로 떨어지려는 힘을 벽돌들이 옆으로 전달할 수 있어서 집이 쓰러지지 않고 튼튼하게 서 있는 데 도움이 되었습니다.

또한 집 또는 건물을 짓기 위해서는 벽돌을 납작하게 놓으면 옆으로 잘 넘어지지 않고 안정성을 유지할 수 있습니다. 벽돌을 엇갈리게 쌓으면 지붕에서 누르는 힘을 분산시켜서 더 튼튼하고 안전한 집과 건물이 될 수 있었다고 합니다.

레고는 전세계적으로 가장 사랑받는 장난감 중 하나입니다. 레고는 1932년 덴마크에서 제작되기 시작하였으며 레고라는 이름은 덴마크어로 '재미있게 놀자'라는 뜻을 가진 말을 줄인 것입니다.

레고의 부품은 다양하지만 그림과 같은 브릭(Brick)은 절대 빠져서는 안 되는 중요한 부품입니다. 직육면체나 정육면체의 모양으로 생겨서 물체의 형태를 만들 때 반드시 사용되기 때문입니다.

2 각설탕

각설탕은 설탕을 액체 상태로 녹인 뒤 형태가 있는 틀에서 굳히고 건조시켜 다시 고체로 만들어 놓은 것입니다. 가장 일반적인 것은 정육면체 모양이며 별 모양, 하트 모양 등 다양한 형태가 있습니다.

옛날에는 설탕을 커다란 덩어리에서 필요한만큼 한 조각을 잘라내려면 망치, 쇠지렛대 등을 사용해서 많이 불편했습니다. 이에 우연한 기회에 1841년 체코의 '야콥 크리스토프 라트'가 각설탕을 발명하고, 1843년 그에 따른 특허권을 획득했다고 해서 체코의 다치체에는 오른쪽 그림과 같은 각설탕 기념비가 있습니다.

이렇게 발명된 각설탕은 다른 나라에 수출하기 위해 여러 회사에서 많은 노력을 기울였지만 운반 도중 배에 실은 각설탕이 번번이 녹아서 설탕물이 되거나 썩는 문제가 발생하였습니다. 1958년 미국의 아메리카 슈가사에서 상금을 내걸고 문제를 해결하려고 하였고, 그 회사 화물선에서 근무하는 '존'이라는 청년이 문제를 해결하였습니다. 해결 방법은 바로 포장지의 바늘구멍이었습니다. 커다란 나무 상자에 물건을 실어 수출할 때 나무 상자의 크기에 따라 물건이 상하지 않게 구멍을 뚫어 공기가 통하게 했던 것을 본 존은 각설탕 포장지에 작은 바늘구멍을 뚫어 본 것이었습니다.

존은 큰 금액의 포상금과 특허권을 동시에 가지게 되었고, 회사는 세계 최고의 각설탕 수출 회사가 되었습니다.

6 단원

평균과 가능성

내일 민혁이네 학교에서는 전통 놀이 축제가 열릴 예정이에요. 제기차기, 투호, 국궁 등 다양한 전통 놀이가 계획되어 있어요. 각 놀이에 대한 점수의 평균을 구해서 우승팀을 정하기로 했어요. 민혁이네 반이 우승할 수 있을까요? 내일 비가 안 와서 운동장에서 전통 놀이를 할 수 있을까요?

이번 6단원에서는 평균을 구하는 방법을 알고 실생활에서 일이 일어날 가능성을 말과 수로 표현하고 비교하는 방법에 대해 배울 거예요.

단원 학습 목표

1. 평균의 의미를 알고 필요성을 이해할 수 있습니다.
2. 평균을 구하는 방법을 이해하고 평균을 구할 수 있습니다.
3. 여러 가지 방법으로 평균을 구하고, 평균을 이용하여 실생활 상황의 문제를 해결할 수 있습니다.
4. 일이 일어날 가능성을 말로 표현할 수 있습니다.
5. 실생활 상황에서 일이 일어날 가능성을 이해하고 비교할 수 있습니다.
6. 일이 일어날 가능성을 수로 표현하고, 평균과 가능성에 관한 문제를 해결할 수 있습니다.

단원 진도 체크

회차	구성		진도 체크
1차	개념 1 평균을 알아볼까요 개념 2 평균을 구해 볼까요 (1)	개념 확인 학습 + 문제 / 교과서 내용 학습	✓
2차	개념 3 평균을 구해 볼까요 (2) 개념 4 평균을 어떻게 이용할까요	개념 확인 학습 + 문제 / 교과서 내용 학습	✓
3차	개념 5 일이 일어날 가능성을 말로 표현해 볼까요 개념 6 일이 일어날 가능성을 비교해 볼까요	개념 확인 학습 + 문제 / 교과서 내용 학습	✓
4차	개념 7 일이 일어날 가능성을 수로 표현해 볼까요	개념 확인 학습 + 문제 / 교과서 내용 학습	✓
5차	단원 확인 평가		✓
6차	수학으로 세상 보기		✓

해당 부분을 공부한 후 ✓표를 하세요.

우리 반의 놀이별
평균 점수가 높을까?
내일 비가 안 와서
운동장에서 하면 좋을텐데,
내일 날씨는 어떨까?

개념 확인 학습

개념 1 평균을 알아볼까요

• **평균**
여러 개의 자료를 대표할 수 있는 값 중의 하나로 각 자료의 값이 크고 작음의 차이가 나지 않도록 고르게 한 값을 평균이라고 합니다.

평균 알아보기

• 각 자룟값을 고르게 하여 그 자료를 대표하는 값으로 정할 수 있습니다. 이 값을 평균이라고 합니다.

예 접시에 놓인 배의 수의 평균 구하기

접시에 놓인 배의 수

접시	가	나	다	라
배의 수(개)	5	4	3	4

가 접시에 놓인 배 1개를 다 접시로 옮기면 모든 접시의 배가 모두 4개로 고르게 됩니다. ➡ 접시에 놓인 배의 수의 평균: 4개

개념 2 평균을 구해 볼까요 (1)

• **종이띠를 이용하여 두 자룟값의 평균 구하는 방법**
① 두 자룟값만큼의 길이에 맞게 종이띠를 각각 자릅니다.
② 두 종이띠를 겹치지 않게 이어 붙입니다.
③ 이어 붙인 종이띠를 반으로 접습니다.
④ 접힌 부분의 길이가 두 자룟값의 평균입니다.

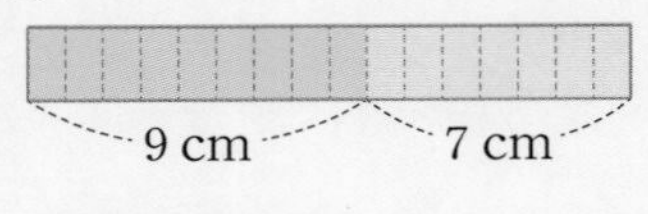

평균 구하기

(평균)=(자룟값의 합)÷(자료 수)

예 민호가 넣은 투호 수의 평균 알아보기

민호가 넣은 투호 수

회	투호 수(개)
1회	8
2회	6
3회	5
4회	9

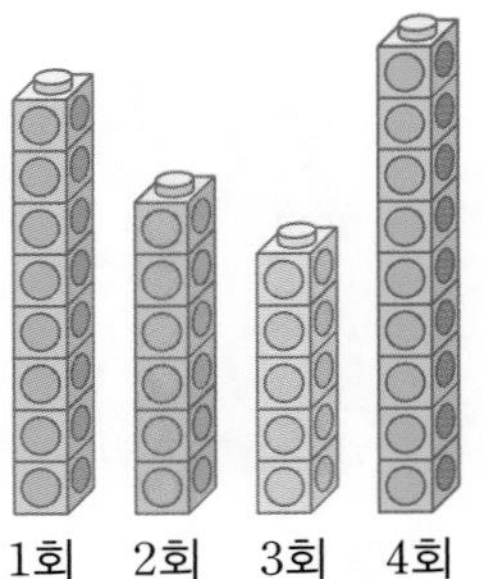

➡

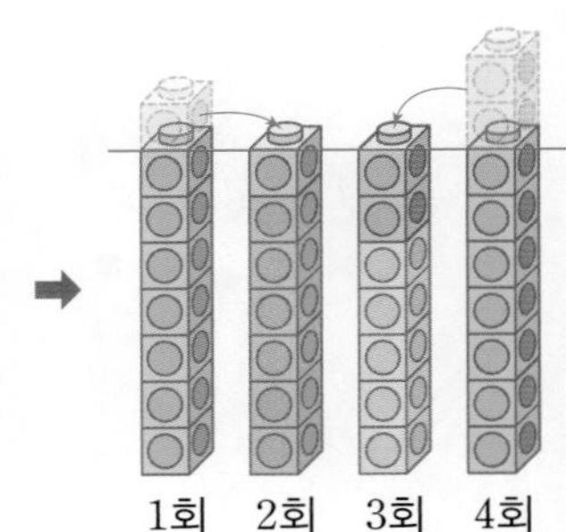

• 모형을 옮겨서 모형의 수를 고르게 하면 모형이 모두 7개씩 되므로 민호가 넣은 투호 수의 평균은 7개입니다.

• (평균) $=(8+6+5+9)\div 4$
$=28\div 4=7$(개)

문제를 풀며 이해해요

정답과 해설 32쪽

1 **상자 4개에 구슬이 들어 있습니다. 한 상자당 들어 있는 구슬 수를 대표하는 값을 어떻게 정하면 좋을지 알맞은 말에 ○표 하세요.**

평균의 의미를 묻는 문제예요.

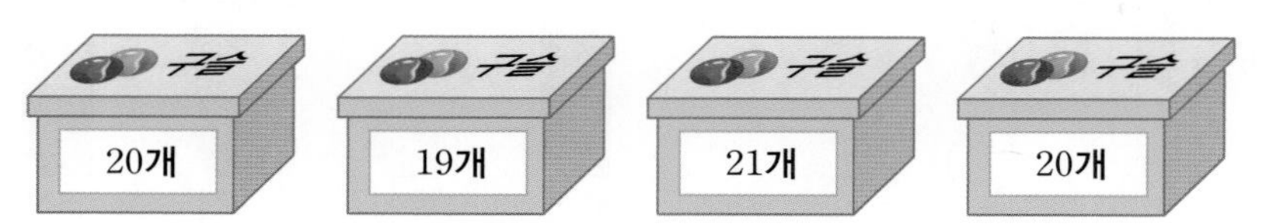

한 상자당 들어 있는 구슬 수는 각 상자에 들어 있는 구슬 수를 대표할 수 있는 수이므로 (가장 큰 수, 가장 작은 수, 고르게 한 수)로 정할 수 있습니다.

2 **민혁이네 모둠의 제기차기 기록을 나타낸 표입니다. 민혁이네 모둠의 제기차기 기록의 평균을 구하려고 합니다. □ 안에 알맞은 수를 써넣으세요.**

평균을 예상한 후에 평균에 맞추어 수를 옮겨서 짝지어 봐요.

민혁이네 모둠의 제기차기 기록

이름	민혁	효빈	서현	찬규
기록(개)	4	12	9	7

평균을 8개로 예상한 후 (4, □), (9, □)로 수를 짝지어 자룟값을 고르게 하면 제기차기 기록의 평균은 □개입니다.

3 **노란색 종이테이프는 16 cm이고, 파란색 종이테이프는 12 cm입니다. 물음에 답하세요.**

종이테이프를 겹치지 않게 이어 붙여 반으로 접은 곳이 평균이에요.

16 cm

12 cm

(1) 두 종이테이프를 겹치지 않게 이으면 전체 길이는 모두 몇 cm인가요?
( )

(2) 이어진 종이테이프를 반으로 접으면 접은 곳은 몇 cm인가요?
( )

(3) 두 종이테이프 길이의 평균은 몇 cm인가요?
( )

교과서 내용 학습

01 상자 5개에 배가 들어 있습니다. 배 한 상자의 무게를 대표적으로 몇 g이라고 할 수 있을까요?

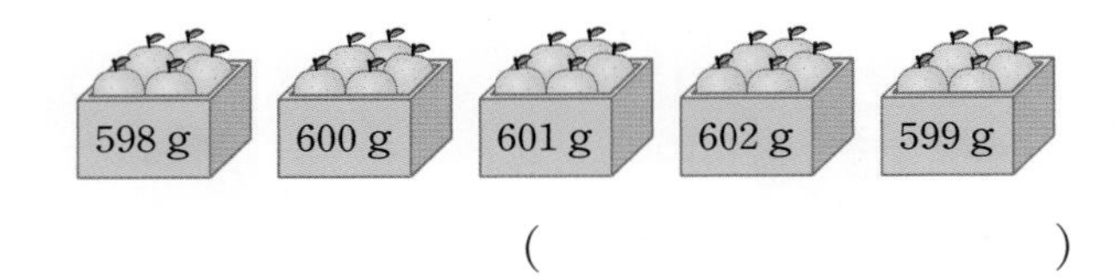

(　　　　　　)

02 지안이네 모둠의 가족 구성원 수를 나타낸 표입니다. 가족 구성원 수를 대표하는 값을 정하는 방법에 대해 바르게 말한 친구는 누구인가요?

지안이네 모둠의 가족 구성원 수

이름	지안	준희	하린	혜나	승원
구성원 수(명)	4	3	4	5	4

[미선] 가족 구성원 수 중 가장 큰 수인 5로 정하면 돼.
[정민] 가족 구성원 수를 고르게 하면 4, 4, 4, 4, 4가 되니까 4로 정하면 돼.

(　　　　　　)

⊂중요⊃
03 승원이네 모둠의 하루 컴퓨터 사용 시간의 평균을 구하려고 합니다. □ 안에 알맞은 수를 써넣으세요.

승원이네 모둠의 하루 컴퓨터 사용 시간

이름	승원	홍규	민지	재민
시간(분)	45	53	37	45

하루 컴퓨터 사용 시간의 평균을 □분으로 예상한 후 53을 45와 □로 가르고 □을 37과 모아 하루 컴퓨터 사용 시간을 □분으로 고르게 합니다.

➡ (컴퓨터 사용 시간의 평균)=□분

[04~05] 수현이네 모둠 친구들이 가지고 있는 모형입니다. 물음에 답하세요.

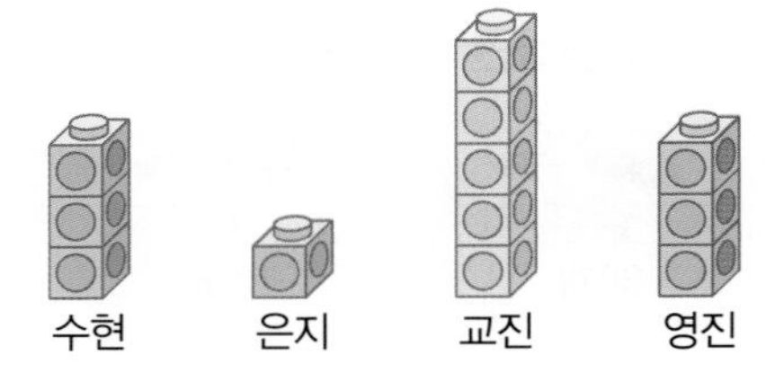

04 모형을 옮겨 연결된 모형의 수를 고르게 하면 각각 몇 개씩인가요? (　　　)

① 1개　② 2개　③ 3개
④ 4개　⑤ 5개

05 수현이네 모둠 친구들이 가지고 있는 모형 수의 평균은 몇 개인가요?

(　　　　　　)

⊂중요⊃
06 재훈이가 4개월 동안 읽은 책 수를 나타낸 표입니다. 재훈이가 읽은 책 수의 평균을 구하려고 합니다. □ 안에 알맞은 수를 써넣으세요.

재훈이가 읽은 책 수

월	9	10	11	12
읽은 책 수(권)	5	4	2	1

(4개월 동안 읽은 책 수의 합)
=□+□+□+□=□(권)

(읽은 책 수의 평균)
=□÷4=□(권)

07 버스 6대에 탄 전체 학생이 210명이라고 합니다. 버스 한 대에 탄 학생은 평균 몇 명인가요?

(　　　　　　)

정답과 해설 32쪽

[08~09] 민혁이와 서현이의 멀리뛰기 기록을 나타낸 표입니다. 물음에 답하세요.

민혁이의 기록

회	기록(cm)
1회	120
2회	130
3회	125

서현이의 기록

회	기록(cm)
1회	110
2회	115
3회	120
4회	135

08 민혁이와 서현이의 멀리뛰기 기록의 평균은 각각 몇 cm인지 구해 보세요.

민혁 (　　　　　　　　)
서현 (　　　　　　　　)

09 두 사람의 멀리뛰기 기록에 대해 잘못 설명한 친구는 누구인가요?

찬규: 단순히 두 사람의 최고 기록과 최저 기록만으로는 누가 잘 했는지 판단하기 어려워.

미진: 민혁이의 멀리뛰기 기록의 합은 375 cm, 서현이는 480 cm이므로 서현이가 더 잘 했어.

효빈: 두 사람의 멀리뛰기 기록의 평균을 구하면 누가 더 잘 했는지 알 수 있어.

(　　　　　　　　)

10 ⊂어려운 문제⊃
노란색 끈과 파란색 끈의 길이의 합은 176 cm이고 빨간색 끈과 검정색 끈의 길이의 합은 172 cm입니다. 끈 4개의 길이의 평균은 몇 cm인지 구해 보세요.

(　　　　　　　　)

도움말 끈 4개의 길이의 합을 4로 나눕니다.

문제해결 접근하기

11 어느 과수원의 일주일 동안의 사과 수확량을 나타낸 표입니다. 사과의 평균 수확량은 몇 kg인지 구해 보세요.

사과 수확량

요일	월	화	수	목	금	토	일
사과 수확량 (kg)	40	45	35	40	30	50	40

이해하기
구하려는 것은 무엇인가요?

답 ______________________

계획 세우기
어떤 방법으로 문제를 해결하면 좋을까요?

답 ______________________

해결하기
(1) (일주일 동안의 사과 수확량)
$=40+45+\square+\square+\square$
$+\square+\square=\square$ (kg)
(2) (사과의 평균 수확량)
$=\square\div 7=\square$ (kg)

되돌아보기
어느 과수원의 일주일 동안의 복숭아 수확량을 나타낸 표입니다. 복숭아의 평균 수확량은 몇 kg인지 구해 보세요.

복숭아 수확량

요일	월	화	수	목	금	토	일
복숭아 수확량(kg)	46	38	47	39	41	53	44

답 ______________________

개념 3 평균을 구해 볼까요 (2)

• 평균 구하기
자료 ㉠, ㉡, ㉢의 평균
➡ (㉠+㉡+㉢)÷3

평균 구하기

• 자룟값을 모두 더해 자료 수로 나누어 평균을 구합니다.

예 효빈이의 고리 던지기 기록의 평균 구하기

효빈이의 고리 던지기 기록

회	1회	2회	3회	4회
걸린 고리 수(개)	4	6	8	6

(고리 던지기 기록의 평균)$=(4+6+8+6)\div4=24\div4=6$(개)

개념 4 평균을 어떻게 이용할까요

평균 비교하기

예 한 명당 도서관 대출 기록이 가장 좋은 모둠 찾기

모둠 학생 수와 도서관 대출 권수

모둠명	모둠 가	모둠 나	모둠 다
모둠 학생 수(명)	4	5	6
도서관 대출 권수(권)	24	20	30

① (가 모둠의 도서관 대출 권수의 평균)$=24\div4=6$(권)
(나 모둠의 도서관 대출 권수의 평균)$=20\div5=4$(권)
(다 모둠의 도서관 대출 권수의 평균)$=30\div6=5$(권)

② 한 명당 도서관 대출 권수가 가장 많은 모둠은 모둠 가입니다.

• 평균을 이용하여 모르는 자룟값 구하는 방법
① 평균을 이용하여 자룟값의 합을 구합니다.
② 자룟값의 합에서 모르는 자룟값을 제외한 나머지 자룟값을 모두 뺍니다.

평균을 이용하여 자룟값 구하기

• (자룟값의 합)$=$(평균)$\times$(자료 수)

예 월별 읽은 책 수의 평균이 9권일 때 5월에 읽은 책 수 구하기

월별 읽은 책 수

월	3월	4월	5월	6월
책 수(권)	10	11		9

① (4개월 동안 읽은 책 수)$=9\times4=36$(권)

② (5월에 읽은 책 수)$=36-(10+11+9)=6$(권)

문제를 풀어 이해해요

정답과 해설 32쪽

1 영민이의 볼링 핀 쓰러뜨리기 기록을 나타낸 표입니다. □ 안에 알맞은 수를 써넣으세요.

평균을 구하는 문제예요.

영민이가 쓰러뜨린 볼링 핀의 수

회	1회	2회	3회	4회
핀의 수(개)	8	5	10	9

(쓰러뜨린 볼링 핀의 평균)$=(8+\square+10+\square)\div\square$

$=\square\div\square=\square$(개)

2 성미네 모둠과 효주네 모둠의 줄넘기 기록을 나타낸 표입니다. □ 안에 알맞게 써넣으세요.

자룟값을 모두 더한 수를 자료 수로 나누어서 평균을 구해요.

성미네 모둠의 기록

이름	성미	민지	은지	진영
기록(회)	60	53	62	45

효주네 모둠의 기록

이름	효주	우성	창훈
기록(회)	58	69	53

(성미네 모둠의 기록의 평균)$=(60+53+62+45)\div\square=\square$(회)

(효주네 모둠의 기록의 평균)$=(58+69+53)\div\square=\square$(회)

줄넘기 기록이 더 좋은 모둠은 □네 모둠입니다.

3 미령이네 모둠의 턱걸이 기록을 나타낸 표입니다. 턱걸이 기록의 평균이 9회일 때 미령이의 턱걸이 기록은 몇 회인지 구하려고 합니다. □ 안에 알맞은 수를 써넣으세요.

평균을 이용하여 자룟값의 합을 구한 후 다른 사람들의 기록의 합을 빼서 구해요.

미령이네 모둠의 턱걸이 기록

이름	미령	찬호	지성	라희	대호
기록(회)		13	5	11	7

(턱걸이 기록의 합)$=9\times\square=\square$(회)

(미령이의 턱걸이 기록)

$=\square-(13+\square+11+\square)=\square$(회)

교과서 내용 학습

01 성훈이네 동네 분식집 다섯 곳의 떡볶이 1인분의 가격을 나타낸 표입니다. 분식집 다섯 곳의 떡볶이 1인분 가격의 평균은 얼마인가요?

떡볶이 1인분의 가격

분식집	가	나	다	라	마
가격(원)	3500	5000	3200	4300	4000

(　　　　　　　　　　)

02 지연이네 모둠 학생들이 가진 연필 수를 나타낸 표입니다. 지연이의 연필 수는 모둠 학생들의 평균 연필 수보다 몇 자루 더 많이 가지고 있나요?

지연이네 모둠 학생들이 가진 연필 수

이름	지연	현우	희경	성수
연필 수(자루)	11	6	7	12

(　　　　　　　　　　)

중요

03 세 모둠이 투호를 하였습니다. 모둠별 투호 점수의 평균이 가장 높은 모둠을 구해 보세요.

모둠 친구 수와 투호 점수

모둠명	사랑	배려	정직
모둠 친구 수(명)	3	5	4
점수(점)	24	20	28

(　　　　　　　　　　)

04 지난주와 이번 주의 요일별 최고 기온을 나타낸 표입니다. 최고 기온의 평균을 비교하여 ○ 안에 >, =, <를 알맞게 써넣으세요.

요일별 최고 기온

요일	월	화	수	목	금
지난주 최고 기온(°C)	11	10	12	8	14
이번 주 최고 기온(°C)	14	10	10	8	13

지난주 최고 기온의 평균 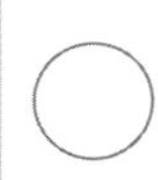 이번 주 최고 기온의 평균

05 어느 제과점에서 10월에 판매한 케이크는 하루 평균 74개입니다. 이 제과점에서 10월 한 달 동안 판매된 케이크는 모두 몇 개인가요?

(　　　　　　　　　　)

06 민주는 며칠 동안 윗몸 말아올리기를 한 횟수를 모두 더했더니 450번이었습니다. 윗몸 말아올리기를 하루 평균 30번 했다면 며칠 동안 한 것인가요?

(　　　　　　　　　　)

중요

07 민혁이의 50 m 달리기 기록을 나타낸 표입니다. 민혁이의 50 m 달리기 기록의 평균이 9.5초일 때 2회의 기록은 몇 초인가요?

민혁이의 50 m 달리기 기록

회	1회	2회	3회	4회
기록(초)	10.1		9.8	8.9

(　　　　　　　　　　)

08 어느 출판사의 책 판매량을 나타낸 표입니다. 다섯 가지의 책 중에서 판매량이 평균 판매량보다 적은 책은 판매하지 않기로 했습니다. 판매하지 않을 책을 모두 찾아 기호를 써 보세요.

책 판매량

책	가	나	다	라	마
판매량(권)	220	450	385	280	365

( )

09 서정이네 학교 5학년 반별 학생 수를 나타낸 표입니다. 반별 학생 수의 평균이 28명일 때 4반 학생은 몇 명인가요?

반별 학생 수

반	1	2	3	4	5
학생 수(명)	30	27	29		28

( )

10 ⊂어려운 문제⊃

준영이와 성현이의 제기차기 기록을 나타낸 표입니다. 두 사람의 제기차기 기록의 평균이 같을 때 성현이의 4회 기록은 몇 번인가요?

준영이의 기록

회	기록(번)
1회	12
2회	10
3회	8
4회	14

성현이의 기록

회	기록(번)
1회	13
2회	6
3회	11
4회	
5회	13

( )

도움말 준영이의 기록의 평균을 먼저 구합니다.

문제해결 접근하기

11 정우의 국어, 수학, 사회, 과학 4과목 점수의 평균은 83점이고 영어를 포함한 5과목의 점수의 평균은 85점입니다. 정우의 영어 점수는 몇 점인지 구해 보세요.

이해하기

구하려는 것은 무엇인가요?

답 ______________________

계획 세우기

어떤 방법으로 문제를 해결하면 좋을까요?

답 ______________________

해결하기

(1) (국어, 수학, 사회, 과학 4과목 점수의 합)

$=\square\times4=\square$(점)

(2) (영어를 포함한 5과목의 점수의 합)

$=\square\times5=\square$(점)

(3) (정우의 영어 점수)

=(영어를 포함한 5과목의 점수의 합)

−(국어, 수학, 사회, 과학 4과목의 점수의 합)

$=\square-\square=\square$(점)

되돌아보기

우정이네 학교 1학년부터 5학년까지 학년별 학생 수의 평균은 134명이고 1학년부터 6학년까지 학년별 학생 수의 평균은 131명입니다. 우정이네 학교의 6학년 학생 수는 몇 명인지 구해 보세요.

답 ______________________

개념 5 일이 일어날 가능성을 말로 표현해 볼까요

• **가능성의 정도**
절대 일어나지 않을 경우는 '불가능하다', 반드시 일어날 경우는 '확실하다'로 표현합니다.

일이 일어날 가능성

• 어떠한 상황에서 특정한 일이 일어나길 기대할 수 있는 정도를 가능성이라고 합니다.

• 가능성의 정도는 불가능하다, ~아닐 것 같다, 반반이다, ~일 것 같다, 확실하다 등으로 표현할 수 있습니다.

예

가능성 \ 일	불가능하다	~아닐 것 같다	반반이다	~일 것 같다	확실하다
내일은 해가 서쪽에서 뜰 것이다.	○				
겨울에는 반바지를 입은 사람이 많을 것이다.		○			
동전을 던지면 그림 면이 나올 것이다.			○		
우리나라의 7월에는 12월보다 비가 자주 올 것이다.				○	
계산기에 '3+3='을 누르면 6이 나올 것이다.					○

개념 6 일이 일어날 가능성을 비교해 볼까요

• **일이 일어날 가능성**

불가능하다
∧
~아닐 것 같다
∧
반반이다
∧
~일 것 같다
∧
확실하다

• **화살이 파란색에 멈출 가능성 비교하기**
– 회전판에서 파란색 부분이 넓을수록 화살이 파란색에 멈출 가능성이 높습니다.
– 화살이 파란색에 멈출 가능성이 높은 회전판부터 순서대로 쓰면 가, 나, 다, 라, 마입니다.

일이 일어날 가능성 비교하기

← 일이 일어날 가능성이 낮습니다. 일이 일어날 가능성이 높습니다. →

~아닐 것 같다	~일 것 같다

불확실하다 반반이다 확실하다

예 회전판을 돌릴 때 화살이 빨간색에 멈출 가능성 비교하기

	가	나	다	라	마
회전판					
가능성	불가능하다	~아닐 것 같다	반반이다	~일 것 같다	확실하다

➡ 화살이 빨간색에 멈출 가능성이 높은 회전판부터 순서대로 쓰면 마, 라, 다, 나, 가입니다.

문제를 풀며 이해해요

정답과 해설 33쪽

가능성의 정도에 대해서 알아보는 문제예요.

1 **일기 예보를 보고 알맞은 말에 ○표 하세요.**

	내일	
	오전	오후
날씨		

내일 오전에는 날씨가 (맑고 , 흐리고), 오후에는 구름이 많아 해가 보이지 않지만 비가 (올 것 , 오지는 않을 것) 같습니다.

2 **일이 일어날 가능성을 생각해 보고 알맞은 말에 ○표 하세요.**

■ 가능성은 어떠한 상황에서 특정한 일이 일어나길 기대할 수 있는 정도예요.

(1) 8월 다음에 9월이 올 것입니다.

(불가능하다, 반반이다, 확실하다)

(2) 1번부터 6번까지의 번호표가 들어 있는 상자에서 뽑은 숫자는 짝수일 것입니다.

(불가능하다, 반반이다, 확실하다)

3 **회전판을 돌릴 때 화살이 노란색에 멈출 가능성을 비교한 표입니다. 빈칸에 일이 일어날 가능성을 알맞게 써 보세요.**

■ 회전판에서 노란색 부분의 넓이를 비교해 봐요.

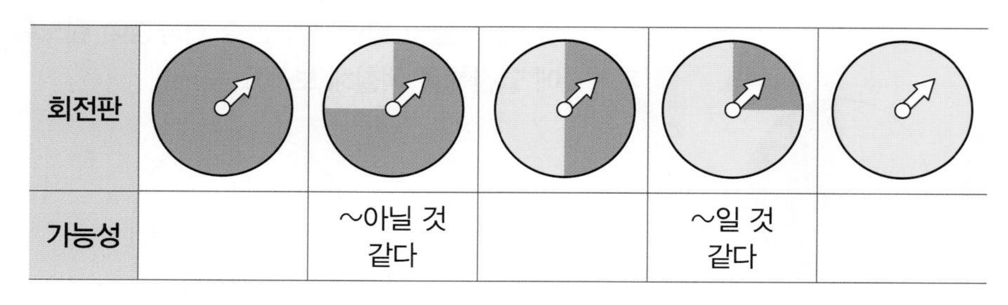

회전판					
가능성		~아닐 것 같다		~일 것 같다	

교과서 내용 학습

[01~03] 일이 일어날 가능성을 보기 에서 찾아 기호를 써 보세요.

보기

㉠ 불가능하다 ㉡ 반반이다 ㉢ 확실하다

01

월요일 다음 날은 화요일일 것입니다.

( )

02

오늘 낮 최고 기온이 32 ℃이니까 눈이 올 것입니다.

( )

03

지금 교실에 들어오는 학생은 여학생일 것입니다.

( )

중요

04 회전판을 돌렸을 때 화살이 검은색에 멈출 가능성을 보기 에서 찾아 기호를 써 보세요.

보기

㉠ 불가능하다 ㉡ ~아닐 것 같다
㉢ 반반이다 ㉣ ~일 것 같다
㉤ 확실하다

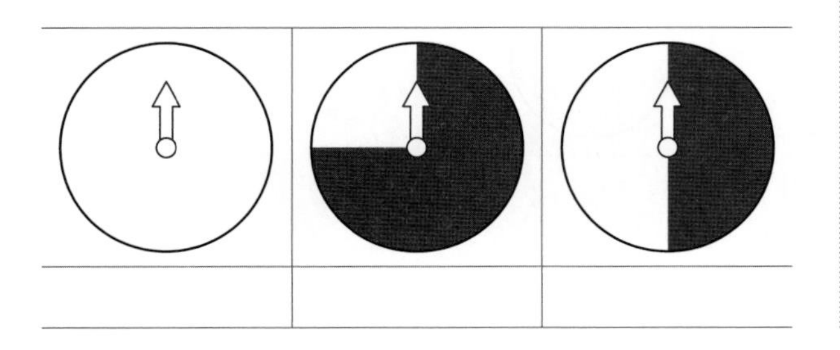

중요

05 일이 일어날 가능성을 찾아 선으로 이어 보세요.

우리 집에 공룡이 놀러 올거야.	•	• 불가능하다
올챙이가 자라면 개구리가 될거야.	•	• ~아닐 것 같다
축구를 관람하는 사람 수는 짝수일거야.	•	• 반반이다
		• ~일 것 같다
		• 확실하다

06 바둑돌이 4개씩 들어 있는 주머니 속에서 각각 바둑돌을 한 개 꺼낼 때 꺼낸 바둑돌이 흰색일 가능성을 비교하여 ○ 안에 >, =, <를 알맞게 써넣으세요.

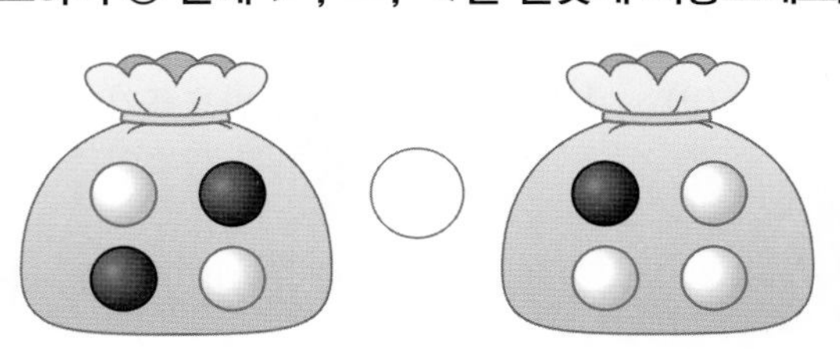

07 동전을 던질 때 그림 면이 나올 가능성과 회전판을 돌릴 때 화살이 빨간색에 멈출 가능성이 같도록 회전판에 빨간색을 색칠해 보세요.

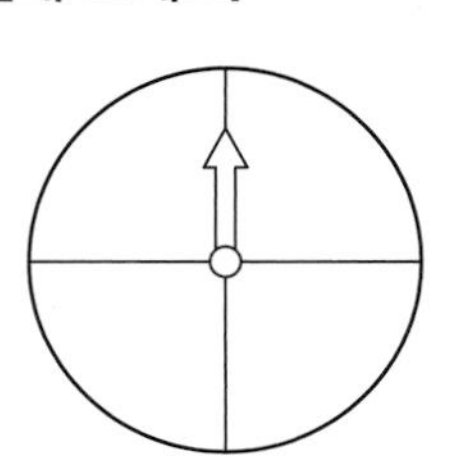

08 일이 일어날 가능성을 알아보고 □ 안에 알맞은 친구의 이름을 써 보세요.

[서현] 호랑이는 날 수 있을거야.
[민정] 오늘이 화요일이니까 내일은 수요일일 거야.
[성동] 은행에서 뽑은 번호표가 짝수일거야.

← 일이 일어날 가능성이 낮습니다. 일이 일어날 가능성이 높습니다. →

~아닐 것 같다	~일 것 같다

불가능하다 □ 반반이다 □ 확실하다 □

09 빨간색, 파란색, 노란색으로 이루어진 회전판을 50번 돌려 화살이 멈춘 횟수를 나타낸 표입니다. 주어진 표와 일이 일어날 가능성이 비슷한 회전판을 찾아 기호를 써 보세요.

색깔	빨간색	파란색	노란색
횟수(회)	25	12	13

㉠
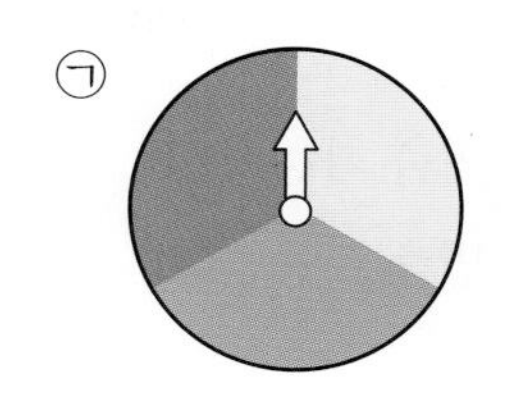
㉡
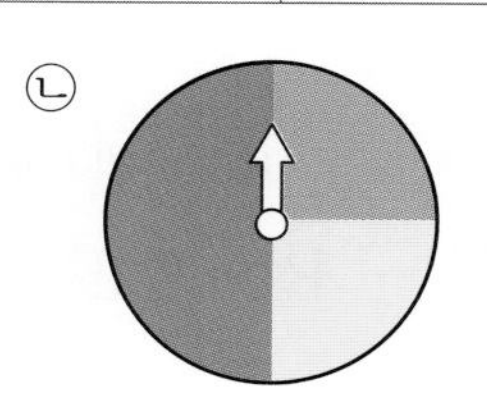

( )

⊂어려운 문제⊃

10 조건 에 알맞은 회전판이 되도록 색칠해 보세요.

조건
- 화살이 노란색에 멈출 가능성이 가장 높습니다.
- 화살이 파란색에 멈출 가능성은 빨간색에 멈출 가능성의 2배입니다.

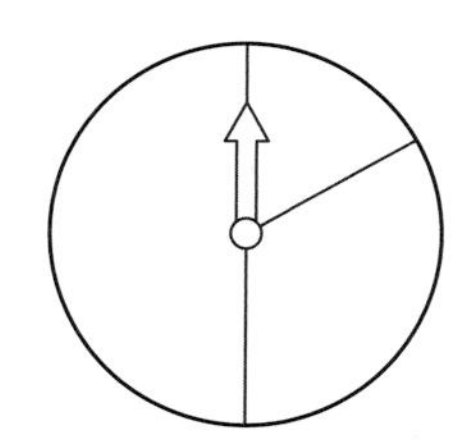

도움말 가능성이 높을수록 색칠된 면이 넓습니다.

문제해결 접근하기

11 동전을 던질 때 일이 일어나는 가능성을 알아보려고 합니다. 일이 일어날 가능성이 가장 낮은 것부터 차례로 기호를 써 보세요.

㉠ 숫자면이 나올 것입니다.
㉡ 바닥으로 떨어질 것입니다.
㉢ 공중에 계속 떠 있을 것입니다.

이해하기
구하려는 것은 무엇인가요?

답 ____________________

계획 세우기
어떤 방법으로 문제를 해결하면 좋을까요?

답 ____________________

해결하기
(1) ㉠이 일어날 가능성은 □입니다.
(2) ㉡이 일어날 가능성은 □입니다.
(3) ㉢이 일어날 가능성은 □입니다.
(4) 일이 일어날 가능성이 낮은 것부터 기호를 쓰면 □, □, □입니다.

되돌아보기
초등학교에 누군가 전학을 온다고 할 때 일이 일어날 가능성을 알아보려고 합니다. 일이 일어날 가능성이 가장 높은 것부터 차례로 기호를 써 보세요.

㉠ 키가 5 m일 것입니다.
㉡ 남학생일 것입니다.
㉢ 초등학생일 것입니다.

답 ____________________

개념 7 일이 일어날 가능성을 수로 표현해 볼까요

- **'~아닐 것 같다'와 '~일 것 같다'의 가능성을 수로 표현하기**
  일이 일어날 가능성이 '~아닐 것 같다'는 0보다 크고 $\frac{1}{2}$보다 작은 수로, '~일 것 같다'는 $\frac{1}{2}$보다 크고 1보다 작은 수로 표현할 수 있습니다.

일이 일어날 가능성을 수로 표현하기

일이 일어날 가능성을 0, $\frac{1}{2}$, 1의 수로 표현할 수 있습니다.

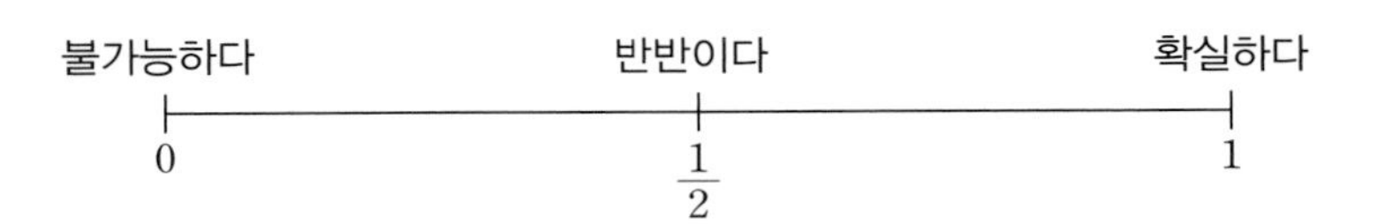

㉮ 회전판을 돌릴 때 일이 일어날 가능성을 수로 표현하기

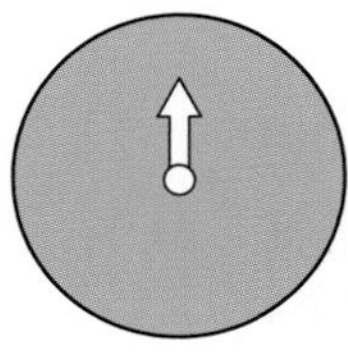

- 화살이 파란색에 멈출 가능성: 1
- 화살이 빨간색에 멈출 가능성: 0

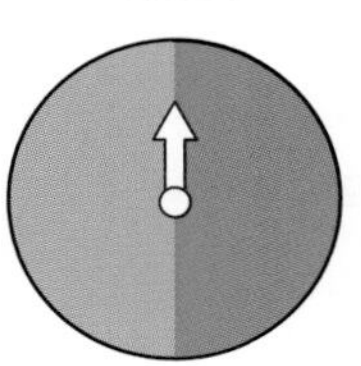

- 화살이 파란색에 멈출 가능성: $\frac{1}{2}$
- 화살이 빨간색에 멈출 가능성: $\frac{1}{2}$

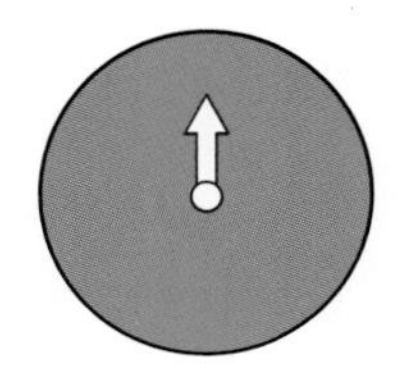

- 화살이 파란색에 멈출 가능성: 0
- 화살이 빨간색에 멈출 가능성: 1

- **일이 일어날 가능성을 수로 표현한 상황 알아보기**
  - 주사위 눈의 수가 홀수가 나올 가능성은 $\frac{1}{2}$입니다.
  - 3월 다음에 10월이 올 가능성은 0입니다.
  - 5월에 어린이날이 있을 가능성은 1입니다.

㉮ 구슬 1개를 꺼낼 때 가능성을 수로 표현하기

- 꺼낸 구슬이 검은색일 가능성: 1
- 꺼낸 구슬이 흰색일 가능성: 0

- 꺼낸 구슬이 검은색일 가능성: $\frac{1}{2}$
- 꺼낸 구슬이 흰색일 가능성: $\frac{1}{2}$

- 꺼낸 구슬이 검은색일 가능성: 0
- 꺼낸 구슬이 흰색일 가능성: 1

문제를 풀며 이해해요

정답과 해설 35쪽

1 일이 일어날 가능성을 수로 표현하려고 합니다. □ 안에 알맞은 수를 써넣으세요.

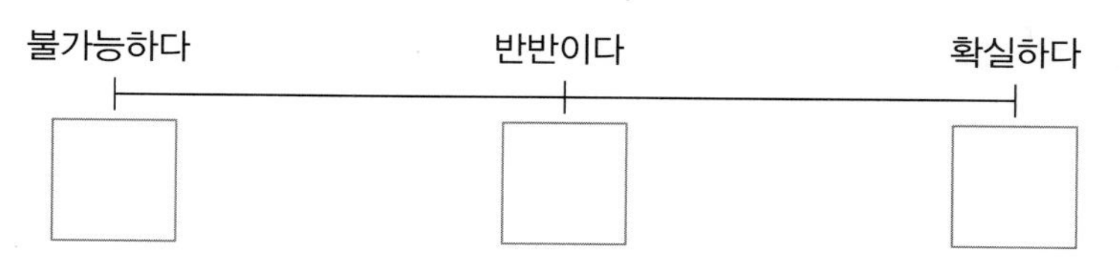

일이 일어날 가능성을 수로 표현할 수 있는지 묻는 문제예요.

2 검은색 바둑돌이 5개 들어 있는 주머니에서 바둑돌 1개를 꺼내려고 합니다. 알맞게 ○표 하세요.

■ 일이 일어날 가능성을 말과 수로 표현해요.

(1) 꺼낸 바둑돌이 검은색일 가능성은 (불가능하다, 반반이다, 확실하다) 이므로 수로 표현하면 $\left(0, \frac{1}{2}, 1\right)$입니다.

(2) 꺼낸 바둑돌이 흰색일 가능성은 (불가능하다, 반반이다, 확실하다)이므로 수로 표현하면 $\left(0, \frac{1}{2}, 1\right)$입니다.

3 그림을 보고 물음에 답하세요.

■ 회전판에 칠해진 색을 살펴보고 넓이를 비교해 보아요.

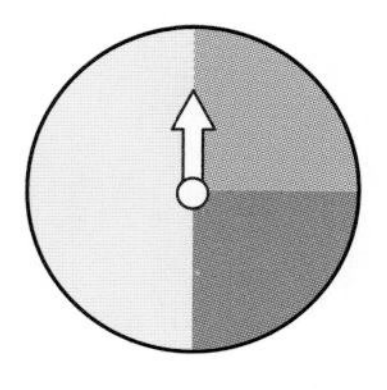

(1) 화살이 노란색에 멈출 가능성에 ↓로 나타내어 보세요.

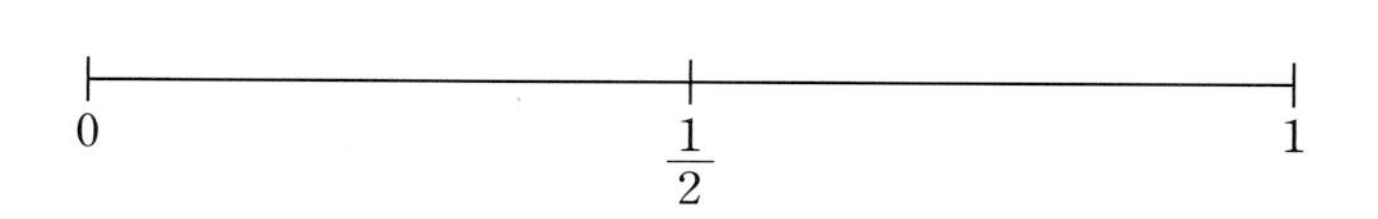

(2) 화살이 초록색에 멈출 가능성을 수로 표현해 보세요.

( )

교과서 내용 학습

01 일이 일어날 가능성을 수로 표현하여 □ 안에 알맞게 써넣으세요.

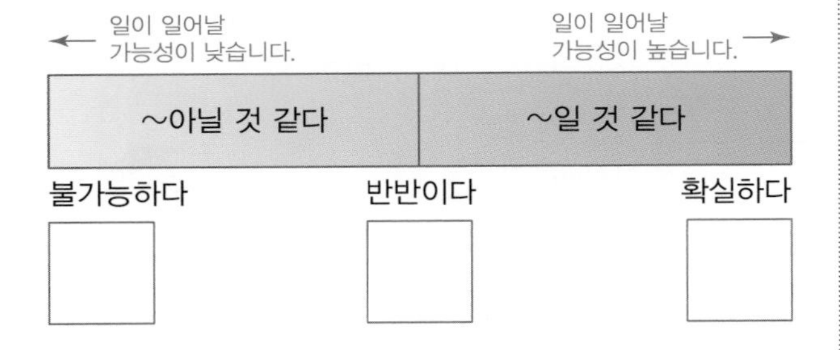

02 500원짜리 동전을 던졌을 때 숫자 면이 나올 가능성을 수로 표현해 보세요.

( )

03 회전판을 돌릴 때 화살이 연두색에 멈출 가능성을 수로 표현하려고 합니다. □ 안에 알맞은 수를 써넣으세요.

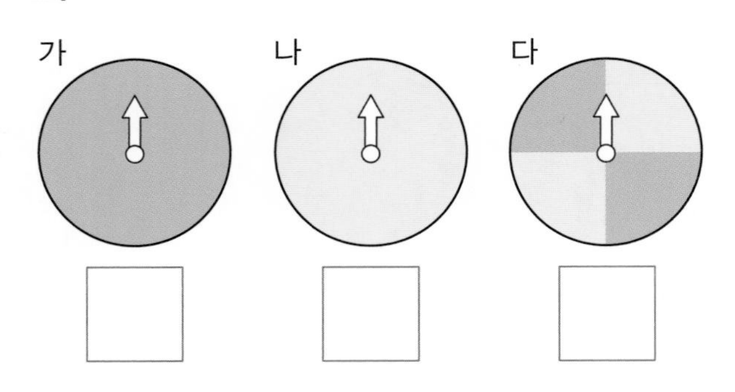

중요

04 일이 일어날 가능성을 수로 표현한 것을 찾아 선으로 이어 보세요.

○× 문제의 정답이 ×일 것입니다. •	• 0
올해 12살인 효빈이는 내년에 13살이 될 것입니다. •	• $\frac{1}{2}$
학교에서 이순신 장군을 만날 것입니다. •	• 1

05 주머니에 검은색 바둑돌이 4개 들어 있습니다. 주머니에서 바둑돌 한 개를 꺼낼 때 흰색일 가능성을 수직선에 ↓로 나타내어 보세요.

0 — $\frac{1}{2}$ — 1

06 10장의 카드 중에서 한 장을 뽑을 때 ♣가 나올 가능성을 수로 표현해 보세요.

( )

07 승환이가 1000원짜리 지폐 3장과 5000원짜리 지폐 3장이 들어 있는 지갑에서 지폐 한 장을 꺼내려고 합니다. 꺼낸 지폐가 5000원일 가능성에 ↓로 나타내어 보세요.

0 — $\frac{1}{2}$ — 1

정답과 해설 35쪽

⊂중요⊃

08 노란색 풍선 5개가 들어 있는 봉지에서 풍선 3개를 꺼낼 때 꺼낸 풍선이 모두 노란색일 가능성을 말과 수로 표현해 보세요.

말 ______________________

수 ______________________

09 주어진 수 카드 중 한 장을 뽑았을 때 수 카드에 쓰여 있는 수가 홀수일 가능성을 말과 수로 표현해 보세요.

36 8 16 52

말 ______________________

수 ______________________

⊂어려운 문제⊃

10 다음과 같이 주머니에 바둑돌이 담겨 있습니다. 각 주머니에서 바둑돌 한 개를 꺼낼 때 흰색일 가능성에 알맞게 □ 안에 기호를 써넣으세요.

㉠ 흰색 바둑돌 4개가 들어 있는 주머니
㉡ 흰색 바둑돌 1개와 검은색 바둑돌 3개가 들어 있는 주머니
㉢ 검은색 바둑돌 4개가 들어 있는 주머니
㉣ 흰색 바둑돌 2개와 검은색 바둑돌 2개가 들어 있는 주머니
㉤ 흰색 바둑돌 3개와 검은색 바둑돌 1개가 들어 있는 주머니

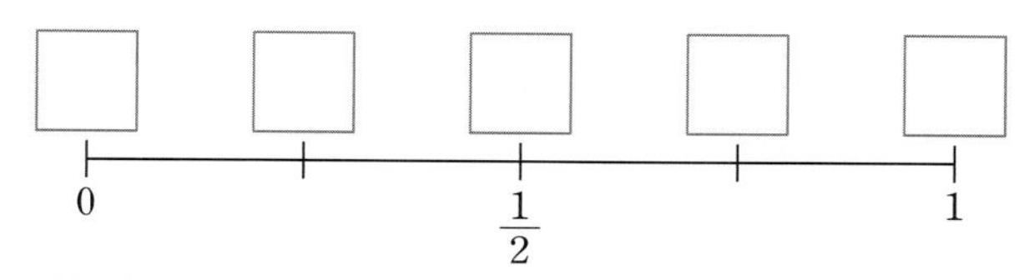

도움말 가능성이 '~아닐 것 같다'를 수로 표현하면 0과 $\frac{1}{2}$ 사이이고, '~일 것 같다'를 수로 표현하면 $\frac{1}{2}$과 1 사이입니다.

문제해결 접근하기

11 ㉠과 ㉡이 일어날 가능성을 각각 수로 표현한 값의 합은 얼마인지 구해 보세요.

㉠ 주사위를 굴리면 4의 약수의 눈이 나올 것입니다.
㉡ 계산기로 6 × 7 = 을 누르면 42가 나올 것입니다.

이해하기

구하려는 것은 무엇인가요?

답 ______________________

계획 세우기

어떤 방법으로 문제를 해결하면 좋을까요?

답 ______________________

해결하기

(1) 4의 약수는 □, □, □이므로 ㉠이 일어날 가능성을 수로 표현하면 □입니다.

(2) $6 \times 7 =$ □이므로 ㉡이 일어날 가능성을 수로 표현하면 □입니다.

(3) ㉠과 ㉡이 일어날 가능성을 각각 표현한 값의 합은 □입니다.

되돌아보기

㉢과 ㉣이 일어날 가능성을 각각 수로 표현한 값의 합은 얼마인지 구해 보세요.

㉢ 수 카드 2, 4, 6, 8 중에서 한 장을 뽑을 때 카드에 적힌 수가 홀수일 가능성
㉣ 400명의 학생들 중 생일이 같은 사람이 있을 가능성

답 ______________________

01 수호네 학교 5학년 학급별 학생 수를 나타낸 표입니다. 한 학급의 학생 수를 정하는 올바른 방법에 ○표 하세요.

학급별 학생 수

학급(반)	1	2	3	4	5
학생 수(명)	24	25	25	22	24

방법	
각 학급의 학생 수 24, 25, 25, 22, 24 중 가장 큰 수인 25로 정합니다.	
각 학급의 학생 수 24, 25, 25, 22, 24 중 가장 작은 수인 22로 정합니다.	
각 학급의 학생 수 24, 25, 25, 22, 24를 고르게 하면 24, 24, 24, 24, 24가 되므로 24로 정합니다.	

02 민수네 모둠이 가지고 있는 리본의 길이를 나타낸 표입니다. 한 사람이 가지고 있는 리본의 길이를 대표하는 값을 정하는 방법에 대해 바르게 말한 친구는 누구인가요?

가지고 있는 리본의 길이

이름	민수	선영	장환	유정
길이(cm)	32	50	43	39

[지호] 리본의 길이 중 가장 큰 수와 가장 작은 수를 더해 2로 나눈 수 41로 정하면 돼.

[승아] 리본의 길이를 모두 더해 모둠 친구 수 4로 나눈 수 41로 정하면 돼.

(　　　　　　　　)

03 찬규네 모둠 학생들이 모은 붙임딱지 수를 나타낸 표입니다. 찬규네 모둠 학생들이 모은 붙임딱지 수의 평균은 몇 장인가요?

찬규네 모둠 학생들이 모은 붙임딱지 수

이름	찬규	효빈	서현	민혁
붙임딱지 수(장)	39	47	44	50

(　　　　　　　　)

04 주은이가 5일 동안 마신 우유의 양을 나타낸 표입니다. 주은이가 하루 동안 마신 우유의 양이 마신 우유의 양의 평균보다 더 많은 요일을 모두 찾아 써 보세요.

주은이가 마신 우유의 양

요일	월	화	수	목	금
우유의 양(mL)	400	350	500	420	380

(　　　　　　　　)

중요

05 석주와 명수의 훌라후프 기록을 나타낸 표입니다. 훌라후프 기록의 평균은 누가 몇 번 더 많은지 □ 안에 알맞게 써넣으세요.

훌라후프 기록

회	1회	2회	3회	4회
석주	18번	20번	19번	23번
명수	21번	18번	20번	17번

□의 훌라후프 기록의 평균이 □번 더 많습니다.

[06~07] 5학년 학생들이 반별로 헌 종이를 수집한 양을 나타낸 표입니다. 물음에 답하세요.

헌 종이 수집량

반	1	2	3	4	5	6
수집량(kg)	70	61	68	48	63	62

06 한 반당 모은 헌 종이는 평균 몇 kg인가요?

( )

07 평균 5 kg씩 더 많게 수집하려면 5학년 학생들은 모두 몇 kg을 더 수집해야 할까요?

( )

08 윤선이는 하루에 평균 950원을 저금합니다. 윤선이가 4주 동안 모을 수 있는 돈은 모두 얼마인가요?

( )

⊂서술형⊃

09 원석이와 혜원이의 팔굽혀펴기 기록을 나타낸 표입니다. 팔굽혀펴기를 더 잘한 사람은 누구인지 구하는 풀이 과정을 쓰고 답을 구해 보세요.

원석이의 기록

회	기록(회)
1회	21
2회	14
3회	7

혜원이의 기록

회	기록(회)
1회	20
2회	11
3회	12
4회	17

풀이

(1) 원석이의 기록의 평균은

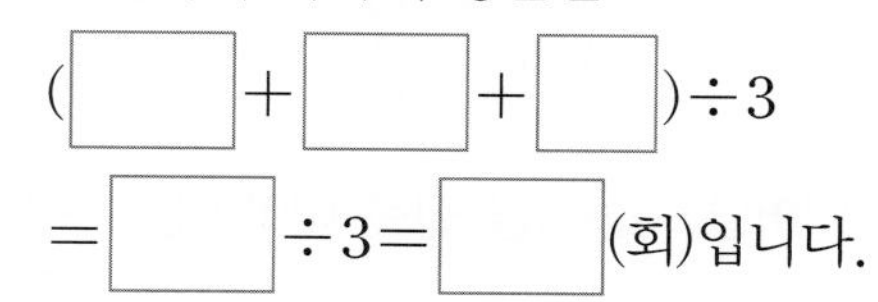

(2) 혜원이의 기록의 평균은

(□+□+□+□)÷4

=□÷4=□(회)입니다.

(3) 평균이 더 높은 □이가 팔굽혀펴기를 더 잘했습니다.

답 ____________

10 서준이의 단원평가 점수를 나타낸 표입니다. 단원평가 점수의 평균이 88점일 때 국어는 몇 점인가요?

서준이의 단원평가 점수

과목	국어	수학	사회	과학
점수(점)		79	89	88

( )

11 일이 일어날 가능성이 '확실하다'인 경우를 찾아 기호를 써 보세요.

> ㉠ 오늘 짝이 될 학생은 여학생입니다.
> ㉡ 오늘이 14일이고 목요일이므로 다음주 목요일은 21일입니다.

(　　　　　　　　　)

12 일이 일어날 가능성을 잘못 이야기한 친구는 누구인가요?

> [우혁] 2월은 30일이 없는 것이 확실해.
> [보원] 500원짜리 동전을 던지면 100원짜리 동전으로 바뀔 가능성은 반반이야.
> [영화] 고양이가 알을 낳는 것은 불가능해.

(　　　　　　　　　)

13 조건 에 알맞은 회전판이 되도록 색칠해 보세요.

조건
- 화살이 노란색에 멈출 가능성이 가장 높습니다.
- 화살이 빨간색에 멈출 가능성은 파란색에 멈출 가능성의 3배입니다.

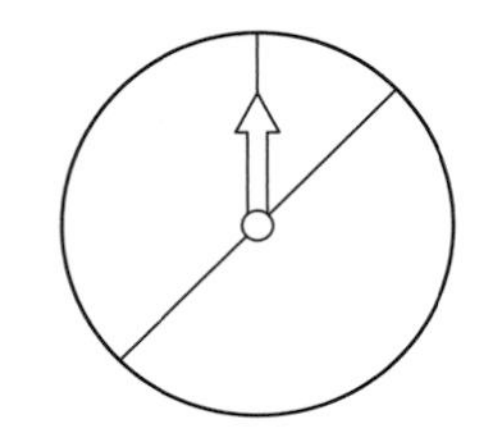

중요
14 일이 일어날 가능성이 가장 높은 것을 찾아 기호를 써 보세요.

> ㉠ 흰색 바둑돌만 5개 들어 있는 주머니에서 바둑돌 한 개를 꺼냈을 때 흰색 바둑돌일 가능성
> ㉡ 축구공 2개와 농구공 2개가 들어 있는 상자에서 공을 한 개 꺼냈을 때 축구공일 가능성
> ㉢ 1부터 5까지 적혀 있는 5장의 수 카드 중에서 한 장을 뽑을 때 6이 적힌 카드일 가능성

(　　　　　　　　　)

15 주머니에서 바둑돌 한 개를 꺼낼 때 꺼낸 바둑돌이 흰색일 가능성을 보기 에서 찾아 기호를 써 보세요.

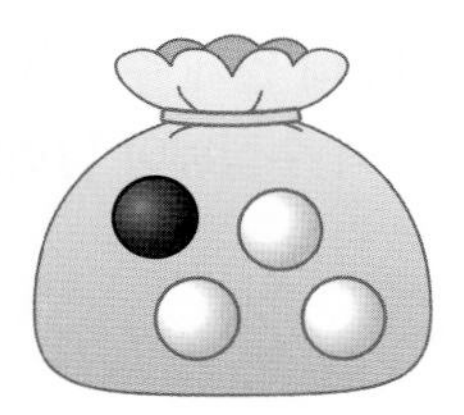

보기

㉠ 불가능하다	㉡ ~아닐 것 같다
㉢ 반반이다	㉣ ~일 것 같다
㉤ 확실하다	

(　　　　　　　　　)

16 회전판을 돌릴 때 화살이 초록색에 멈출 가능성을 수로 표현하려고 합니다. □ 안에 알맞은 기호를 써넣으세요.

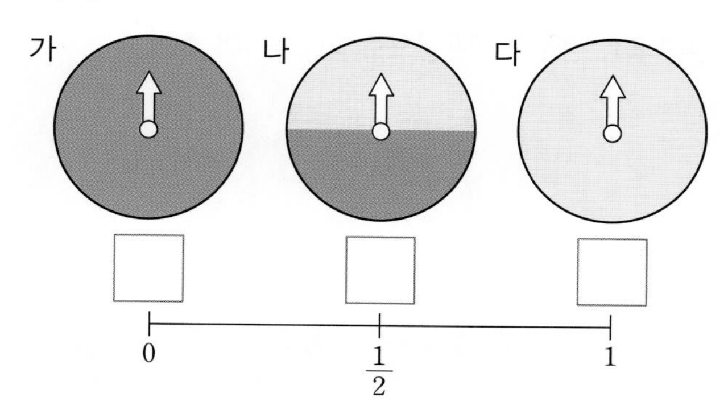

17 일이 일어날 가능성을 수로 표현했을 때 '1'인 경우를 찾아 기호를 써 보세요.

㉠ 내년 내 생일이 토요일일 가능성
㉡ 주사위를 굴렸을 때 짝수가 나올 가능성
㉢ 해가 서쪽으로 질 가능성
㉣ 내년에 여름 다음에 봄이 올 가능성

(　　　　　　　　)

⊂어려운 문제⊃

18 정우의 수학 점수를 나타낸 표입니다. 5회까지 수학 점수의 평균은 4회까지 수학 점수의 평균보다 2점 높습니다. 정우의 5회 수학 점수는 몇 점인가요?

정우의 수학 점수

회	1회	2회	3회	4회	5회
점수(점)	74	92	80	86	

(　　　　　　　　)

⊂서술형⊃

19 흰색 바둑돌 5개와 검은색 바둑돌 5개가 들어 있는 상자에서 바둑돌 한 개를 꺼낼 때 꺼낸 바둑돌이 검은색일 가능성과 회전판을 돌릴 때 화살이 검은색에 멈출 가능성이 같도록 회전판을 색칠하려고 합니다. 회전판에 검은색을 몇 칸 색칠해야 하는지 구하는 풀이 과정을 쓰고 답을 구해 보세요.

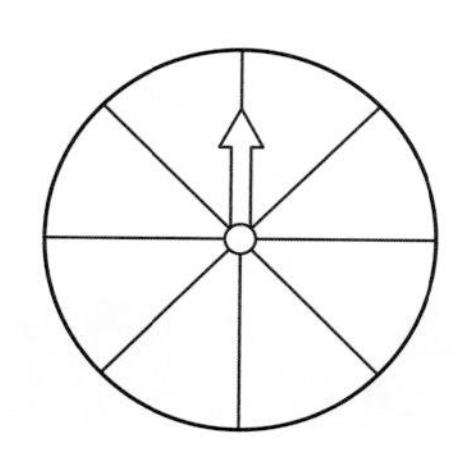

풀이

(1) 꺼낸 바둑돌이 검은색일 가능성을 말로 표현하면 □ 이고 수로 표현하면 □ 입니다.

(2) 회전판은 모두 8칸이므로 검은색을 □ 칸 색칠해야 합니다.

답 ______________________

⊂어려운 문제⊃

20 구슬이 20개 들어 있는 상자에서 구슬 한 개를 꺼낼 때 꺼낸 구슬이 빨간색일 가능성을 수로 표현하면 $\frac{1}{2}$ 입니다. 상자에 들어 있는 빨간색 구슬은 몇 개인가요?

(　　　　　　　　)

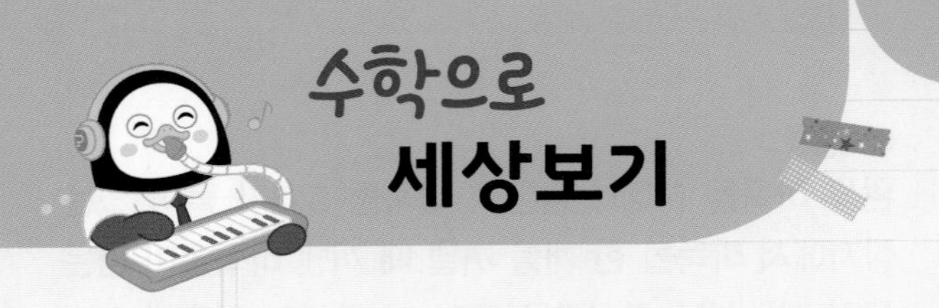

이번 단원에서 자료를 대표하는 값으로 평균을 배웠습니다. 평균이 대푯값으로 되었을 때 주의해야 하는 것을 알아볼까요?

1 강의 깊이의 평균과 병사들의 키의 평균

오랜 옛날, 병사들을 이끌고 가던 장수가 큰 강을 만나게 되었습니다. 장수는 옆에 있던 부하에게 병사들의 평균 키와 강의 평균 깊이를 물었습니다. 부하는 병사들의 평균 키는 160 cm이고, 강의 평균 깊이는 140 cm라고 하였습니다. 그 말을 들은 장수는 강을 건너는 데 문제가 없을 것이라 생각하고 병사들에게 강을 건너라고 했습니다. 하지만 강을 건너던 많은 병사들이 물에 빠져 죽는 경우가 발생하였습니다. 왜 이런 일이 발생하였을까요?

우리가 배운 평균은 각 자룟값을 모두 더해서 자료 수로 나눈 값입니다. 즉 강의 깊이가 평균 140 cm라고 하면 어떤 곳은 120 cm도 있고, 160 cm가 될 수도 있다는 것입니다. 또한 병사들의 키가 평균 160 cm라고 하면 어떤 병사들은 150 cm가 되고, 어떤 병사들은 170 cm가 될 수도 있다는 것입니다. 따라서 강의 깊이가 160 cm인 곳에 키가 150 cm인 병사가 들어간다면 당연히 물에 빠지게 되고 말겠지요?

2 우리 나라의 연평균 기온

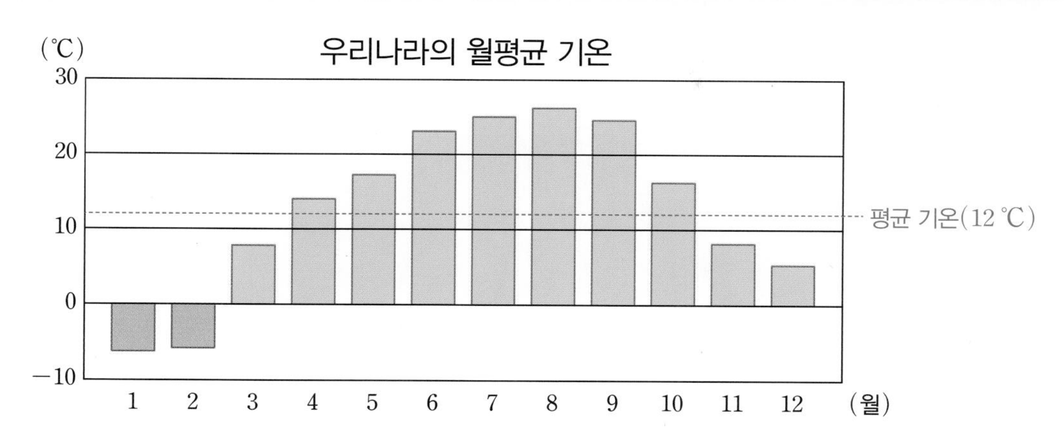

우리나라의 연평균 기온은 12 ℃입니다. 만약에 이 평균 기온만을 보고 여름에 우리나라에 여행을 온 사람의 경우 30 ℃까지 이르는 기온에 너무 덥다고 느낄 것이고, 12 ℃에 한참 못미치는 겨울에 여행을 온 여행객의 경우에는 겨울은 너무 춥다고 느낄 것입니다.

이처럼 평균은 자료를 대표하는 값이지만 우리가 관찰한 자료의 모든 수를 보여 주지는 않습니다.
그럼, 평균을 사용하지 말아야 할까요? 그렇지는 않습니다. 평균을 통해 자신과 다른 사람을 비교해 보기도 하고 국가간 비교를 통해 문제점을 파악하기도 해서 해결하려고 노력을 합니다. 중요한 결정을 내릴 때 자료를 분석하고 평균을 구해서 비교해 보는 것은 매우 중요한 일입니다. 하지만, 평균을 무조건 믿게 되면 문제가 발생할 수 있으니 평균의 의미를 파악하고 꼼꼼하게 살펴보고 이용하도록 해야 합니다.

우리 일상 생활에서 평균이 사용되는 예를 조사해서 3가지만 적어 보세요.

1	
2	
3	

MEMO

MEMO

MEMO

BOOK 2
실전책
만점왕
수학
5-2

자기 주도 활용 방법

시험 2주 전 공부

핵심을 복습하기

시험이 2주 남았네요. 이럴 땐 먼저 핵심을 복습해 보면 좋아요.

만점왕 북2 실전책을 펴 보면

각 단원별로 핵심 정리와 쪽지 시험이 있습니다.

정리된 핵심을 읽고 확인 문제를 풀어 보세요.

확인 문제가 어렵게 느껴지거나 자신 없는 부분이 있다면

북1 개념책을 찾아서 다시 읽어 보는 것도 도움이 돼요.

시험 1주 전 공부

시간을 정해 두고 연습하기

앗, 이제 시험이 일주일 밖에 남지 않았네요.

시험 직전에는 실제 시험처럼 시간을 정해 두고 문제를 푸는 연습을 하는 게 좋아요.

그러면 시험을 볼 때에 떨리는 마음이 줄어드니까요.

이때에는 **만점왕 북2의 학교 시험 만점왕, 서술형·논술형 평가**를

풀어 보면 돼요.

시험 시간에 맞게 풀어 본 후 맞힌 개수를 세어 보면

자신의 실력을 알아볼 수 있답니다.

이 책의 **차례**

CONTENTS

BOOK 2 실전책

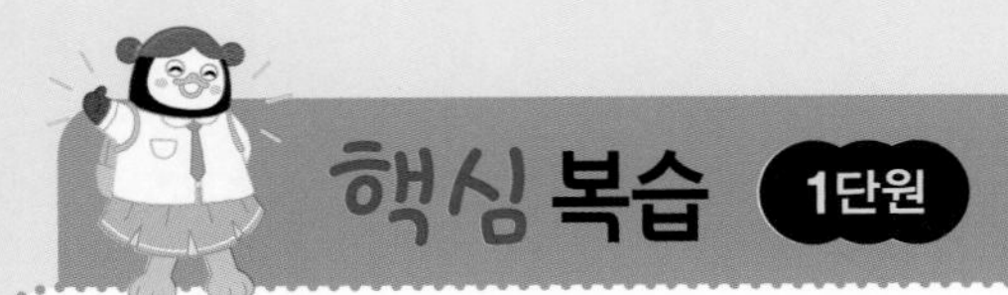

핵심 복습 1단원

● 이상

- 20, 21.5, 24.9 등과 같이 20과 같거나 큰 수를 20 이상인 수라고 합니다.
- 20 이상인 수를 수직선에 나타내면 다음과 같습니다.

18 19 20 21 22

➡ ■ 이상인 수는 수직선에 기준이 되는 수를 점 ●으로 나타내고, 오른쪽으로 선을 긋습니다.

● 이하

- 30, 29.8, 25.5 등과 같이 30과 같거나 작은 수를 30 이하인 수라고 합니다.
- 30 이하인 수를 수직선에 나타내면 다음과 같습니다.

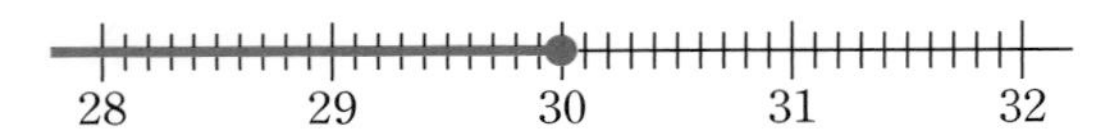

➡ ▲ 이하인 수는 수직선에 기준이 되는 수를 점 ●으로 나타내고, 왼쪽으로 선을 긋습니다.

● 초과

- 40.3, 42.5, 47.1 등과 같이 40보다 큰 수를 40 초과인 수라고 합니다.
- 40 초과인 수를 수직선에 나타내면 다음과 같습니다.

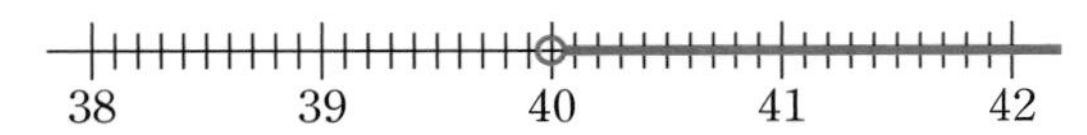

➡ ★ 초과인 수는 수직선에 기준이 되는 수를 점 ○으로 나타내고, 오른쪽으로 선을 긋습니다.

● 미만

- 49.9, 48.2, 45.5 등과 같이 50보다 작은 수를 50 미만인 수라고 합니다.
- 50 미만인 수를 수직선에 나타내면 다음과 같습니다.

48 49 50 51 52

➡ ◆ 미만인 수는 수직선에 기준이 되는 수를 점 ○으로 나타내고, 왼쪽으로 선을 긋습니다.

● 올림

- 574를 십의 자리까지 나타내기 위하여 십의 자리 아래 수인 4를 10으로 보고 580으로 나타낼 수 있습니다. 이와 같이 구하려는 자리의 아래 수를 올려서 나타내는 방법을 올림이라고 합니다.

  예 올림하여 십의 자리까지 나타내기:

  574 ➡ 580

  올림하여 백의 자리까지 나타내기:

  574 ➡ 600

● 버림

- 365를 십의 자리까지 나타내기 위하여 십의 자리 아래 수인 5를 0으로 보고 360으로 나타낼 수 있습니다. 이와 같이 구하려는 자리의 아래 수를 버려서 나타내는 방법을 버림이라고 합니다.

  예 버림하여 십의 자리까지 나타내기:

  365 ➡ 360

  버림하여 백의 자리까지 나타내기:

  365 ➡ 300

● 반올림

- 구하려는 자리 바로 아래 자리 숫자가 0, 1, 2, 3, 4이면 버리고, 5, 6, 7, 8, 9이면 올려서 나타내는 방법을 반올림이라고 합니다.

  예 반올림하여 십의 자리까지 나타내기:

  4627 ➡ 4630

  반올림하여 백의 자리까지 나타내기:

  4627 ➡ 4600

● 올림, 버림, 반올림을 활용하여 문제 해결하기

- 10개씩 묶어서 파는 물건이 있을 때 부족하지 않게 물건을 사기 위해서는 개수를 올림하여 10개씩 묶음으로 사야 합니다.
- 마트에서 고기, 야채 등을 살 때 가격에서 십 원 미만의 금액은 버림하여 계산하기도 합니다.
- 영화, 경기 등을 관람한 관람객의 수를 말할 때 반올림하여 몇천 명이라고 말하기도 합니다.

쪽지 시험 1. 수의 범위와 어림하기

정답과 해설 38쪽

01 □ 안에 알맞은 말을 써넣으세요.

15, 14, 13, 12 등과 같이 15와 같거나 작은 수를 15 □ 인 수라고 합니다.

02 4 이상인 수와 같은 것을 찾아 기호를 써 보세요.

㉠ 4보다 작은 수　　㉡ 4보다 큰 수
㉢ 4와 같거나 작은 수　　㉣ 4와 같거나 큰 수

(　　　　　　)

03 13 초과인 수에 모두 ○표 하세요.

10　11　12　13　14　15　16

04 15 미만인 수는 몇 개인가요?

14.7　15　11.2　16.4
17.1　9.5　23.7　15.4

(　　　　　　)

05 수의 범위를 수직선에 나타내어 보세요.

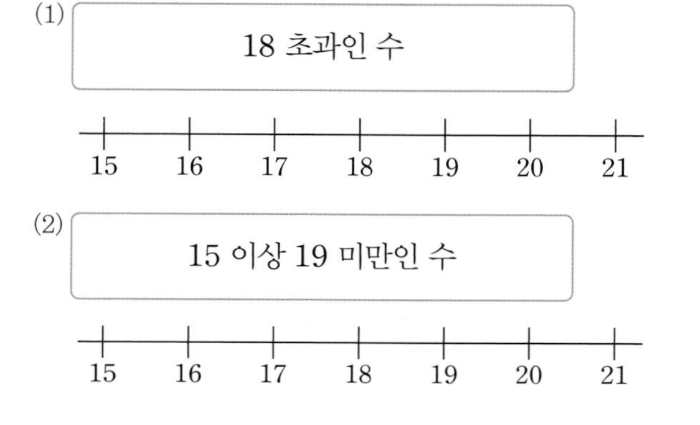

06 주어진 수를 올림하여 십의 자리까지 나타내어 보세요.

3152

(　　　　　　)

07 주어진 수를 버림하여 백의 자리까지 나타내어 보세요.

7289

(　　　　　　)

08 반올림하여 백의 자리까지 나타내어 보세요.

(1) 5268 ➡ (　　　　　　)
(2) 1836 ➡ (　　　　　　)

09 반올림하여 천의 자리까지 나타내면 2000이 되는 수를 모두 찾아 ○표 하세요.

1280　2135　1953　2530　2788

10 도훈이는 문구점에서 5450원짜리 필통을 한 개 사려고 합니다. 필통값을 1000원짜리 지폐로만 내려면 적어도 얼마를 내야 하나요?

(　　　　　　)

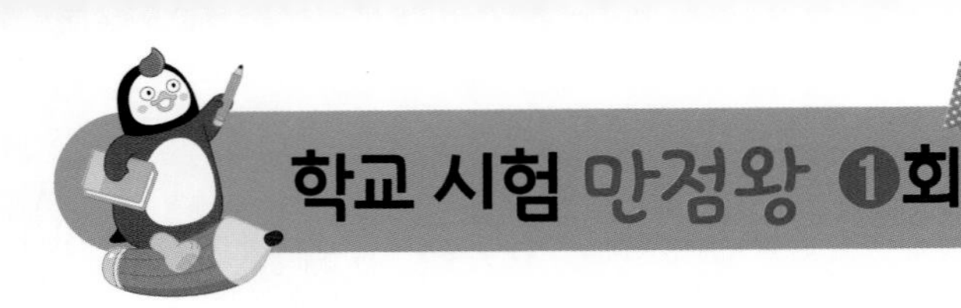

01 30 이상인 수는 모두 몇 개인가요?

30	$31\frac{1}{2}$	29.8
$28\frac{1}{5}$	32.2	30.4

( )

[02~03] 수를 보고 물음에 답하세요.

15	16	17	18	19	20
21	22	23	24	25	26

02 19 이하인 수를 모두 찾아 써 보세요.

( )

03 수직선에 나타낸 수의 범위에 속하는 자연수는 모두 몇 개인가요?

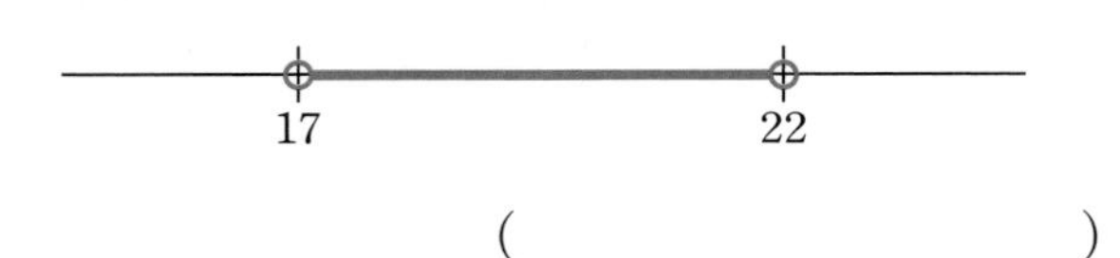

( )

[04~05] 서윤이네 반 학생들의 악력을 잰 기록을 나타낸 표입니다. 물음에 답하세요.

서윤이네 반 학생들의 악력 기록

이름	악력(kg)	이름	악력(kg)
서윤	21	준기	22.1
이안	19.5	은호	21.8
지안	17.9	지율	23

04 악력 기록이 20 kg 미만인 학생의 이름을 모두 찾아 써 보세요.

( )

05 주어진 수의 범위에 악력 기록이 속하는 학생은 모두 몇 명인가요?

20 kg 이상 22 kg 미만인 수

( )

서술형 **06** 자동차의 무게를 나타낸 표입니다. 무게가 5.5 t 미만인 자동차만 통과할 수 있는 다리가 있습니다. 도로를 통과할 수 있는 자동차를 모두 구하는 풀이 과정을 쓰고 답을 구해 보세요.

〈안내〉

5.5 t 미만 통과 가능

자동차	무게(kg)	자동차	무게(kg)
가	4850	라	5500
나	5200	마	5490
다	5600	바	6050

풀이

답

07 100 미만인 자연수 중 가장 큰 수를 구해 보세요.

( )

08 무게의 범위를 수직선에 나타내어 보세요.

이 귤의 무게는 34 g 초과 37 g 이하입니다.

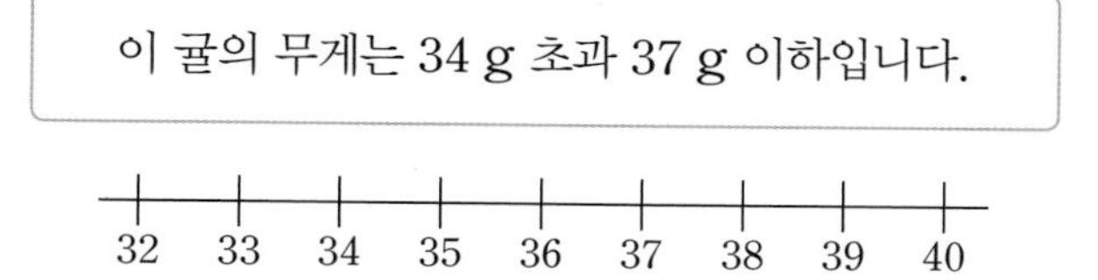

09 미세 먼지 농도 기준표와 지역별 먼지 농도를 나타낸 표입니다. 미세 먼지 농도가 '보통'인 도시를 모두 찾아 써 보세요.

구분	좋음	보통	나쁨	매우나쁨
농도 ($\mu g/m^2$)	30 이하	30 초과 80 이하	80 초과 150 이하	150 초과

지역별 미세 먼지 농도

도시	서울	인천	대전	대구	부산
농도 ($\mu g/m^2$)	101	78	99	43	12

( )

10 수직선에 나타낸 수의 범위 중 20을 포함하는 것을 모두 찾아 기호를 써 보세요.

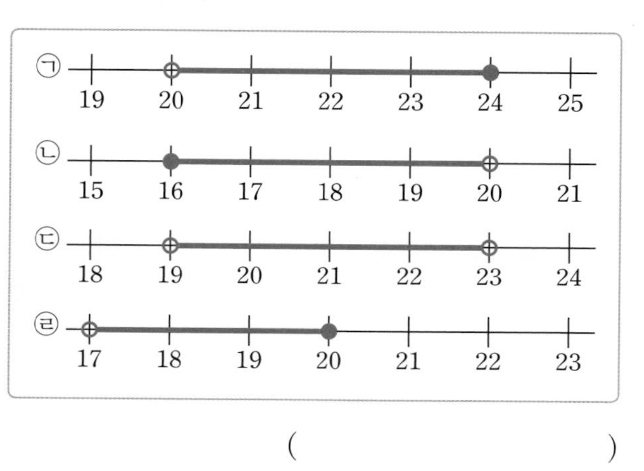

( )

11 올림하여 주어진 자리까지 나타내어 보세요.

수	십의 자리	백의 자리	천의 자리
52843			

12 소수를 버림하여 주어진 자리까지 나타내어 보세요.

(1) 3.982(소수 첫째 자리)

( )

(2) 5.273(소수 둘째 자리)

( )

13 주어진 수를 반올림하여 해당 자리까지 나타낼 때 가장 큰 수가 되는 것은 어느 것인가요? ( )

743551

① 십의 자리
② 백의 자리
③ 천의 자리
④ 만의 자리
⑤ 십만의 자리

14 ㉠과 ㉡의 차를 구해 보세요.

㉠ 21350을 올림하여 천의 자리까지 나타낸 수
㉡ 20938을 반올림하여 천의 자리까지 나타낸 수

( )

15 다음은 수를 올림, 버림, 반올림 중에서 한 가지 방법으로 어림하여 십의 자리까지 나타낸 것입니다. 어떤 방법으로 어림한 것인가요?

359 ➡ 360
241 ➡ 240
125 ➡ 130

(　　　　　　　　　　)

16 우리나라 지역별 인구수를 나타낸 것입니다. 각 도시의 인구수를 반올림하여 만의 자리까지 나타내어 보세요.

지역	인구수(명)	어림한 인구수(명)
경기도	13589432	
강원도	1536498	
충청북도	1595058	
충청남도	2123037	

(출처: 통계청, 2022년 12월 인구 현황)

17 어느 마을에서 감자를 839 kg 캤습니다. 감자를 한 상자에 30 kg씩 담아서 팔려고 할 때 팔 수 있는 감자는 최대 몇 상자인가요?

(　　　　　　　　　　)

18 놀이동산에서 바이킹을 타기 위해 165명이 줄을 서 있습니다. 바이킹을 한 번 운행하면 탈 수 있는 정원이 25명일 때 바이킹은 적어도 몇 번 운행해야 모든 사람이 한 번씩 탈 수 있을까요?

(　　　　　　　　　　)

서술형 **19** 소정이가 모은 동전 수를 나타낸 표입니다. 이 돈을 10000원짜리 지폐로 바꿀 수 있는 금액은 최대 얼마인지 구하는 풀이 과정을 쓰고 답을 구해 보세요.

소정이가 모은 동전 수

동전	500원짜리	100원짜리	50원짜리
동전 수(개)	56	37	20

풀이

답

20 수 카드 5장을 한 번씩만 사용하여 다섯 자리 수를 만들려고 합니다. 만들 수 있는 다섯 자리 수 중 가장 작은 수를 반올림하여 천의 자리까지 나타내어 보세요.

9　5　1　0　8

(　　　　　　　　　　)

학교 시험 만점왕 ②회

01 □ 안에 알맞은 말을 써넣으세요.

10과 같거나 큰 수를 10 □ 인 수라 하고,

10과 같거나 작은 수를 10 □ 인 수라고 합니다.

10보다 큰 수를 10 □ 인 수라 하고,

10보다 작은 수를 10 □ 인 수라고 합니다.

[02~03] 수를 보고 물음에 답하세요.

32.5	29.3	$28\frac{2}{3}$	31
$30\frac{1}{2}$	27	26.9	33.7

02 30 초과인 수를 모두 찾아 써 보세요.

( )

03 27 이상 30 미만인 수는 모두 몇 개인가요?

( )

04 수직선에 나타낸 수의 범위에 포함되는 자연수 중에서 두 자리 수는 모두 몇 개인가요?

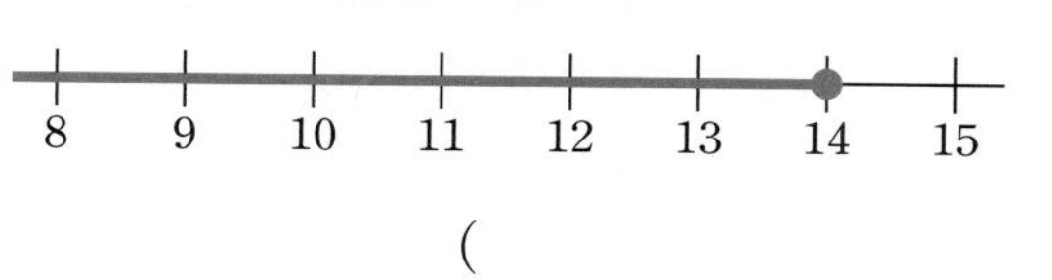

( )

[05~06] 예진이네 모둠 학생들의 100 m 달리기 기록을 조사한 표입니다. 표를 보고 물음에 답하세요.

예진이네 모둠 학생들의 100 m 달리기 기록

이름	기록(초)
예진	17.8
정윤	19.5
미나	18
승훈	20
지우	16.4

05 100 m를 달리는 데 걸린 시간이 18초 미만인 학생의 이름을 모두 써 보세요.

( )

06 100 m 달리기 기록이 수직선의 수의 범위에 속하는 학생은 모두 몇 명인가요?

15 16 17 18 19 20 21 22

( )

07 54를 포함하는 수의 범위를 모두 찾아 기호를 써 보세요.

㉠ 54 초과 60 이하인 수
㉡ 55 이상 60 이하인 수
㉢ 54 이상 60 미만인 수
㉣ 53 초과 59 미만인 수

( )

서술형 08 ㉠과 ㉡의 범위에 공통으로 속하는 자연수를 모두 구하는 풀이 과정을 쓰고 답을 구해 보세요.

㉠ 33 이상 38 미만인 자연수
㉡ 34 초과 39 이하인 자연수

풀이

답

09 조건 을 만족하는 네 자리 수를 구해 보세요.

조건
- 천의 자리 수는 7 초과 9 미만입니다.
- 백의 자리 수는 3의 배수입니다.
- 십의 자리 수는 6으로 나누어떨어집니다.
- 일의 자리 수는 2입니다.
- 각 자리 수의 합은 25입니다.

( )

10 수를 올림하여 십의 자리까지 나타낸 것입니다. 바르게 나타낸 친구는 누구인가요?

[호영] 64717 ➡ 64730
[정민] 54382 ➡ 54390
[나정] 73860 ➡ 73870

( )

11 버림하여 백의 자리까지 나타낸 수가 다른 하나를 찾아 ×표 하세요.

6359	6400	6389
( )	( )	( )

12 두 수의 합을 구해 보세요.

8.92를 반올림하여 소수 첫째 자리까지 나타낸 수

3.547을 반올림하여 소수 둘째 자리까지 나타낸 수

( )

13 주어진 수를 올림하여 백의 자리까지 나타내면 9400입니다. 주어진 수를 구해 보세요.

□□77

( )

14 올림, 버림, 반올림 중에서 어느 방법으로 나타내어야 하는지 구해 보세요.

(1) 가게에서 사탕 597개를 한 봉지에 50개씩 넣어 포장하여 팔려고 합니다. 팔 수 있는 사탕은 최대 몇 개인가요?

( )

(2) 경은이는 64300원짜리 가방을 한 개 사려고 합니다. 10000원짜리 지폐로만 가방값을 내려면 적어도 얼마를 내야 하나요?

( )

15 연필의 길이는 약 몇 cm인지 반올림하여 일의 자리까지 나타내어 보세요.

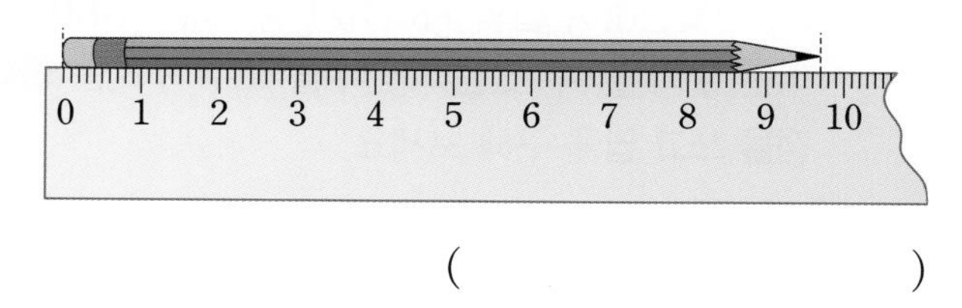

( )

16 텐트 한 개에 10명까지 잘 수 있습니다. 62명이 텐트에서 잠을 자기 위해 텐트를 사려고 한다면 텐트는 적어도 몇 개 사야 하나요?

( )

17 선물 상자 한 개를 포장하는 데 색 테이프 1 m가 필요합니다. 색 테이프 847 cm로는 선물 상자를 최대 몇 개까지 포장할 수 있나요?

( )

18 수 카드 5장을 한 번씩만 사용하여 가장 큰 다섯 자리 수를 만들었습니다. 만든 수를 반올림하여 천의 자리까지 나타낸 수와 올림하여 백의 자리까지 나타낸 수의 차를 구해 보세요.

4 3 1 5 7

( )

19 어떤 수를 반올림하여 십의 자리까지 나타내었더니 450이 되었습니다. 어떤 수가 될 수 있는 수의 범위를 수직선에 나타내어 보세요.

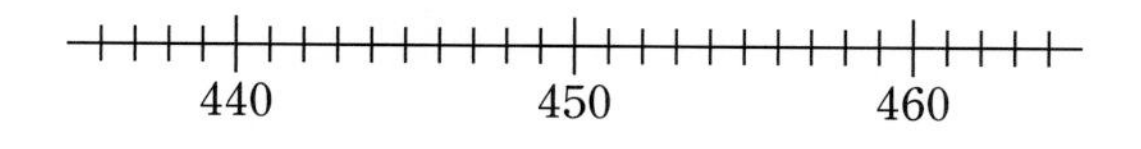

서술형 **20** 어느 과수원에서 복숭아를 826개 따서 한 상자에 15개씩 담으려고 합니다. 복숭아 한 상자의 가격이 20000원일 때 상자에 담아 판매할 수 있는 복숭아의 가격은 최대 얼마인지 풀이 과정을 쓰고 답을 구해 보세요.

풀이

답

서술형·논술형 평가 1단원

01 54 이상 65 이하인 자연수는 모두 몇 개인지 구하는 풀이 과정을 쓰고 답을 구해 보세요.

풀이

답

02 수의 범위에 포함된 수 중에서 5의 배수는 모두 몇 개인지 구하는 풀이 과정을 쓰고 답을 구해 보세요.

35 미만인 수

풀이

답

03 수직선에 나타낸 수의 범위에 있는 자연수는 10개입니다. ㉠에 알맞은 자연수는 얼마인지 구하는 풀이 과정을 쓰고 답을 구해 보세요.

30 ㉠

풀이

답

04 어느 주차장의 주차 요금을 나타낸 것입니다. 이 주차장에 113분 동안 주차했다면 내야 할 주차 요금은 얼마인지 구하는 풀이 과정을 쓰고 답을 구해 보세요.

1시간(기본): 3000원
1시간 초과시 10분마다 300원씩 추가

풀이

답

05 어떤 수를 올림하여 십의 자리까지 나타내면 580이고, 반올림하여 십의 자리까지 나타내면 580입니다. 어떤 수가 될 수 있는 자연수를 모두 구하는 풀이 과정을 쓰고 답을 구해 보세요.

풀이

답

06 어떤 자연수에 9를 곱해서 나온 수를 반올림하여 십의 자리까지 나타내면 60이라고 합니다. 어떤 자연수는 얼마인지 구하는 풀이 과정을 쓰고 답을 구해 보세요.

풀이

답

07 어느 양계장에서 달걀 532개를 한 판에 30개씩 담아 팔았습니다. 한 판에 7000원씩 받고 팔았다면 달걀을 판 돈은 최대 얼마인지 구하는 풀이 과정을 쓰고 답을 구해 보세요.

풀이

답

08 도형이네 학교 5학년 학생들이 현장 체험학습을 가려면 한 대의 정원이 45명인 버스가 적어도 4대 필요하다고 합니다. 도형이네 학교 5학년 학생은 몇 명 이상 몇 명 이하인지 구하는 풀이 과정을 쓰고 답을 구해 보세요.

풀이

답

09 조건 을 만족하는 가장 작은 수와 가장 큰 수를 구하는 풀이 과정을 쓰고 답을 구해 보세요.

조건

- 버림하여 천의 자리까지 나타내면 5000입니다.
- 백의 자리 수는 0입니다.
- 일의 자리 수가 십의 자리 수보다 큽니다.

풀이

답

10 403명에게 초콜릿을 3봉지씩 나누어 주려고 합니다. 마트와 공장에서 다음과 같이 초콜릿을 팔 때 어디에서 사는 것이 얼마나 더 싼지 구하는 풀이 과정을 쓰고 답을 구해 보세요.

판매장	마트	공장
판매 방법	10봉지씩 묶음	100봉지씩 상자
가격	한 묶음 4000원	한 상자 35000원

풀이

답

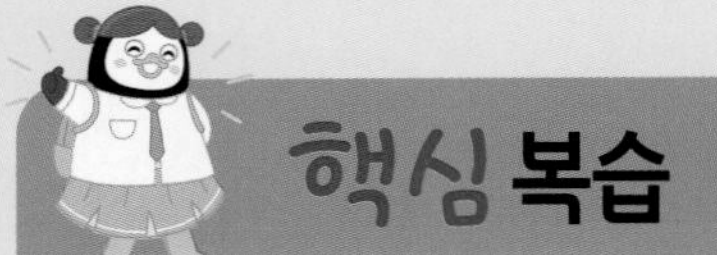

- **(진분수)×(자연수)**

  • $\frac{7}{10}\times12$의 계산

  방법 1 $\frac{7}{10}\times12=\frac{7\times12}{10}=\frac{\overset{42}{\cancel{84}}}{\underset{5}{\cancel{10}}}=\frac{42}{5}=8\frac{2}{5}$

  방법 2 $\frac{7}{10}\times12=\frac{7\times\overset{6}{\cancel{12}}}{\underset{5}{\cancel{10}}}=\frac{42}{5}=8\frac{2}{5}$

  방법 3 $\frac{7}{\underset{5}{\cancel{10}}}\times\overset{6}{\cancel{12}}=\frac{42}{5}=8\frac{2}{5}$

- **(대분수)×(자연수)**

  • $2\frac{2}{5}\times3$의 계산

  방법 1 $2\frac{2}{5}\times3=\frac{12}{5}\times3=\frac{36}{5}=7\frac{1}{5}$

  방법 2 $2\frac{2}{5}\times3=(2\times3)+\left(\frac{2}{5}\times3\right)$

  $=6+\frac{6}{5}=6+1\frac{1}{5}=7\frac{1}{5}$

- **(자연수)×(진분수)**

  • $10\times\frac{7}{15}$의 계산

  방법 1 $10\times\frac{7}{15}=\frac{10\times7}{15}=\frac{\overset{14}{\cancel{70}}}{\underset{3}{\cancel{15}}}=\frac{14}{3}=4\frac{2}{3}$

  방법 2 $10\times\frac{7}{15}=\frac{\overset{2}{\cancel{10}}\times7}{\underset{3}{\cancel{15}}}=\frac{14}{3}=4\frac{2}{3}$

  방법 3 $\overset{2}{\cancel{10}}\times\frac{7}{\underset{3}{\cancel{15}}}=\frac{14}{3}=4\frac{2}{3}$

- **(자연수)×(대분수)**

  • $2\times3\frac{1}{5}$의 계산

  방법 1 $2\times3\frac{1}{5}=2\times\frac{16}{5}=\frac{32}{5}=6\frac{2}{5}$

  방법 2 $2\times3\frac{1}{5}=(2\times3)+\left(2\times\frac{1}{5}\right)$

  $=6+\frac{2}{5}=6\frac{2}{5}$

- **(단위분수)×(단위분수)**

  • $\frac{1}{2}\times\frac{1}{4}$의 계산

  $\frac{1}{2}\times\frac{1}{4}=\frac{1}{2\times4}=\frac{1}{8}$

- **(진분수)×(진분수)**

  • $\frac{5}{8}\times\frac{7}{15}$의 계산

  방법 1 $\frac{5}{8}\times\frac{7}{15}=\frac{5\times7}{8\times15}=\frac{\overset{7}{\cancel{35}}}{\underset{24}{\cancel{120}}}=\frac{7}{24}$

  방법 2 $\frac{5}{8}\times\frac{7}{15}=\frac{\overset{1}{\cancel{5}}\times7}{8\times\underset{3}{\cancel{15}}}=\frac{7}{24}$

  방법 3 $\frac{\overset{1}{\cancel{5}}}{8}\times\frac{7}{\underset{3}{\cancel{15}}}=\frac{7}{24}$

- **세 분수의 곱셈**

  • $\frac{3}{4}\times\frac{5}{6}\times\frac{2}{9}$의 계산

  방법 1 $\frac{3}{4}\times\frac{5}{6}\times\frac{2}{9}=\left(\frac{\overset{1}{\cancel{3}}}{4}\times\frac{5}{\underset{2}{\cancel{6}}}\right)\times\frac{2}{9}$

  $=\frac{5}{\underset{4}{\cancel{8}}}\times\frac{\overset{1}{\cancel{2}}}{9}=\frac{5}{36}$

  방법 2 $\frac{3}{4}\times\frac{5}{6}\times\frac{2}{9}=\frac{\overset{1}{\cancel{3}}\times5\times\overset{1}{\cancel{2}}}{\underset{2}{\cancel{4}}\times6\times\underset{3}{\cancel{9}}}=\frac{5}{36}$

- **(대분수)×(대분수)**

  • $1\frac{2}{3}\times1\frac{1}{4}$의 계산

  방법 1 $1\frac{2}{3}\times1\frac{1}{4}=\frac{5}{3}\times\frac{5}{4}=\frac{25}{12}=2\frac{1}{12}$

  방법 2 $1\frac{2}{3}\times1\frac{1}{4}=\left(1\frac{2}{3}\times1\right)+\left(1\frac{2}{3}\times\frac{1}{4}\right)$

  $=1\frac{2}{3}+\left(\frac{5}{3}\times\frac{1}{4}\right)=1\frac{2}{3}+\frac{5}{12}$

  $=1\frac{8}{12}+\frac{5}{12}=1\frac{13}{12}=2\frac{1}{12}$

쪽지 시험 2. 분수의 곱셈

정답과 해설 43쪽

01 그림을 보고 □ 안에 알맞은 수를 써넣으세요.

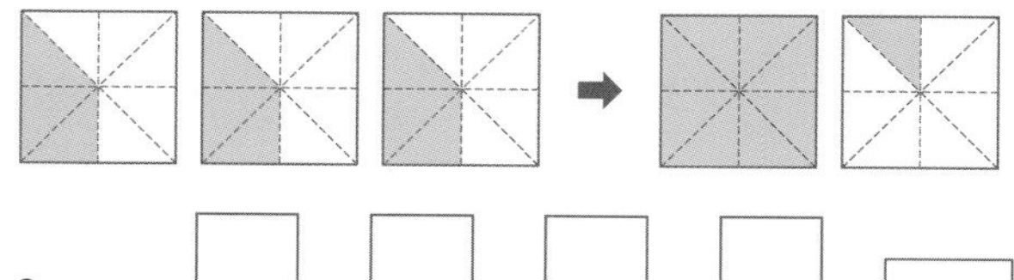

$$\frac{3}{8}\times 3=\frac{\square}{8}+\frac{\square}{8}+\frac{\square}{8}=\frac{\square}{8}=\square$$

02 빈 곳에 두 수의 곱을 써넣으세요.

$\frac{4}{9}$	5

03 보기 와 같은 방법으로 계산해 보세요.

보기

$$4\times 1\frac{2}{7}=(4\times 1)+\left(4\times\frac{2}{7}\right)$$
$$=4+\frac{8}{7}=4+1\frac{1}{7}=5\frac{1}{7}$$

$5\times 1\frac{7}{8}=$ ______________________

04 빈 곳에 알맞은 수를 써넣으세요.

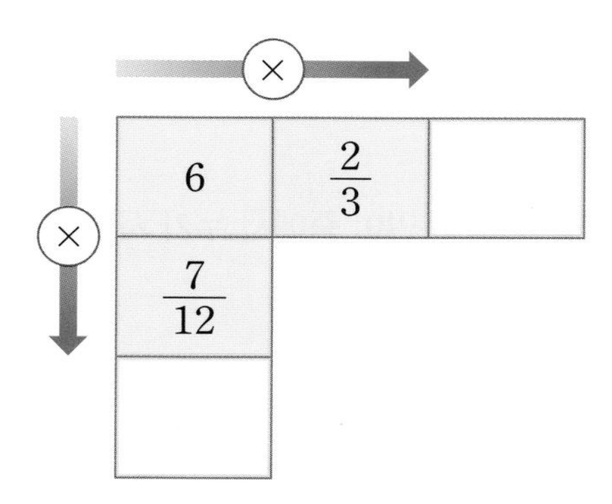

05 □ 안에 알맞은 수를 써넣으세요.

$$\frac{1}{3}\times\frac{1}{9}=\frac{1\times 1}{\square\times\square}=\frac{1}{\square}$$

06 그림을 보고 □ 안에 알맞은 수를 써넣으세요.

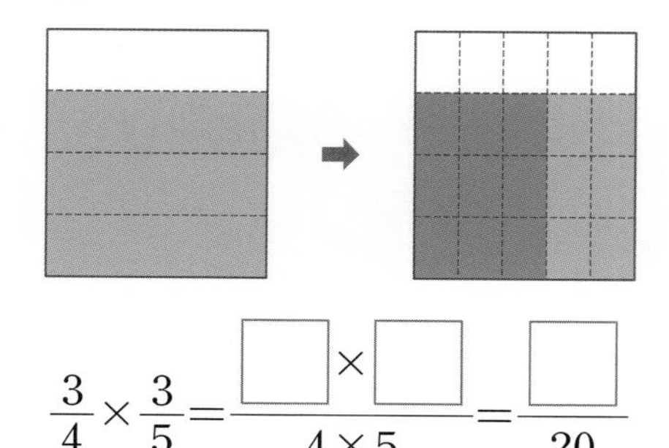

$$\frac{3}{4}\times\frac{3}{5}=\frac{\square\times\square}{4\times 5}=\frac{\square}{20}$$

07 □ 안에 알맞은 수를 써넣으세요.

$$\frac{7}{10}\times\frac{5}{14}=\frac{\overset{\square\ \square}{\cancel{7}\times\cancel{5}}}{\underset{2\quad\ 2}{\cancel{10}\times\cancel{14}}}=\frac{1}{\square}$$

08 □ 안에 알맞은 수를 써넣으세요.

$$1\frac{3}{4}\times 2\frac{2}{9}=\frac{\square}{4}\times\frac{\square}{9}=\frac{\square}{9}=\square$$

09 빈 곳에 알맞은 수를 써넣으세요.

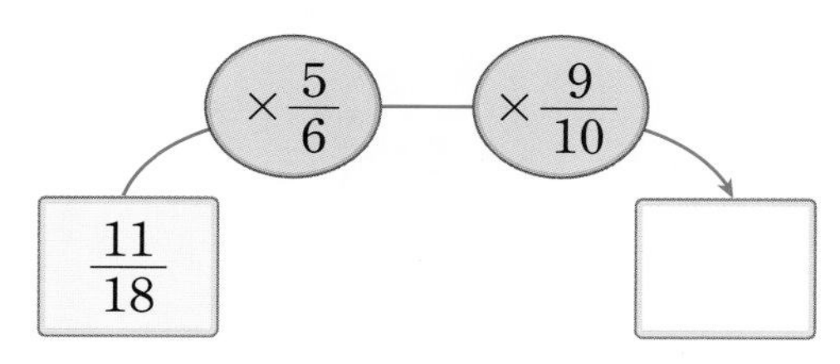

10 계산 결과를 비교하여 ○ 안에 $>$, $=$, $<$를 알맞게 써넣으세요.

$$15\times\frac{11}{20}\ \bigcirc\ 1\frac{3}{5}\times 2\frac{7}{10}$$

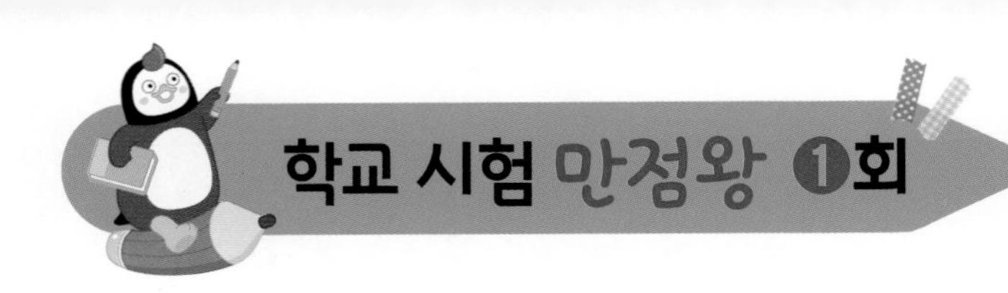

01 □ 안에 알맞은 수를 써넣으세요.

$$3\frac{5}{12}\times 18=(3\times 18)+\left(\frac{\square}{\cancel{12}_{\square}}\times \cancel{18}^{3}\right)$$

$$=54+\frac{\square}{2}=\square$$

02 계산 결과가 더 큰 것에 ○표 하세요.

$\frac{3}{4}\times 5$ ( )

$\frac{2}{9}\times 15$ ( )

03 $8\times\frac{3}{4}$만큼 그림에 색칠하고, □ 안에 알맞은 수를 써넣으세요.

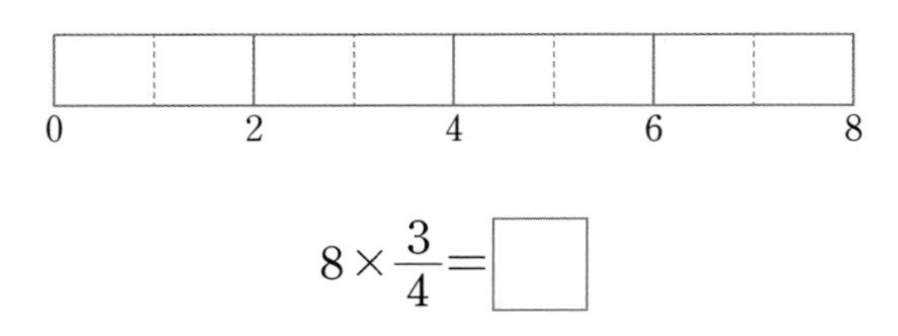

$$8\times\frac{3}{4}=\square$$

04 두 수의 곱을 구해 보세요.

3 $2\frac{4}{7}$

( )

05 계산 결과가 같은 것끼리 선으로 이어 보세요.

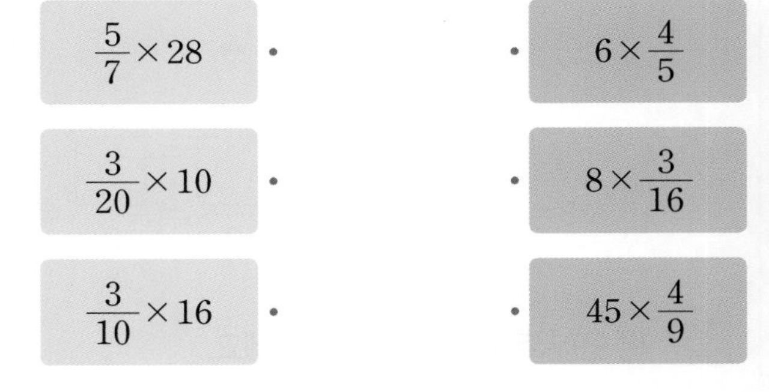

06 물이 $2\frac{2}{5}$ L씩 들어 있는 병이 6개 있습니다. 물은 모두 몇 L인가요?

( )

07 정은이와 준민이 중에서 누가 사탕을 몇 개 더 먹었는지 구해 보세요.

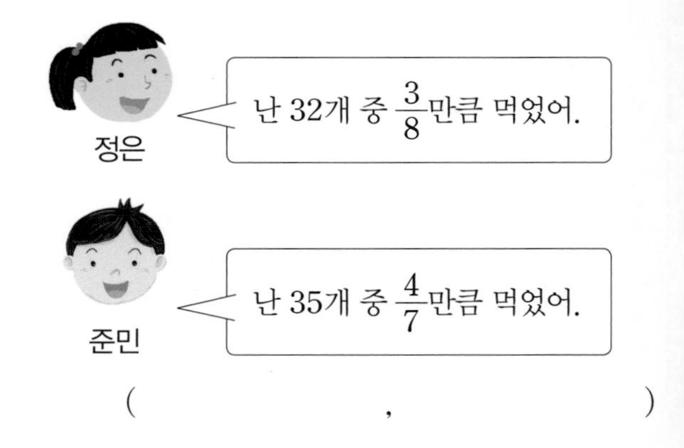

(,)

08 그림에서 빗금친 부분을 나타내는 식으로 알맞은 것은 어느 것인가요? (　　　)

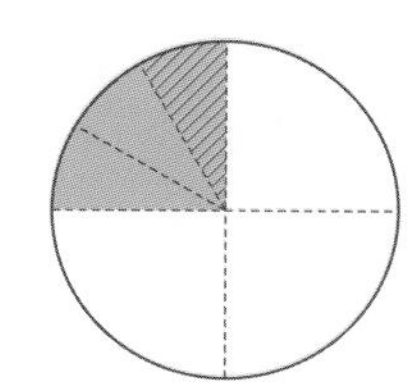

① $\frac{2}{3}\times\frac{2}{3}=\frac{4}{9}$　② $\frac{1}{4}\times\frac{2}{3}=\frac{1}{6}$

③ $\frac{2}{4}\times\frac{1}{3}=\frac{2}{12}$　④ $\frac{1}{3}\times\frac{1}{3}=\frac{1}{9}$

⑤ $\frac{1}{4}\times\frac{1}{3}=\frac{1}{12}$

09 계산 결과가 가장 큰 것에 ○표 하세요.

$\frac{4}{5}\times1$　$\frac{4}{5}\times\frac{1}{3}$　$\frac{4}{5}\times2\frac{1}{4}$　$\frac{4}{5}\times\frac{8}{9}$

서술형 **10** □ 안에 들어갈 수 있는 자연수 중 가장 큰 수는 얼마인지 구하는 풀이 과정을 쓰고 답을 구해 보세요.

$$\frac{1}{7}\times\frac{1}{8}<\frac{1}{3}\times\frac{1}{\square}$$

풀이

답

11 ㉠과 ㉡을 계산한 값의 합을 구해 보세요.

㉠ $\frac{7}{9}\times\frac{3}{14}$　㉡ $\frac{5}{36}\times\frac{6}{7}$

(　　　　　　　　　)

12 계산 결과를 비교하여 ○ 안에 $>$, $=$, $<$를 알맞게 써넣으세요.

$$\frac{9}{20}\times\frac{2}{3}\times\frac{10}{11}\ \bigcirc\ \frac{7}{12}\times\frac{1}{5}\times\frac{9}{14}$$

13 계산해 보세요.

(1) $5\frac{1}{4}\times1\frac{3}{7}$

(2) $2\frac{5}{11}\times3\frac{1}{9}$

14 □ 안에 들어갈 수 있는 자연수는 모두 몇 개인가요?

$$2\frac{7}{10}\times1\frac{4}{9}<\square<6\frac{3}{7}\times1\frac{2}{5}$$

(　　　　　　　　　)

15 설탕이 $8\frac{2}{5}$ kg 있습니다. 소금은 설탕의 $2\frac{1}{2}$배만큼 있다면 소금은 몇 kg인가요?

(　　　　　　　　　　)

16 색 테이프가 36 m 있습니다. 미술 시간에 지영이는 전체의 $\frac{2}{9}$를 사용했고, 수연이는 지영이가 사용하고 남은 나머지의 $\frac{3}{7}$을 사용했습니다. 남은 색 테이프의 길이는 몇 m인지 구해 보세요.

(　　　　　　　　　　)

17 수 카드를 한 번씩만 사용하여 (진분수)×(진분수)를 만들려고 합니다. 계산 결과가 가장 작은 경우의 곱은 얼마인가요?

4　5　1　3

(　　　　　　　　　　)

18 어떤 수를 $5\frac{3}{4}$으로 나누었더니 $1\frac{3}{5}$이 되었습니다. 어떤 수는 얼마인가요?

(　　　　　　　　　　)

서술형 **19** 한 변의 길이가 $3\frac{2}{5}$ cm인 정사각형 모양의 색종이를 겹치지 않게 40장 붙여서 게시판을 꾸몄습니다. 색종이가 붙어 있는 부분의 넓이는 몇 cm^2인지 구하는 풀이 과정을 쓰고 답을 구해 보세요.

풀이

답

20 색칠한 부분의 넓이는 몇 cm^2인지 구해 보세요.

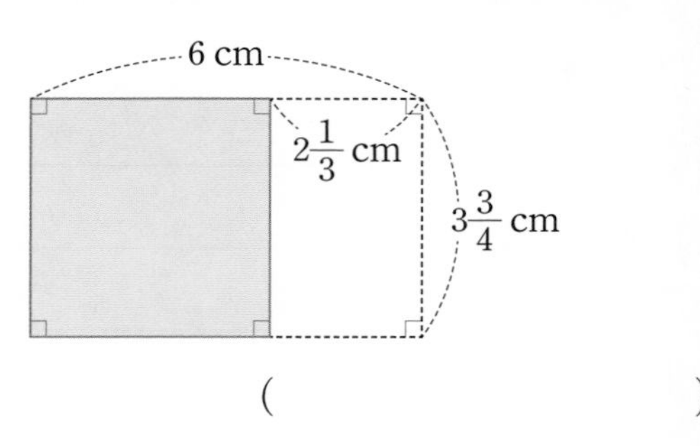

(　　　　　　　　　　)

01 바르게 계산한 친구는 누구인가요?

[서진] $\frac{2}{3}\times 4=\frac{2}{3\times 4}=\frac{2}{12}=\frac{1}{6}$

[우연] $\frac{5}{7}\times 2=\frac{5\times 2}{7}=\frac{10}{7}=1\frac{3}{7}$

(　　　　　　　　　　)

02 잘못 계산한 곳을 찾아 바르게 계산해 보세요.

$3\frac{9}{\cancel{20}_{5}}\times \cancel{4}^{1}=3\frac{9}{5}\times 1=4\frac{4}{5}$

⬇

(　　　　　　　　　　)

03 계산 결과가 $\frac{5}{32}\times 4$와 같은 것을 찾아 ○표 하세요.

$15\times\frac{1}{24}$　　　　$12\times\frac{3}{32}$

(　　　)　　　　(　　　)

04 보기 와 같이 계산 결과가 4인 (단위분수)×(자연수) 식을 2개 써 보세요.

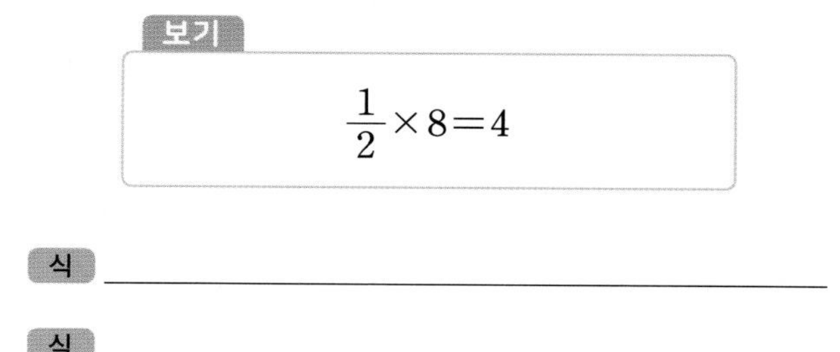

05 빈칸에 알맞은 수를 써넣으세요.

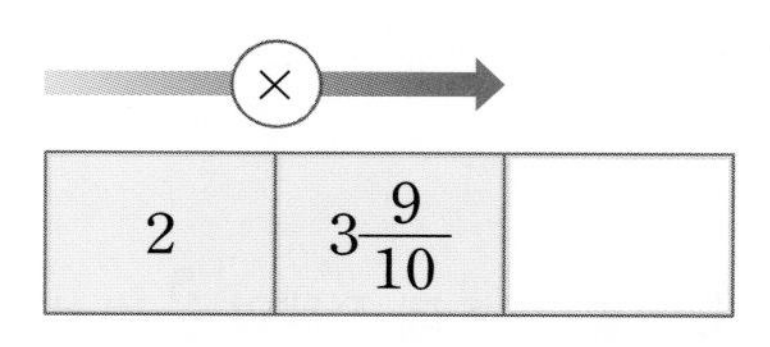

06 □ 안에 들어갈 수 있는 자연수 중 가장 작은 수를 구해 보세요.

$18\times\frac{7}{9}<\square$

(　　　　　　　　　　)

07 떨어진 높이의 $\frac{7}{8}$만큼 튀어 오르는 공이 있습니다. 30 m 높이에서 이 공을 떨어뜨렸을 때 처음 튀어 오른 높이는 몇 m인지 구해 보세요.

( )

08 한 변의 길이가 $1\frac{1}{5}$ cm인 정오각형의 둘레는 몇 cm인지 구해 보세요.

( )

09 12 km를 가는 데 전체의 $\frac{5}{6}$는 버스를 타고, 나머지는 걸어서 갔습니다. 걸어서 간 거리는 몇 km인가요?

( )

10 가장 큰 수와 가장 작은 수의 곱을 구해 보세요.

$\frac{1}{3}$ $\frac{1}{10}$ $\frac{1}{8}$ $\frac{1}{5}$ $\frac{1}{7}$

( )

11 ㉠에 알맞은 수를 구해 보세요.

$$\frac{1}{9}\times\frac{1}{4}=\frac{1}{6}\times\frac{1}{㉠}$$

( )

서술형 **12** ㉠과 ㉡의 곱을 구하는 풀이 과정을 쓰고 답을 구해 보세요.

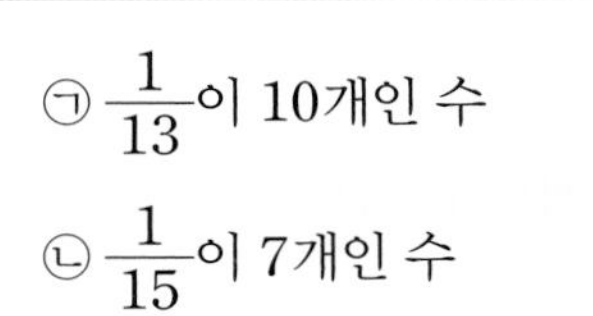

㉠ $\frac{1}{13}$이 10개인 수

㉡ $\frac{1}{15}$이 7개인 수

풀이

답

13 같은 모양은 같은 수를 나타냅니다. ★에 알맞은 수를 구해 보세요.

$$■=\frac{5}{6}\times\frac{3}{4} \qquad ★=■\times\frac{7}{15}$$

( )

14 계산 결과가 단위분수인 것에 색칠해 보세요.

$\frac{4}{15}\times\frac{5}{14}\times\frac{7}{10}$	$\frac{3}{4}\times\frac{4}{5}\times\frac{7}{12}$

15 곱이 가장 큰 것을 찾아 ○표 하세요.

$1\frac{2}{3}\times3\frac{1}{2}$	$\frac{4}{5}\times5\frac{3}{8}$	$2\frac{1}{7}\times2\frac{7}{15}$
( )	( )	( )

16 주안이네 반 학생들이 좋아하는 동물을 조사하였습니다. 반 전체 학생의 $\frac{3}{4}$이 조사에 참여하였는데 그중 $\frac{2}{3}$는 개를 좋아하고, 개를 좋아하는 학생의 $\frac{2}{5}$는 진돗개를 좋아합니다. 조사에 참여한 주안이네 반 학생 중에서 진돗개를 좋아하는 학생은 반 전체의 얼마인가요?

( )

17 굵기가 일정한 통나무 1 m의 무게는 $4\frac{1}{5}$ kg입니다. 이 통나무 $3\frac{5}{9}$ m의 무게는 몇 kg인가요?

( )

18 수 카드를 한 번씩만 사용하여 대분수를 만들려고 합니다. 만들 수 있는 대분수 중 가장 큰 수와 가장 작은 수의 곱을 구해 보세요.

7　2　5

( )

서술형 **19** 한 시간에 $2\frac{3}{4}$ L씩 물이 새는 수도관이 있습니다. 이 수도관에서 3시간 20분 동안 새는 물의 양은 몇 L인지 구하는 풀이 과정을 쓰고 답을 구해 보세요.

풀이

답

20 둘레가 80 cm인 정사각형을 가로는 $\frac{7}{8}$로 줄이고, 세로는 $\frac{11}{15}$로 줄여서 직사각형을 만들었습니다. 만든 직사각형의 넓이는 몇 cm^2인지 구해 보세요.

( )

서술형·논술형 평가 2단원

01 은지네 반 여학생은 12명입니다. 여학생 중 $\frac{2}{3}$가 안경을 쓰지 않았다면 안경을 쓴 여학생은 몇 명인지 구하는 풀이 과정을 쓰고 답을 구해 보세요.

풀이

답

02 ㉠과 ㉡의 차를 구하는 풀이 과정을 쓰고 답을 구해 보세요.

• 1 km의 $\frac{1}{4}$은 ㉠ m입니다.
• 1 L의 $\frac{3}{5}$은 ㉡ mL입니다.

풀이

답

03 유나는 매일 $\frac{1}{4}$시간씩 7일 동안 독서를 하였고, 정훈이는 매일 $\frac{1}{6}$시간씩 10일 동안 독서를 하였습니다. 독서를 누가 몇 시간 더 많이 했는지 구하는 풀이 과정을 쓰고 답을 구해 보세요.

풀이

답

04 지원이는 칭찬 붙임 딱지를 36장 모았고, 은채는 지원이의 $1\frac{2}{9}$배 모았습니다. 지원이와 은채가 모은 칭찬 붙임 딱지는 모두 몇 장인지 구하는 풀이 과정을 쓰고 답을 구해 보세요.

풀이

답

05 □ 안에 들어갈 수 있는 한 자리 수의 합을 구하는 풀이 과정을 쓰고 답을 구해 보세요.

$$\frac{4}{9}\times\frac{1}{16}>\frac{1}{8}\times\frac{1}{\square}$$

풀이

답

정답과 해설 48쪽

06 어떤 수에 $\frac{7}{12}$을 곱해야 하는데 잘못하여 빼었더니 $1\frac{1}{6}$이 되었습니다. 바르게 계산하면 얼마인지 구하는 풀이 과정을 쓰고 답을 구해 보세요.

풀이

답

07 수 카드 4장을 한 번씩 모두 사용하여 (대분수)×(자연수)를 만들려고 합니다. 가장 큰 계산 결과를 구하는 풀이 과정을 쓰고 답을 구해 보세요.

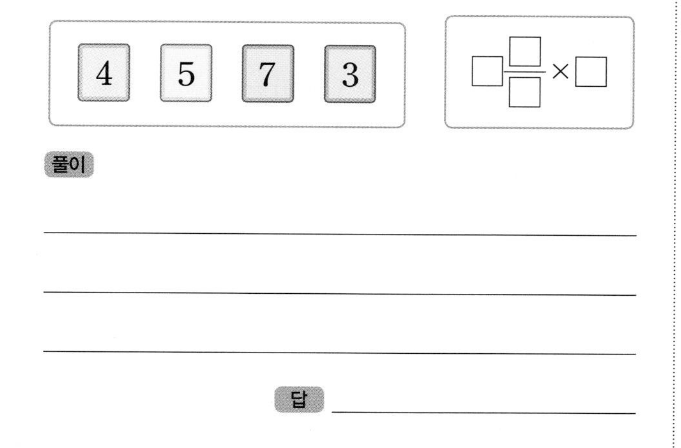

풀이

답

08 지원이는 자전거로 한 시간에 $20\frac{2}{3}$ km를 갑니다. 같은 빠르기로 1시간 45분 동안 간다면 지원이가 자전거로 간 거리는 몇 km인지 구하는 풀이 과정을 쓰고 답을 구해 보세요.

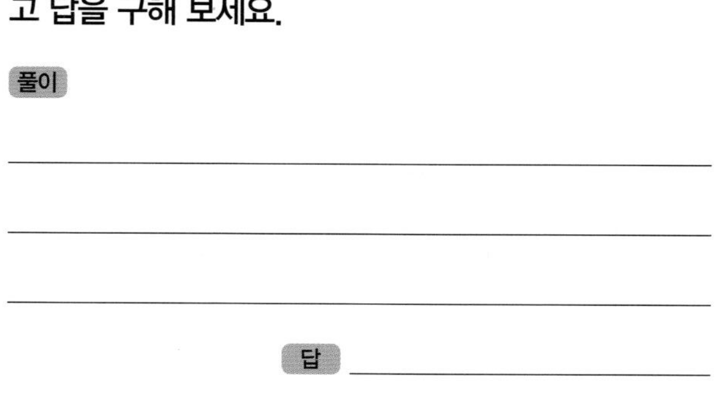

풀이

답

09 직사각형 가와 정사각형 나 중에서 어느 것의 넓이가 몇 cm^2 더 넓은지 구하는 풀이 과정을 쓰고 답을 구해 보세요.

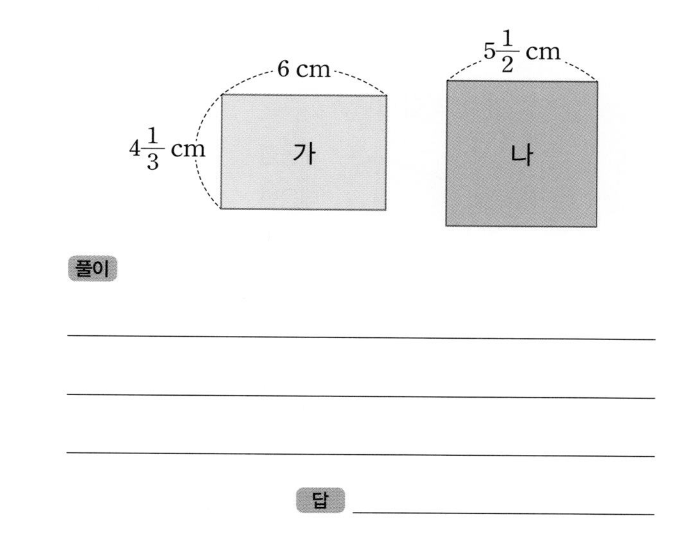

풀이

답

10 1분 동안 $\frac{7}{9}$ cm씩 타는 양초가 있습니다. 양초에 불을 붙인 지 18분이 지난 후 양초의 길이가 처음 양초의 길이의 $\frac{2}{3}$가 되었습니다. 처음 양초의 길이는 몇 cm인지 구하는 풀이 과정을 쓰고 답을 구해 보세요.

풀이

답

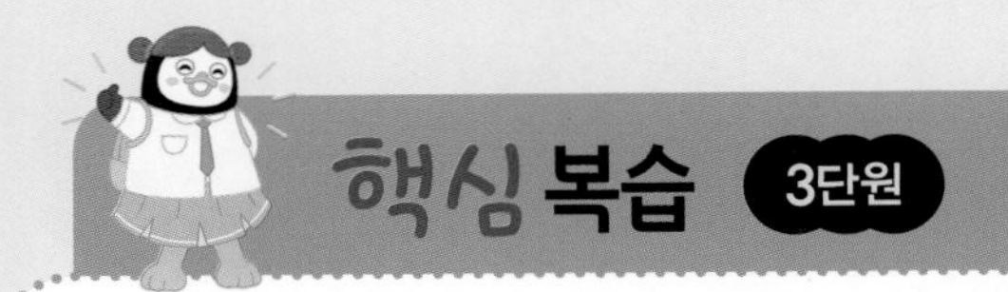

● 합동

- 모양과 크기가 같아서 포개었을 때 완전히 겹치는 두 도형을 서로 합동이라고 합니다.
- 서로 합동인 두 도형을 포개었을 때 완전히 겹치는 점을 대응점, 겹치는 변을 대응변, 겹치는 각을 대응각이라고 합니다.

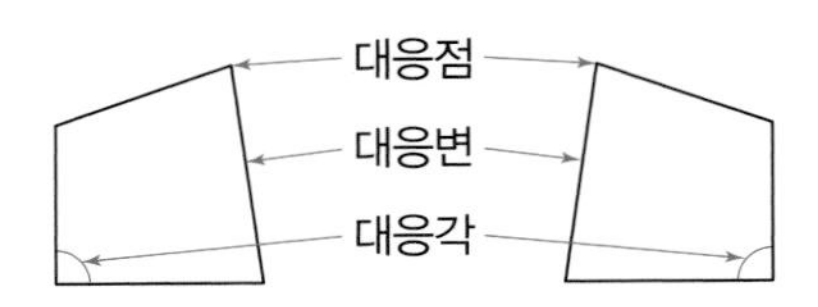

- 합동인 도형에서 대응변의 길이가 서로 같습니다.
- 합동인 도형에서 대응각의 크기가 서로 같습니다.

● 선대칭도형

- 한 직선을 따라 접었을 때 완전히 겹치는 도형을 선대칭도형이라고 합니다. 이때 그 직선을 대칭축이라고 합니다.

- 대칭축을 따라 접었을 때 겹치는 점을 대응점, 겹치는 변을 대응변, 겹치는 각을 대응각이라고 합니다.
- 대칭축은 1개일 수도 있고, 여러 개일 수도 있습니다.

● 선대칭도형의 성질

- 선대칭도형에서 대응변의 길이와 대응각의 크기가 서로 같습니다.

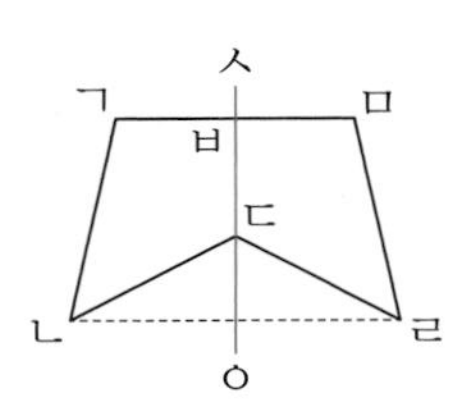

예 (변 ㄴㄷ)=(변 ㄹㄷ),
(각 ㄱㄴㄷ)=(각 ㅁㄹㄷ)

- 대응점끼리 이은 선분은 대칭축과 수직으로 만납니다.

예 각 ㄱㅂㄷ은 90°입니다.

- 대칭축은 대응점끼리 이은 선분을 둘로 똑같이 나누므로 각각의 대응점에서 대칭축까지의 거리가 같습니다.

예 (선분 ㄱㅂ)=(선분 ㅁㅂ)

● 선대칭도형 그리기

- 각 점에서 대칭축을 중심으로 수선을 그은 후 각 점에서 대칭축까지의 길이가 같도록 대응점을 찾아 표시합니다.
- 대응점을 이은 선분이 대칭축과 수직으로 만나는지 확인하며 대응점을 차례로 이어 선대칭도형을 완성합니다.

● 점대칭도형

- 한 도형을 어떤 점을 중심으로 180° 돌렸을 때 처음 도형과 완전히 겹치는 도형을 점대칭도형이라고 합니다. 이때 중심이 되는 점을 대칭의 중심이라고 합니다.

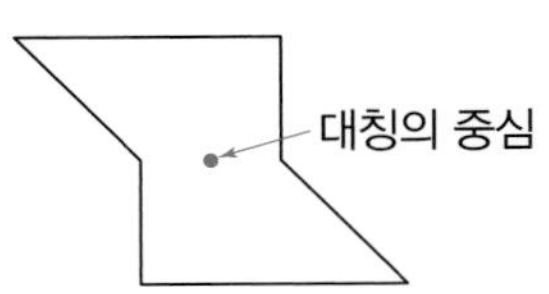

- 대칭의 중심을 중심으로 180° 돌렸을 때 겹치는 점을 대응점, 겹치는 변을 대응변, 겹치는 각을 대응각이라고 합니다.
- 대칭의 중심은 항상 1개입니다.

● 점대칭도형의 성질

- 점대칭도형에서 대응변의 길이와 대응각의 크기가 서로 같습니다.

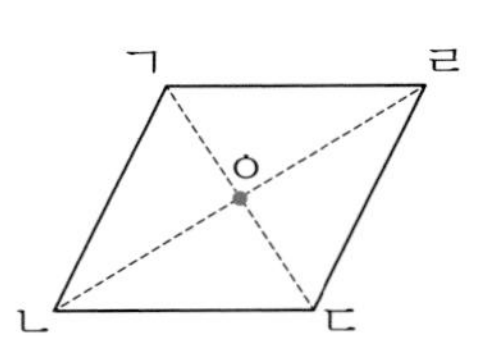

예 (변 ㄱㄴ)=(변 ㄷㄹ),
(각 ㄱㄴㄷ)=(각 ㄷㄹㄱ)

- 대칭의 중심은 대응점끼리 이은 선분을 둘로 똑같이 나누므로 각각의 대응점에서 대칭의 중심까지의 거리가 같습니다.

예 (선분 ㄱㅇ)=(선분 ㄷㅇ),
(선분 ㄴㅇ)=(선분 ㄹㅇ)

● 점대칭도형 그리기

- 각 점에서 대칭의 중심을 지나는 직선을 그은 후 각 점에서 대칭의 중심까지의 길이가 같도록 대응점을 찾아 표시합니다.
- 대응점을 차례로 이어 점대칭도형을 완성합니다.

쪽지 시험 3. 합동과 대칭

정답과 해설 50쪽

01 도장을 찍으면 모양과 크기가 같은 도형을 여러 개 만들 수 있습니다. 이러한 도형의 관계를 무엇이라고 할까요?

( )

02 정삼각형에 선을 그어 합동인 삼각형 4개가 되도록 나누어 보세요.

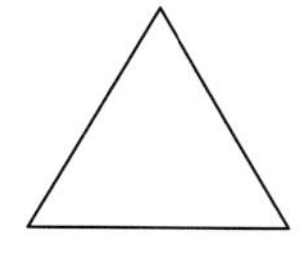

03 두 사각형은 서로 합동입니다. □ 안에 알맞은 수를 써넣으세요.

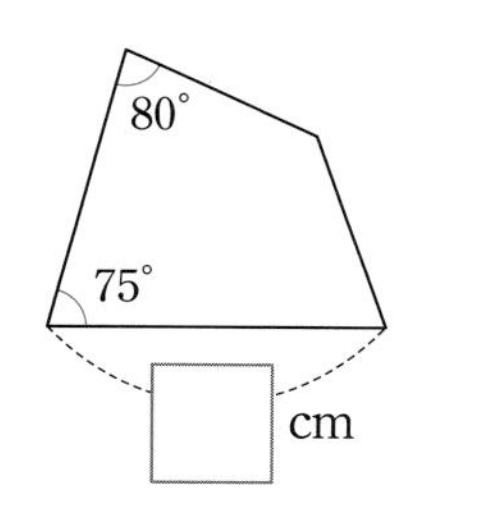

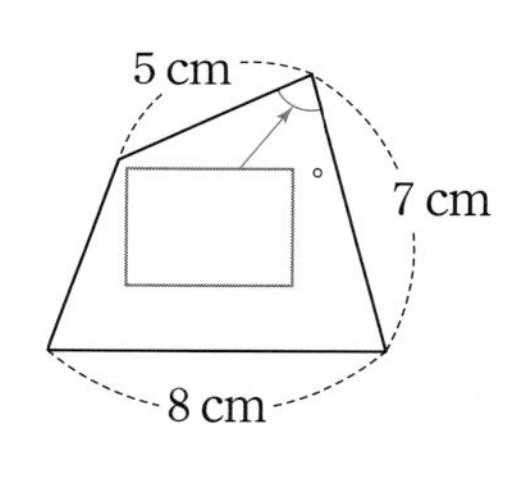

[04~05] 도형을 보고 물음에 답하세요.

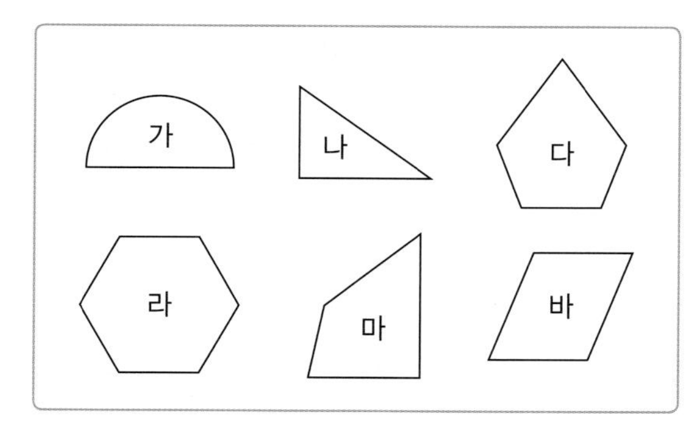

04 선대칭도형을 모두 찾아 기호를 써 보세요.

( )

05 점대칭도형을 모두 찾아 기호를 써 보세요.

( )

06 선대칭도형의 대칭축은 모두 몇 개인가요?

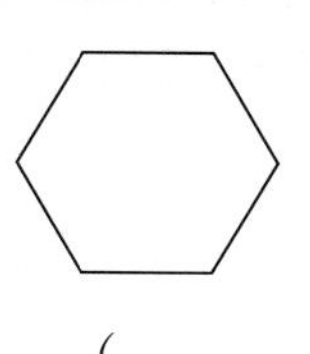

( )

07 선대칭도형을 완성해 보세요.

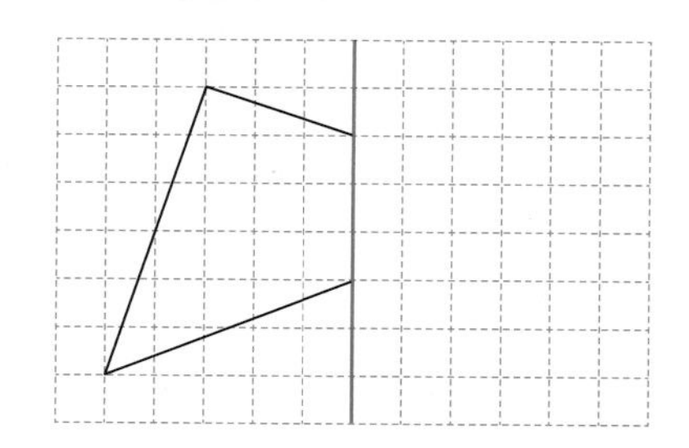

08 주어진 글자 중 선대칭도형이면서 점대칭도형인 것을 모두 찾아 기호를 써 보세요.

( )

09 대칭의 중심을 바르게 표시한 것에 ○표 하세요.

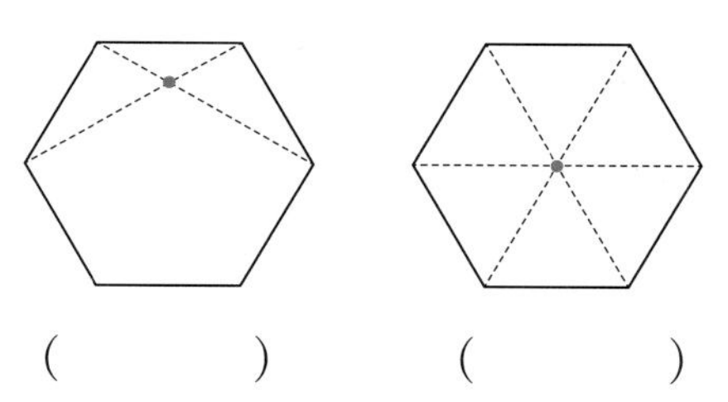

( ) ( )

10 점대칭도형을 완성해 보세요.

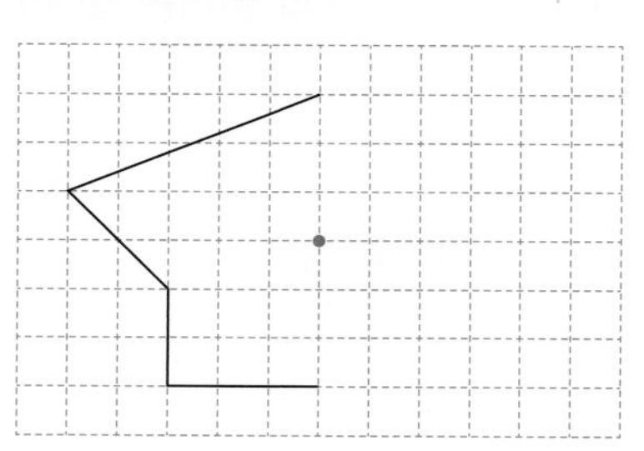

학교 시험 만점왕 1회

01 오른쪽 도형과 포개었을 때 완전히 겹치는 도형을 찾아 기호를 써 보세요.

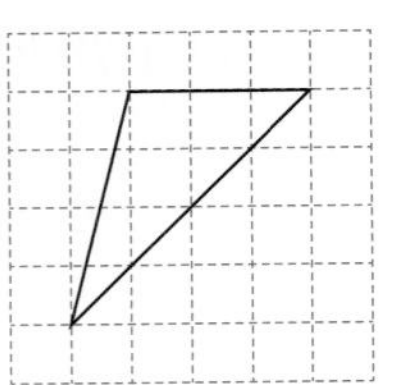

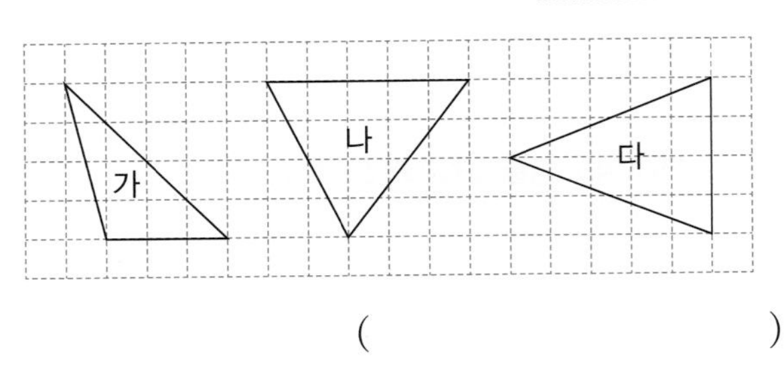

(　　　　　　　　)

02 점선을 따라 잘랐을 때 만들어지는 두 도형이 합동이 되는 점선을 모두 찾아 기호를 써 보세요.

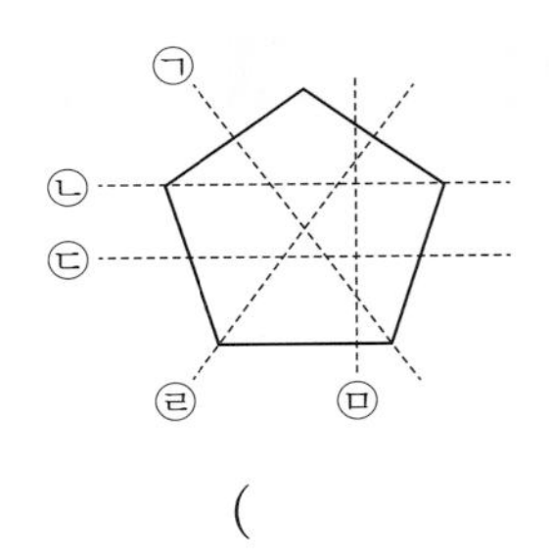

(　　　　　　　　)

03 사각형 ㄱㄴㄷㄹ과 사각형 ㅁㅂㅅㅇ은 서로 합동입니다. 사각형 ㅁㅂㅅㅇ의 넓이는 몇 cm^2인지 구해 보세요.

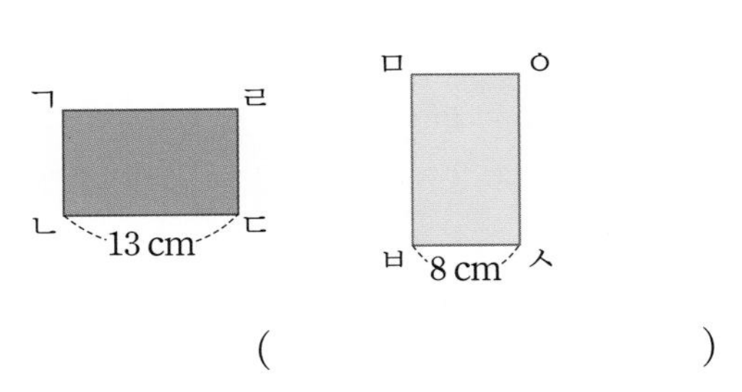

(　　　　　　　　)

04 삼각형 ㄱㄴㄷ과 삼각형 ㄹㄷㄴ은 서로 합동입니다. 변 ㄱㄷ의 대응변과 각 ㄱㄷㄴ의 대응각을 각각 찾아 써 보세요.

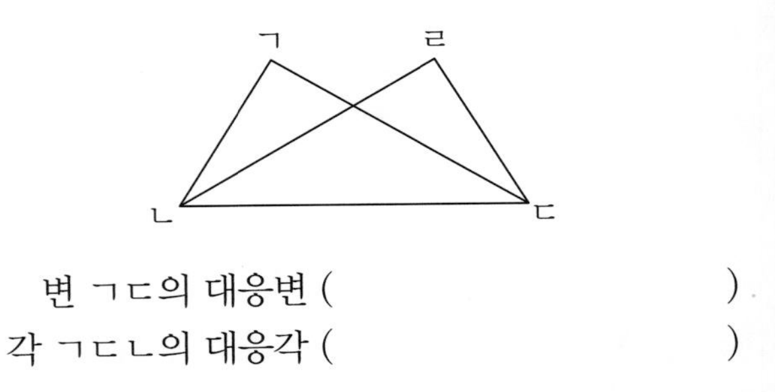

변 ㄱㄷ의 대응변 (　　　　　　　　)
각 ㄱㄷㄴ의 대응각 (　　　　　　　　)

05 사각형을 두 대각선을 따라 잘랐을 때 잘린 네 도형이 항상 서로 합동이 되는 것을 찾아 기호를 써 보세요.

㉠ 사다리꼴	㉢ 직사각형
㉡ 평행사변형	㉣ 정사각형

(　　　　　　　　)

[06~07] 두 삼각형은 서로 합동입니다. 물음에 답하세요.

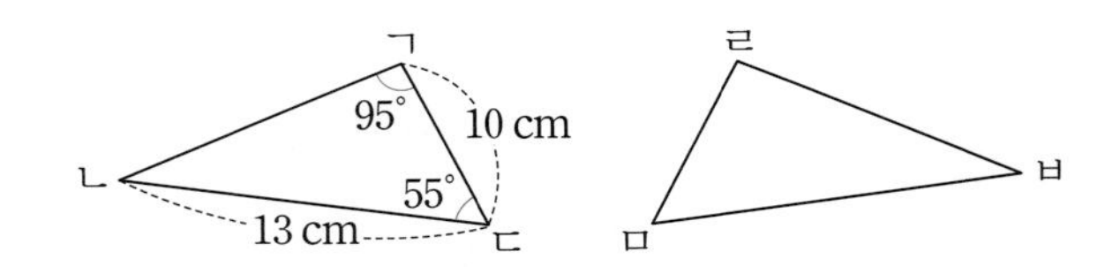

06 변 ㅁㅂ의 길이는 몇 cm인지 구해 보세요.

(　　　　　　　　)

서술형 **07** 각 ㄹㅂㅁ은 몇 도인지 구하는 풀이 과정을 쓰고 답을 구해 보세요.

풀이

답

08 선대칭도형인 부채를 들고 있는 친구는 누구인가요?

( )

09 선대칭도형인 글자가 아닌 것은 어느 것인가요? ( )

① 이 ② 응 ③ 를
④ 모 ⑤ 예

10 대칭축의 수가 적은 것부터 차례로 기호를 써 보세요.

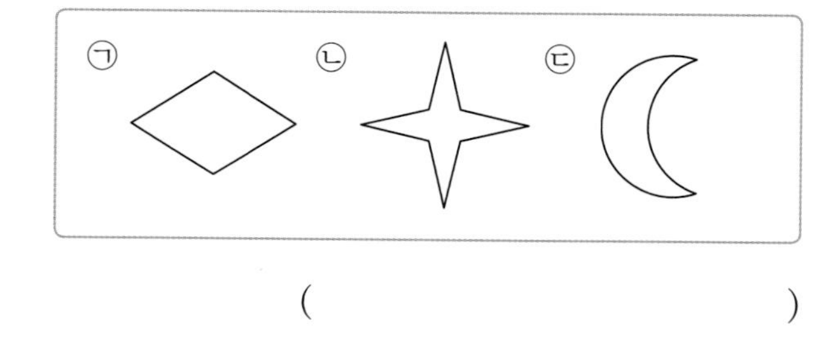

( )

11 대칭축에 대해 잘못 말한 친구는 누구인가요?

[가비] 정사각형의 대칭축은 2개야.
[지안] 원의 대칭축은 셀 수 없이 많아.
[재민] 마름모의 대칭축은 2개일 수도 있고, 4개일 수도 있어.

( )

12 직선 ㅁㅂ을 대칭축으로 하는 선대칭도형입니다. 변 ㄱㄹ은 몇 cm인지 구해 보세요.

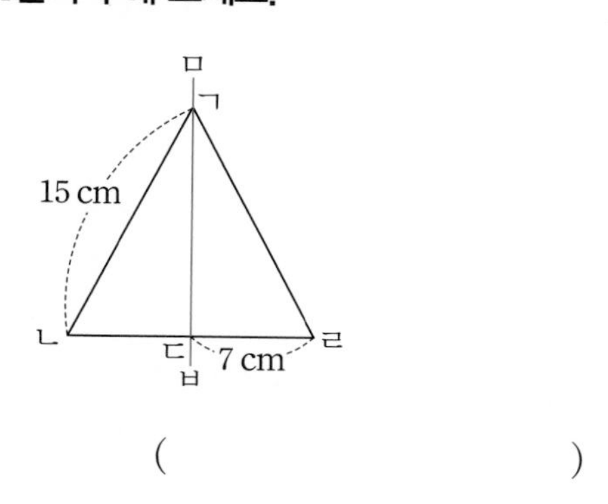

( )

13 직선 ㅈㅊ을 대칭축으로 하는 선대칭도형입니다. 대칭축에 의해 둘로 똑같이 나누어지는 선분을 모두 찾아 써 보세요.

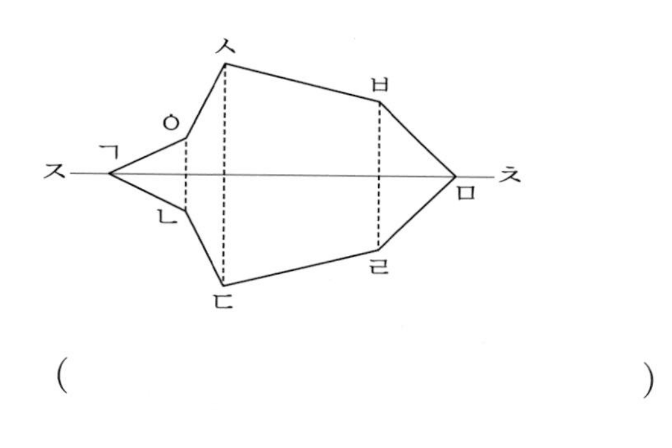

( )

14 크기가 같은 정사각형 5개로 이루어진 도형을 펜토미노라고 합니다. 다음 펜토미노 중에서 선대칭도형이면서 점대칭도형인 것을 찾아 기호를 써 보세요.

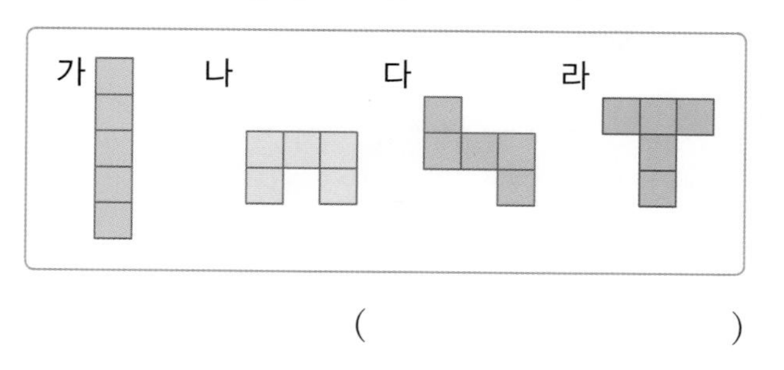

( )

15 점 ㅇ을 대칭의 중심으로 하는 점대칭도형입니다. 바르게 설명한 것을 찾아 기호를 써 보세요.

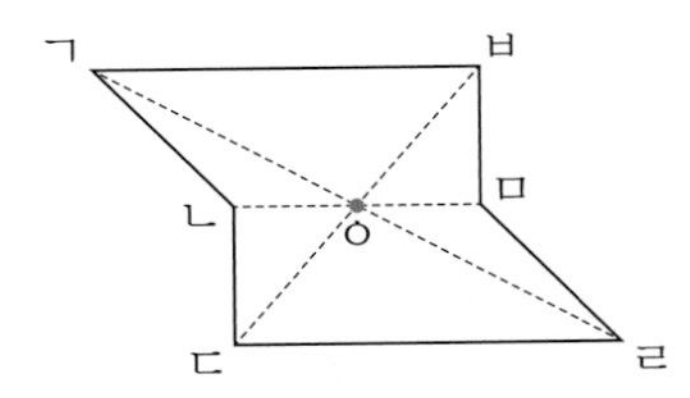

㉠ 대칭의 중심은 셀 수 없이 많습니다.
㉡ 점 ㄴ의 대응점은 점 ㄹ입니다.
㉢ 각 ㄴㄷㄹ의 대응각은 각 ㅁㅂㄱ입니다.

(　　　　　　　　)

16 점 ㅇ을 대칭의 중심으로 하는 점대칭도형입니다. 각 ㄱㄴㄷ과 각 ㄷㄹㅁ의 합은 몇 도인가요?

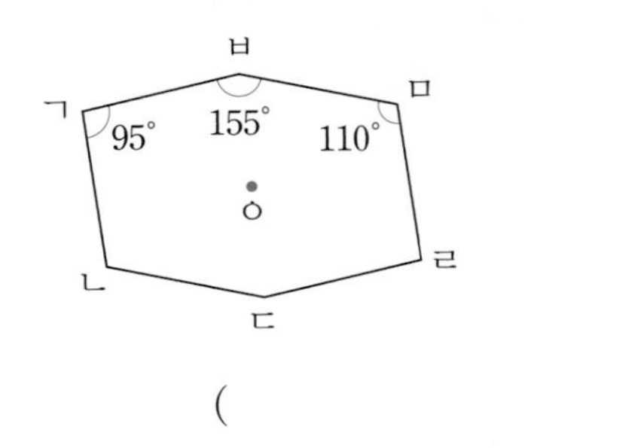

(　　　　　　　　)

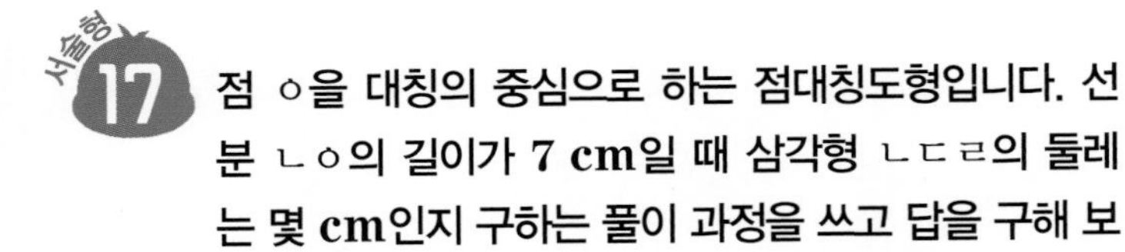

서술형 **17** 점 ㅇ을 대칭의 중심으로 하는 점대칭도형입니다. 선분 ㄴㅇ의 길이가 7 cm일 때 삼각형 ㄴㄷㄹ의 둘레는 몇 cm인지 구하는 풀이 과정을 쓰고 답을 구해 보세요.

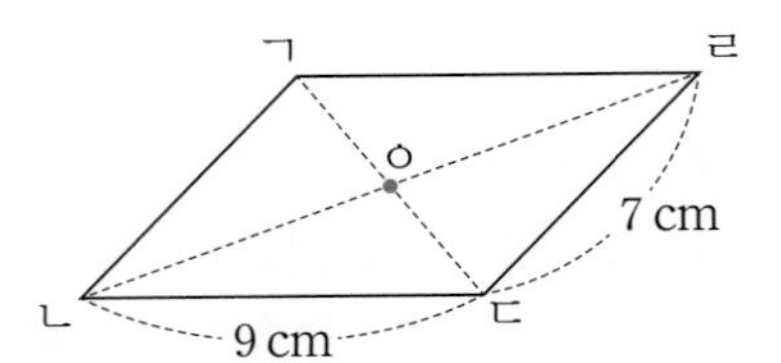

풀이

답

18 점 ㅇ을 대칭의 중심으로 하는 점대칭도형입니다. 이 점대칭도형의 둘레가 40 cm일 때 변 ㄴㄷ은 몇 cm인지 구해 보세요.

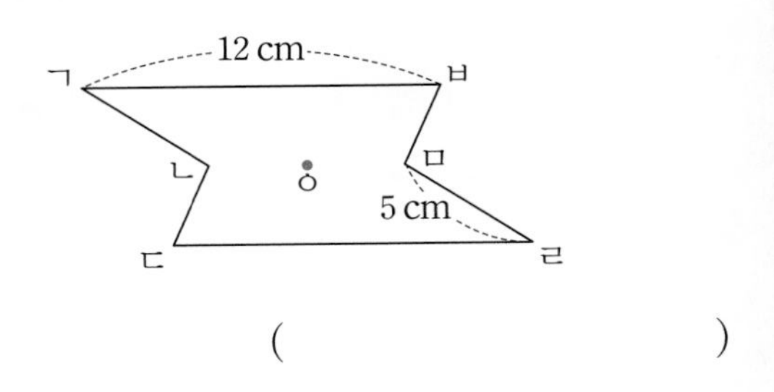

(　　　　　　　　)

19 직선 ㅅㅇ을 대칭축으로 하는 선대칭도형입니다. □ 안에 알맞은 수를 써넣으세요.

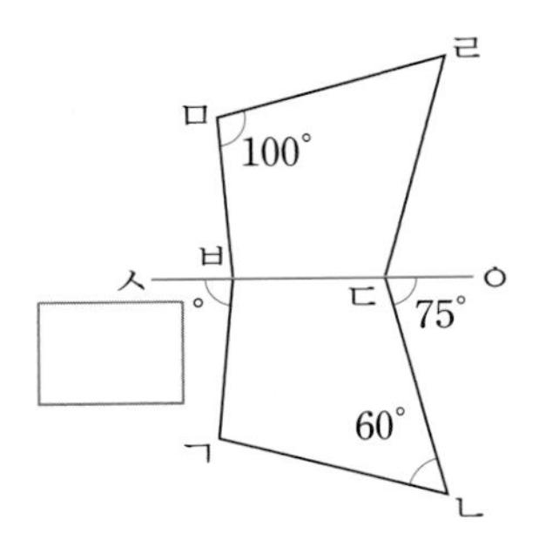

20 원의 중심인 점 ㅇ을 대칭의 중심으로 하는 점대칭도형입니다. 각 ㄱㅇㄹ은 몇 도인가요?

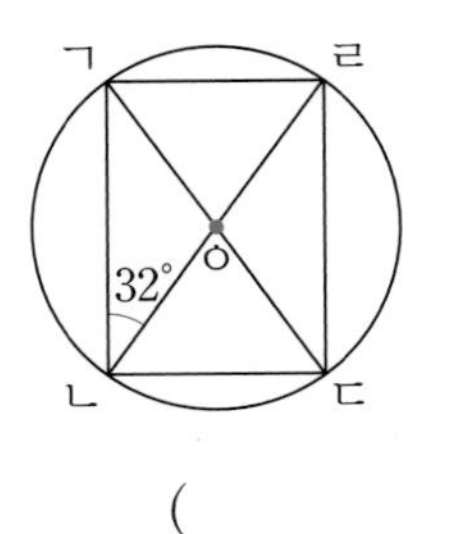

(　　　　　　　　)

학교 시험 만점왕 ②회

정답과 해설 52쪽

01 서로 합동인 도형을 찾아 기호를 써 보세요.

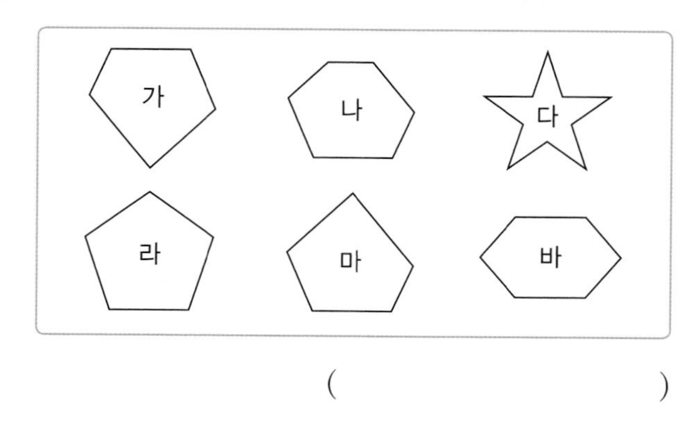

( )

02 직사각형 모양의 종이를 점선을 따라 잘랐을 때 잘린 도형이 서로 합동인 도형끼리 짝지어 보세요.

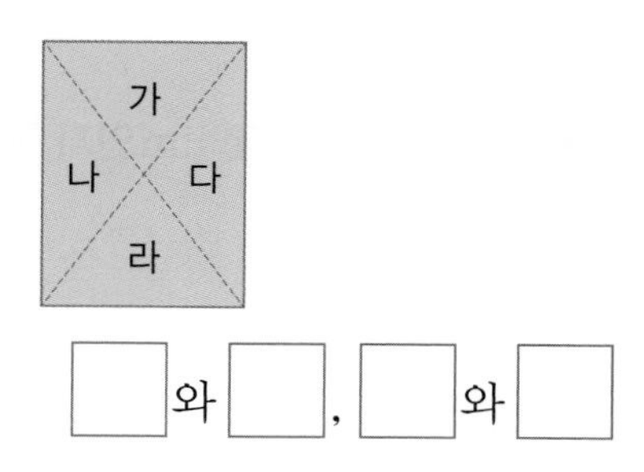

□와 □, □와 □

03 □ 안에 알맞은 수를 써넣으세요.

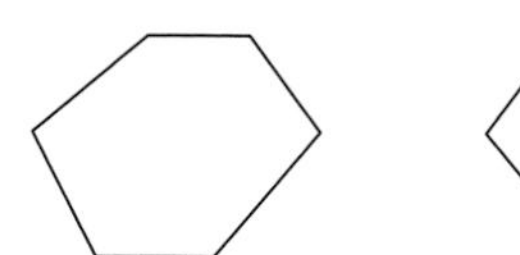 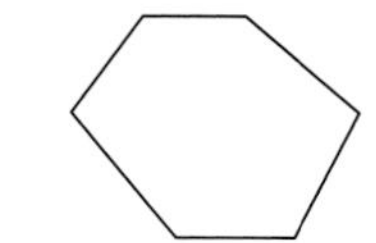

서로 합동인 육각형에서 찾을 수 있는 대응점은 □쌍, 대응변은 □쌍, 대응각은 □쌍입니다.

04 두 삼각형은 서로 합동입니다. 변 ㅁㅂ은 몇 cm인지 구해 보세요.

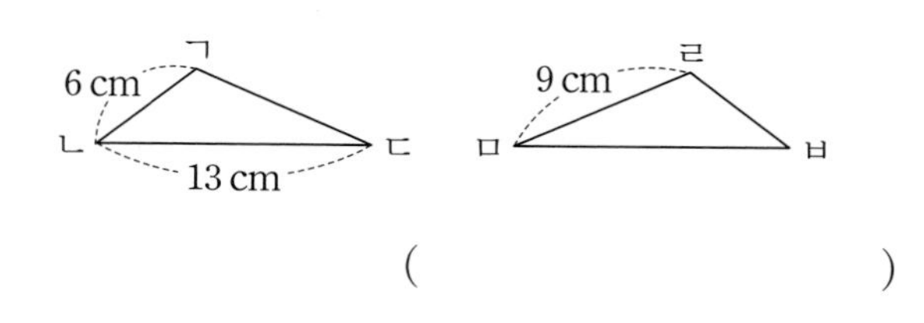

( )

05 주어진 도형과 서로 합동인 도형을 그려 보세요.

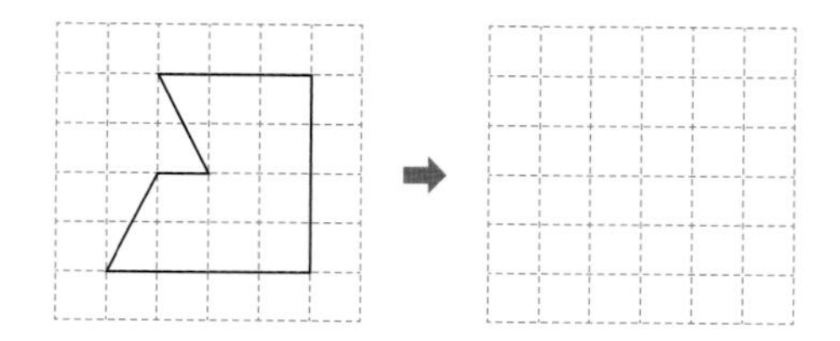

서술형 **06** 두 사각형은 서로 합동입니다. 각 ㅇㅁㅂ은 몇 도인지 구하는 풀이 과정을 쓰고 답을 구해 보세요.

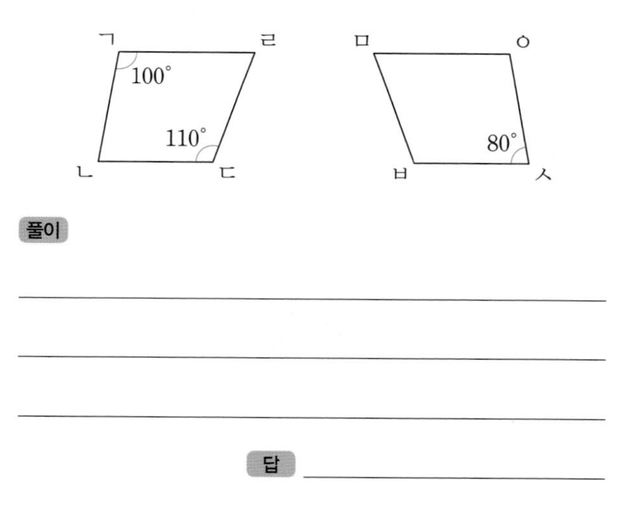

풀이

답

07 선대칭도형을 찾아 모두 ○표 하세요.

( ) ( ) ( ) ( )

08 직선 ㅁㅂ을 대칭축으로 하는 선대칭도형입니다. 옳지 않은 것은 어느 것인가요? (　　　)

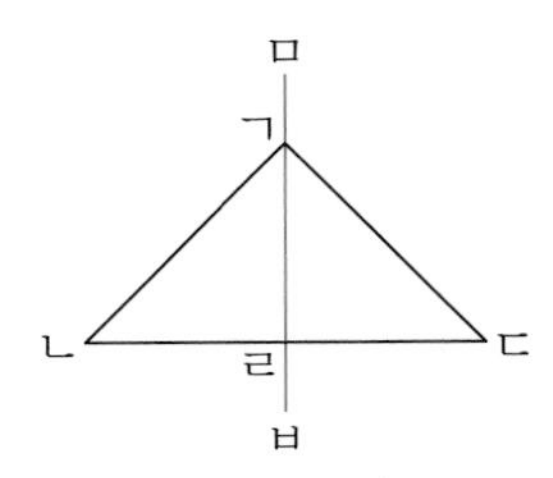

① 점 ㄴ의 대응점은 점 ㄷ입니다.
② 각 ㄱㄹㄴ의 크기는 90°입니다.
③ 변 ㄱㄴ과 변 ㄱㄷ의 길이는 같습니다.
④ 각 ㄱㄴㄹ과 각 ㄷㄱㄹ의 크기는 같습니다.
⑤ 선분 ㄴㄹ과 선분 ㄹㄷ의 길이는 같습니다.

[09~10] 선대칭도형을 보고 물음에 답하세요.

09 직선 가를 대칭축으로 할 때 빈칸에 알맞게 써넣으세요.

점 ㄴ의 대응점	
변 ㄴㄷ의 대응변	
각 ㄷㄹㅁ의 대응각	

10 직선 나를 대칭축으로 할 때 빈칸에 알맞게 써넣으세요.

점 ㄴ의 대응점	
변 ㄴㄷ의 대응변	
각 ㄷㄹㅁ의 대응각	

11 선대칭도형이 되도록 나머지 부분의 빈칸을 색칠해 보세요.

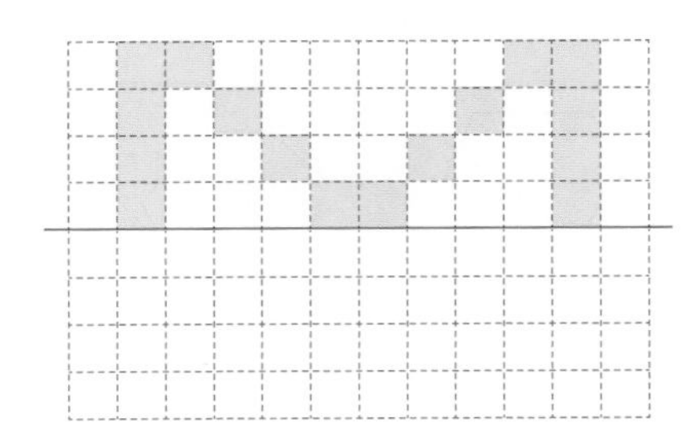

[12~13] 선분 ㅈㅊ을 대칭축으로 하는 선대칭도형입니다. 물음에 답하세요.

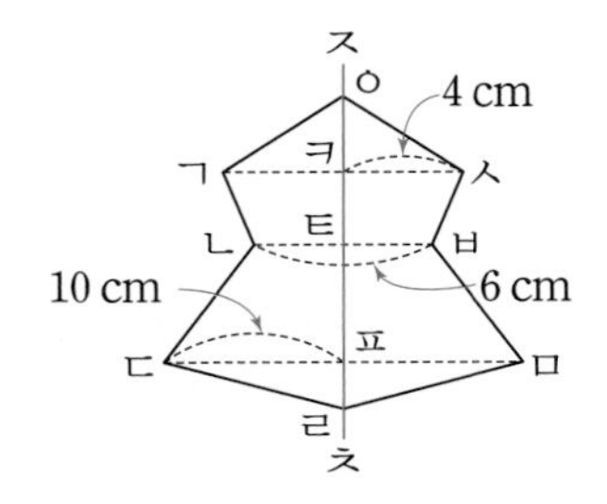

12 선분 ㄷㅁ은 몇 cm인지 구해 보세요.

(　　　　　　　　)

13 선분 ㄴㅌ은 몇 cm인지 구해 보세요.

(　　　　　　　　)

14 직선 ㅅㅇ을 대칭축으로 하는 선대칭도형입니다. 이 도형의 넓이는 몇 cm^2인지 구해 보세요.

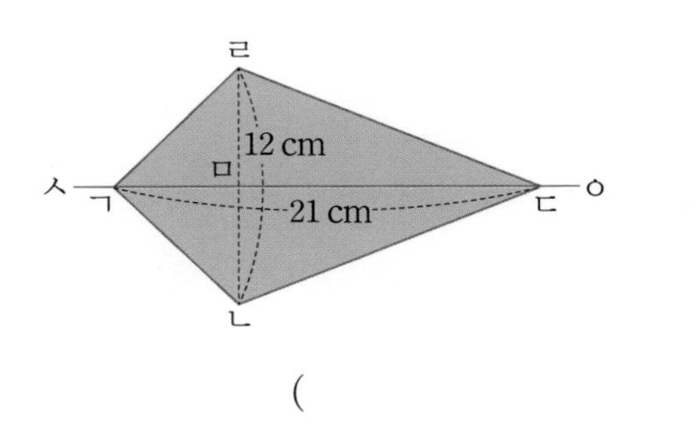

(　　　　　　　　)

15 주어진 수 중 점대칭도형이 되는 수를 모두 한 번씩만 사용하여 만들 수 있는 가장 큰 수를 구해 보세요.

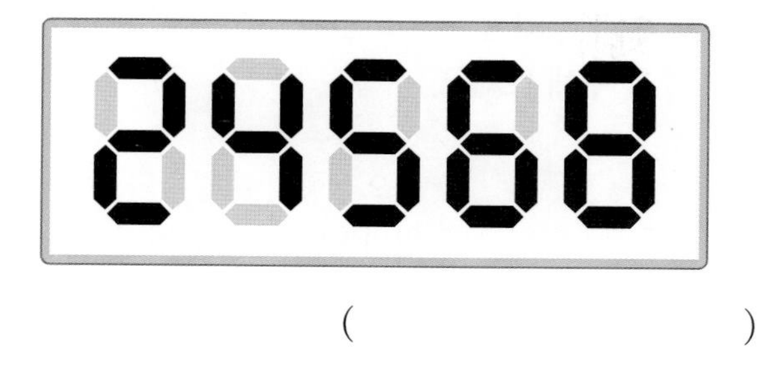

( )

16 점 ㅇ을 대칭의 중심으로 하는 점대칭도형입니다. □ 안에 알맞은 수를 써넣으세요.

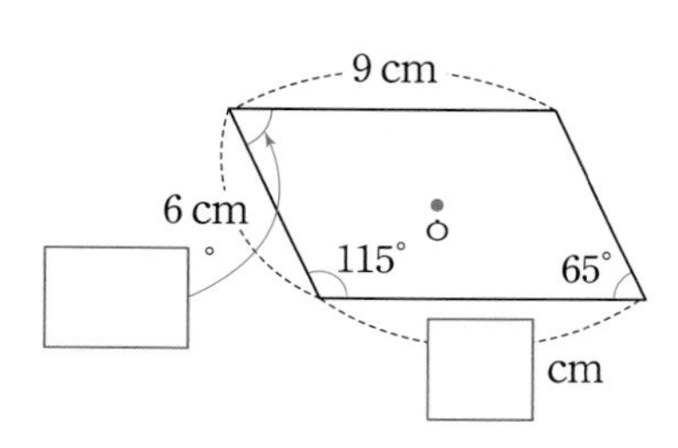

17 점 ㅇ을 대칭의 중심으로 하는 점대칭도형입니다. 대칭의 중심에 의해 둘로 똑같이 나누어지는 선분을 모두 찾아 써 보세요.

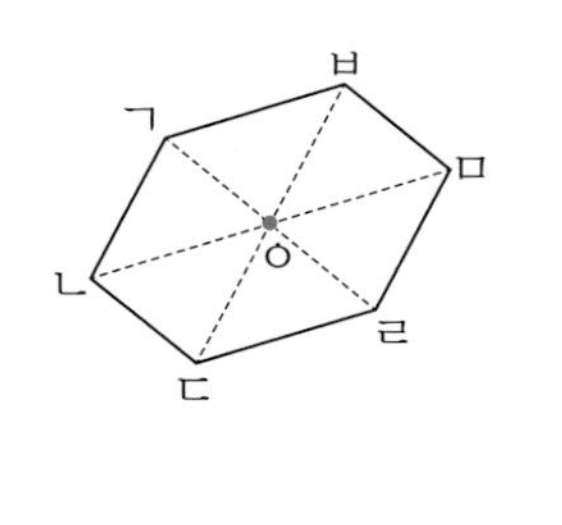

( )

18 점 ㅇ을 대칭의 중심으로 하는 점대칭도형입니다. 각 ㅂㅁㄹ은 몇 도인가요?

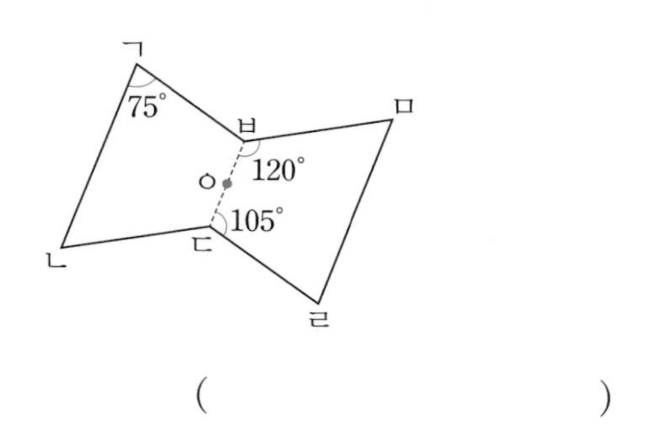

( )

서술형 **19** 점 ㅇ을 대칭의 중심으로 하는 점대칭도형입니다. 선분 ㄷㅇ의 길이가 2 cm, 선분 ㄴㅁ의 길이가 10 cm일 때 삼각형 ㅂㅇㅁ의 둘레는 몇 cm인지 구하는 풀이 과정을 쓰고 답을 구해 보세요.

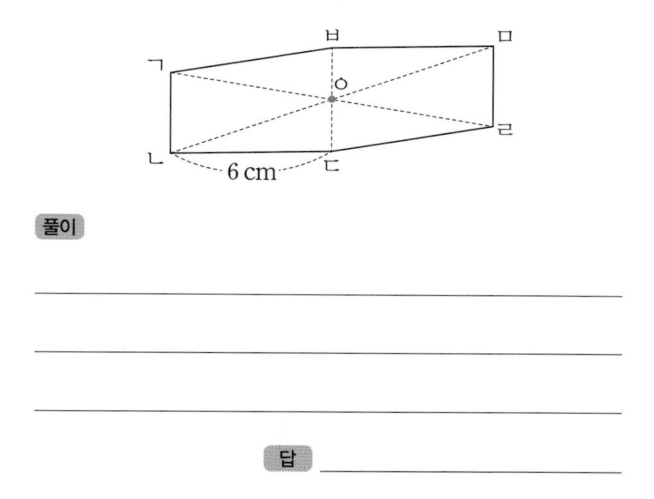

풀이

답

20 점 ㅇ을 대칭의 중심으로 하는 점대칭도형의 일부분입니다. 점대칭도형을 완성했을 때 완성한 점대칭도형의 넓이는 몇 cm^2인지 구해 보세요.

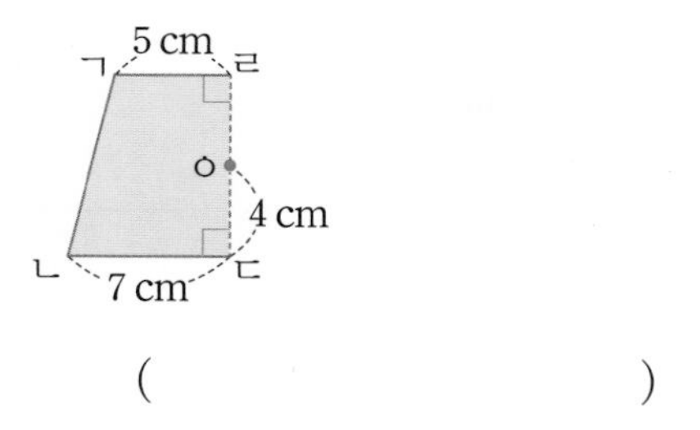

( )

서술형•논술형 평가 3단원

01 두 도형은 합동이 아닙니다. 그 이유를 설명해 보세요.

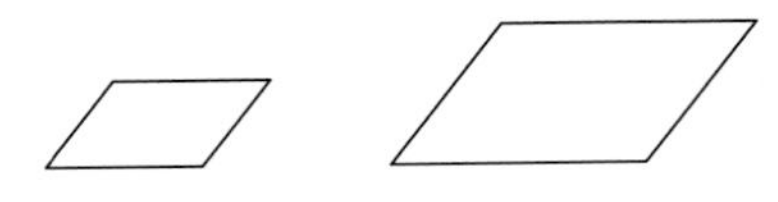

이유

02 사각형 ㄱㄴㄷㄹ에서 삼각형 ㄱㄴㅁ과 삼각형 ㄴㄹㄷ은 서로 합동입니다. 사각형 ㄱㄴㄷㄹ의 넓이는 몇 cm^2인지 구하는 풀이 과정을 쓰고 답을 구해 보세요.

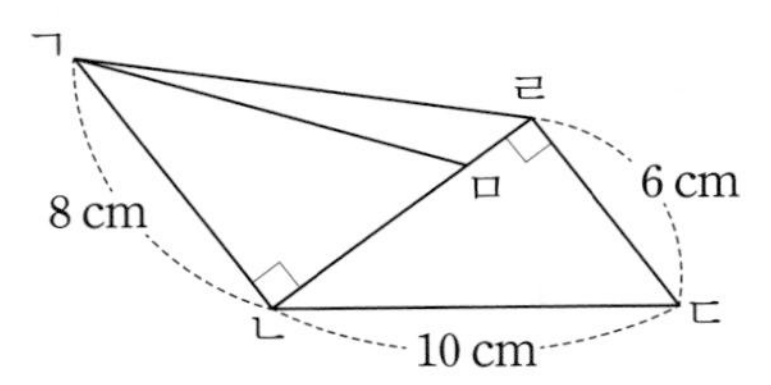

풀이

답

03 직선 가가 직사각형의 대칭축이 될 수 없는 이유를 설명해 보세요.

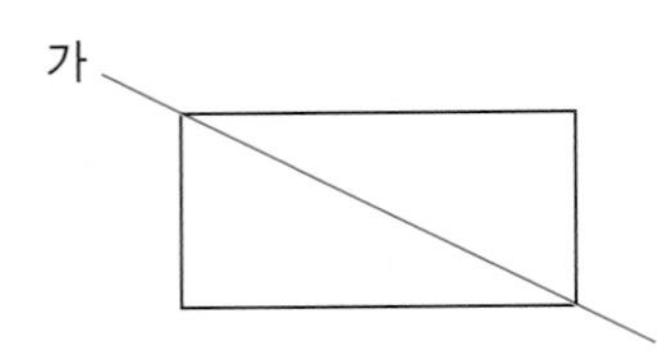

이유

04 ㉠과 ㉡의 합은 얼마인지 구하는 풀이 과정을 쓰고 답을 구해 보세요.

㉠ 정오각형의 대칭축의 수
㉡ 원의 대칭의 중심의 수

풀이

답

05 선분 ㅁㅂ을 대칭축으로 하는 선대칭도형입니다. 각 ㄱㄴㄷ의 크기를 구하는 풀이 과정을 쓰고 답을 구해 보세요.

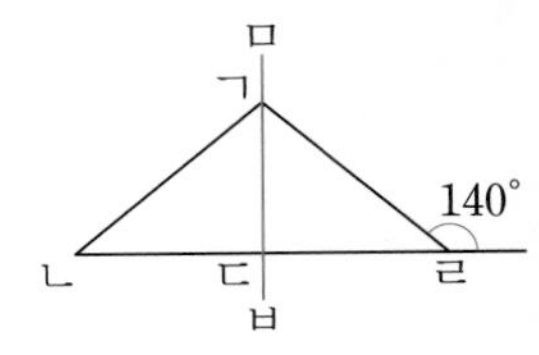

풀이

답

06 다음 중 점대칭도형은 모두 몇 개인지 구하는 풀이 과정을 쓰고 답을 구해 보세요.

정삼각형	사다리꼴	평행사변형
정사각형	정오각형	정육각형

풀이

답

07 점 ㅇ을 대칭의 중심으로 하는 점대칭도형입니다. 각 ㄹㅁㅂ는 몇 도인지 구하는 풀이 과정을 쓰고 답을 구해 보세요.

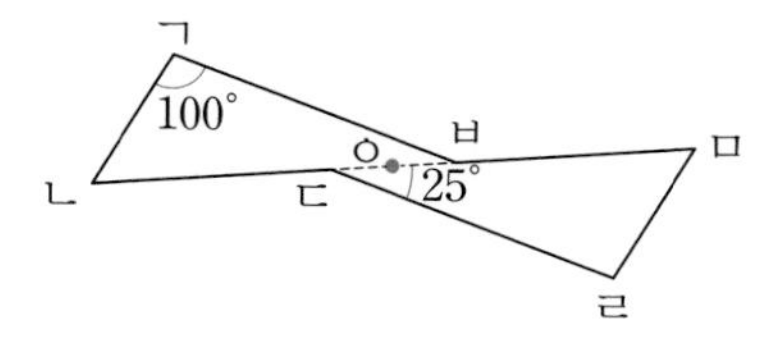

풀이

답

08 그림과 같이 직사각형 모양의 종이를 접었더니 삼각형 ㄱㄴㅁ과 삼각형 ㄷㅂㅁ이 서로 합동입니다. 직사각형 ㄱㄴㄷㄹ의 둘레는 몇 cm인지 구하는 풀이 과정을 쓰고 답을 구해 보세요.

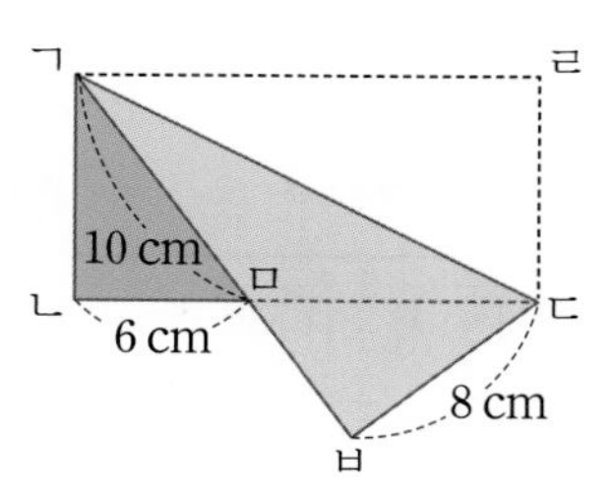

풀이

답

09 점 ㅇ을 대칭의 중심으로 하는 점대칭도형의 넓이는 36 cm^2입니다. □ 안에 알맞은 수를 구하는 풀이 과정을 쓰고 답을 구해 보세요.

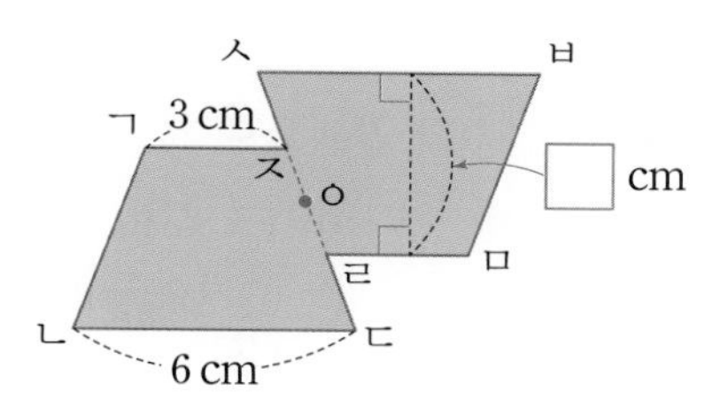

풀이

답

10 직선 가를 대칭축으로 하는 선대칭도형이면서 점 ㅈ을 대칭의 중심으로 하는 점대칭도형입니다. 이 도형의 둘레가 64 cm라면 변 ㅅㅂ은 몇 cm인지 구하는 풀이 과정을 쓰고 답을 구해 보세요.

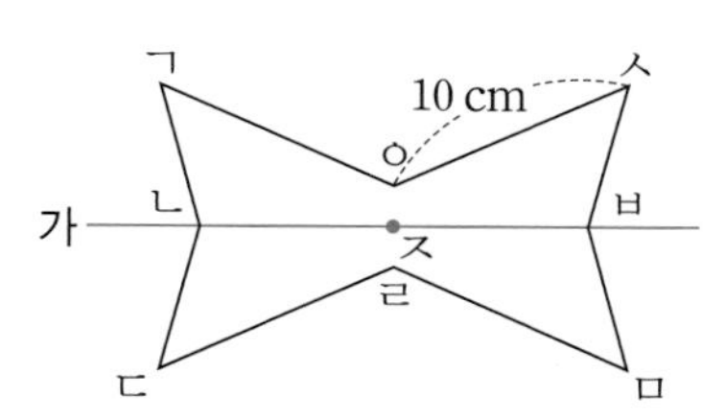

풀이

답

● (1보다 작은 소수)×(자연수)

• 0.5×3의 계산

방법 1 분수의 곱셈으로 계산하기

$$0.5\times3=\frac{5}{10}\times3=\frac{15}{10}=1.5$$

방법 2 자연수의 곱셈으로 계산하기

$$\begin{array}{ccccc} 5 & \times & 3 & = & 15 \\ \downarrow \frac{1}{10}\text{배} & & & & \downarrow \frac{1}{10}\text{배} \\ 0.5 & \times & 3 & = & 1.5 \end{array}$$

● (1보다 큰 소수)×(자연수)

• 3.1×5의 계산

방법 1 분수의 곱셈으로 계산하기

$$3.1\times5=\frac{31}{10}\times5=\frac{155}{10}=15.5$$

방법 2 자연수의 곱셈으로 계산하기

$$\begin{array}{r} 3\,1 \\ \times\quad 5 \\ \hline 1\,5\,5 \end{array} \Rightarrow \begin{array}{r} 3.1 \\ \times\quad 5 \\ \hline 15.5 \end{array} \begin{array}{l} \leftarrow \text{소수 한 자리 수} \\ \\ \leftarrow \text{소수 한 자리 수} \end{array}$$

● (자연수)×(1보다 작은 소수)

• 4×0.9의 계산

방법 1 분수의 곱셈으로 계산하기

$$4\times0.9=4\times\frac{9}{10}=\frac{36}{10}=3.6$$

방법 2 자연수의 곱셈으로 계산하기

$$\begin{array}{ccccc} 4 & \times & 9 & = & 36 \\ & & \downarrow \frac{1}{10}\text{배} & & \downarrow \frac{1}{10}\text{배} \\ 4 & \times & 0.9 & = & 3.6 \end{array}$$

● (자연수)×(1보다 큰 소수)

• 4×2.19의 계산

방법 1 분수의 곱셈으로 계산하기

$$4\times2.19=4\times\frac{219}{100}=\frac{876}{100}=8.76$$

방법 2 자연수의 곱셈으로 계산하기

$$\begin{array}{r} 4 \\ \times\ 2\,1\,9 \\ \hline 8\,7\,6 \end{array} \Rightarrow \begin{array}{r} 4 \\ \times\ 2.19 \\ \hline 8.76 \end{array} \begin{array}{l} \\ \leftarrow \text{소수 두 자리 수} \\ \leftarrow \text{소수 두 자리 수} \end{array}$$

● (1보다 작은 소수)×(1보다 작은 소수)

• 0.8×0.7의 계산

방법 1 분수의 곱셈으로 계산하기

$$0.8\times0.7=\frac{8}{10}\times\frac{7}{10}=\frac{56}{100}=0.56$$

방법 2 자연수의 곱셈으로 계산하기

$$\begin{array}{ccccc} 8 & \times & 7 & = & 56 \\ \downarrow \frac{1}{10}\text{배} & & \downarrow \frac{1}{10}\text{배} & & \downarrow \frac{1}{100}\text{배} \\ 0.8 & \times & 0.7 & = & 0.56 \end{array}$$

● (1보다 큰 소수)×(1보다 큰 소수)

• 1.34×2.6의 계산

방법 1 분수의 곱셈으로 계산하기

$$1.34\times2.6=\frac{134}{100}\times\frac{26}{10}=\frac{3484}{1000}=3.484$$

방법 2 자연수의 곱셈으로 계산하기

$$\begin{array}{r} 1\,3\,4 \\ \times\quad 2\,6 \\ \hline 3\,4\,8\,4 \end{array} \Rightarrow \begin{array}{r} 1.34 \\ \times\quad 2.6 \\ \hline 3.484 \end{array} \begin{array}{l} \leftarrow \text{소수 두 자리 수} \\ \leftarrow \text{소수 한 자리 수} \\ \leftarrow \text{소수 세 자리 수} \end{array}$$

● 곱의 소수점 위치 알아보기

$9.27\times10=92.7$	$927\times0.1=92.7$
$9.27\times100=927$	$927\times0.01=9.27$
$9.27\times1000=9270$	$927\times0.001=0.927$

• 곱하는 수의 0이 하나씩 늘어날 때마다 곱의 소수점이 오른쪽으로 한 자리씩 옮겨집니다.

• 곱하는 소수의 소수점 아래 자리 수가 하나씩 늘어날 때마다 곱의 소수점이 왼쪽으로 한 자리씩 옮겨집니다.

$$0.4\times0.8=0.32$$
$$0.4\times0.08=0.032$$
$$0.04\times0.08=0.0032$$

• 곱하는 두 수의 소수점 아래 자리 수를 더한 것과 곱의 소수점 아래 자리 수가 같습니다.

정답과 해설 55쪽

01 0.35×3을 덧셈식으로 나타내어 계산하려고 합니다. □ 안에 알맞은 수를 써넣으세요.

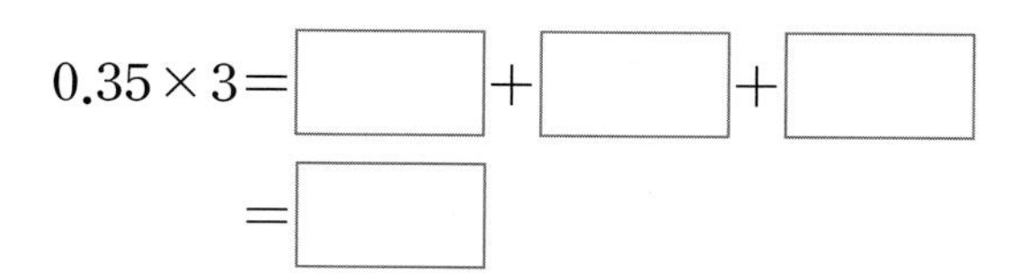

02 6.7×5를 분수의 곱셈으로 계산하려고 합니다. □ 안에 알맞은 수를 써넣으세요.

$$6.7\times5=\frac{67}{\square}\times5=\frac{\square}{10}=\square$$

03 어림하여 계산 결과가 5보다 작은 것을 찾아 ○표 하세요.

5×0.8	5×1.3
(　　)	(　　)

04 □ 안에 알맞은 수를 써넣으세요.

$47\times78=3666$

$\frac{1}{\square}$배 ↓　　↓ $\frac{1}{\square}$배

$47\times7.8=\square$

05 두 수의 크기를 비교하여 ○ 안에 >, =, <를 알맞게 써넣으세요.

16×0.47 ○ 33×0.29

06 그림을 보고 □ 안에 알맞은 수를 써넣으세요.

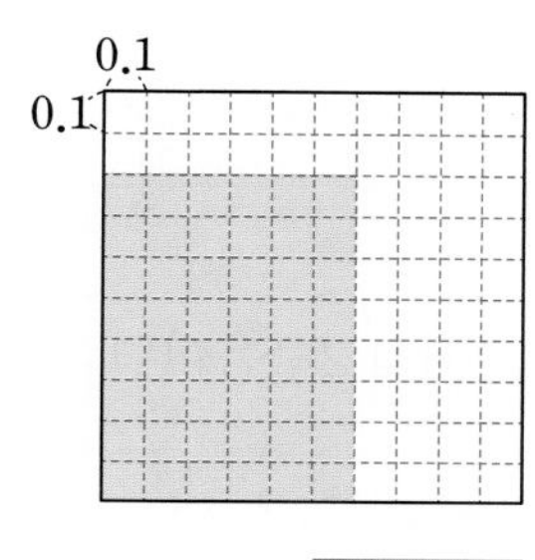

$0.6\times0.8=\square$

07 계산해 보세요.

(1)
```
   6.1
×  0.4
```

(2)
```
   0.71
×   5.2
```

08 계산이 맞도록 곱의 소수점을 바르게 찍어 보세요.

$8301\times0.01=8\square3\square0\square1$

09 빈 곳에 알맞은 수를 써넣으세요.

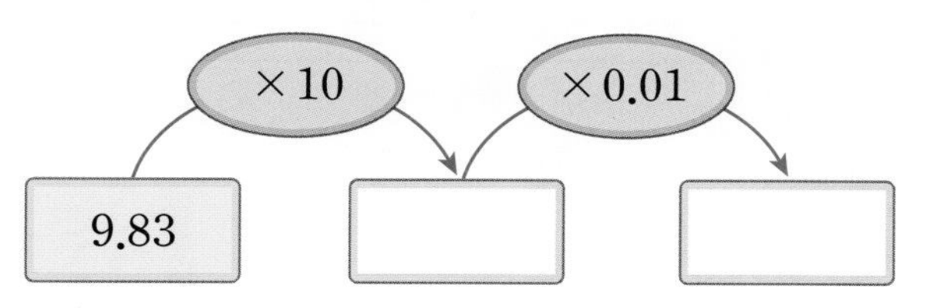

10 보기 를 이용하여 계산해 보세요.

보기

$64\times73=4672$

(1) 6.4×7.3

(2) 0.64×0.73

학교 시험 만점왕 ①회

01 1.8×2만큼 색칠하고, □ 안에 알맞은 수를 써넣으세요.

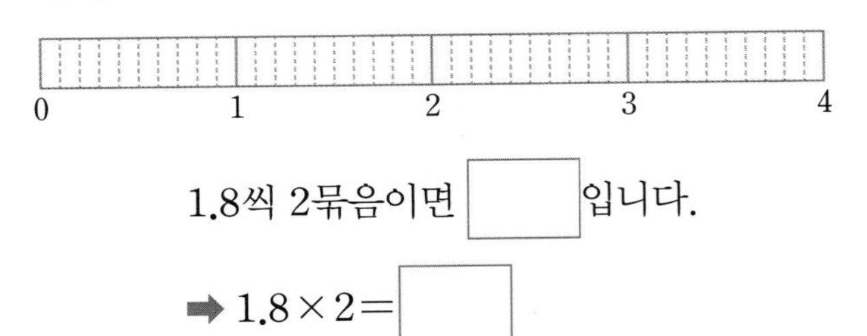

1.8씩 2묶음이면 □입니다.

➡ $1.8 \times 2 =$ □

02 1.57×3을 계산하려고 합니다. □ 안에 알맞은 수를 써넣으세요.

1.57은 0.01이 □개입니다.
1.57×3은 0.01이 $157 \times 3 =$ □(개)이므로 $1.57 \times 3 =$ □입니다.

03 계산 결과가 10보다 작은 것을 찾아 기호를 써 보세요.

㉠ 2.6의 5배　㉡ 3.9×2　㉢ 4.2의 3배

(　　　　　)

04 ★가 자연수일 때 계산 결과가 ★보다 큰 것에 ○표 하세요.

★ × 0.99	★ × 1	★ × 1.01
(　　　)	(　　　)	(　　　)

05 2×1.4를 그림으로 계산하려고 합니다. □ 안에 알맞은 수를 써넣으세요.

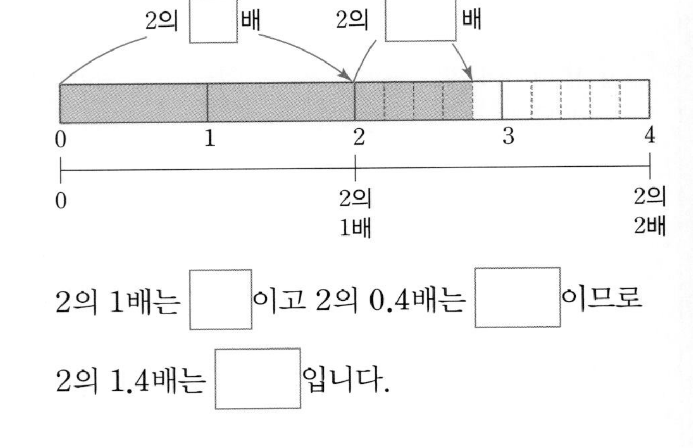

2의 1배는 □이고 2의 0.4배는 □이므로 2의 1.4배는 □입니다.

06 풍선에 적혀 있는 수 중에서 가장 큰 수와 가장 작은 수의 곱을 구해 보세요.

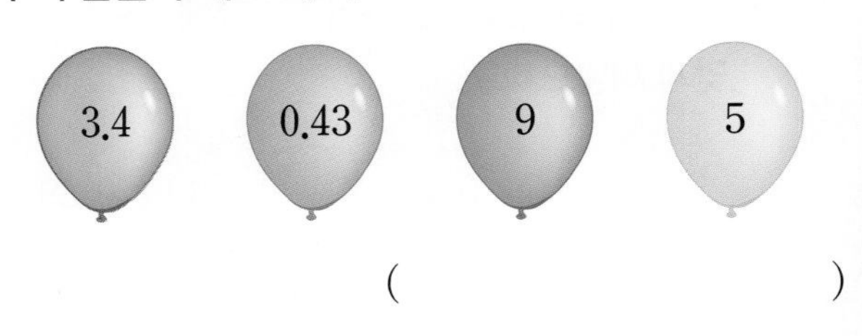

(　　　　　)

07 빈칸에 알맞은 수를 써넣으세요.

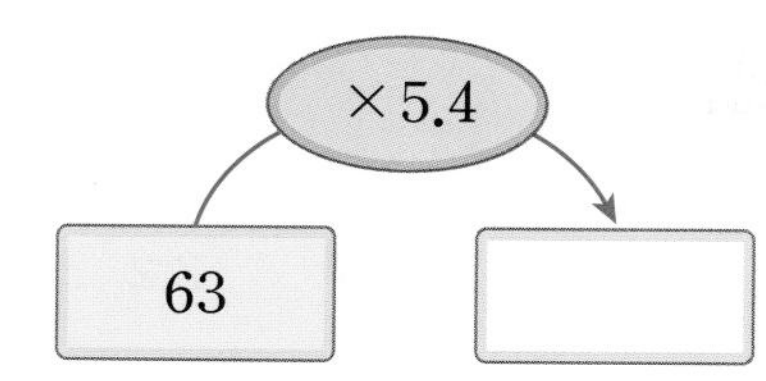

08 두 식의 계산 결과의 합을 구해 보세요.

32×0.6	13×1.52

(　　　　　　　　　)

서술형 09 □ 안에 들어갈 수 있는 자연수 중 가장 작은 수를 구하는 풀이 과정을 쓰고 답을 구해 보세요.

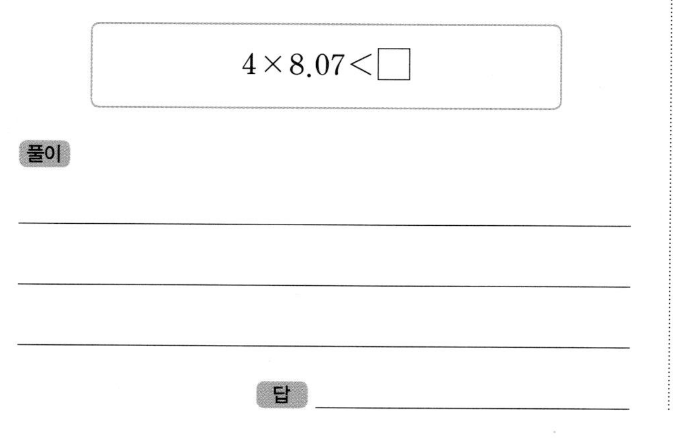

$4 \times 8.07 < \square$

풀이

답

10 보기 와 같은 방법으로 계산해 보세요.

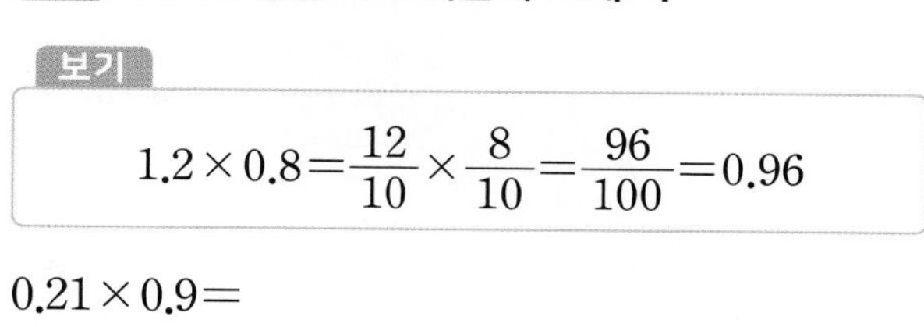

보기

$1.2 \times 0.8 = \frac{12}{10} \times \frac{8}{10} = \frac{96}{100} = 0.96$

$0.21 \times 0.9 =$

11 3.03×0.3을 바르게 계산한 값을 들고 있는 친구는 누구인가요?

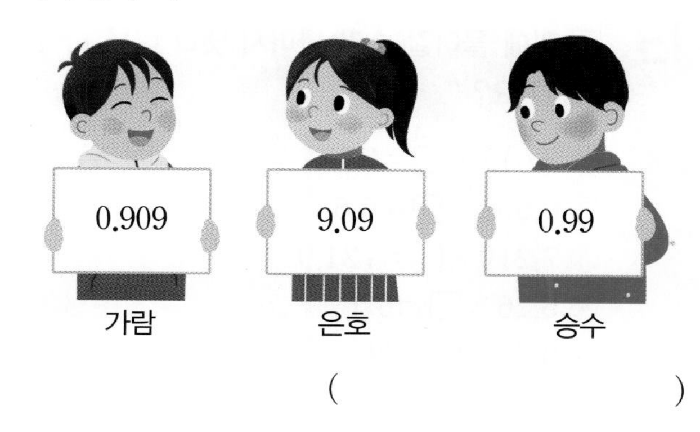

(　　　　　　　　　)

12 두 소수의 곱을 구하여 빈칸에 써넣으세요.

6.3	10.2

13 연진이의 키는 1.32 m이고 아버지의 키는 연진이의 키의 1.35배입니다. 아버지의 키는 몇 m인지 구해 보세요.

(　　　　　　　　　)

14 빈칸에 알맞은 수를 써넣으세요.

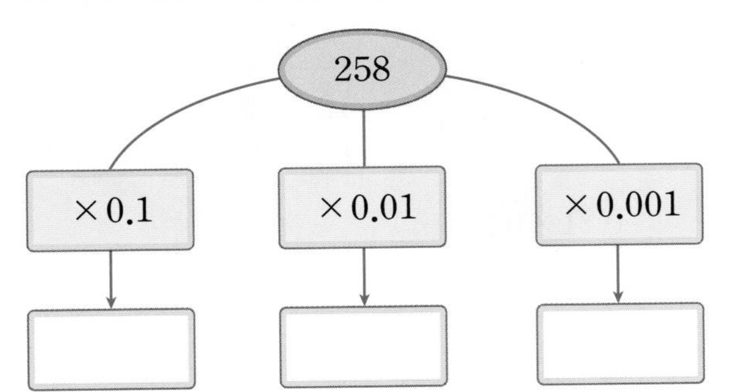

15 □ 안에 들어갈 수가 나머지 넷과 다른 하나는 어느 것인가요? (　　)

① 3.017×□=301.7
② 0.068×□=0.68
③ 7.219×□=721.9
④ 5.26×□=526
⑤ 0.36×□=36

16 ㉡은 ㉠의 몇 배인가요?

㉠ 0.04의 0.5배
㉡ 4×0.5

(　　　　　　)

17 425×86=36550을 이용하여 □ 안에 알맞은 수를 구해 보세요.

4.25×□=36.55

(　　　　　　)

18 □ 안에 들어갈 수 있는 수를 보기에서 찾아 써넣으세요.

보기

6.2　　2.7　　3.2　　10.3

8<□×□<10

19 길이가 0.73 m인 색 테이프 10개를 0.08 m씩 겹쳐서 이어 붙였습니다. 이어 붙인 색 테이프의 전체 길이는 몇 m인지 구해 보세요.

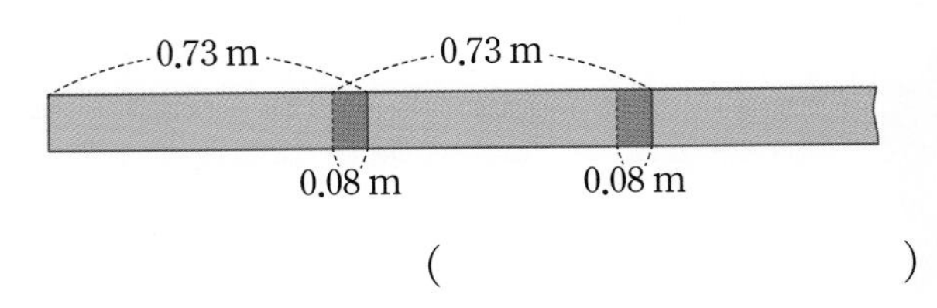

(　　　　　　)

서술형 20 색칠한 부분의 넓이는 몇 cm^2인지 구하는 풀이 과정을 쓰고 답을 구해 보세요.

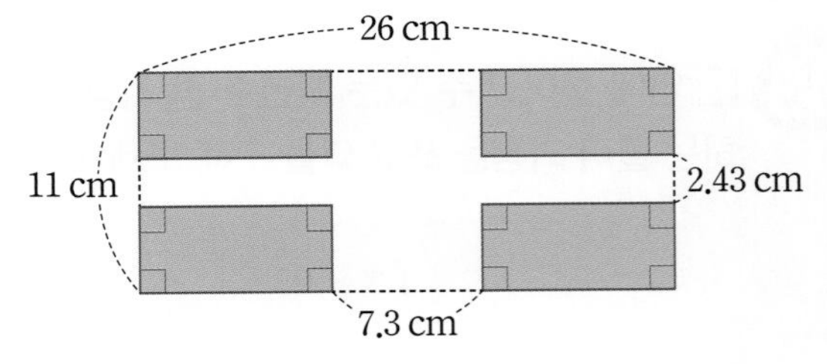

풀이

답

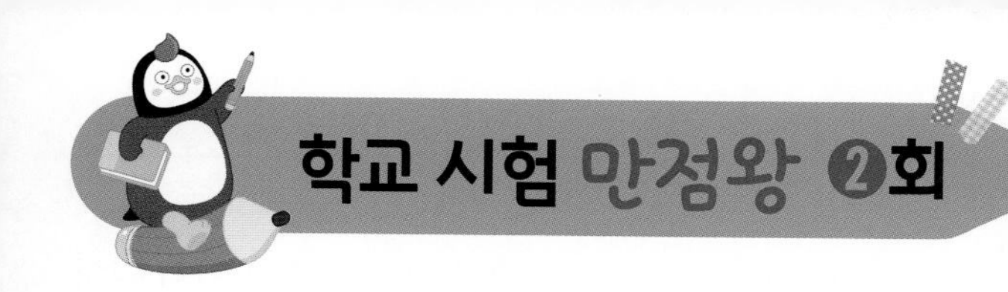

01 보기 와 같은 방법으로 계산해 보세요.

보기

$$1.4\times3=\frac{14}{10}\times3=\frac{42}{10}=4.2$$

$0.72\times9=$ ______________________

02 6.12의 3배를 다음과 같이 계산하려고 합니다. □ 안에 알맞은 수를 써넣으세요.

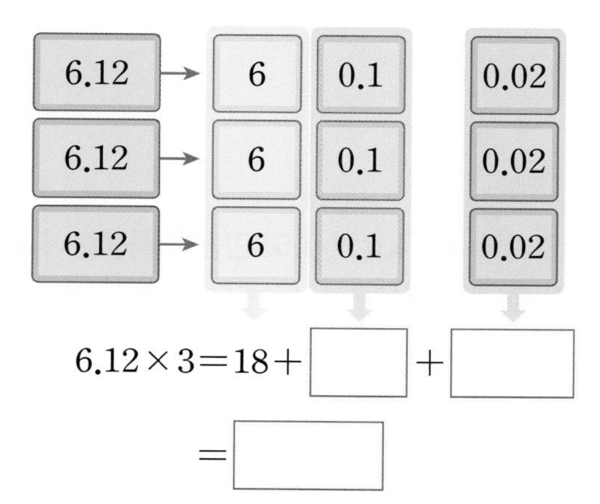

03 빈칸에 알맞은 수를 써넣으세요.

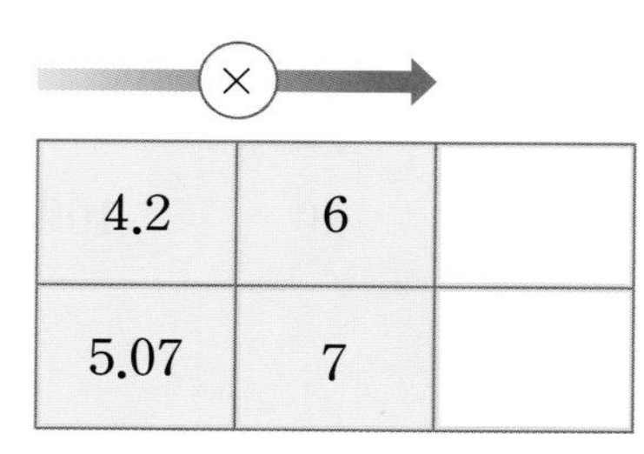

4.2	6	
5.07	7	

04 정육각형의 둘레는 몇 cm인지 구해 보세요.

2.05 cm

(　　　　　　　　　　　　)

05 5×2.92의 값을 어림해 보고, 실제로 계산하려고 합니다. □ 안에 알맞은 수를 써넣으세요.

2.92는 2와 3 중 □에 더 가깝습니다.

5×2.92는 5와 □의 곱으로 어림할 수 있으므로 계산 결과는 □보다 조금 작을 것 같습니다.

$5\times292=$□ ➡ $5\times2.92=$□

06 빈칸에 알맞은 수를 써넣으세요.

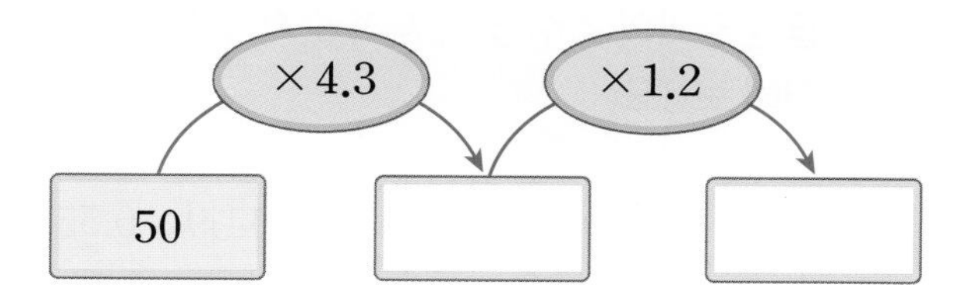

07 계산 결과가 1보다 작은 것을 찾아 기호를 써 보세요.

㉠ 32×0.03
㉡ 47×0.04
㉢ 51×0.05

(　　　　　　　　)

08 은솔이네 가족은 일본 여행을 가기 위해 환전을 하려고 합니다. 일본 돈 7500엔만큼 환전하려면 필요한 우리나라 돈은 얼마인가요? (단, 환전하는 날의 환율은 1엔이 9.49원입니다.)

(　　　　　　　　)

09 자연수의 곱셈을 이용하여 6.8×4.7을 계산하려고 합니다. □ 안에 알맞은 수를 써넣으세요.

$$\begin{array}{r} 6\ 8 \\ \times\ 4\ 7 \\ \hline \square \end{array} \Rightarrow \begin{array}{r} 6.8 \\ \times\ 4.7 \\ \hline \square \end{array}$$

10 곱셈 결과의 소수 첫째 자리 숫자가 5인 것을 찾아 색칠해 보세요.

2.89×2.5　　11.9×0.55

□ 안에 들어갈 수 있는 자연수의 합은 얼마인지 구하는 풀이 과정을 쓰고 답을 구해 보세요.

$5.63\times3.7<\square<3.5\times6.7$

풀이

답

12 밀가루 0.8 kg의 0.53만큼을 사용하여 도넛을 만들었습니다. 도넛을 만드는 데 사용한 밀가루는 몇 kg인가요?

(　　　　　　　　)

13 빈칸에 알맞은 수를 써넣으세요.

×	10	100	1000
9.94			

14 보기를 이용하여 □ 안에 알맞은 수를 써넣으세요.

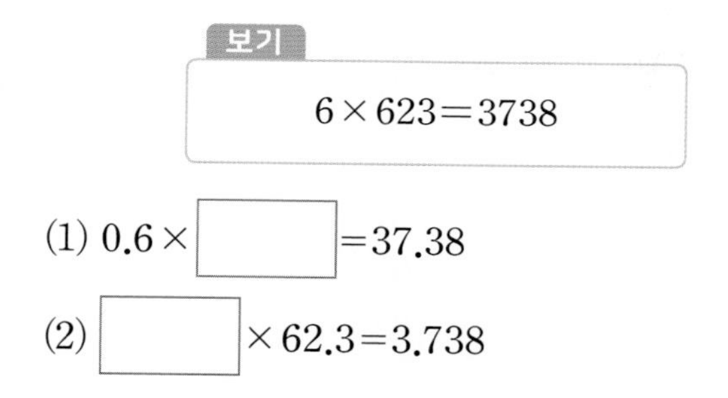

15 설명 중 틀린 것을 찾아 기호를 써 보세요.

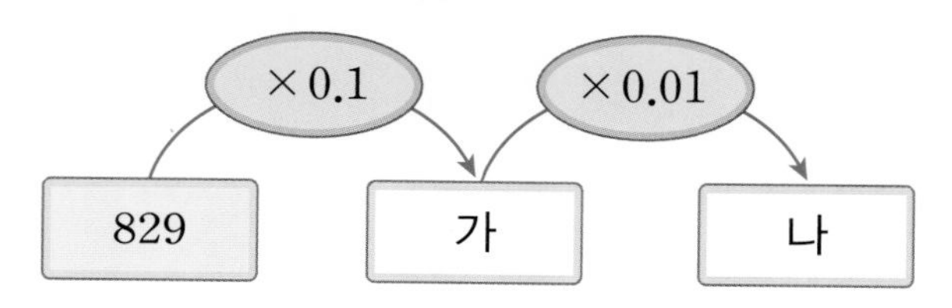

㉠ 가는 829의 소수점을 왼쪽으로 한 자리 옮긴 수입니다.
㉡ 나는 829의 소수점을 왼쪽으로 두 자리 옮긴 수입니다.
㉢ 가는 나보다 큽니다.
㉣ 나의 1000배는 829입니다.

( )

16 어느 마트에서는 물건을 산 금액의 0.001배만큼을 적립해 준다고 합니다. 이 마트에서 과일을 사는 데 9700원, 고기를 사는 데 23500원을 사용했다면 과일과 고기를 사고 적립한 금액은 얼마인가요?

( )

17 수 카드 4장 중에서 3장을 골라 한 번씩 사용하여 소수 두 자리 수를 만들려고 합니다. 만들 수 있는 수 중에서 가장 작은 수와 사용하지 않은 카드의 수의 곱을 구해 보세요.

2 6 7 9

( )

18 어떤 수에 10을 곱해야 할 것을 0.1을 곱했더니 0.594가 되었습니다. 바르게 계산한 값은 얼마인가요?

( )

서술형 **19** 한 변의 길이가 3.5 m인 정사각형 모양의 주차장의 각 변을 2.4배로 늘려 새로운 주차장을 만들려고 합니다. 새로운 주차장의 넓이는 몇 m^2인지 구하는 풀이 과정을 쓰고 답을 구해 보세요.

풀이

답

20 길이가 0.5 m인 양초가 한 시간에 0.06 m씩 일정한 빠르기로 탑니다. 양초에 불을 붙이고 2시간 12분 동안 태웠다면 타고 남은 양초의 길이는 몇 m인지 구해 보세요.

( )

서술형·논술형 평가 4단원

01 3×0.29를 두 가지 방법으로 계산해 보세요.

방법 1

방법 2

02 작년 소정이네 학교 전체 학생은 1250명이고, 올해 전체 학생은 작년의 1.2배입니다. 올해 소정이네 학교 전체 학생은 몇 명인지 구하는 풀이 과정을 쓰고 답을 구해 보세요.

풀이

답

03 한 변의 길이가 3.7 cm인 정삼각형 9개를 이어 붙여 삼각형 ㄱㄴㄷ을 만들었습니다. 삼각형 ㄱㄴㄷ의 둘레는 몇 cm인지 구하는 풀이 과정을 쓰고 답을 구해 보세요.

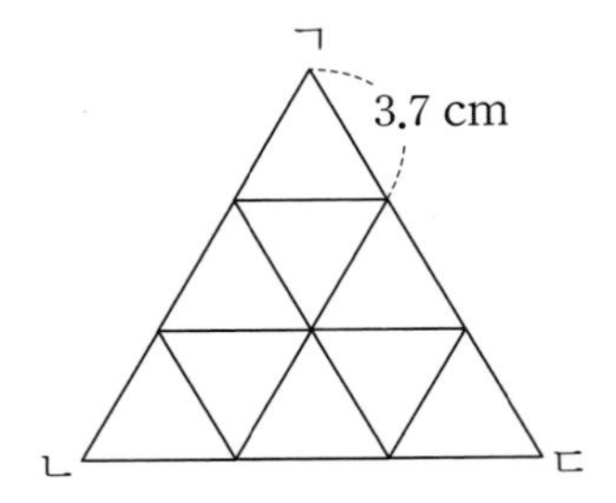

풀이

답

04 평행사변형의 넓이는 몇 cm^2인지 구하는 풀이 과정을 쓰고 답을 구해 보세요.

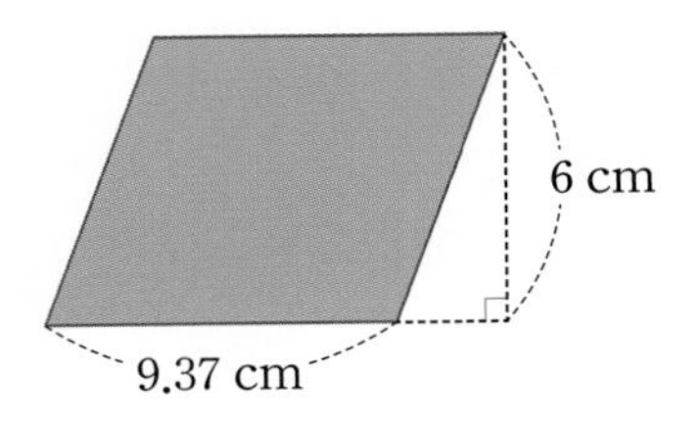

풀이

답

05 두 수의 곱을 구하는 풀이 과정을 쓰고 답을 구해 보세요.

- 0.01이 56개인 수
- 0.1이 359개인 수

풀이

답

06 ㉡은 ㉠의 몇 배인지 구하는 풀이 과정을 쓰고 답을 구해 보세요.

$512\times㉠=51.2$　　　$0.512\times㉡=512$

풀이

답

07 민호와 연주의 대화를 보고 누가 몇 km를 더 달렸는지 구하는 풀이 과정을 쓰고 답을 구해 보세요.

나는 하루에 5.4 km씩 일주일 동안 달렸어.
나는 매일 4.237 km씩 10일 동안 달렸어.
민호
연주

풀이

답

08 어떤 수에 4.6을 곱해야 할 것을 잘못하여 나누었더니 8.2가 되었습니다. 바르게 계산한 값을 구하는 풀이 과정을 쓰고 답을 구해 보세요.

풀이

답

09 1 km를 달리는 데 필요한 휘발유가 0.3 L인 오토바이가 있습니다. 오토바이가 한 시간에 35 km를 가는 빠르기로 1시간 30분 동안 달리려면 필요한 휘발유는 몇 L인지 구하는 풀이 과정을 쓰고 답을 구해 보세요.

풀이

답

10 수 카드 2, 4, 7, 8을 □ 안에 한 번씩 써넣어 곱셈식을 만들려고 합니다. 계산 결과가 가장 클 때와 가장 작을 때의 차를 구하는 풀이 과정을 쓰고 답을 구해 보세요.

□.□×□.□

풀이

답

● 직육면체 알아보기

- 직사각형 6개로 둘러싸인 도형을 직육면체라고 합니다.
- 직육면체에서 선분으로 둘러싸인 부분을 면이라 하고, 면과 면이 만나는 선분을 모서리라고 하고, 모서리와 모서리가 만나는 점을 꼭짓점이라고 합니다.

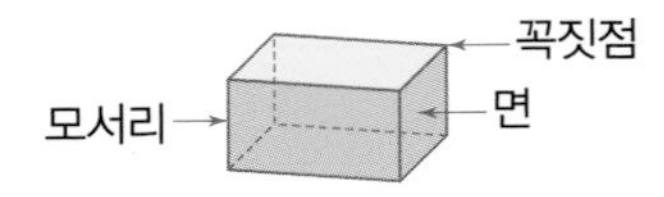

- 직육면체의 특징
  ① 모든 면이 직사각형입니다.
  ② 면이 6개, 모서리가 12개, 꼭짓점이 8개입니다.

● 정육면체 알아보기

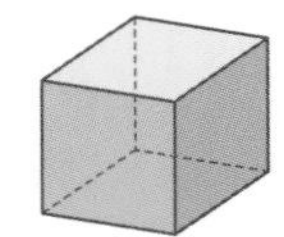

- 정사각형 6개로 둘러싸인 도형을 정육면체라고 합니다.
- 정육면체의 특징
  ① 6개의 면이 모두 합동입니다.
  ② 모서리의 길이가 모두 같습니다.
- 직육면체와 정육면체의 관계
  ① 정육면체는 직육면체라고 할 수 있습니다.
  ② 직육면체는 정육면체라고 할 수 없습니다.

● 직육면체 겨냥도 알아보기

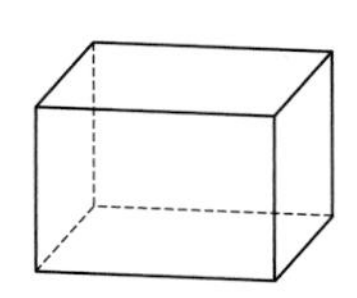

- 직육면체 모양을 잘 알 수 있도록 나타낸 그림을 직육면체의 겨냥도라고 합니다.
- 겨냥도에서 보이는 모서리는 실선으로, 보이지 않는 모서리는 점선으로 그립니다.

	보이는 부분	보이지 않는 부분
면의 수(개)	3	3
모서리의 수(개)	9	3
꼭짓점의 수(개)	7	1

● 직육면체의 성질

- 직육면체에서 색칠한 두 면처럼 계속 늘여도 만나지 않는 두 면을 서로 평행하다고 합니다. 이 두 면을 직육면체의 밑면이라고 합니다.

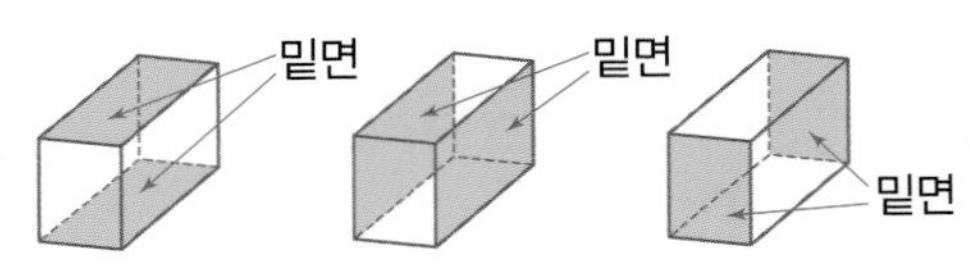

- 직육면체에는 평행한 면이 3쌍 있고 각각 밑면이 될 수 있습니다.
- 직육면체에서 밑면과 수직인 면을 직육면체의 옆면이라고 합니다.

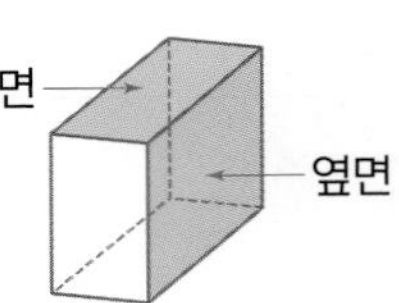

- 직육면체에서 한 면과 수직인 면은 모두 4개입니다.

● 정육면체와 직육면체의 전개도 알아보기

- 정육면체의 모서리를 잘라서 평면 위에 펼쳐 놓은 그림을 정육면체의 전개도라고 합니다.

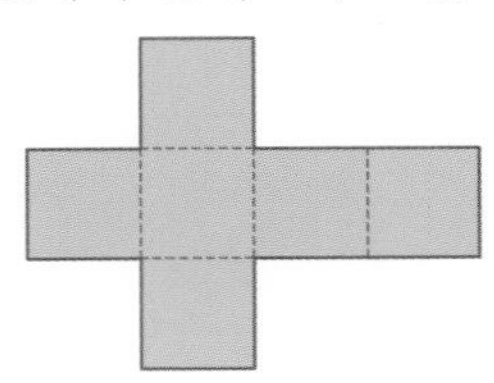

- 직육면체의 모서리를 잘라서 평면 위에 펼쳐 놓은 그림을 직육면체의 전개도라고 합니다.

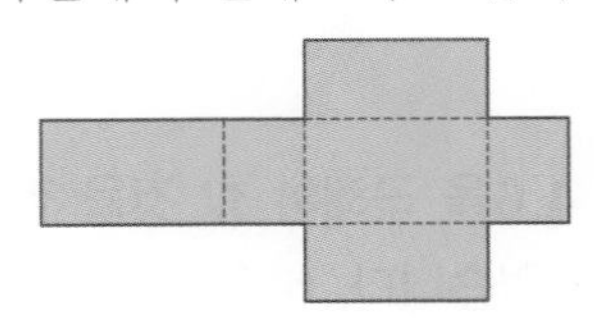

- 전개도 그리기
  ① 잘린 모서리는 실선으로, 잘리지 않는 모서리는 점선으로 그립니다.
  ② 접었을 때 만나는 모서리의 길이는 같고, 서로 평행한 면끼리 모양과 크기를 같게 그립니다.
  ③ 접었을 때 겹치는 면이 없게 그립니다.

쪽지 시험 5. 직육면체

정답과 해설 60쪽

01 직육면체인 것을 찾아 ○표 하세요.

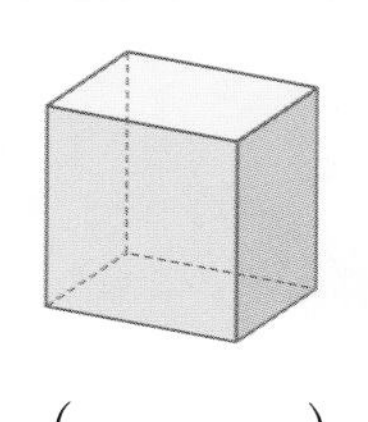
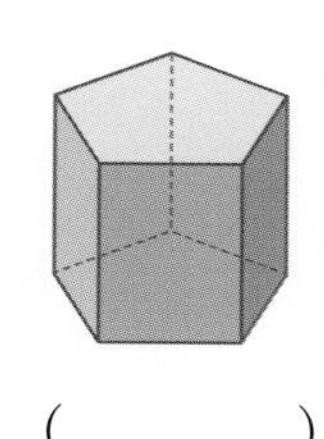
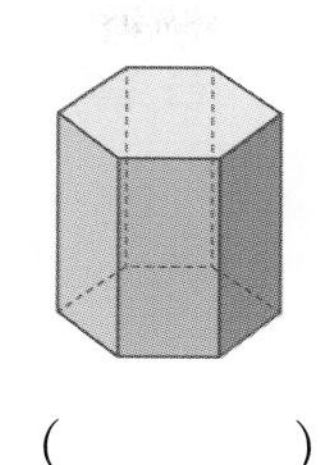

( ) ( ) ( )

02 직육면체의 면, 모서리, 꼭짓점의 수를 써 보세요.

면의 수(개)	모서리의 수(개)	꼭짓점의 수(개)

03 □ 안에 알맞은 수나 말을 써넣으세요.

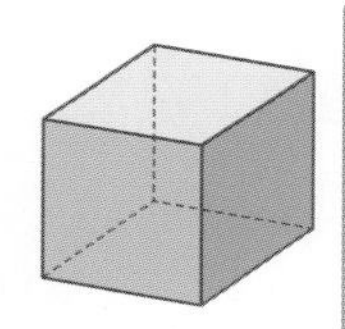

정사각형 □개로 둘러싸인 도형을 □(이)라고 합니다.

04 그림에서 빠진 부분을 그려 넣어 직육면체의 겨냥도를 완성해 보세요.

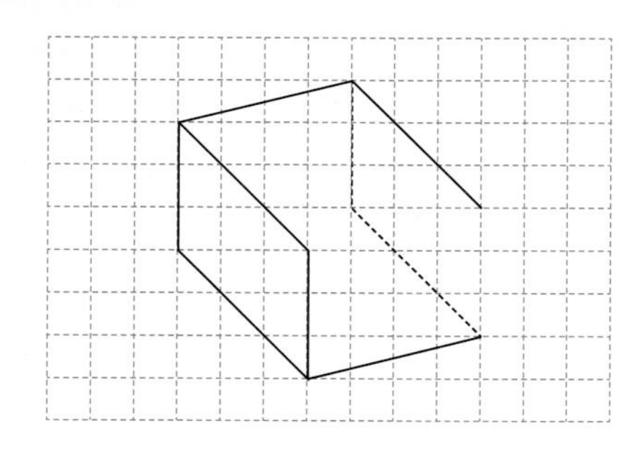

05 직육면체에서 서로 평행한 면은 모두 몇 쌍인가요?

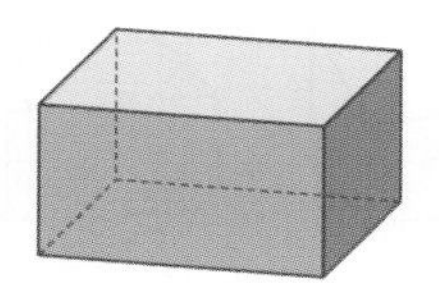

( )

[06~07] 직육면체를 보고 물음에 답하세요.

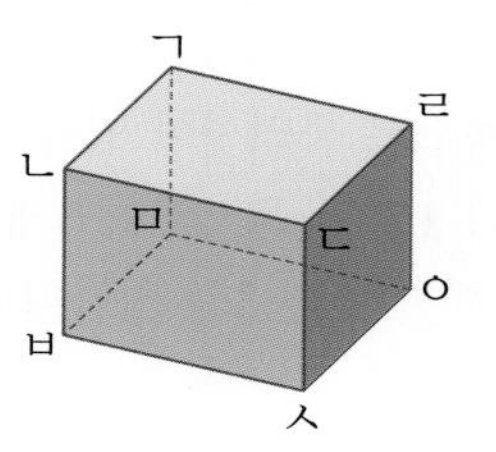

06 겨냥도에서 보이지 않는 꼭짓점을 찾아 써 보세요.

( )

07 면 ㄱㅁㅇㄹ과 수직인 면을 모두 찾아 써 보세요.

( )

08 □ 안에 알맞은 말을 써넣으세요.

직육면체의 모서리를 잘라서 펼친 그림을 직육면체의 □(이)라고 합니다.

09 정육면체의 전개도에서 빠진 부분을 그려 넣어 완성해 보세요.

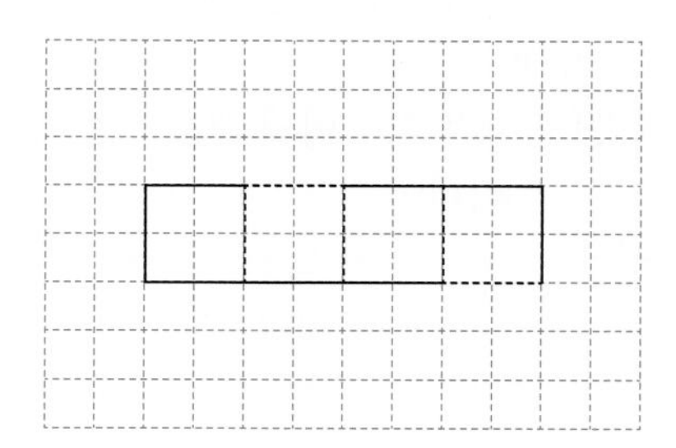

10 전개도를 접어서 직육면체를 만들었을 때 색칠한 면과 수직인 면을 찾아 색칠해 보세요.

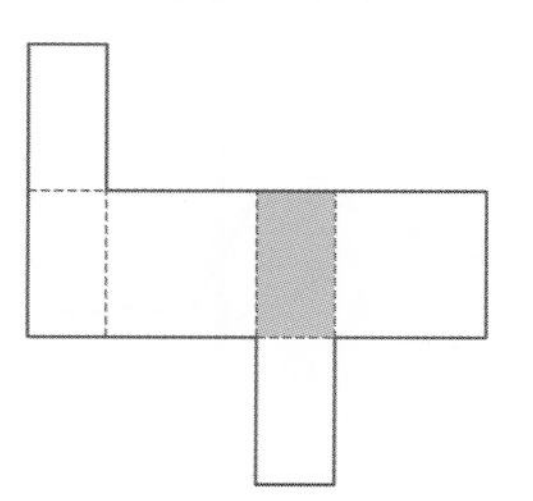

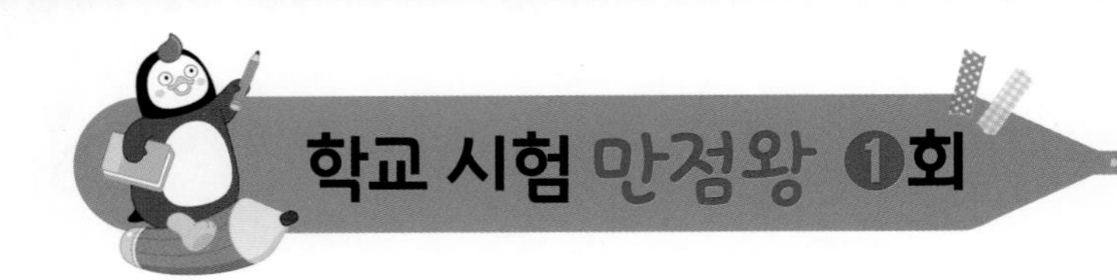

01 설명하는 도형의 이름을 써 보세요.

- 직사각형으로 둘러싸여 있습니다.
- 모서리가 12개, 꼭짓점이 8개 있습니다.
- 서로 평행한 면이 3쌍 있습니다.

(　　　　　　　　　　)

02 □ 안에 알맞은 말을 써넣으세요.

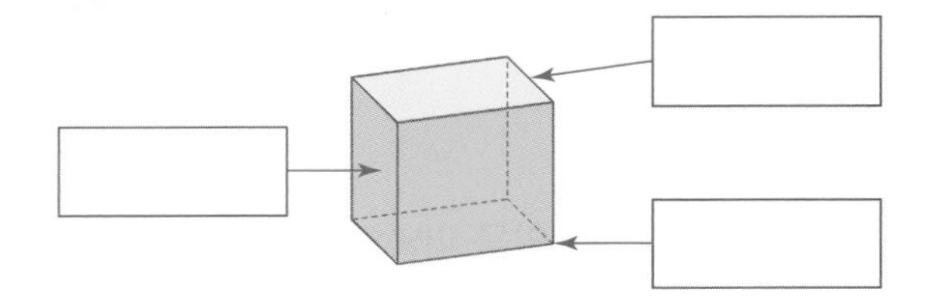

03 오른쪽 도형을 보고 바르게 설명한 친구는 누구인가요?

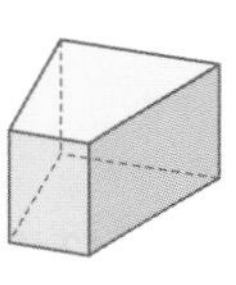

[명호] 다각형 6개로 둘러싸인 도형이므로 직육면체야.
[소진] 직사각형이 아닌 면도 있으므로 직육면체가 아니야.

(　　　　　　　　　　)

04 정육면체의 면이 될 수 있는 모양은 어느 것인가요?

(　　　)

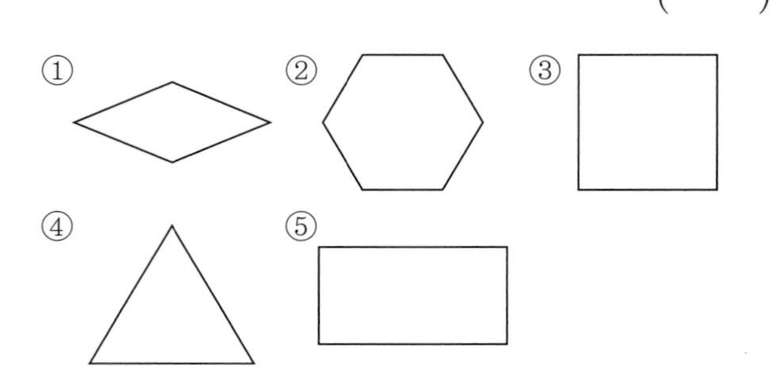

05 정육면체의 면의 수, 모서리의 수, 꼭짓점의 수의 합은 얼마인가요?

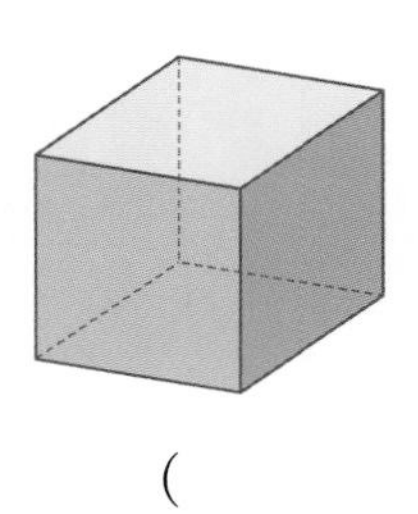

(　　　　　　　　　　)

06 모든 모서리의 길이의 합이 96 cm인 정육면체의 한 모서리의 길이는 몇 cm인지 구해 보세요.

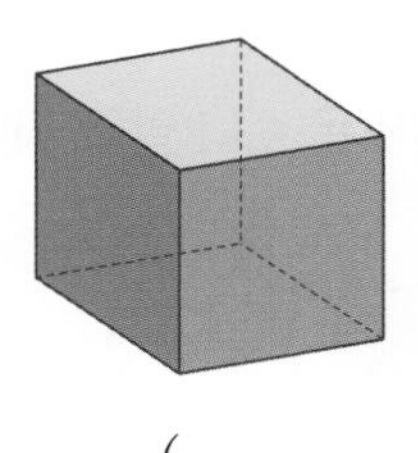

(　　　　　　　　　　)

07 오른쪽 직육면체의 모든 모서리의 길이의 합은 88 cm입니다. ㉠은 얼마인가요?

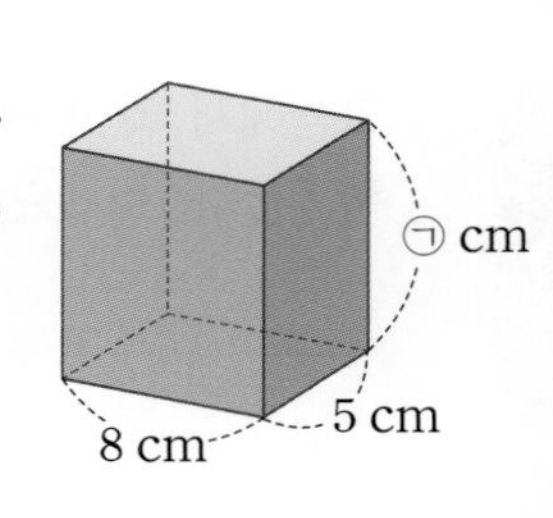

(　　　　　　　　　　)

08 직육면체의 겨냥도를 바르게 그린 것의 기호를 찾아 써 보세요.

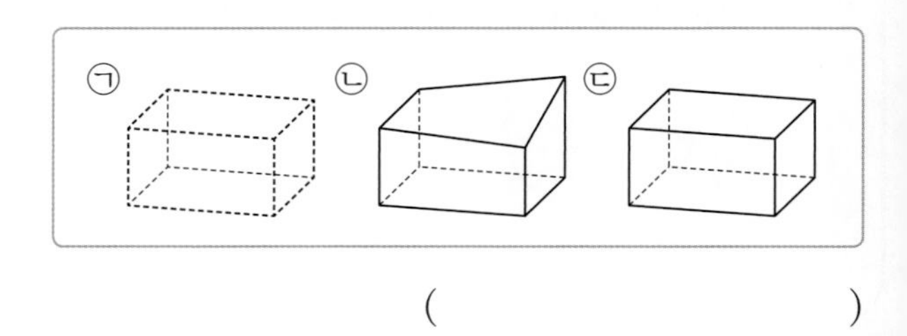

(　　　　　　　　　　)

09 직육면체에서 보이지 않는 면을 모두 찾아 써 보세요.

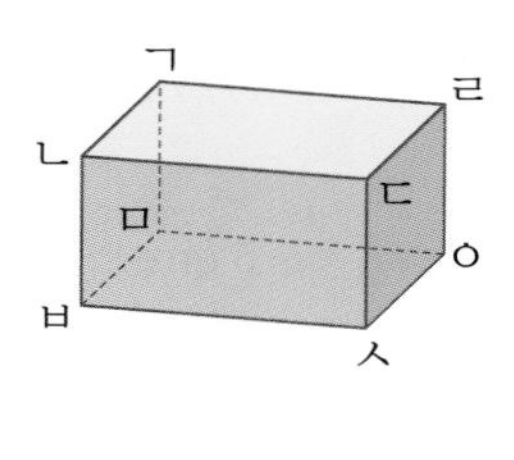

( )

서술형 10 주어진 직육면체의 겨냥도에서 보이지 않는 모서리의 길이의 합은 28 cm입니다. 색칠한 면의 넓이는 몇 cm^2인지 구하는 풀이 과정을 쓰고 답을 구해 보세요.

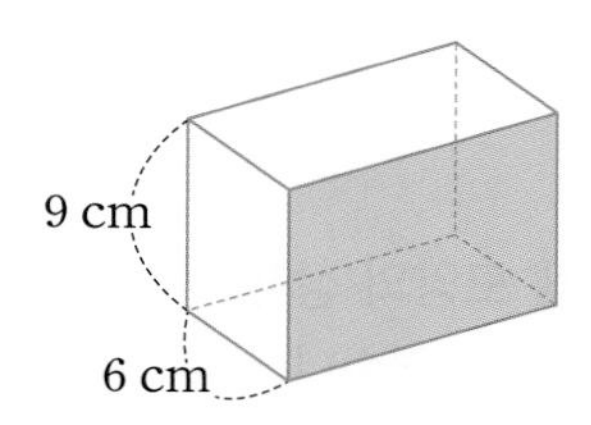

풀이

___

___

___

답 ___

11 직육면체에서 색칠한 두 면이 이루는 각은 몇 도인가요?

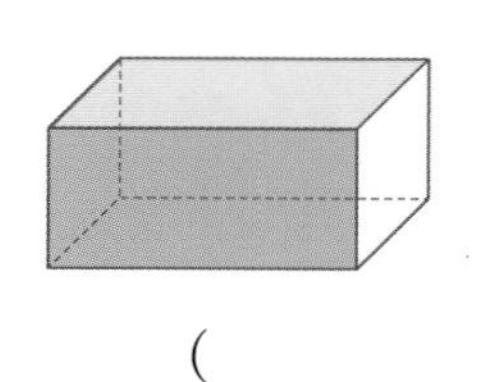

( )

12 직육면체의 성질에 대한 설명으로 잘못된 것을 찾아 기호를 써 보세요.

㉠ 마주 보는 두 면은 서로 평행합니다.
㉡ 한 꼭짓점에서 만나는 면은 모두 2개입니다.
㉢ 한 면과 수직으로 만나는 면은 모두 4개입니다.

( )

13 직육면체에서 면 ㄴㅂㅅㄷ과 평행한 면의 둘레는 몇 cm인지 구해 보세요.

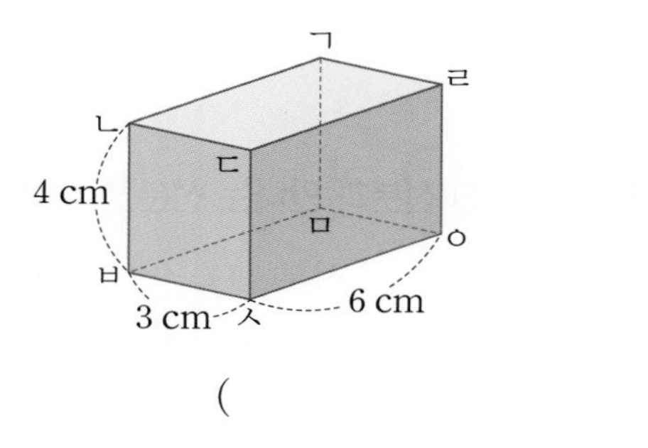

( )

14 직육면체에서 면 ㄱㄴㅂㅁ과 면 ㅁㅂㅅㅇ에 공통으로 수직인 면을 모두 찾아 써 보세요.

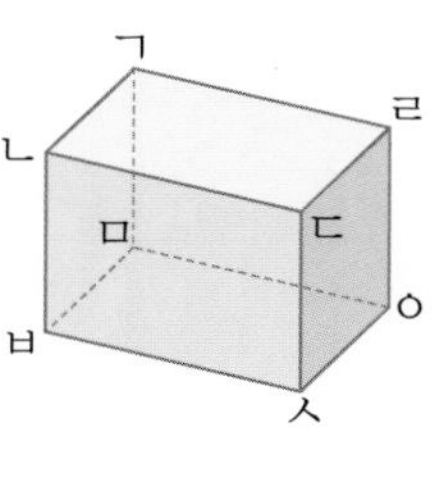

( )

15 전개도를 접어서 정육면체를 만들었을 때 평행한 면끼리 같은 색을 칠하려고 합니다. 필요한 색은 몇 가지인가요?

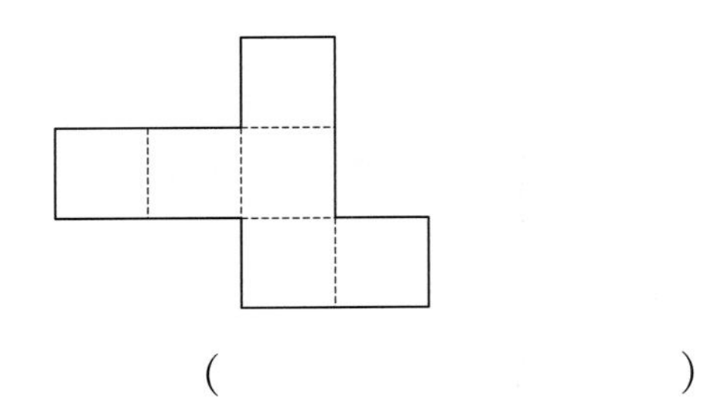

( )

[16~17] 정육면체의 전개도를 접어서 정육면체를 만들었습니다. 물음에 답하세요.

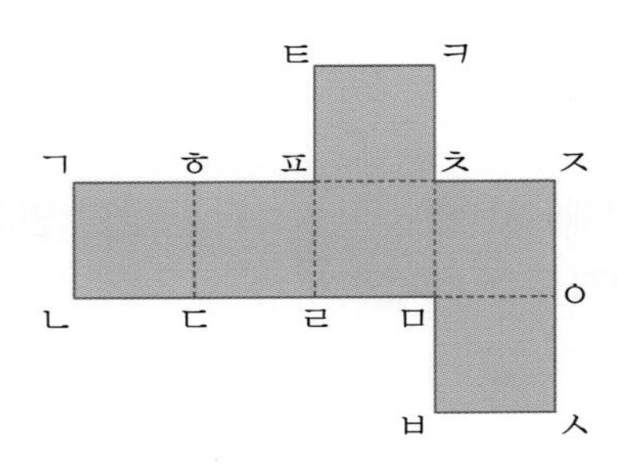

16 주어진 선분과 만나는 선분을 찾아 써 보세요.

선분 ㄱㄴ ( )

선분 ㄷㄹ ( )

17 면 ㅁㅂㅅㅇ과 평행한 면을 찾아 써 보세요.

( )

18 직육면체의 전개도가 아닌 것을 모두 찾아 기호를 써 보세요.

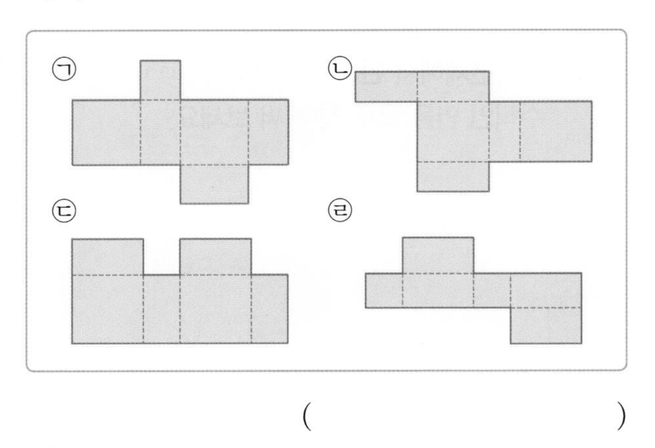

( )

19 직육면체를 보고 전개도를 그려 보세요.

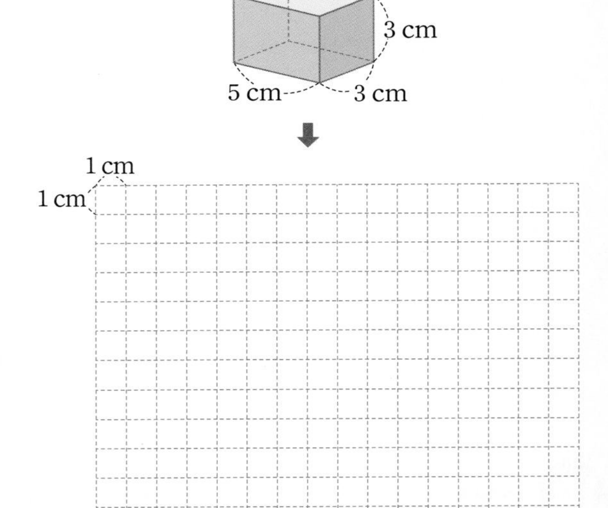

서술형 20 직육면체 모양의 상자에 그림과 같이 색 테이프를 겹치지 않게 붙였습니다. 전개도에 색 테이프가 지나간 자리를 그리고, 색 테이프의 길이의 합은 몇 cm인지 구하는 풀이 과정을 쓰고 답을 구해 보세요.

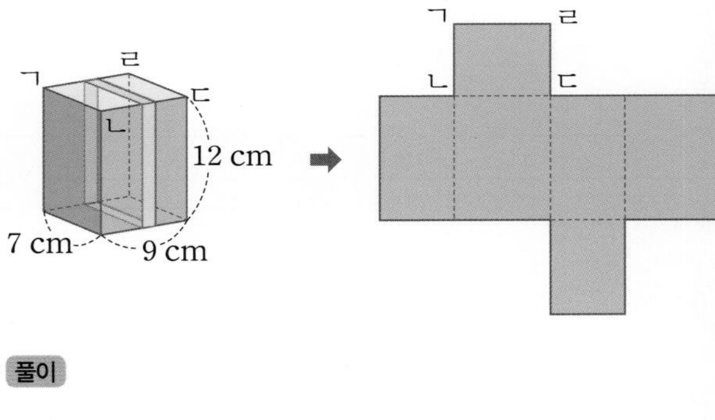

풀이

답

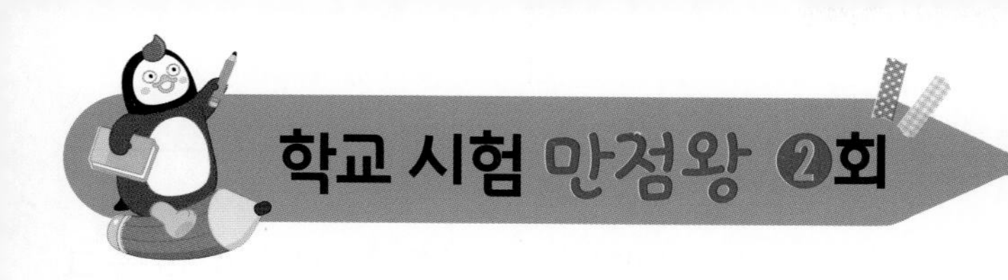

01 직육면체는 모두 몇 개인가요?

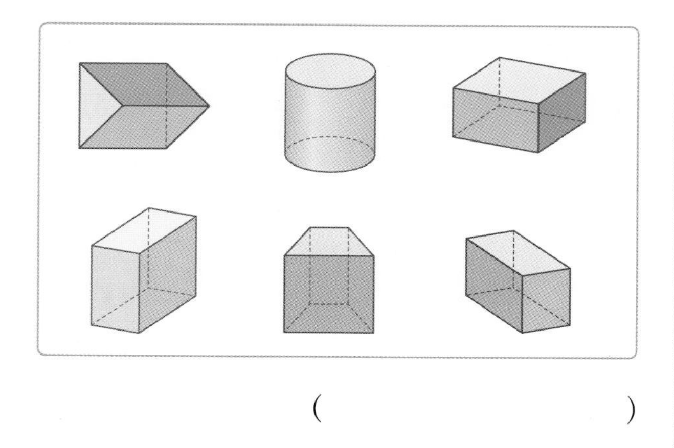

(　　　　　　　　　　)

02 □ 안에 알맞은 수를 써넣으세요.

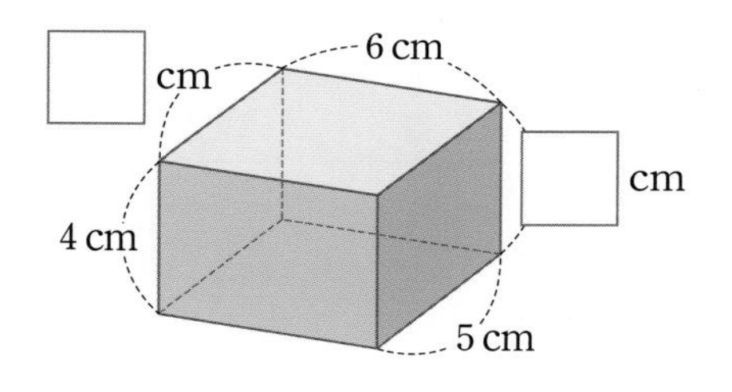

03 정육면체에 대한 설명으로 옳지 않은 것을 모두 고르세요. (　　　　　)

① 면은 6개입니다.
② 꼭짓점은 12개입니다.
③ 면의 모양이 모두 다릅니다.
④ 면의 모양은 정사각형입니다.
⑤ 모서리의 길이가 모두 같습니다.

04 그림과 같이 모양과 크기가 같은 직육면체 2개의 면과 면을 맞붙여서 정육면체를 만들었습니다. 만든 정육면체의 모든 모서리 길이의 합은 몇 cm인지 구해 보세요.

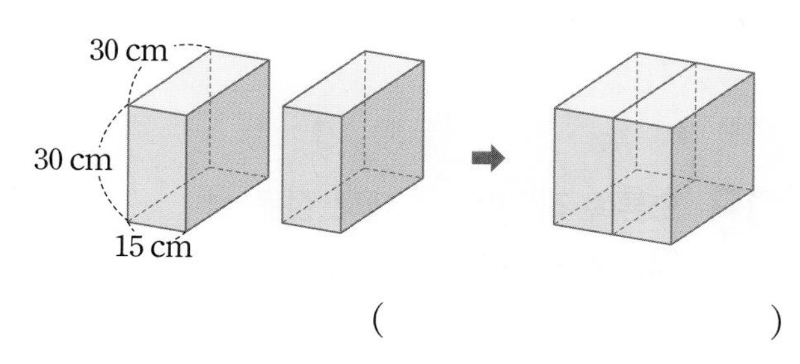

(　　　　　　　　　　)

05 정육면체에서 보이는 면의 수와 보이는 꼭짓점의 수의 합은 얼마인가요?

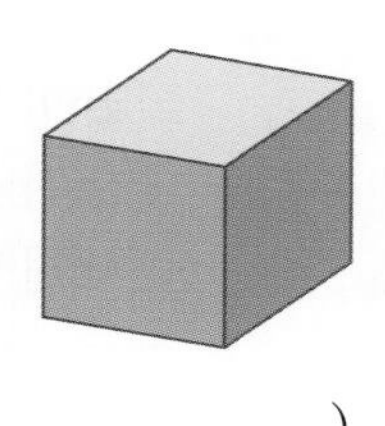

(　　　　　　　　　　)

06 그림에서 빠진 부분을 그려 넣어 직육면체의 겨냥도를 완성해 보세요.

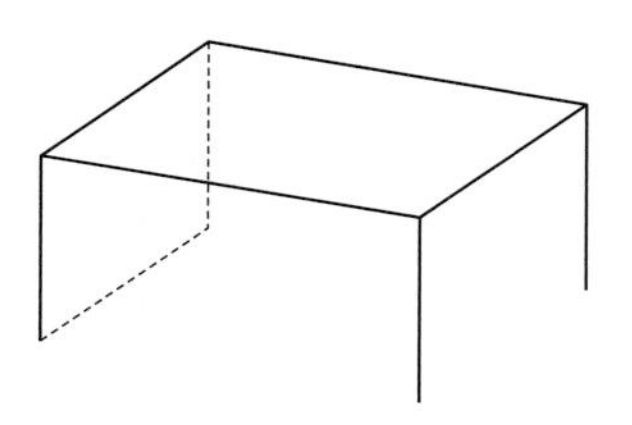

07 직육면체에서 보이지 않는 모서리의 길이의 합은 몇 cm인지 구해 보세요.

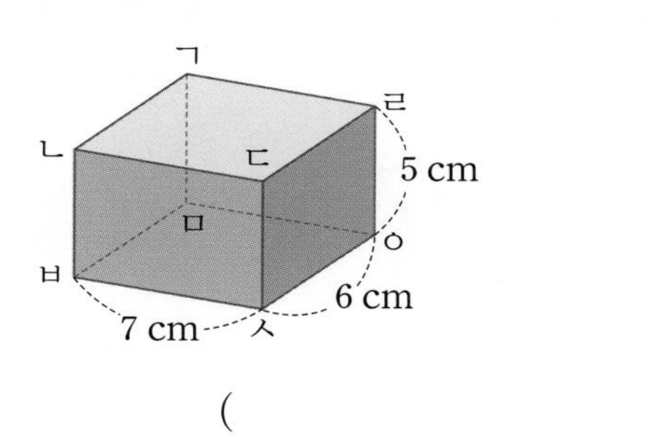

(　　　　　　　　　　)

08 직육면체에서 색칠한 면과 평행한 면을 찾아 빗금을 그어 보세요.

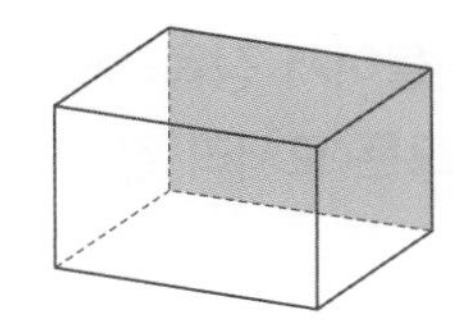

09 오른쪽 직육면체에 대해 잘못 설명한 친구는 누구인가요?

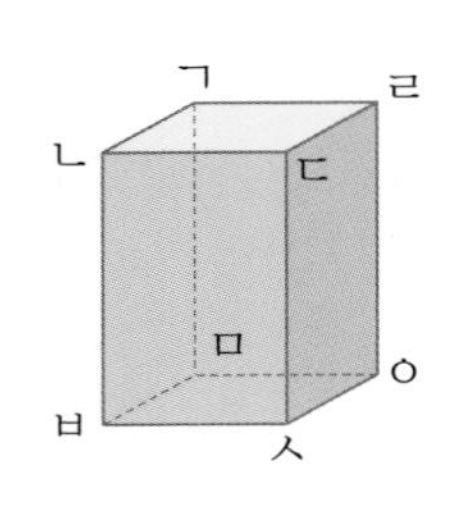

[민혁] 면 ㄱㄴㄷㄹ과 면 ㄱㅁㅇㄹ은 서로 수직이야.
[찬규] 꼭짓점 ㄹ에서 만나는 면은 모두 3개야.
[서현] 면 ㅁㅂㅅㅇ과 수직인 면은 모두 2개야.

( )

10 주어진 직육면체에서 색칠한 면과 수직인 면의 넓이의 합은 몇 cm^2인지 구해 보세요.

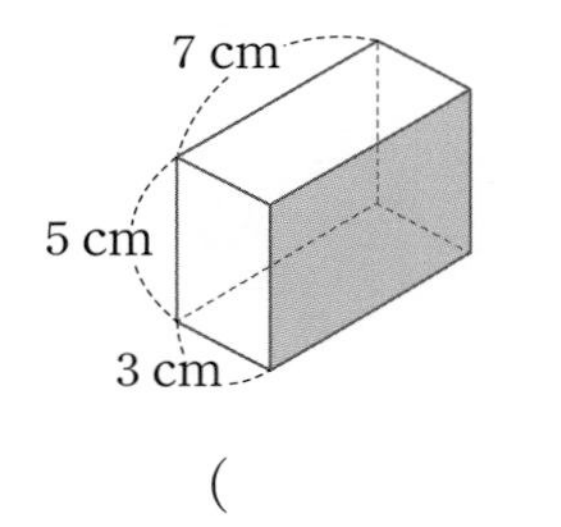

( )

11 정육면체의 전개도가 아닌 것을 찾아 기호를 써 보세요.

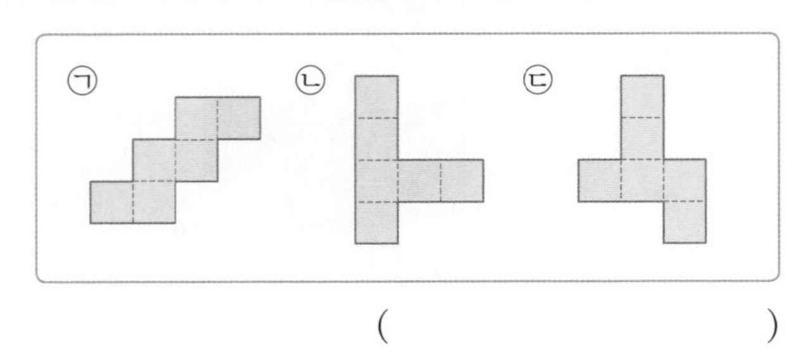

( )

12 한 모서리의 길이가 3 cm인 정육면체의 전개도를 그려 보세요.

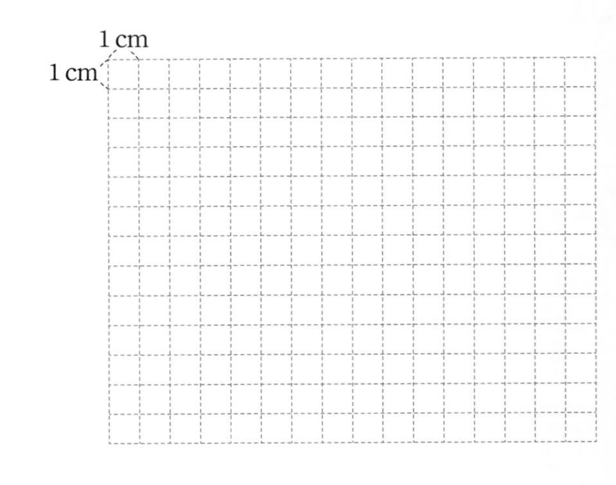

13 정사각형 1개를 더 그려 정육면체의 전개도를 만들려고 합니다. 정육면체의 전개도가 될 수 있는 곳의 기호를 써 보세요.

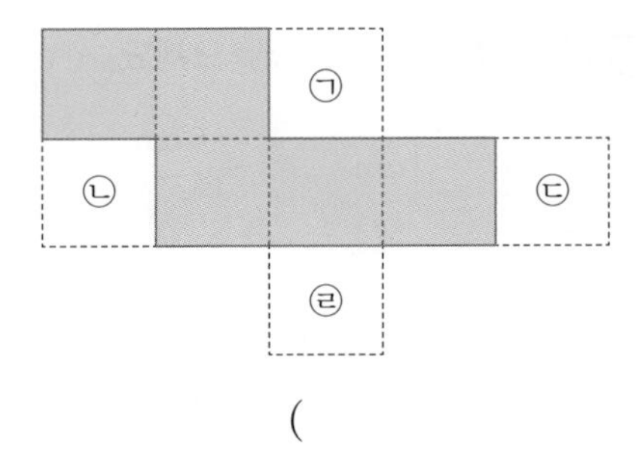

( )

14 두 면 사이의 관계가 다른 하나는 어느 것인가요?

( )

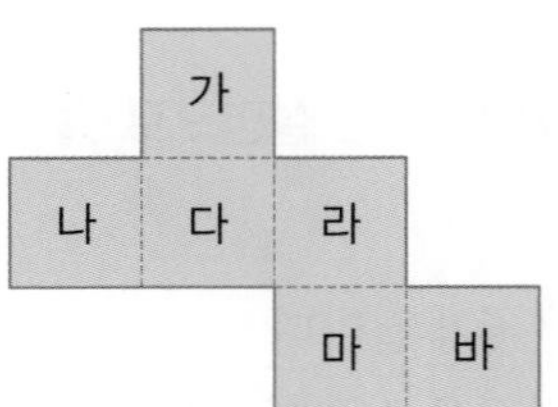

① 면 가와 면 마
② 면 나와 면 바
③ 면 다와 면 라
④ 면 라와 면 마
⑤ 면 가와 면 라

서술형 15 전개도를 접어서 직육면체를 만들었을 때 면 가와 면 나에 공통으로 수직인 면을 모두 찾아 기호를 쓰려고 합니다. 풀이 과정을 쓰고 답을 구해 보세요.

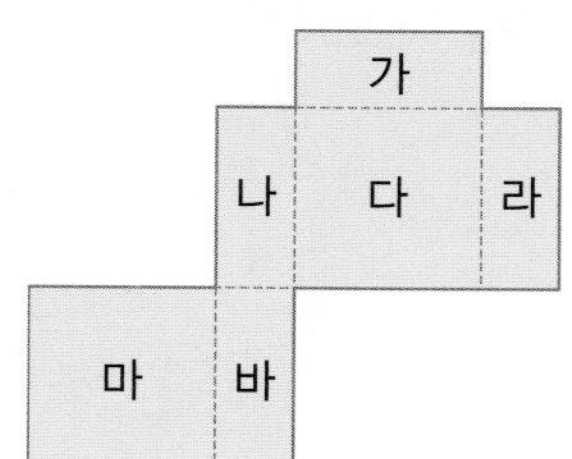

풀이

답

16 주사위에서 서로 평행한 두 면의 눈의 수의 합은 7입니다. 전개도의 빈 곳에 눈을 알맞게 그려 넣으세요.

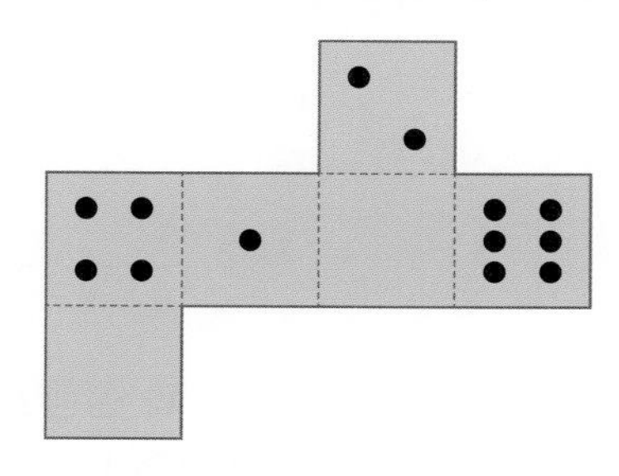

17 직육면체의 전개도를 그린 것입니다. □ 안에 알맞은 수를 써넣으세요.

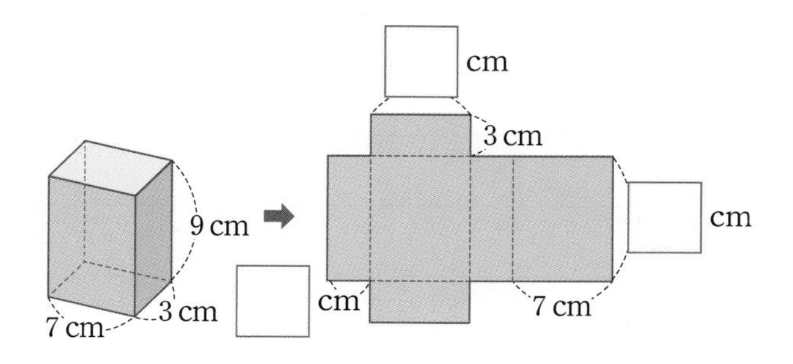

서술형 18 전개도를 접어서 만든 직육면체의 모든 모서리의 길이의 합은 몇 cm인지 구하는 풀이 과정을 쓰고 답을 구해 보세요.

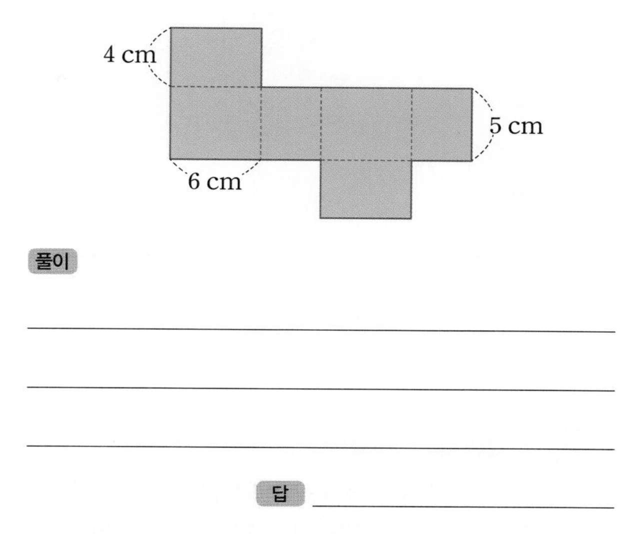

풀이

답

19 직육면체 전개도에서 선분 ㅌㅁ은 몇 cm인지 구해 보세요.

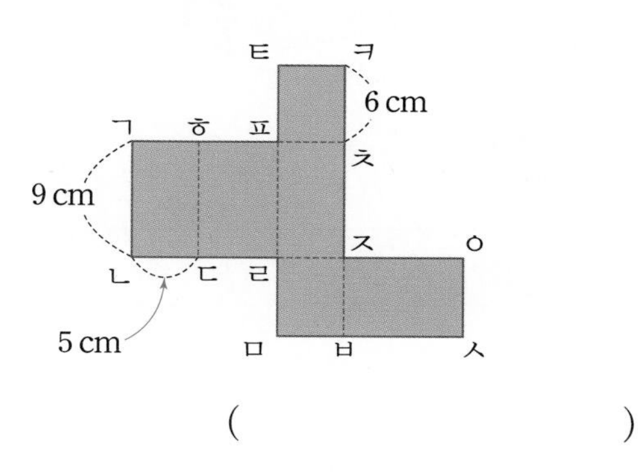

(　　　　　　　　)

20 직육면체 모양의 상자를 리본으로 묶었습니다. 매듭으로 사용한 리본의 길이가 24 cm일 때 상자를 묶는 데 사용한 리본의 전체 길이는 몇 cm인지 구해 보세요.

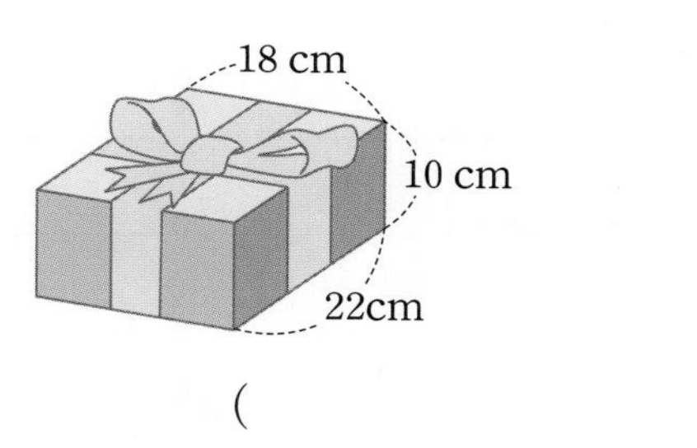

(　　　　　　　　)

서술형·논술형 평가 5단원

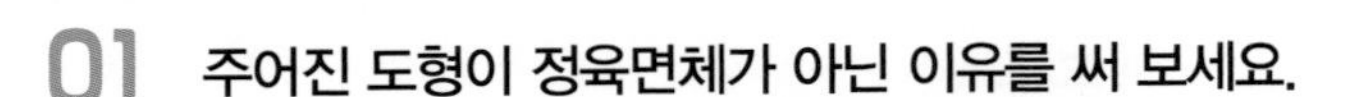

01 주어진 도형이 정육면체가 아닌 이유를 써 보세요.

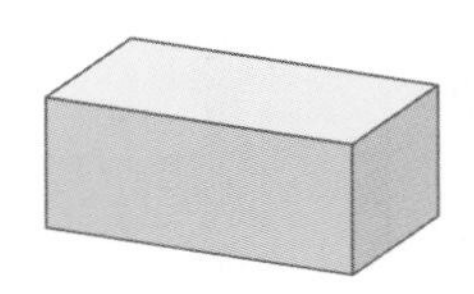

이유

02 직육면체와 정육면체의 모든 모서리의 길이의 합이 서로 같습니다. 정육면체의 한 모서리는 몇 cm인지 구하는 풀이 과정을 쓰고 답을 구해 보세요.

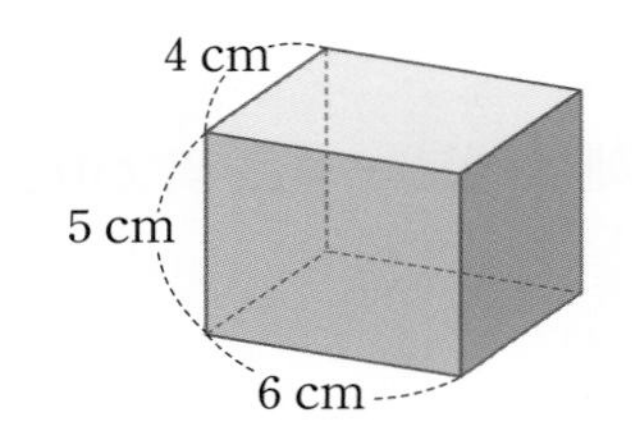

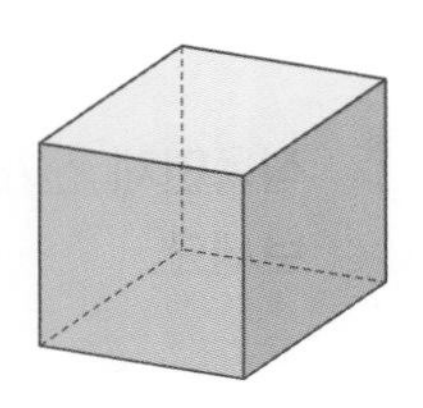

풀이

답

03 오른쪽 직육면체를 잘라 가장 큰 정육면체를 만들려고 합니다. 만든 정육면체의 모든 모서리의 길이의 합은 몇 cm인지 구하는 풀이 과정을 쓰고 답을 구해 보세요.

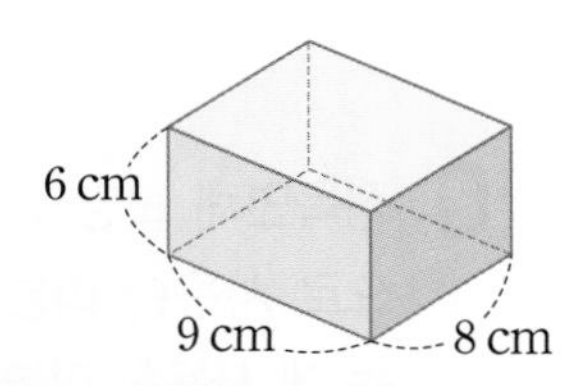

풀이

답

04 직육면체의 겨냥도를 잘못 나타낸 그림입니다. 잘못 그린 이유를 써 보세요.

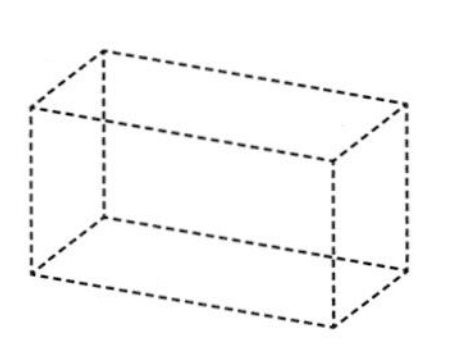

이유

05 오른쪽 직육면체에서 보이는 모서리의 길이의 합은 몇 cm인지 구하는 풀이 과정을 쓰고 답을 구해 보세요.

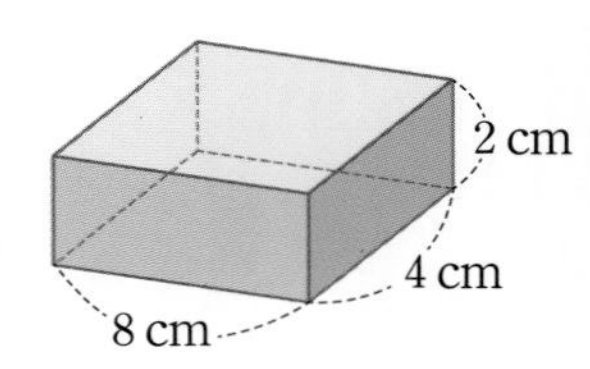

풀이

답

06 직육면체에서 면 ㄴㅂㅅㄷ과 평행한 면의 넓이는 몇 cm^2인지 구하는 풀이 과정을 쓰고 답을 구해 보세요.

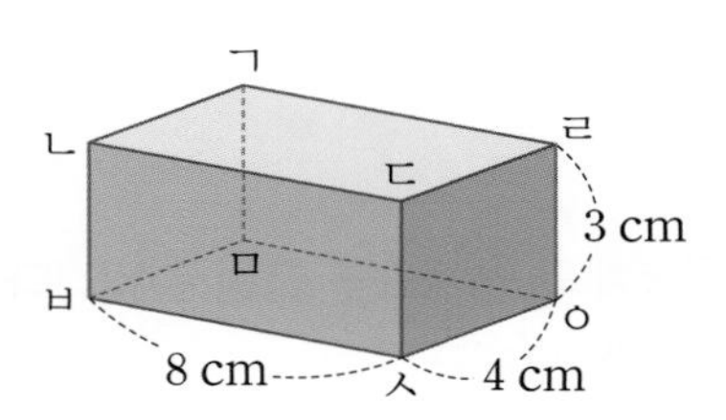

풀이

답

07 정육면체의 마주 보는 면에 적힌 수의 합은 모두 같습니다. 가와 나에 알맞은 수의 차는 얼마인지 구하는 풀이 과정을 쓰고 답을 구해 보세요.

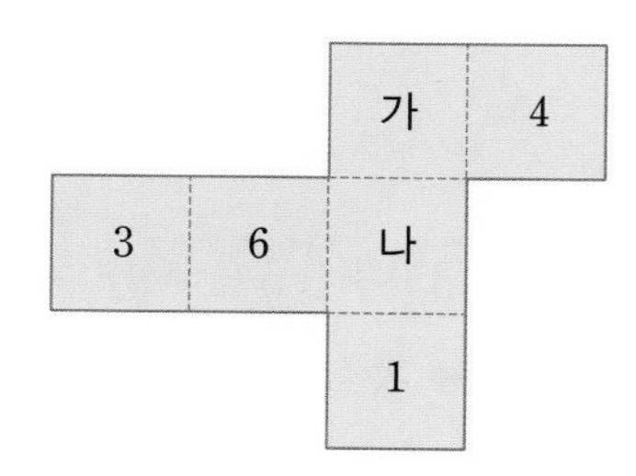

풀이

답

08 정육면체의 전개도입니다. 전개도의 둘레는 몇 cm인지 구하는 풀이 과정을 쓰고 답을 구해 보세요.

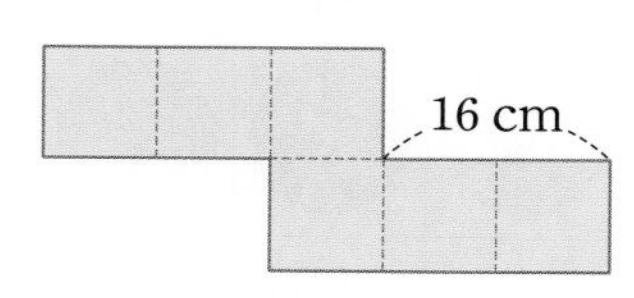

풀이

답

09 직육면체를 보고 전개도를 그렸습니다. 전개도에서 빗금친 부분의 둘레는 몇 cm인지 구하는 풀이 과정을 쓰고 답을 구해 보세요.

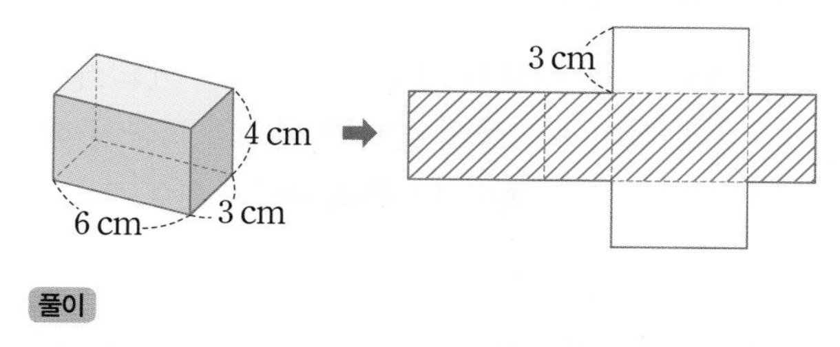

풀이

답

10 정육면체 모양의 상자를 길이가 140 cm인 끈을 남김없이 사용하여 상자의 모든 면을 지나도록 그림과 같이 묶었습니다. 매듭으로 사용한 끈의 길이가 20 cm일 때 상자의 한 모서리의 길이는 몇 cm인지 구하는 풀이 과정을 쓰고 답을 구해 보세요.

풀이

답

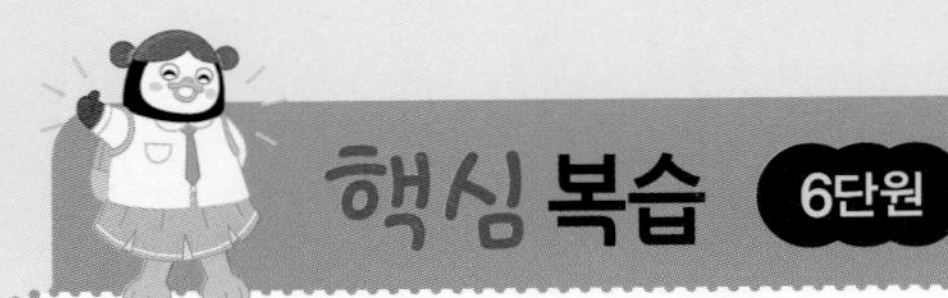

6단원

● **평균 알아보기**

- 각 자룟값을 고르게 하여 그 자료를 대표하는 값으로 정할 수 있습니다. 이 값을 평균이라고 합니다.

● **평균 구하기**

(평균)=(자룟값을 모두 더한 수)÷(자료 수)

㉠ 민혁이네 모둠의 줄넘기 횟수의 평균 구하기

민혁이네 모둠의 줄넘기 횟수

이름	민혁	효빈	서현	찬규
줄넘기 횟수(회)	50	80	70	40

(평균)$=(50+80+70+40)\div4$
$=240\div4=60$(회)

● **평균 이용하기**

- 평균 비교하기

예 어느 모둠이 고리 던지기를 더 잘했는지 알아보기

지희네 모둠의 고리 던지기 기록

이름	지희	지혜	영화	보원
걸린 고리 수(개)	7	3	2	4

성주네 모둠의 고리 던지기 기록

이름	성주	민정	윤아	영민	미령
걸린 고리 수(개)	4	5	3	7	6

(지희네 모둠의 평균)$=(7+3+2+4)\div4$
$=4$(개)

(성주네 모둠의 평균)$=(4+5+3+7+6)\div5$
$=5$(개)

➡ 성주네 모둠이 더 잘했습니다.

- 평균을 이용하여 모르는 자룟값 구하기

예 26, 23, 30, ㉠ 의 평균이 29일 때 ㉠ 구하기

(네 수의 합)=(평균)×(자료 수)
$=29\times4=116$

➡ ㉠$=116-(26+23+30)$
$=116-79=37$

● **일이 일어날 가능성을 말로 표현하기**

- 어떠한 상황에서 특정한 일이 일어나길 기대할 수 있는 정도를 가능성이라고 합니다.
- 가능성의 정도는 불가능하다, ~아닐 것 같다, 반반이다, ~일 것 같다, 확실하다 등으로 표현할 수 있습니다.

예 계산기에 3 + 5 = 을 누르면 8이 나올 것입니다. ➡ 확실하다

동전을 던지면 그림면이 나올 것입니다.
➡ 반반이다

내일 아침에 서쪽에서 해가 뜰 것입니다.
➡ 불가능하다

● **일이 일어날 가능성을 비교하기**

← 일이 일어날 가능성이 낮습니다. 　　 일이 일어날 가능성이 높습니다. →

~아닐 것 같다	~일 것 같다

불가능하다 　　 반반이다 　　 확실하다

예 회전판을 돌릴 때 화살이 빨간색에 멈출 가능성 비교하기

회전판	가	나	다	라	마
가능성	불가능하다	~아닐 것 같다	반반이다	~일 것 같다	확실하다

● **일이 일어날 가능성을 수로 표현하기**

- 일이 일어날 가능성이 '불가능하다'이면 0, '반반이다'이면 $\frac{1}{2}$, '확실하다'이면 1로 표현할 수 있습니다.

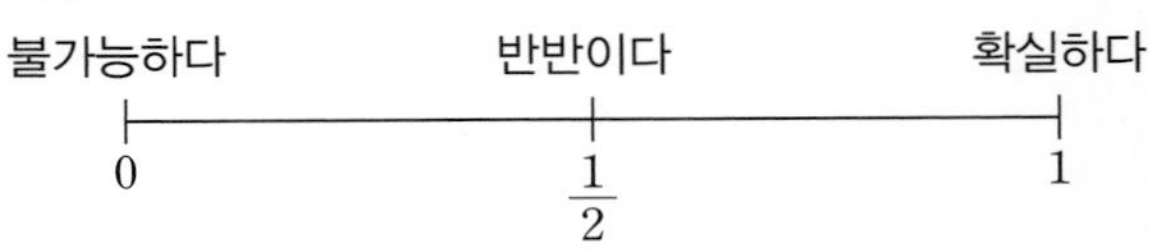

쪽지 시험 6. 평균과 가능성

정답과 해설 65쪽

01 □ 안에 알맞은 말을 써넣으세요.

각 자룟값을 모두 더해 자료 수로 나눈 값을 □이라고 합니다.

[02~03] 주현이네 모둠의 100 m 달리기 기록을 나타낸 표입니다. 물음에 답하세요.

주현이네 모둠의 100 m 달리기 기록

이름	주현	지혜	영화	보원
기록(초)	19	18	16	23

02 주현이네 모둠의 100 m 달리기 기록의 합은 몇 초인가요?

( )

03 주현이네 모둠의 100 m 달리기 기록의 평균은 몇 초인가요?

( )

[04~05] 윤아네 반에서 한 학생당 농구공을 10개씩 던졌을 때 모둠별로 넣은 농구공 수를 조사하여 나타낸 표입니다. 물음에 답하세요.

모둠별 학생 수와 넣은 농구공 수

모둠명	모둠 1	모둠 2	모둠 3
학생 수(명)	4	6	5
넣은 농구공 수(개)	28	30	40

04 모둠별로 넣은 농구공 수의 평균을 구하여 표를 완성하세요.

농구공 수의 평균

모둠명	모둠 1	모둠 2	모둠 3
넣은 농구공 수의 평균(개)			

05 한 학생당 넣은 농구공 수가 가장 적은 모둠은 어느 모둠인가요?

( )

[06~07] 주사위를 굴렸을 때 일어날 가능성을 찾아 기호를 써 보세요.

㉠ 확실하다 ㉡ 반반이다 ㉢ 불가능하다

06 주사위 눈의 수가 홀수가 나올 것입니다.

( )

07 주사위 눈의 수가 두 자리 수일 것입니다.

( )

08 일이 일어날 가능성이 더 높은 쪽에 ○표 하세요.

내년 추석이 금요일일 가능성	일요일 다음에 월요일이 올 가능성
( )	( )

[09~10] 회전판을 보고 물음에 답하세요.

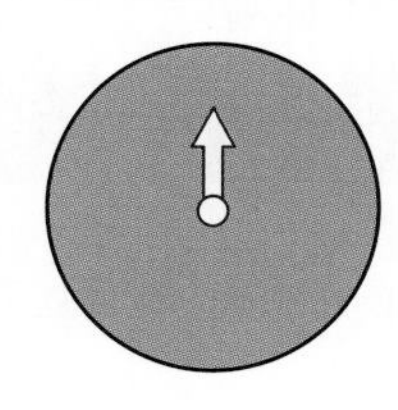

09 회전판을 돌릴 때 화살이 파란색에 멈출 가능성을 말로 표현해 보세요.

( )

10 회전판을 돌릴 때 화살이 파란색에 멈출 가능성을 ↓로 나타내어 보세요.

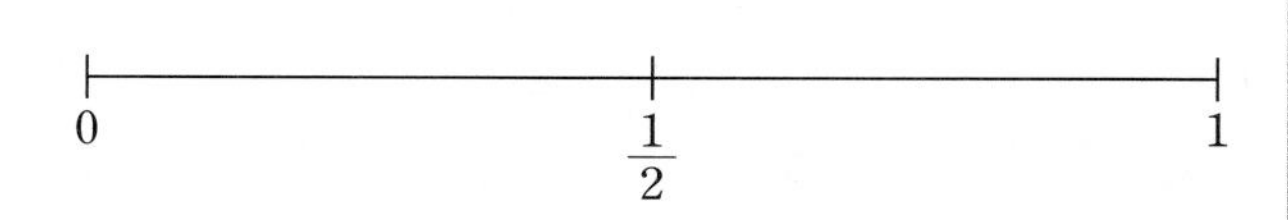

학교 시험 만점왕 1회

01 민혁이의 공 던지기 기록을 나타낸 표입니다. 공 던지기 기록의 평균을 구하려고 합니다. □ 안에 알맞은 수를 써넣으세요.

민혁이의 공 던지기 기록

회	1회	2회	3회	4회	5회
기록(m)	17	19	18	21	20

평균을 □로 예상한 후 (18, □), (17, □), 19로 수를 짝 지어 자룟값을 고르게 하면 공 던지기 기록의 평균은 □m입니다.

02 어느 지역의 지난주 요일별 최저 기온을 나타낸 막대그래프입니다. 막대를 옮겨 높이를 고르게 하여 평균을 구해 보세요.

요일별 최저 기온

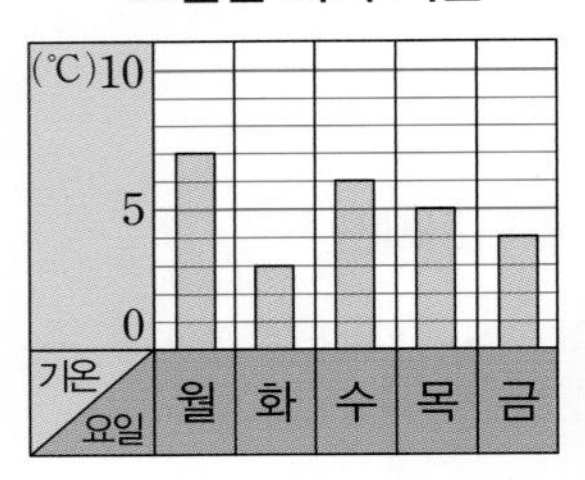

요일별 최저 기온

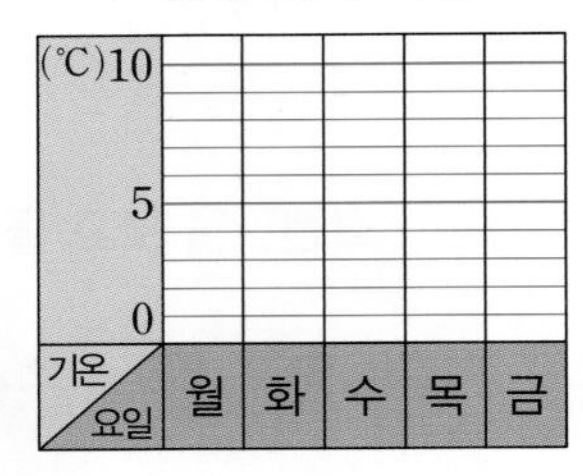

지난주 최저 기온의 평균은 □℃입니다.

[03~04] 주희의 팽이 돌리기 기록의 평균을 구하려고 합니다. 물음에 답하세요.

주희의 팽이 돌리기 기록

회	1회	2회	3회	4회	5회
기록(초)	8	11	4	5	7

03 주희의 팽이 돌리기 기록의 합은 몇 초인가요?

( )

04 주희의 팽이 돌리기 기록의 평균은 몇 초인가요?

( )

서술형 **05** 석찬이가 5일 동안 독서한 시간을 나타낸 표입니다. 석찬이의 독서 시간의 평균을 두 가지 방법으로 구해 보세요.

석찬이의 독서 시간

요일	월	화	수	목	금
시간(분)	35	40	50	45	30

방법 1

방법 2

06 효빈이네 가족의 몸무게의 평균은 몇 kg인가요?

효빈이네 가족의 몸무게

가족	아버지	어머니	언니	효빈	동생
몸무게(kg)	87	49	52	44	28

( )

07 장난감 공장에서 2주일 동안 장난감을 938개 만들었습니다. 장난감 공장의 하루 평균 생산량은 몇 개인가요?

( )

08 민혁이의 일기장입니다. 민혁이가 10월 한 달 동안 한 줄넘기는 모두 몇 번인가요?

10월 31일 날씨

줄넘기를 10월 한 달 동안 하루도 빠짐없이 했다. 오늘까지 한 줄넘기 횟수를 세어 보니 하루에 평균 300번을 했다. 줄넘기를 하니까 키가 커지고 튼튼해진 느낌이다.

( )

09 장훈이네 모둠의 키를 나타낸 표입니다. 키의 평균이 136 cm일 때 희철이의 키는 몇 cm인가요?

장훈이네 모둠의 키

이름	장훈	호동	희철	상민	영수
키(cm)	138	117		129	144

( )

10 민주와 은기의 1분 동안 타자 수를 나타낸 표입니다. 두 사람의 타자 수의 평균이 같을 때 은기의 4회 타자 수는 몇 타인가요?

민주의 타자 수

회	타자 수(타)
1회	354
2회	297
3회	348

은기의 타자 수

회	타자 수(타)
1회	350
2회	318
3회	363
4회	

( )

11 주어진 일이 일어날 가능성을 생각하여 바르게 말한 친구는 누구인가요?

오늘이 12일 목요일일 때 이번 달 19일이 목요일일 가능성

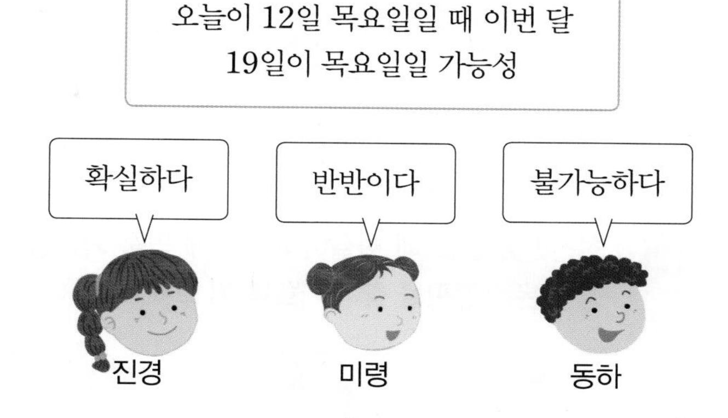

확실하다
반반이다
불가능하다
진경
미령
동하

( )

12 □ 안에 일이 일어날 가능성을 알맞게 써넣으세요.

← 일이 일어날 가능성이 낮습니다.　　일이 일어날 가능성이 높습니다. →

~아닐 것 같다	~일 것 같다

□　반반이다　□

13 일이 일어날 가능성을 나타낼 수 있는 상황을 찾아 선으로 이어 보세요.

확실하다 •	• 서울의 7월 평균 기온은 0℃보다 낮을 것입니다.
반반이다 •	• 367명의 사람들 중에 서로 생일이 같은 사람이 있을 것입니다.
불가능하다 •	• 주사위를 굴리면 짝수의 눈이 나올 것입니다.

14 일이 일어날 가능성을 수로 표현해 보세요.

동짓날에 우리나라가 밤이 낮보다 길 가능성

( )

15 회전판을 돌릴 때 화살이 파란색에 멈출 가능성이 가장 높은 회전판을 찾아 기호를 써 보세요.

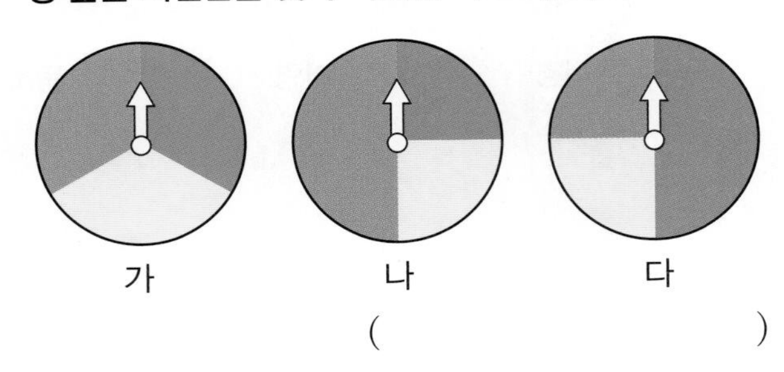

( )

16 1부터 4까지 적혀 있는 4장의 수 카드 중에서 한 장을 뽑을 때 뽑은 카드에 적힌 수가 홀수일 가능성에 ↓로 나타내어 보세요.

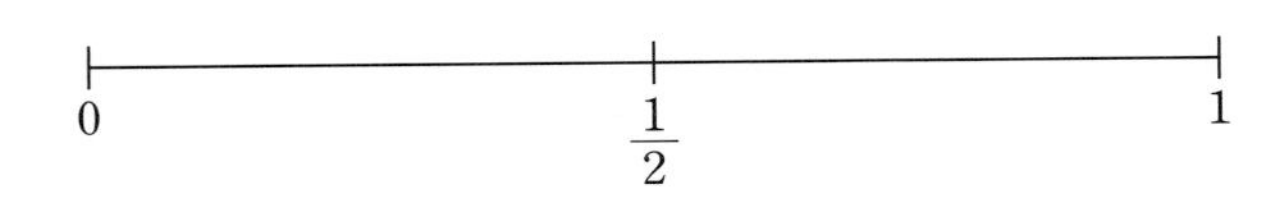

17 일이 일어날 가능성을 수로 표현했을 때 0인 것을 찾아 기호를 써 보세요.

㉠ 빨간색 딱지 4장 중 한 장을 고를 때 고른 딱지가 빨간색일 가능성
㉡ 1번부터 10번까지 번호표 중 하나를 뽑을 때 홀수가 나올 가능성
㉢ 노란색 구슬 3개와 파란색 구슬 2개가 들어 있는 주머니에서 구슬을 한 개 꺼낼 때 꺼낸 구슬이 초록색일 가능성

( )

18 주사위를 한 번 굴릴 때 주사위 눈의 수가 3 이하로 나올 가능성과 회전판을 돌렸을 때 화살이 노란색에 멈출 가능성이 같도록 회전판을 색칠해 보세요.

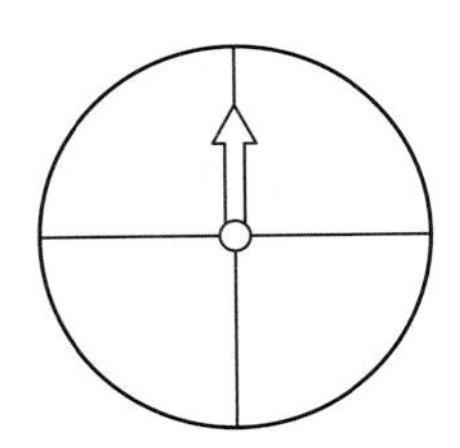

서술형 **19** 수진이네 모둠 친구들이 말한 일이 일어날 가능성을 비교하려고 합니다. 가능성이 낮은 친구부터 차례로 이름을 쓰는 풀이 과정을 쓰고 답을 구해 보세요.

[수진] 2를 4번 더하면 6이 나올 거야.
[정빈] 오늘이 목요일이면 내일은 금요일일 거야.
[주호] 동전을 3번 던지면 3번 모두 그림면이 나올거야.
[미영] 주차장에서 처음 본 자동차 번호판의 마지막 숫자는 짝수일 거야.

풀이

답

20 지선이네 반 남학생과 여학생의 몸무게의 평균을 나타낸 표입니다. 지선이네 반 전체 학생들의 몸무게의 평균은 몇 kg인가요?

남학생 6명의 몸무게 평균	39.4 kg
여학생 4명의 몸무게 평균	33.4 kg

( )

학교 시험 만점왕 ②회

정답과 해설 67쪽

01 서하네 모둠 친구들의 줄넘기 기록을 나타낸 표입니다. □ 안에 알맞은 수를 써넣으세요.

서하네 모둠의 줄넘기 기록

이름	서하	연우	진성	희정
기록(분)	58	71	45	58

줄넘기 기록 58, 71, 45, 58을 고르게 하면 58, □, □, 58이 되므로 □을 서하네 모둠의 줄넘기 기록을 대표하는 값으로 정합니다.

02 정연이네 모둠 친구들이 하루에 휴대폰을 사용하는 시간을 나타낸 표입니다. □ 안에 알맞은 수를 써넣으세요.

하루 휴대폰 사용 시간

이름	정연	성희	수현	민호	주선
시간(분)	55	30	25	50	40

하루 휴대폰 사용 시간 55, 30, 25, 50, 40을 모두 더해 모둠 친구 수 □로 나눈 수 □을 정연이네 모둠 친구들의 하루 휴대폰 사용 시간을 대표하는 값으로 정합니다.

03 주황색 종이테이프는 19 cm이고 초록색 종이테이프는 15 cm입니다. 두 종이테이프 길이의 평균은 몇 cm인가요?

19 cm

15 cm

(　　　　　　)

04 초등학교 학생들의 하루 인터넷 사용 시간의 평균은 142.3분이라고 합니다. 바르게 말한 친구는 누구인가요?

초등학교 학생들 중에서 하루에 142.3분 동안 인터넷 사용하는 학생들이 가장 많다는 말이야.

초등학교 학생들의 하루 인터넷 사용 시간을 고르게 하면 142.3분이라는 뜻이야.

(　　　　　　)

05 정우의 200 m 달리기 기록을 나타낸 표입니다. 정우의 200 m 달리기 기록의 평균은 몇 초인가요?

정우의 200 m 달리기 기록

회	1회	2회	3회	4회
시간(초)	39	42	38	41

(　　　　　　)

06 6개의 상자에 감이 204개 들어 있고, 8개의 상자에 귤이 264개 들어 있습니다. 한 상자당 들어 있는 개수가 더 많은 과일은 감과 귤 중 어느 것인가요?

(　　　　　　)

07 윤호의 시험 점수를 나타낸 표입니다. 과학 점수는 평균보다 높은 편인가요? 낮은 편인가요?

윤호의 시험 점수

과목	국어	수학	사회	과학	영어
점수(점)	90	94	78	82	86

(　　　　　　)

08 국어, 수학, 과학의 점수의 평균은 몇 점인가요?

- 국어와 과학의 점수의 평균은 75점입니다.
- 수학 점수는 87점입니다.

(　　　　　　　　　　)

09 어느 자동차 대리점의 판매량을 나타낸 표입니다. 판매량의 평균이 72대라면 10월의 판매량은 몇 대인가요?

자동차 판매량

월	9월	10월	11월	12월
판매량(대)	81		79	70

(　　　　　　　　　　)

서술형 10 준하의 멀리뛰기 기록을 나타낸 표입니다. 준하가 5회 동안 얻은 기록의 평균이 4회 동안 얻은 기록의 평균보다 높으려면 5회 기록은 몇 cm 초과이어야 하는지 풀이 과정을 쓰고 답을 구해 보세요.

준하의 멀리뛰기 기록

회	1회	2회	3회	4회
기록 (cm)	269	275	283	253

풀이

답

11 일이 일어날 가능성을 잘못 이야기한 친구는 누구인가요?

지구에서 우주까지 걸어서 가는 건 불가능해.
여름 다음에 봄이 오는 것은 확실해.
종국
정하

(　　　　　　　　　　)

12 일이 일어날 가능성이 '반반이다'인 경우를 찾아 기호를 써 보세요.

㉠ ○× 문제의 정답이 ○일 가능성
㉡ 주사위를 굴리면 주사위 눈의 수가 7 이상일 가능성
㉢ 계산기에 [3] [×] [5] [=]을 누르면 15가 나올 가능성

(　　　　　　　　　　)

13 일이 일어날 가능성이 '불가능하다'인 경우를 말한 친구의 이름을 쓰고, 일이 일어날 가능성이 '확실하다'가 되도록 고쳐 보세요.

[수정] 오늘은 수요일이니까 2일 후에는 토요일이 될 거야.
[민주] 지금은 오후 1시니까 3시간 전에는 오전 10시였을 거야.

이름

고치기

[14~15] 주머니 속에 파란색 구슬 3개와 빨간색 구슬 3개가 들어 있습니다. 물음에 답하세요.

14 주머니에서 구슬 한 개를 꺼낼 때 꺼낸 구슬이 검은색일 가능성에 ↓로 나타내어 보세요.

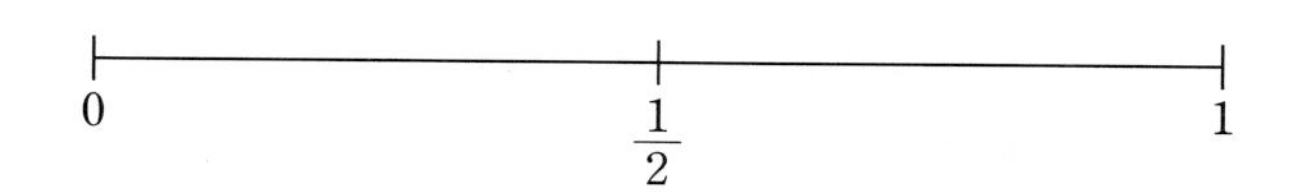

15 주머니에서 구슬 한 개를 꺼낼 때 꺼낸 구슬이 파란색일 가능성을 수로 표현해 보세요.

( )

16 수 카드 4장 중에서 한 장을 뽑을 때 일이 일어날 가능성이 낮은 것부터 차례대로 기호를 써 보세요.

4 7 2 9

㉠ 7이 나올 가능성
㉡ 2의 배수가 나올 가능성
㉢ 15의 약수가 나올 가능성
㉣ 10보다 작은 수가 나올 가능성

( )

17 화살이 멈추었을 때 가리킬 가능성이 높은 색의 순서가 다음과 같습니다. 회전판에 알맞게 색칠해 보세요.

초록색, 파란색, 빨간색

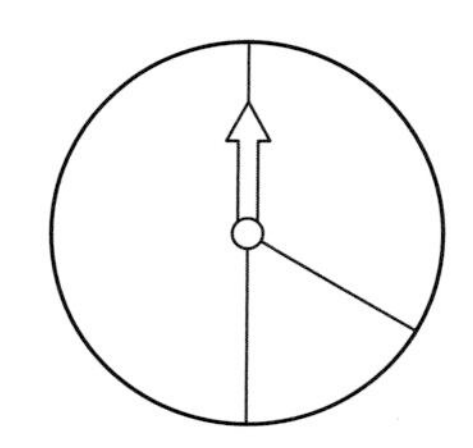

18 오른쪽과 같은 회전판이 있습니다. 회전판을 50번 돌려 화살이 멈춘 횟수를 나타낸 표 중 일이 일어날 가능성이 가장 비슷한 것을 찾아 기호를 써 보세요.

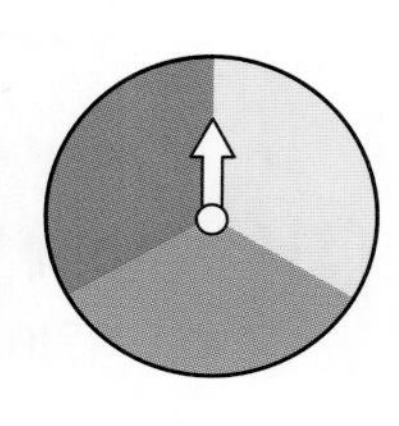

㉠

색깔	빨간색	파란색	노란색
횟수(회)	25	12	13

㉡

색깔	빨간색	파란색	노란색
횟수(회)	16	17	17

㉢

색깔	빨간색	파란색	노란색
횟수(회)	10	30	10

( )

19 민상이가 상자에서 사탕을 1개 꺼낼 때 꺼낸 사탕이 딸기맛 사탕일 가능성을 수로 표현해 보세요.

상자에는 사과맛 사탕 3개와 수박맛 사탕 4개가 들어 있어.

( )

서술형 **20** 지윤이네 가족은 자동차를 타고 할머니 댁에 갔습니다. 집에서 3시간 동안 265 km를 달려서 휴게소에 도착하고, 휴게소에서 2시간 동안 175 km 달려서 할머니 댁에 도착하였습니다. 자동차는 한 시간 동안 평균 몇 km를 가는 빠르기로 달렸는지 구하는 풀이 과정을 쓰고 답을 구해 보세요.

풀이

답

서술형·논술형 평가 6단원

01

지원이네 모둠의 고리 던지기 기록을 나타낸 표입니다. 지원이네 모둠의 고리 던지기 기록의 평균을 예상하고, 수를 고르게 하여 평균은 몇 개인지 구하는 풀이 과정을 쓰고 답을 구해 보세요.

지원이네 모둠의 고리 던지기 기록

이름	지원	재석	동훈	이경	진주
기록(개)	3	5	2	6	4

풀이

답

02

지난주 선주네 교실의 실내 온도를 매일 낮 12시에 재어 나타낸 표입니다. 지난주 선주네 교실의 낮 12시 실내 온도의 평균은 몇 °C인지 구하는 풀이 과정을 쓰고 답을 구해 보세요.

교실의 실내 온도

요일	월	화	수	목	금
온도(°C)	19	17	21	23	20

풀이

답

03

태희네 과수원에는 사과나무가 55그루 있고, 사과나무 한 그루에 사과가 평균 80개씩 열렸습니다. 이 사과를 한 개에 2000원씩 받고 모두 팔았다면 사과를 판 금액은 얼마인지 구하는 풀이 과정을 쓰고 답을 구해 보세요.

풀이

답

04

효빈이네 반에서 모둠별로 하루 동안 발표한 횟수를 나타낸 표입니다. 모둠별로 하루 동안 발표한 횟수의 평균이 가장 높은 모둠은 어느 모둠인지 구하는 풀이 과정을 쓰고 답을 구해 보세요.

모둠 친구 수와 발표 횟수

모둠명	모둠 1	모둠 2	모둠 3
모둠 친구 수(명)	4	5	6
발표 횟수(개)	64	65	90

풀이

답

05

정후네 학교에서 왕복 오래달리기 대회를 하였습니다. 모둠의 왕복 오래달리기 기록의 평균이 80회 이상 되어야 준결승에 올라갈 수 있습니다. 정후네 모둠이 준결승에 올라가려면 찬호는 적어도 몇 회를 달려야 하는지 구하는 풀이 과정을 쓰고 답을 구해 보세요.

정후네 모둠의 왕복 오래달리기 기록

이름	정후	신수	찬호	대호	병규
기록(회)	87	80		63	75

풀이

답

정답과 해설 69쪽

06 성철이와 영희의 제자리멀리뛰기 기록입니다. 두 사람의 제자리멀리뛰기 기록의 평균이 같을 때 영희의 2회 제자리멀리뛰기 기록은 몇 cm인지 구하는 풀이 과정을 쓰고 답을 구해 보세요.

성철이의 기록

회	기록(cm)
1회	148
2회	150
3회	134
4회	144
5회	149

영희의 기록

회	기록(cm)
1회	140
2회	
3회	150
4회	139

풀이

답

07 주사위를 한 번 굴릴 때 일이 일어날 가능성을 잘못 말한 친구를 찾고, 바르게 고쳐 보세요.

[서희] 주사위 눈의 수가 0일 가능성은 '불가능하다'야.
[규민] 주사위 눈의 수가 짝수일 가능성은 '반반이다'야.
[선아] 주사위 눈의 수가 5일 가능성은 '~일 것 같다'야.

잘못 말한 친구

고치기

08 서주, 형석, 준호는 다음과 같이 회전판을 만들었습니다. 회전판을 돌렸을 때 화살이 노란색에 멈출 가능성이 높은 것부터 차례대로 친구의 이름을 쓰는 풀이 과정을 쓰고 답을 구해 보세요.

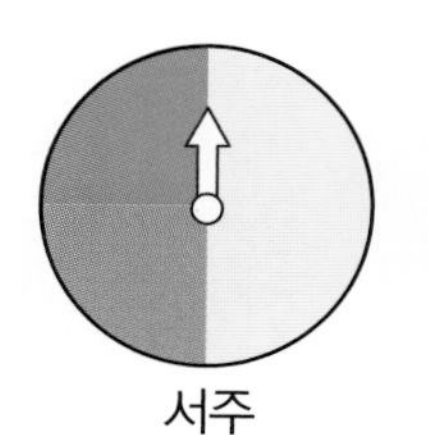
서주

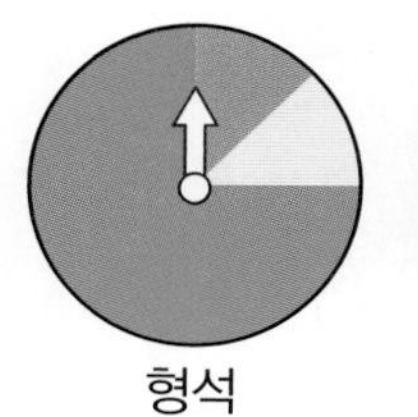
형석

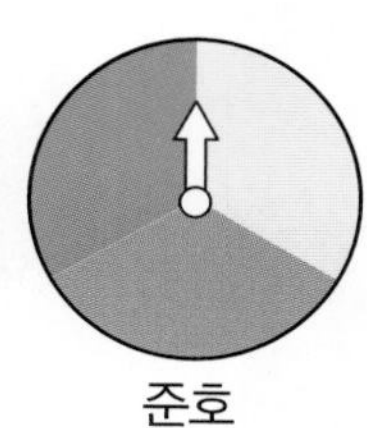
준호

풀이

답

09 구슬 10개가 들어 있는 주머니에서 구슬 한 개를 꺼냈을 때 파란색 구슬이 나올 가능성을 수로 표현하면 1입니다. 주머니에 들어 있는 파란색 구슬은 몇 개인지 구하는 풀이 과정을 쓰고 답을 구해 보세요.

풀이

답

10 두 사람이 말한 일의 가능성을 각각 수로 표현한 값의 차를 구하는 풀이 과정을 쓰고 답을 구해 보세요.

도경: 12월에는 크리스마스가 있을 거야.

가영: 주현이는 오늘 치마와 바지 중에서 치마를 입을 거야.

풀이

답

MEMO

BOOK 3
해설책
만점왕
수학
5-2

1 단원 수의 범위와 어림하기

문제를 풀며 이해해요 9쪽

1 (1) 지호, 준우, 효민
(2) 11초, 12.6초, 11.8초
(3) 세민, 수지, 예나
(4) 8.9초, 10초, 9.7초

2 5, 6, 7, 8, 9 / 9, 10, 11, 12

교과서 내용 학습 10~11쪽

01 이상

02 53, 52.1, 55, 51에 ○표, 50, 49, 44.5, 42에 △표

03 성진, 태형, 예주

04 진서, 지나

05 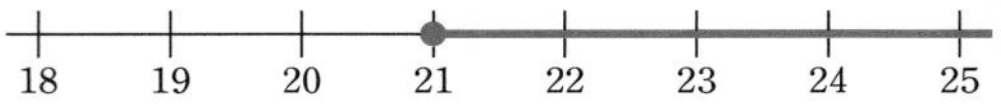

06 ③

07 54

08 태우, 민수, 주혜

09 3명

10 5, 10, 15, 20, 25, 30

문제해결 접근하기

11 풀이 참조

01 28, 29.5, 31, 35 등과 같이 28과 같거나 큰 수를 28 이상인 수라고 합니다.

02 51 이상인 수는 51과 같거나 큰 수로 53, 52.1, 55, 51입니다.
50 이하인 수는 50과 같거나 작은 수로 50, 49, 44.5, 42입니다.

03 한 달 동안 읽은 책이 7권과 같거나 많은 학생은 성진(7권), 태형(9권), 예주(10권)입니다.

04 한 달 동안 읽은 책이 4권과 같거나 작은 학생은 진서(3권), 지나(4권)입니다.

05 21 이상인 수는 기준이 되는 수 21을 수직선에 점 ●로 나타내고, 오른쪽으로 선을 긋습니다.

06 22를 점 ●으로 나타내고, 왼쪽으로 선을 그었으므로 22 이하인 수입니다.

07 15와 같거나 작은 수는 12, 13, 14, 15이므로 15 이하인 수들의 합은 $12+13+14+15=54$입니다.

08 나이가 15세와 같거나 많은 사람은 태우(15세), 민수(17세), 주혜(16세)입니다.

09 키가 120 cm와 같거나 작은 사람은 시후(119.8 cm), 나은(120 cm), 시율(110.5 cm)입니다.
이 놀이 기구를 탈 수 있는 학생은 3명입니다.

10 5의 배수는 5를 1배, 2배, 3배, ...한 수이므로 5, 10, 15, 20, ...입니다.
30 이하인 수 중 5의 배수를 모두 쓰면 5, 10, 15, 20, 25, 30입니다.

문제해결 접근하기

11 **이해하기** | 예 가족 중에서 투표할 수 있는 사람의 수를 구하려고 합니다.
계획 세우기 | 예 나이가 만 18세 이상이면 투표할 수 있으므로 만 18세 이상인 사람이 몇 명인지 구합니다.
해결하기 | (1) '많은'에 ○표
(2) 아버지, 어머니, 누나, 할머니, 4
되돌아보기 | 예 나이가 18세와 같거나 작은 사람은 나(11세), 동생(8세), 누나(18세)입니다.

문제를 풀며 이해해요 13쪽

1 (1) 윤지, 영준, 도훈 (2) 21.5 kg, 22.8 kg, 24 kg
(3) 하준, 지우 (4) 18.3 kg, 17.9 kg

2 (1) 28, 29, 30 (2) 24, 25, 26

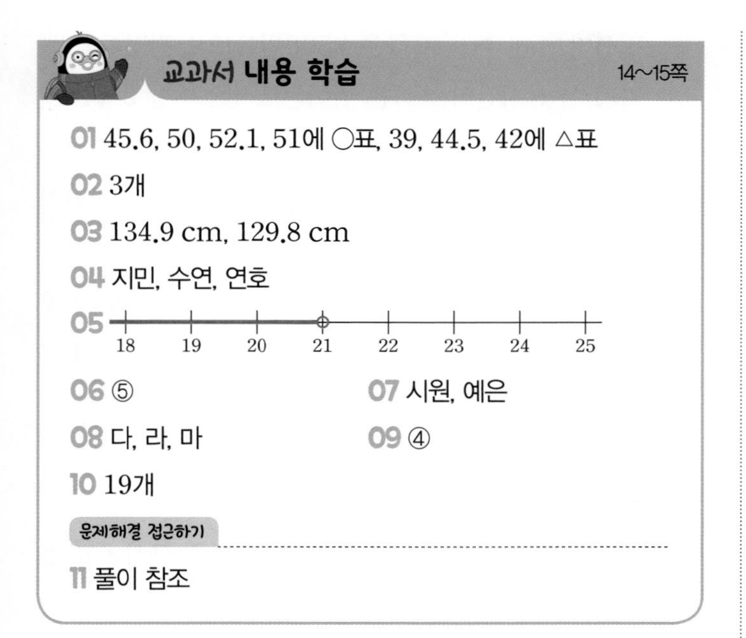

교과서 내용 학습 14~15쪽

01 45.6, 50, 52.1, 51에 ○표, 39, 44.5, 42에 △표

02 3개

03 134.9 cm, 129.8 cm

04 지민, 수연, 연호

05

06 ⑤

07 시원, 예은

08 다, 라, 마

09 ④

10 19개

문제해결 접근하기

11 풀이 참조

01 45 초과인 수는 45보다 큰 수로 45.6, 50, 52.1, 51입니다.
45 미만인 수는 45보다 작은 수로 39, 44.5, 42입니다.

02 30 초과인 수는 30보다 큰 수로 31, 32, 33입니다.
30 초과인 수는 3개입니다.

03 제자리 멀리뛰기를 한 거리가 135 cm보다 짧은 기록은 134.9 cm, 129.8 cm입니다.

04 제자리 멀리뛰기를 한 거리가 135 cm보다 긴 학생은 지민(138 cm), 수연(142.5 cm), 연호(135.1 cm)입니다.

05 21 미만인 수는 기준이 되는 수 21을 수직선에 점 ○로 나타내고, 왼쪽으로 선을 긋습니다.

06 42를 점 ○으로 나타내고, 오른쪽으로 선을 그었으므로 42 초과인 수입니다.

07 한 한기 동안 읽은 책이 50권보다 많은 학생인 시원(55권), 예은(51권)이가 상을 받습니다.

08 2 m=200 cm이므로 높이가 200 cm 미만인 자동차가 터널을 통과할 수 있습니다.
터널을 통과할 수 있는 자동차는 다(177.5 cm), 라(150.5 cm), 마(195.5 cm)입니다.

09 ① 12 이상인 수는 12와 같거나 큰 수이므로 12가 포함됩니다.
② 12 이하인 수는 12와 같거나 작은 수이므로 12가 포함됩니다.
③ 11 이상인 수는 11과 같거나 큰 수이므로 12가 포함됩니다.
④ 12 미만인 수는 12보다 작은 수이므로 12가 포함되지 않습니다.
⑤ 10 초과인 수는 10보다 큰 수이므로 12가 포함됩니다.

10 20 초과 40 미만인 수는 20보다 크고 40보다 작은 수입니다.
20 초과 40 미만인 자연수는 21, 22, 23, ... , 38, 39로 모두 19개입니다.

문제해결 접근하기

11 **이해하기** | 예 만들 수 있는 두 자리 수 중 60 초과인 수의 개수를 구하려고 합니다.
계획 세우기 | 예 60 초과인 수를 만들기 위해서 십의 자리에 놓을 수 있는 수 카드를 먼저 알아봅니다.
해결하기 | (1) '큰'에 ○표, 6, 8
(2) 62, 64, 68, 82, 84, 86
(3) 6
되돌아보기 | 예 50 미만인 수는 50보다 작은 수이므로 50 미만인 수를 만들려면 십의 자리에 2와 4를 놓을 수 있습니다.
만들 수 있는 두 자리 수 중 50 미만인 수는 24, 25, 27, 29, 42, 45, 47, 49입니다.
만들 수 있는 두 자리 수 중 50 미만인 수는 모두 8개입니다.

문제를 풀며 이해해요 17쪽

1 (1) 2등급 (2) 정호 (3) 4등급

2 (1) 25, 26 (2) 4개

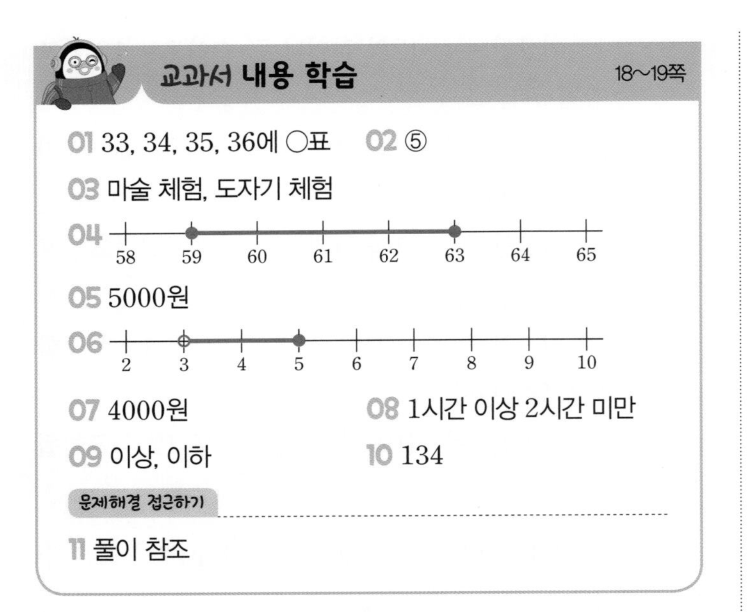

교과서 내용 학습 18~19쪽

01 33, 34, 35, 36에 ○표 02 ⑤

03 마술 체험, 도자기 체험

04 (수직선: 59 이상 63 이하)

05 5000원

06 (수직선: 3 초과 5 이하)

07 4000원 08 1시간 이상 2시간 미만

09 이상, 이하 10 134

문제해결 접근하기

11 풀이 참조

01 32 초과 36 이하인 수는 32보다 크고 36과 같거나 작은 수입니다.
32 초과 36 이하인 수는 33, 34, 35, 36입니다.

02 ① 50과 57.2가 포함되지 않습니다.
② 50과 51이 포함되지 않습니다.
③ 50과 57.2가 포함되지 않습니다.
④ 50이 포함되지 않습니다.
주어진 수를 모두 포함하는 범위는 ⑤ 50 이상 58 미만인 수입니다.

03 12세인 현수가 이용할 수 있는 체험 프로그램은 12세 이하 이용 가능한 마술 체험과 12세 이상 이용 가능한 도자기 체험입니다.

04 이상과 이하는 기준이 되는 수를 포함하므로 59와 63을 점 ●으로 나타내고, 두 점 사이를 선으로 연결합니다.

05 7 kg은 5 kg 초과 7 kg 이하에 포함되므로 연주가 내야 할 택배 요금은 5000원입니다.

06 주환이가 내야 할 택배 요금은 4500원이므로 3 kg 초과 5 kg 이하입니다. 3은 점 ○으로, 5는 점 ●으로 나타내고, 두 점 사이를 선으로 연결합니다.

07 2시간 10분은 2시간 이상 3시간 미만에 포함되므로 주희가 내야 할 이용 요금은 4000원입니다.

08 진성이가 낸 이용 요금은 3500원이므로 진성이의 북 카페 이용 시간이 속하는 범위는 1시간 이상 2시간 미만입니다.

09 12와 17을 모두 포함하므로 12 이상 17 이하인 자연수입니다.

10 35 초과 99 미만인 자연수 중 가장 큰 수는 98, 가장 작은 수는 36입니다. 가장 큰 수와 가장 작은 수의 합은 $98+36=134$입니다.

문제해결 접근하기

11 **이해하기** | 예 지우와 체급이 같은 학생을 구하려고 합니다.
계획 세우기 | 예 지우의 몸무게가 속한 체급의 범위를 확인하고, 그 범위에 속한 학생들의 이름을 찾습니다.
해결하기 | (1) 30.5, 플라이
(2) 30, 32, 하령, 혜린
되돌아보기 | 예 밴텀급은 32 kg 초과 34 kg 이하이므로 밴텀급에 속하는 학생은 아윤(33.7 kg), 유나(32.8 kg)입니다.

문제를 풀며 이해해요 21쪽

1 (1) 1, 9, 0 (2) 2, 0, 0
2 (위에서부터) 330, 400 / 590, 600
3 (1) 4, 0, 0 (2) 7, 0, 0, 0
4 (위에서부터) 770, 700 / 1890, 1800

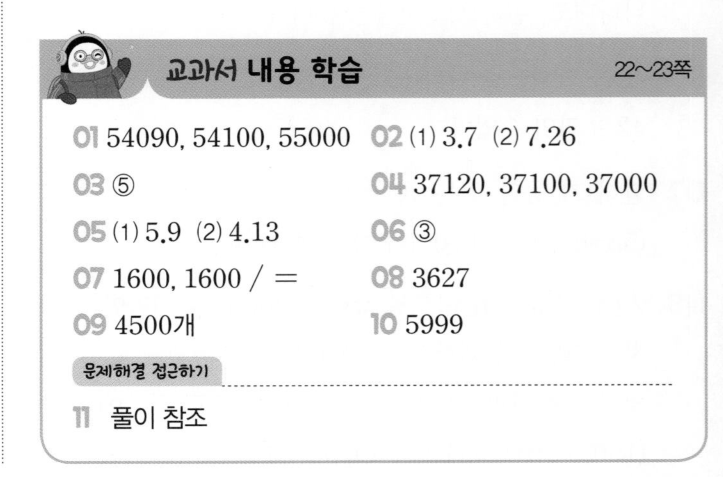

교과서 내용 학습 22~23쪽

01 54090, 54100, 55000 02 (1) 3.7 (2) 7.26

03 ⑤ 04 37120, 37100, 37000

05 (1) 5.9 (2) 4.13 06 ③

07 1600, 1600 / = 08 3627

09 4500개 10 5999

문제해결 접근하기

11 풀이 참조

01 십의 자리: 54089 ➡ 54090
백의 자리: 54089 ➡ 54100
천의 자리: 54089 ➡ 55000

02 (1) 3.68 ➡ 3.7
(2) 7.253 ➡ 7.26

03 ① 3245 ➡ 3300
② 3241 ➡ 3300
③ 3239 ➡ 3300
④ 3210 ➡ 3300
⑤ 3145 ➡ 3200
올림하여 백의 자리까지 나타낸 수가 다른 것은 ⑤ 3145입니다.

04 십의 자리: 37125 ➡ 37120
백의 자리: 37125 ➡ 37100
천의 자리: 37125 ➡ 37000

05 (1) 5.99 ➡ 5.9
(2) 4.139 ➡ 4.13

06 ① 4512 ➡ 4000
② 4989 ➡ 4000
③ 5900 ➡ 5000
④ 6000 ➡ 6000
⑤ 6130 ➡ 6000
버림하여 천의 자리까지 나타내었을 때 5000이 되는 수는 ③ 5900입니다.

07 1592를 올림하여 십의 자리까지 나타낸 수 ➡ 1600
1691을 버림하여 백의 자리까지 나타낸 수 ➡ 1600

08 정우의 사물함 자물쇠의 비밀번호는 □□27입니다.
□□27을 올림하여 백의 자리까지 나타내면 3700이므로 정우의 사물함 자물쇠의 비밀번호는 3627입니다.

09 한 상자에 고구마를 100개씩 담아서 팔려고 하므로 4560을 버림하여 백의 자리까지 나타냅니다.
4560 ➡ 4500
상자에 담아서 팔 수 있는 고구마는 4500개입니다.

10 버림하여 천의 자리까지 나타내면 5000이 되는 자연수는 5□□□입니다.
버림하여 천의 자리까지 나타내면 5000이 되는 자연수 중에서 가장 큰 수는 5999입니다.

문제해결 접근하기

11 **이해하기** | ㉠ 책값을 1000원짜리 지폐로만 낼 때 내야 하는 돈을 구하려고 합니다.
계획 세우기 | ㉠ 책값을 구한 뒤 책값을 올림하여 천의 자리까지 나타냅니다.
해결하기 | (1) 24400 (2) 25000 (3) 25000
되돌아보기 | ㉠ 희원이가 제과점에서 사려는 빵값은 $27500+7800\times2=43100$(원)입니다.
10000원짜리 지폐로만 내야 하므로 43100을 올림하여 만의 자리까지 나타냅니다.
43100 ➡ 50000
희원이가 제과점에 내야 할 돈은 적어도 50000원입니다.

문제를 풀며 이해해요 25쪽

1 (1) 7, 6, 0, 0 (2) 8, 0, 0, 0
2 (위에서부터) 2710, 2700 / 50860, 50900
3 (1) 올림 (2) 6000원
4 (1) 버림 (2) 600개

교과서 내용 학습 26~27쪽

01 38630, 38600, 39000
02 (1) 3.3 (2) 2.6
03 ①
04 5, 6, 7, 8, 9
05 5747, 5642
06 53000원
07 13000원
08 13000, 23000, 15000
09 15번
10 (수직선: 310, 320, 330)

문제해결 접근하기

11 풀이 참조

01 구하려는 자리 바로 아래 자리 숫자가 0, 1, 2, 3, 4이면 버리고, 5, 6, 7, 8, 9이면 올립니다.
십의 자리: 38629 ➡ 38630
백의 자리: 38629 ➡ 38600
천의 자리: 38629 ➡ 39000

02 소수 둘째 자리 숫자가 0, 1, 2, 3, 4이면 버리고, 5, 6, 7, 8, 9이면 올립니다.
(1) 3.25 ➡ 3.3
(2) 2.645 ➡ 2.6

03 ① 9251 ➡ 9300
② 9360 ➡ 9400
③ 9219 ➡ 9200
④ 9182 ➡ 9200
⑤ 9238 ➡ 9200
반올림하여 백의 자리까지 나타내면 9300이 되는 수는 ① 9251입니다.

04 주어진 수의 십의 자리 숫자가 4인데 반올림하여 5가 되었으므로 일의 자리에서 올림한 것입니다.
□ 안에 들어갈 수 있는 숫자는 5, 6, 7, 8, 9입니다.

05
- 5590을 반올림하여 백의 자리까지 나타내기 ➡ 5600
  5590을 버림하여 백의 자리까지 나타내기 ➡ 5500
- 5747을 반올림하여 백의 자리까지 나타내기 ➡ 5700
  5747을 버림하여 백의 자리까지 나타내기 ➡ 5700
- 5642를 반올림하여 백의 자리까지 나타내기 ➡ 5600
  5642를 버림하여 백의 자리까지 나타내기 ➡ 5600
- 5484를 반올림하여 백의 자리까지 나타내기 ➡ 5500
  5484를 버림하여 백의 자리까지 나타내기 ➡ 5400

반올림하여 백의 자리까지 나타낸 수와 버림하여 백의 자리까지 나타낸 수가 같은 수는 5747, 5642입니다.

06 1000원짜리 지폐로만 모자값을 내려고 하므로 52500을 올림하여 천의 자리까지 나타냅니다.
52500 ➡ 53000
1000원짜리 지폐로만 사려면 적어도 53000원을 내야 합니다.

07 (현우의 저금통에서 꺼낸 돈)
$=100\times125+50\times21+10\times35$
$=12500+1050+350$
$=13900$(원)
1000원짜리 지폐로 바꾸려고 하므로 13900을 버림하여 천의 자리까지 나타냅니다.
13900 ➡ 13000
1000원짜리 지폐로 바꿀 수 있는 금액은 최대 13000원입니다.

08 1일: 13251 ➡ 13000
2일: 22698 ➡ 23000
3일: 15356 ➡ 15000

09 $283\div20=14\cdots3$
등산객 283명은 20명씩 케이블카를 14번 운행하면 3명이 남습니다.
남은 3명도 케이블카를 타야 하므로 케이블카는 적어도 15번 운행해야 합니다.

10 반올림할 때 일의 자리에서 올림했다면 어떤 수는 315 이상이어야 하고, 일의 자리에서 버림했다면 어떤 수는 325 미만이어야 합니다.
수직선에 315는 점 ●으로, 325는 점 ○으로 나타내고, 두 점을 선으로 잇습니다.

문제해결 접근하기

11 **이해하기** | 예 상자에 담아 판매할 수 있는 사과의 최대 가격을 구하려고 합니다.
계획 세우기 | 예 사과 1026개를 몇 상자에 담을 수 있는지 구한 후에 한 상자의 가격을 상자 수에 곱합니다.
해결하기 | (1) 20, 26 (2) 20, 26 (3) 20, 200000
되돌아보기 | 예 $531\div12=44\cdots3$
배를 한 상자에 12개씩 담으면 44상자이고 배 3개가 남습니다.
한 상자의 가격이 8000원이므로 상자에 담아 판매할 수 있는 배의 가격은
$44\times8000=352000$(원)입니다.

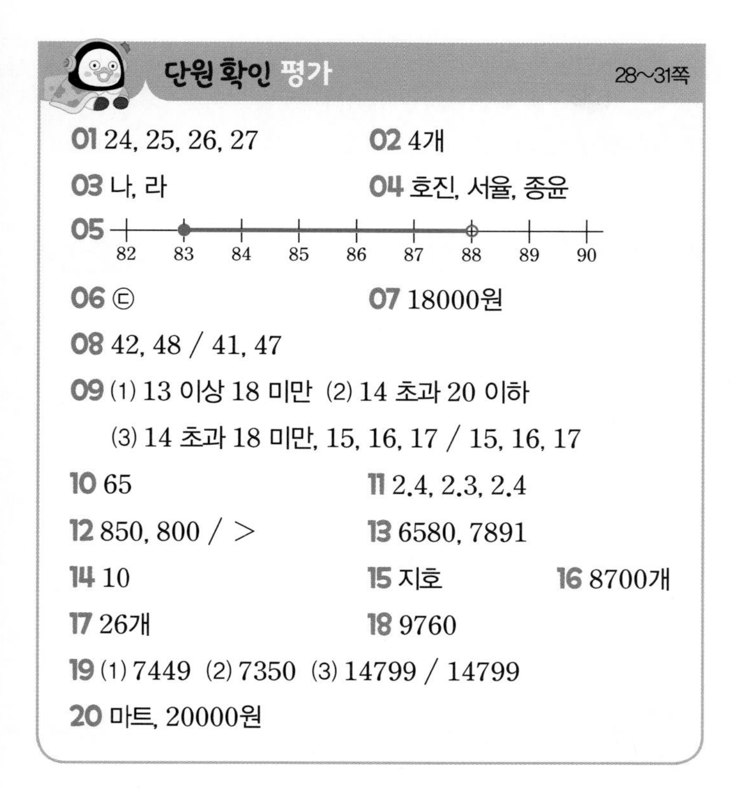
단원 확인 평가 28~31쪽

01 24, 25, 26, 27　　02 4개
03 나, 라　　04 호진, 서율, 종윤
05

06 ㉢　　07 18000원
08 42, 48 / 41, 47
09 (1) 13 이상 18 미만 (2) 14 초과 20 이하
(3) 14 초과 18 미만, 15, 16, 17 / 15, 16, 17
10 65　　11 2.4, 2.3, 2.4
12 850, 800 / >　　13 6580, 7891
14 10　　15 지호　　16 8700개
17 26개　　18 9760
19 (1) 7449 (2) 7350 (3) 14799 / 14799
20 마트, 20000원

01 24와 같거나 큰 수는 24, 25, 26, 27입니다.

02 22보다 작은 수는 18, 19, 20, 21로 모두 4개입니다.

03 무게가 8 kg이거나 작은 가방은 나(7.7 kg), 라(8 kg)입니다.

04 키가 120 cm보다 커야 놀이 기구를 탈 수 있습니다. 키가 120 cm보다 큰 학생은 호진(125.3 cm), 서율(128.5 cm), 종윤(135.1 cm)입니다.

06 ㉠ 35보다 크고 39와 같거나 작은 자연수는 36, 37, 38, 39로 4개입니다.
㉡ 35와 같거나 크고 39보다 작은 자연수는 35, 36, 37, 38로 4개입니다.
㉢ 35와 같거나 크고 40과 같거나 작은 자연수는 35, 36, 37, 38, 39, 40으로 6개입니다.
㉣ 35보다 크고 39보다 작은 자연수는 36, 37, 38로 3개입니다.
수의 범위에 포함되는 자연수의 개수가 가장 많은 것은 ㉢입니다.

07 1시간 50분은 1시간 이상 2시간 미만에 포함됩니다. 지용이가 내야 할 이용 요금은 18000원입니다.

08 42부터 포함되므로 42 이상 또는 41 초과인 자연수이고, 47까지 포함되므로 47 이하 또는 48 미만인 자연수입니다.

09 채점 기준

채점 기준	배점
가 수직선에 나타낸 수의 범위를 구한 경우	30 %
나 수직선에 나타낸 수의 범위를 구한 경우	30 %
두 수의 범위에 공통으로 속하는 자연수를 모두 구한 경우	40 %

10 수직선에 나타낸 수의 범위는 60 이상 ㉠ 미만인 수이므로 60과 같거나 크고 ㉠보다 작은 수입니다.
수직선에 나타낸 수의 범위에 있는 자연수는 5개이므로 60, 61, 62, 63, 64이고 ㉠은 포함되지 않으므로 ㉠에 알맞은 자연수는 65입니다.

11 올림: 2.357 ➡ 2.4
버림: 2.357 ➡ 2.3
반올림: 2.357 ➡ 2.4

12 842를 올림하여 십의 자리까지 나타낸 수 ➡ 850
842를 버림하여 백의 자리까지 나타낸 수 ➡ 800

13
- 6580을 올림하여 천의 자리까지 나타내기 ➡ 7000
  6580을 반올림하여 천의 자리까지 나타내기 ➡ 7000
- 5219를 올림하여 천의 자리까지 나타내기 ➡ 6000
  5219를 반올림하여 천의 자리까지 나타내기 ➡ 5000
- 7891을 올림하여 천의 자리까지 나타내기 ➡ 8000
  7891을 반올림하여 천의 자리까지 나타내기 ➡ 8000
- 2413을 올림하여 천의 자리까지 나타내기 ➡ 3000
  2413을 반올림하여 천의 자리까지 나타내기 ➡ 2000

올림하여 천의 자리까지 나타낸 수와 반올림하여 천의 자리까지 나타낸 수가 같은 수는 6580, 7891입니다.

14 주어진 수의 백의 자리 숫자가 5인데 반올림하여 5가 되었으므로 십의 자리에서 버림한 결과와 같습니다.
□ 안에 들어갈 수 있는 수는 0, 1, 2, 3, 4입니다.
□ 안에 들어갈 수 있는 수의 합은
$0+1+2+3+4=10$입니다.

15 [지호] 올림의 방법으로 문제를 해결해야 합니다.
[수연] 버림의 방법으로 문제를 해결해야 합니다.
[선우] 버림의 방법으로 문제를 해결해야 합니다.
어림하는 방법이 다른 친구는 지호입니다.

16 100개씩 포장하여 판매하므로 8712를 버림하여 백의 자리까지 나타냅니다.
8712 ➡ 8700
판매할 수 있는 야구공은 최대 8700개입니다.

17 $517 \div 20 = 25 \cdots 17$
학생 517명은 의자 1개에 20명씩 25개에 앉으면 17명이 남습니다.
남은 17명도 앉아야 하므로 의자는 26개가 있어야 합니다.

18 만들 수 있는 가장 큰 네 자리 수는 9763입니다.
9763을 반올림하여 십의 자리까지 나타냅니다.
9763 ➡ 9760

19 채점 기준

채점 기준	
반올림하여 백의 자리까지 나타내면 7400이 되는 수 중 가장 큰 수를 구한 경우	40 %
반올림하여 백의 자리까지 나타내면 7400이 되는 수 중 가장 작은 수를 구한 경우	40 %
가장 큰 수와 가장 작은 수의 합을 구한 경우	20 %

20 $365 \div 10 = 36 \cdots 5$이므로 문구점에서 10권씩 묶음으로 사면 37 묶음을 사야 합니다.
(문구점에서 살 때 금액)$= 4000 \times 37 = 148000$(원)
$365 \div 100 = 3 \cdots 65$이므로 마트에서 100권씩 상자로 사면 4상자를 사야 합니다.
(마트에서 살 때 금액)$= 32000 \times 4 = 128000$(원)
마트에서 사는 것이 $148000 - 128000 = 20000$(원) 더 저렴합니다.

수학으로 세상보기 33쪽

2 9400000, 3300000, 2400000, 3000000, 1400000, 1400000, 1100000

2 단원 분수의 곱셈

문제를 풀며 이해해요 37쪽

1 $\frac{3}{4}$, $\frac{3}{4}$, $\frac{3}{4}$, 3, 9, $2\frac{1}{4}$

2 (왼쪽에서부터) (1) 21, 5, $\frac{21}{5}$, $4\frac{1}{5}$ (2) 5, 3, $\frac{21}{5}$, $4\frac{1}{5}$
(3) 5, 3, $\frac{21}{5}$, $4\frac{1}{5}$

3 (1) 12, 24, $3\frac{3}{7}$ (2) 5, 2, 3, $3\frac{3}{7}$

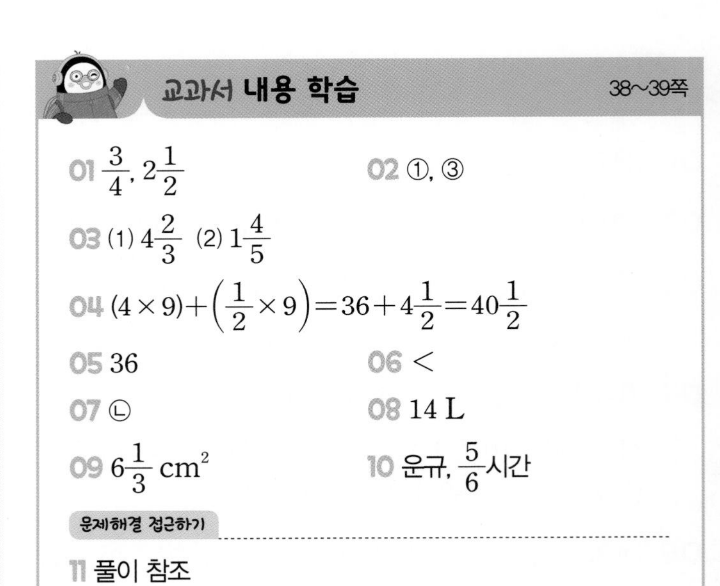

교과서 내용 학습 38~39쪽

01 $\frac{3}{4}$, $2\frac{1}{2}$　**02** ①, ③

03 (1) $4\frac{2}{3}$ (2) $1\frac{4}{5}$

04 $(4 \times 9) + \left(\frac{1}{2} \times 9\right) = 36 + 4\frac{1}{2} = 40\frac{1}{2}$

05 36　**06** <

07 ㉡　**08** 14 L

09 $6\frac{1}{3}$ cm^2　**10** 운규, $\frac{5}{6}$시간

문제해결 접근하기

11 풀이 참조

01 $\frac{1}{4} \times 3 = \frac{3}{4}$

$\frac{1}{\cancel{4}_{2}} \times \cancel{10}^{5} = \frac{5}{2} = 2\frac{1}{2}$

02 $2\frac{3}{4} \times 5 = \underbrace{\frac{11}{4} \times 5}_{①}$

$= \left(2 + \frac{3}{4}\right) \times 5$

$= \underbrace{(2 \times 5) + \left(\frac{3}{4} \times 5\right)}_{③}$

03 (1) $\frac{2}{3}\times 7=\frac{14}{3}=4\frac{2}{3}$

(2) $\frac{9}{\underset{5}{\cancel{10}}}\times \overset{1}{\cancel{2}}=\frac{9}{5}=1\frac{4}{5}$

04 $4\frac{1}{2}$을 4와 $\frac{1}{2}$의 합으로 보고 각각 9를 곱하여 계산합니다.

05 $2\frac{4}{7}\times 14=\frac{18}{\underset{1}{\cancel{7}}}\times \overset{2}{\cancel{14}}=36$

06 $2\frac{7}{8}\times 2=\frac{23}{\underset{4}{\cancel{8}}}\times \overset{1}{\cancel{2}}=\frac{23}{4}=5\frac{3}{4}$

➡ $4\frac{2}{3}<5\frac{3}{4}$

07 ㉠ $\frac{5}{\underset{4}{\cancel{8}}}\times \overset{5}{\cancel{10}}=\frac{25}{4}=6\frac{1}{4}$

㉡ $\frac{7}{\underset{1}{\cancel{9}}}\times \overset{2}{\cancel{18}}=14$

㉢ $\frac{5}{\underset{3}{\cancel{12}}}\times \overset{4}{\cancel{16}}=\frac{20}{3}=6\frac{2}{3}$

계산 결과가 자연수인 것은 ㉡입니다.

08 (사과 주스의 양)$=1\frac{2}{5}\times 10=\frac{7}{\underset{1}{\cancel{5}}}\times \overset{2}{\cancel{10}}=14\,(\mathrm{L})$

09 (직사각형의 넓이)=(가로)×(세로)

$=3\frac{1}{6}\times 2=\frac{19}{\underset{3}{\cancel{6}}}\times \overset{1}{\cancel{2}}$

$=\frac{19}{3}=6\frac{1}{3}\,(\mathrm{cm}^2)$

10 (영주의 독서 시간)$=\frac{5}{\underset{3}{\cancel{6}}}\times \overset{4}{\cancel{8}}=\frac{20}{3}=6\frac{2}{3}$(시간)

(운규의 독서 시간)$=\frac{3}{\underset{2}{\cancel{4}}}\times \overset{5}{\cancel{10}}=\frac{15}{2}=7\frac{1}{2}$(시간)

운규가 영주보다 독서를

$7\frac{1}{2}-6\frac{2}{3}=7\frac{3}{6}-6\frac{4}{6}=6\frac{9}{6}-6\frac{4}{6}=\frac{5}{6}$(시간) 더 많이 했습니다.

문제해결 접근하기

11 **이해하기** | 예 두 정다각형의 둘레의 차를 구하려고 합니다.

계획 세우기 | 예 가와 나의 각각의 둘레를 구한 후 차를 구합니다.

해결하기 | (1) 정삼각형, 3, $5\frac{1}{2}$

(2) 정오각형, 5, $3\frac{1}{3}$

(3) $5\frac{1}{2}$, $3\frac{1}{3}$, $2\frac{1}{6}$

되돌아보기 | 예 다는 정사각형이므로

(다의 둘레)$=1\frac{5}{6}\times 4$

$=\frac{11}{\underset{3}{\cancel{6}}}\times \overset{2}{\cancel{4}}=\frac{22}{3}=7\frac{1}{3}\,(\mathrm{cm})$

라는 정육각형이므로

(라의 둘레)$=\frac{7}{\underset{4}{\cancel{8}}}\times \overset{3}{\cancel{6}}$

$=\frac{21}{4}=5\frac{1}{4}\,(\mathrm{cm})$

(두 정다각형의 둘레의 합)$=7\frac{1}{3}+5\frac{1}{4}$

$=7\frac{4}{12}+5\frac{3}{12}$

$=12\frac{7}{12}\,(\mathrm{cm})$

문제를 풀며 이해해요 41쪽

1 3, 9

2 (왼쪽에서부터) (1) 27, 2, $\frac{27}{2}$, $13\frac{1}{2}$

(2) 9, 2, $\frac{27}{2}$, $13\frac{1}{2}$

(3) 9, 2, $\frac{27}{2}$, $13\frac{1}{2}$

3 (1) 5, 3, 5, $\frac{15}{4}$, $3\frac{3}{4}$

(2) 3, $\frac{3}{4}$, $3\frac{3}{4}$

교과서 내용 학습 42~43쪽

01 민재

02 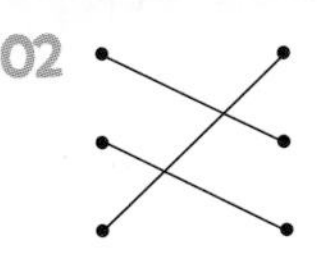

03 $\frac{1}{2}$ L

04 (위에서부터) $11\frac{2}{3}$, $5\frac{1}{4}$

05 (1) $8\frac{4}{5}$ (2) 34

06 $8\times2\frac{6}{7}$에 ○표, $8\times\frac{1}{9}$, $8\times\frac{99}{100}$에 △표

07 108명

08 ㉢

09 $58\frac{1}{2}$ kg

10 8400원

문제해결 접근하기

11 풀이 참조

01 [민재] 15의 $\frac{1}{5}$은 3이므로 15의 $\frac{3}{5}$은 3의 3배인 9입니다.

02 $\overset{4}{\cancel{16}}\times\frac{3}{\underset{1}{\cancel{4}}}=12$

$\overset{3}{\cancel{24}}\times\frac{5}{\underset{1}{\cancel{8}}}=15$

$\overset{5}{\cancel{25}}\times\frac{2}{\underset{1}{\cancel{5}}}=10$

03 (현규가 마신 우유의 양)$=\overset{1}{\cancel{2}}\times\frac{1}{\underset{2}{\cancel{4}}}=\frac{1}{2}$(L)

04 $\overset{7}{\cancel{14}}\times\frac{5}{\underset{3}{\cancel{6}}}=\frac{35}{3}=11\frac{2}{3}$

$\overset{7}{\cancel{14}}\times\frac{3}{\underset{4}{\cancel{8}}}=\frac{21}{4}=5\frac{1}{4}$

05 (1) $4\times2\frac{1}{5}=4\times\frac{11}{5}=\frac{44}{5}=8\frac{4}{5}$

(2) $12\times2\frac{5}{6}=\overset{2}{\cancel{12}}\times\frac{17}{\underset{1}{\cancel{6}}}=34$

06 8에 대분수를 곱하면 곱한 결과는 8보다 크므로 $8\times2\frac{6}{7}$에 ○표 합니다.

8에 진분수를 곱하면 곱한 결과는 8보다 작으므로 $8\times\frac{1}{9}$, $8\times\frac{99}{100}$에 △표 합니다.

07 (안경을 쓴 학생 수)$=$(전체 학생 수)$\times\frac{3}{5}$

$=\overset{36}{\cancel{180}}\times\frac{3}{\underset{1}{\cancel{5}}}=108$(명)

08 ㉠ $8\times1\frac{3}{4}=\overset{2}{\cancel{8}}\times\frac{7}{\underset{1}{\cancel{4}}}=14$

㉡ $6\times2\frac{1}{2}=\overset{3}{\cancel{6}}\times\frac{5}{\underset{1}{\cancel{2}}}=15$

㉢ $15\times1\frac{2}{9}=\overset{5}{\cancel{15}}\times\frac{11}{\underset{3}{\cancel{9}}}=\frac{55}{3}=18\frac{1}{3}$

09 (민주 오빠의 몸무게)$=$(민주의 몸무게)$\times1\frac{3}{10}$

$=\overset{9}{\cancel{45}}\times\frac{13}{\underset{2}{\cancel{10}}}$

$=\frac{117}{2}=58\frac{1}{2}$(kg)

10 (평일 어린이 요금)$=$(어른 요금)$\times\frac{2}{3}$

$=\overset{3000}{\cancel{9000}}\times\frac{2}{\underset{1}{\cancel{3}}}=6000$(원)

(주말 어린이 요금)$=$(평일 어린이 요금)$\times1\frac{2}{5}$

$=6000\times1\frac{2}{5}$

$=\overset{1200}{\cancel{6000}}\times\frac{7}{\underset{1}{\cancel{5}}}=8400$(원)

문제해결 접근하기

11 **이해하기** | 예 ㉠과 ㉡에 알맞은 수의 합을 구하려고 합니다.

계획 세우기 | ㉮ 1시간=60분, 1 m=100 cm임을 이용하여 ㉠과 ㉡에 알맞은 수를 구한 후 합을 구합니다.

해결하기 | (1) 60, 20 (2) 100, 50 (3) 20, 50, 70

되돌아보기 | ㉮ 1시간=60분이므로 1시간의 $\frac{2}{5}$는

$\overset{12}{\cancel{60}}\times\frac{2}{\underset{1}{\cancel{5}}}=24$(분)입니다. ➡ ㉢=24

1 m=100 cm이므로 1 m의 $\frac{3}{10}$은

$\overset{10}{\cancel{100}}\times\frac{3}{\underset{1}{\cancel{10}}}=30$(cm)입니다. ➡ ㉣=30

㉢과 ㉣에 알맞은 수의 차는 30−24=6입니다.

문제를 풀며 이해해요 45쪽

1 4, 3, 12

2 (왼쪽에서부터) (1) 28, 45, $\frac{28}{45}$
(2) 5, 4, $\frac{28}{45}$ (3) 5, 4, $\frac{28}{45}$

3 $\frac{4}{30}\left(=\frac{2}{15}\right)$

교과서 내용 학습 46~47쪽

01 (1) 3, 7, 21 (2) 5, 7/ 8, 9 / $\frac{35}{72}$

02 (1) $\frac{3}{20}$ (2) $\frac{2}{35}$ (3) $\frac{15}{56}$

03 (1) > (2) <

04 $\frac{4}{21}$

05 (위에서부터) $\frac{4}{7}$, $\frac{5}{9}$, $\frac{1}{2}$, $\frac{40}{63}$

06 $\frac{3}{10}$

07 $\frac{3}{110}$

08 $\frac{33}{40}$ m^2

09 $\frac{2}{21}$

10 6, 7, 8, 9

문제해결 접근하기

11 풀이 참조

01 (1) (단위분수)×(단위분수)는 분자 1은 그대로 두고 분모끼리 곱합니다.
(2) (진분수)×(진분수)는 분자는 분자끼리, 분모는 분모끼리 곱합니다.

02 (1) $\frac{3}{4}\times\frac{1}{5}=\frac{3\times1}{4\times5}=\frac{3}{20}$

(2) $\frac{1}{\underset{5}{\cancel{10}}}\times\frac{\overset{2}{\cancel{4}}}{7}=\frac{2}{35}$

(3) $\frac{\overset{1}{\cancel{3}}}{\underset{2}{\cancel{4}}}\times\frac{\overset{3}{\cancel{6}}}{7}\times\frac{5}{\underset{4}{\cancel{12}}}=\frac{15}{56}$

03 (1) 어떤 수에 진분수를 곱하면 곱한 결과는 어떤 수보다 작으므로 $\frac{1}{4}\times\frac{1}{2}$이 $\frac{1}{4}$보다 작습니다.

(2) $\frac{1}{4}<\frac{3}{4}$이므로 $\frac{2}{5}\times\frac{1}{4}$은 $\frac{2}{5}\times\frac{3}{4}$보다 작습니다.

04 $\frac{\overset{2}{\cancel{4}}}{7}\times\frac{\overset{1}{\cancel{5}}}{\underset{3}{\cancel{6}}}\times\frac{2}{\underset{1}{\cancel{5}}}=\frac{4}{21}$

05 $\frac{\overset{2}{\cancel{6}}}{7}\times\frac{2}{\underset{1}{\cancel{3}}}=\frac{4}{7}$

$\frac{\overset{1}{\cancel{7}}}{\underset{3}{\cancel{12}}}\times\frac{\overset{5}{\cancel{20}}}{\underset{3}{\cancel{21}}}=\frac{5}{9}$

$\frac{\overset{1}{\cancel{6}}}{\underset{1}{\cancel{7}}}\times\frac{\overset{1}{\cancel{7}}}{\underset{2}{\cancel{12}}}=\frac{1}{2}$

$\frac{2}{3}\times\frac{20}{21}=\frac{40}{63}$

06 ㉠ $\frac{\overset{1}{\cancel{7}}}{\underset{2}{\cancel{10}}}\times\frac{\overset{1}{\cancel{5}}}{\underset{4}{\cancel{28}}}=\frac{1}{8}$

㉡ $\frac{7}{\underset{4}{\cancel{36}}}\times\frac{\overset{1}{\cancel{9}}}{10}=\frac{7}{40}$

㉠과 ㉡의 계산 결과의 합은

$\frac{1}{8}+\frac{7}{40}=\frac{5}{40}+\frac{7}{40}=\frac{12}{40}=\frac{3}{10}$입니다.

07 남극 대륙은 지구 표면 전체의

$\frac{3}{10}\times\frac{1}{11}=\frac{3}{110}$입니다.

08 (평행사변형의 넓이)=(밑변의 길이)×(높이)

$$=\frac{\overset{3}{\cancel{9}}}{10}\times\frac{11}{\underset{4}{\cancel{12}}}=\frac{33}{40}(\text{m}^2)$$

09 희정이네 반에서 바지를 입은 여학생은 반 전체 학생의

$\frac{4}{7}\times\frac{3}{8}$입니다.

청바지를 입고 있는 여학생은 반 전체 학생의

$\frac{\overset{1}{\cancel{4}}}{7}\times\frac{\overset{1}{\cancel{3}}}{\underset{1}{\underset{\cancel{2}}{\cancel{8}}}}\times\frac{\overset{2}{\cancel{4}}}{\underset{3}{\cancel{9}}}=\frac{2}{21}$입니다.

10 $\frac{1}{\square}\times\frac{1}{3}\times\frac{1}{2}=\frac{1}{\square\times6}$

$\frac{1}{30}>\frac{1}{\square\times6}$에서 $30<\square\times6$이어야 합니다.

$5\times6=30$이므로 □ 안에 들어갈 수 있는 한 자리 수는 6, 7, 8, 9입니다.

문제해결 접근하기

11 **이해하기** | 예 오늘 읽은 책은 모두 몇 쪽인지 구하려고 합니다.

계획 세우기 | 예 오늘 읽은 책이 전체의 얼마인지 구한 후 몇 쪽인지 구합니다.

해결하기 | (1) $\frac{2}{3}$

(2) $\frac{2}{3}$, $\frac{1}{6}$

(3) $\frac{1}{6}$, 20

되돌아보기 | 예 주안이가 어제 읽고 난 나머지는 책 전체의 $1-\frac{1}{5}=\frac{4}{5}$입니다.

주안이는 오늘 책 전체의 $\frac{4}{5}\times\frac{2}{3}=\frac{8}{15}$을 읽었습니다.

주안이가 오늘 읽은 책은 $\overset{10}{\cancel{150}}\times\frac{8}{\underset{1}{\cancel{15}}}=80$(쪽)입니다.

문제를 풀며 이해해요 49쪽

1 11, 5, 55, $4\frac{7}{12}$

2 $\left(7\frac{1}{2}\times2\right)+\left(7\frac{1}{2}\times\frac{2}{5}\right)=\left(\frac{15}{\underset{1}{\cancel{2}}}\times\overset{1}{\cancel{2}}\right)+\left(\frac{\overset{3}{\cancel{15}}}{\underset{1}{\cancel{2}}}\times\frac{\overset{1}{\cancel{2}}}{\underset{1}{\cancel{5}}}\right)$

$=15+3=18$

3 (왼쪽에서부터) (1) 3, 3, $\frac{21}{8}$, $2\frac{5}{8}$

(2) 13, 13, $\frac{65}{12}$, $5\frac{5}{12}$

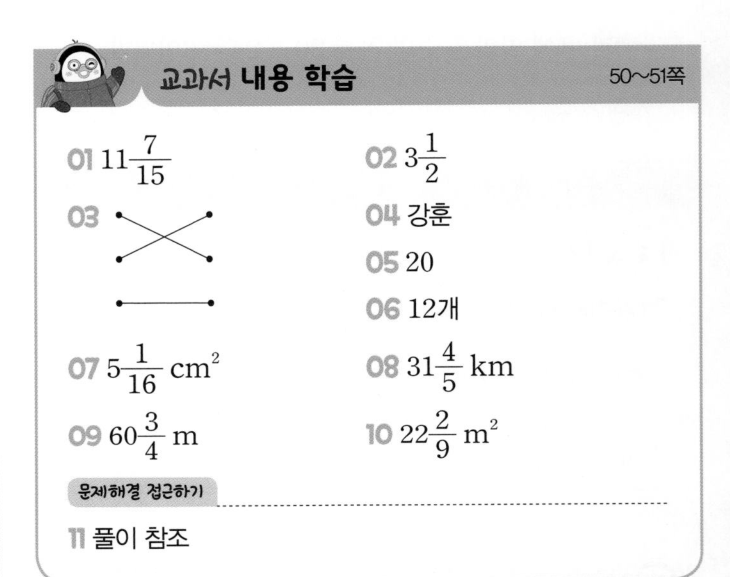

교과서 내용 학습 50~51쪽

01 $11\frac{7}{15}$

02 $3\frac{1}{2}$

03 (선 잇기)

04 강훈

05 20

06 12개

07 $5\frac{1}{16}$ cm²

08 $31\frac{4}{5}$ km

09 $60\frac{3}{4}$ m

10 $22\frac{2}{9}$ m²

문제해결 접근하기

11 풀이 참조

01 $3\frac{1}{5}\times3\frac{7}{12}=\frac{\overset{4}{\cancel{16}}}{5}\times\frac{43}{\underset{3}{\cancel{12}}}=\frac{172}{15}=11\frac{7}{15}$

02 $3\frac{1}{3}\times1\frac{1}{20}=\frac{\overset{1}{\cancel{10}}}{\underset{1}{\cancel{3}}}\times\frac{\overset{7}{\cancel{21}}}{\underset{2}{\cancel{20}}}=\frac{7}{2}=3\frac{1}{2}$

03 $1\frac{2}{9}\times3\frac{1}{11}=\frac{\overset{1}{\cancel{11}}}{9}\times\frac{34}{\underset{1}{\cancel{11}}}=\frac{34}{9}=3\frac{7}{9}$

$2\frac{4}{7}\times1\frac{2}{9}=\frac{\overset{2}{\cancel{18}}}{7}\times\frac{11}{\underset{1}{\cancel{9}}}=\frac{22}{7}=3\frac{1}{7}$

$1\frac{5}{11}\times3\frac{3}{10}=\frac{\overset{8}{\cancel{16}}}{\underset{1}{\cancel{11}}}\times\frac{\overset{3}{\cancel{33}}}{\underset{5}{\cancel{10}}}=\frac{24}{5}=4\frac{4}{5}$

04 대분수는 가분수로 바꾼 후 약분해야 하는데 강훈이는 대분수에서 약분하였으므로 잘못 계산하였습니다.

05 $8\frac{1}{3}>4\frac{3}{7}>2\frac{2}{5}$이므로 가장 큰 수는 $8\frac{1}{3}$이고, 가장 작은 수는 $2\frac{2}{5}$입니다.

➡ $8\frac{1}{3}\times2\frac{2}{5}=\frac{\cancel{25}^{5}}{\cancel{3}_{1}}\times\frac{\cancel{12}^{4}}{\cancel{5}_{1}}=20$

06 $5\frac{2}{3}\times2\frac{1}{4}=\frac{17}{\cancel{3}_{1}}\times\frac{\cancel{9}^{3}}{4}=\frac{51}{4}=12\frac{3}{4}$

$12\frac{3}{4}>\square\frac{1}{4}$의 □ 안에 들어갈 수 있는 자연수는 1부터 12까지이므로 12개입니다.

07 (정사각형의 넓이)
$=$(한 변의 길이)$\times$(한 변의 길이)
$=2\frac{1}{4}\times2\frac{1}{4}=\frac{9}{4}\times\frac{9}{4}=\frac{81}{16}=5\frac{1}{16}(cm^2)$

08 $17\frac{2}{3}\times1\frac{4}{5}=\frac{53}{\cancel{3}_{1}}\times\frac{\cancel{9}^{3}}{5}=\frac{159}{5}=31\frac{4}{5}$(km)

09 (첫 번째 튀어 오른 높이)
$=\cancel{75}^{15}\times\frac{9}{\cancel{10}_{2}}=\frac{135}{2}=67\frac{1}{2}$(m)
(두 번째 튀어 오른 높이)
$=67\frac{1}{2}\times\frac{9}{10}=\frac{\cancel{135}^{27}}{2}\times\frac{9}{\cancel{10}_{2}}=\frac{243}{4}=60\frac{3}{4}$(m)

10 (배추를 심은 부분의 가로)
$=8\frac{1}{2}-2\frac{1}{4}=8\frac{2}{4}-2\frac{1}{4}=6\frac{1}{4}$(m)
(배추를 심은 부분의 세로)
$=5\frac{2}{3}-2\frac{1}{9}=5\frac{6}{9}-2\frac{1}{9}=3\frac{5}{9}$(m)
(배추를 심은 부분의 넓이)
$=6\frac{1}{4}\times3\frac{5}{9}=\frac{25}{\cancel{4}_{1}}\times\frac{\cancel{32}^{8}}{9}=\frac{200}{9}=22\frac{2}{9}(m^2)$

문제해결 접근하기

11 **이해하기** | 예 만들 수 있는 대분수 중 가장 큰 수와 가장 작은 수의 곱을 구하려고 합니다.
계획 세우기 | 예 가장 큰 수와 가장 작은 수를 각각 구한 후 곱을 구합니다.
해결하기 | (1) $8\frac{3}{5}$ (2) $3\frac{5}{8}$
(3) $8\frac{3}{5}$, $3\frac{5}{8}$, $31\frac{7}{40}$
되돌아보기 | 예 만들 수 있는 대분수 중 가장 큰 수는 $7\frac{1}{4}$이고, 가장 작은 수는 $1\frac{4}{7}$입니다.
➡ $7\frac{1}{4}\times1\frac{4}{7}=\frac{29}{4}\times\frac{11}{7}=\frac{319}{28}=11\frac{11}{28}$

단원 확인 평가 52~55쪽

01 3, 3, 3, 3, 3, 5, $1\frac{7}{8}$
02 (위에서부터) $1\frac{1}{4}$, $8\frac{1}{3}$
03 ( ) (×) ( ) **04** $32\frac{1}{2}$
05 $(9\times2)+\left(\cancel{9}^{3}\times\frac{7}{\cancel{12}_{4}}\right)=18+\frac{21}{4}=18+5\frac{1}{4}=23\frac{1}{4}$
06 <
07 $12\times1\frac{3}{4}$, $12\times\frac{7}{5}$에 ○표, $12\times\frac{3}{4}$에 △표
08 48 GB **09** ㉢
10 $\frac{1}{10}\times\frac{1}{7}$에 색칠
11 (1) 48, 48 (2) 12, 48, 12 (3) 11 / 11
12 $\frac{1}{12}$, $\frac{7}{45}$, $\frac{4}{45}$ **13** ㉠
14 $\frac{5}{64}$ **15** ㉠, ㉢, ㉡
16 (1) $5\frac{1}{2}$ (2) 6 (3) 정아, $\frac{1}{2}$ / 정아, $\frac{1}{2}$시간
17 $\frac{5}{126}$ **18** $\frac{9}{40}$ cm^2
19 $8\frac{7}{16}$ **20** $3\frac{4}{15}$ L

01 $\frac{3}{8}\times 5=\frac{3}{8}+\frac{3}{8}+\frac{3}{8}+\frac{3}{8}+\frac{3}{8}$

$=\frac{3\times 5}{8}=\frac{15}{8}=1\frac{7}{8}$

02 $\frac{5}{\underset{4}{\cancel{12}}}\times\overset{1}{\cancel{3}}=\frac{5}{4}=1\frac{1}{4}$

$\frac{5}{\underset{3}{\cancel{12}}}\times\overset{5}{\cancel{20}}=\frac{25}{3}=8\frac{1}{3}$

03 $1\frac{3}{8}\times 4=\frac{11}{\underset{2}{\cancel{8}}}\times\overset{1}{\cancel{4}}=\frac{11}{2}=5\frac{1}{2}$

$2\frac{1}{4}\times 2=\frac{9}{\underset{2}{\cancel{4}}}\times\overset{1}{\cancel{2}}=\frac{9}{2}=4\frac{1}{2}$

$1\frac{5}{6}\times 3=\frac{11}{\underset{2}{\cancel{6}}}\times\overset{1}{\cancel{3}}=\frac{11}{2}=5\frac{1}{2}$

계산 결과가 $5\frac{1}{2}$이 아닌 식은 $2\frac{1}{4}\times 2$입니다.

04 (세연이가 생각한 수)$=\overset{5}{\cancel{35}}\times\frac{5}{\underset{1}{\cancel{7}}}=25$

세연이가 생각한 수의 $1\frac{3}{10}$배는

$25\times 1\frac{3}{10}=\overset{5}{\cancel{25}}\times\frac{13}{\underset{2}{\cancel{10}}}=\frac{65}{2}=32\frac{1}{2}$입니다.

05 $2\frac{7}{12}=2+\frac{7}{12}$을 이용하여 대분수를 자연수와 분수의 합으로 바꾸어 계산합니다.

06 $\overset{1}{\cancel{5}}\times\frac{9}{\underset{4}{\cancel{20}}}=\frac{9}{4}=2\frac{1}{4}$

$2\times 1\frac{1}{5}=2\times\frac{6}{5}=\frac{12}{5}=2\frac{2}{5}$

➡ $2\frac{1}{4}\left(=2\frac{5}{20}\right)<2\frac{2}{5}\left(=2\frac{8}{20}\right)$

07 12에 대분수나 가분수를 곱하면 곱한 결과는 12보다 크므로 $12\times 1\frac{3}{4}$, $12\times\frac{7}{5}$에 ○표 합니다.

12에 진분수를 곱하면 곱한 결과는 12보다 작으므로 $12\times\frac{3}{4}$에 △표 합니다.

08 (사용한 용량)$=$(전체 용량)$\times\frac{5}{8}$

$=\overset{16}{\cancel{128}}\times\frac{5}{\underset{1}{\cancel{8}}}=80$(GB)

(남아 있는 용량)$=128-80=48$(GB)

09 ㉠ 1 kg$=$1000 g이므로

1 kg의 $\frac{3}{4}$은 $\overset{250}{\cancel{1000}}\times\frac{3}{\underset{1}{\cancel{4}}}=750$ (g)입니다.

㉡ 1 m$=$100 cm이므로

1 m의 $\frac{3}{5}$은 $\overset{20}{\cancel{100}}\times\frac{3}{\underset{1}{\cancel{5}}}=60$ (cm)입니다.

㉢ 1시간$=$60분이므로

1시간의 $\frac{1}{6}$은 $\overset{10}{\cancel{60}}\times\frac{1}{\underset{1}{\cancel{6}}}=10$(분)입니다.

잘못 나타낸 것은 ㉢입니다.

10 $\frac{1}{9}\times\frac{1}{8}=\frac{1}{9\times 8}=\frac{1}{72}$

$\frac{1}{10}\times\frac{1}{7}=\frac{1}{10\times 7}=\frac{1}{70}$

$\frac{1}{12}\times\frac{1}{6}=\frac{1}{12\times 6}=\frac{1}{72}$

계산 결과가 다른 것은 $\frac{1}{10}\times\frac{1}{7}$입니다.

11 채점 기준

■ × 4의 조건을 알고 있는 경우	40 %
■ 안에 들어갈 수 있는 수를 알고 있는 경우	40 %
■ 안에 들어갈 수 있는 수 중 가장 큰 수를 구한 경우	20 %

12 $\frac{\overset{1}{\cancel{2}}}{\underset{3}{\cancel{9}}}\times\frac{\overset{1}{\cancel{3}}}{\underset{4}{\cancel{8}}}=\frac{1}{12}$

$\frac{\overset{1}{\cancel{2}}}{9}\times\frac{7}{\underset{5}{\cancel{10}}}=\frac{7}{45}$

$\frac{2}{9}\times\frac{2}{5}=\frac{4}{45}$

13 ㉠ $\frac{1}{3} \times \frac{4}{9} \times \frac{3}{8} = \frac{1}{18}$

㉡ $\frac{4}{7} \times \frac{1}{6} \times \frac{3}{5} = \frac{2}{35}$

계산 결과가 단위분수인 것은 ㉠입니다.

14 $\frac{7}{20} \times \frac{5}{14} \times \frac{5}{8} = \frac{5}{64}$

15 ㉠ $3\frac{1}{3} \times 1\frac{3}{4} = \frac{10}{3} \times \frac{7}{4}$

$= \frac{35}{6} = 5\frac{5}{6}$

㉡ $1\frac{5}{9} \times 2\frac{3}{7} = \frac{14}{9} \times \frac{17}{7}$

$= \frac{34}{9} = 3\frac{7}{9}$

㉢ $2\frac{3}{4} \times 1\frac{9}{10} = \frac{11}{4} \times \frac{19}{10}$

$= \frac{209}{40} = 5\frac{9}{40}$

$5\frac{5}{6}\left(=5\frac{100}{120}\right) > 5\frac{9}{40}\left(=5\frac{27}{120}\right)$이므로

계산 결과가 큰 것부터 차례로 기호를 쓰면 ㉠, ㉢, ㉡ 입니다.

16 채점 기준

민이가 줄넘기를 한 시간을 구한 경우	40 %
정아가 줄넘기를 한 시간을 구한 경우	40 %
줄넘기를 누가 얼마나 더 많이 했는지 구한 경우	20 %

17 진분수는 분모가 클수록, 분자가 작을수록 작은 수가 됩니다. 7, 9, 6을 분모에, 1, 5, 3을 분자에 놓아 만든 세 진분수의 곱인 $\frac{1 \times 3 \times 5}{6 \times 7 \times 9}$가 계산 결과가 가장 작은 곱입니다.

➡ $\frac{1 \times 3 \times 5}{6 \times 7 \times 9} = \frac{5}{126}$

18 (직사각형 가의 넓이)=(가로)×(세로)

$= 1\frac{4}{5} \times 3\frac{2}{3}$

$= \frac{9}{5} \times \frac{11}{3} = \frac{33}{5} = 6\frac{3}{5}(\text{cm}^2)$

(평행사변형 나의 넓이)=(밑변의 길이)×(높이)

$= 2\frac{1}{4} \times 2\frac{5}{6} = \frac{9}{4} \times \frac{17}{6}$

$= \frac{51}{8} = 6\frac{3}{8}(\text{cm}^2)$

가는 나보다

$6\frac{3}{5} - 6\frac{3}{8} = 6\frac{24}{40} - 6\frac{15}{40} = \frac{9}{40}(\text{cm}^2)$

더 넓습니다.

19 어떤 수를 □라 하면 잘못 계산한 식은

$\square + 2\frac{1}{2} = 5\frac{7}{8}$입니다.

$\square = 5\frac{7}{8} - 2\frac{1}{2} = 5\frac{7}{8} - 2\frac{4}{8} = 3\frac{3}{8}$

바르게 계산하면

$3\frac{3}{8} \times 2\frac{1}{2} = \frac{27}{8} \times \frac{5}{2} = \frac{135}{16} = 8\frac{7}{16}$입니다.

20 1시간=60분이므로

10분$=\frac{10}{60}$시간$=\frac{1}{6}$시간입니다.

1시간 10분$=1\frac{1}{6}$시간이므로

(1시간 10분 동안 나오는 물의 양)

$= 2\frac{4}{5} \times 1\frac{1}{6} = \frac{14}{5} \times \frac{7}{6}$

$= \frac{49}{15} = 3\frac{4}{15}(\text{L})$

3 단원 합동과 대칭

문제를 풀며 이해해요 61쪽

1 합동

2 (1) ㄹ, ㅁ, ㅂ (2) ㄹㅁ, ㅁㅂ, ㅂㄹ (3) ㄹㅁㅂ, ㅁㅂㄹ, ㅂㄹㅁ

3 (1) 5 cm (2) 120°

교과서 내용 학습 62~63쪽

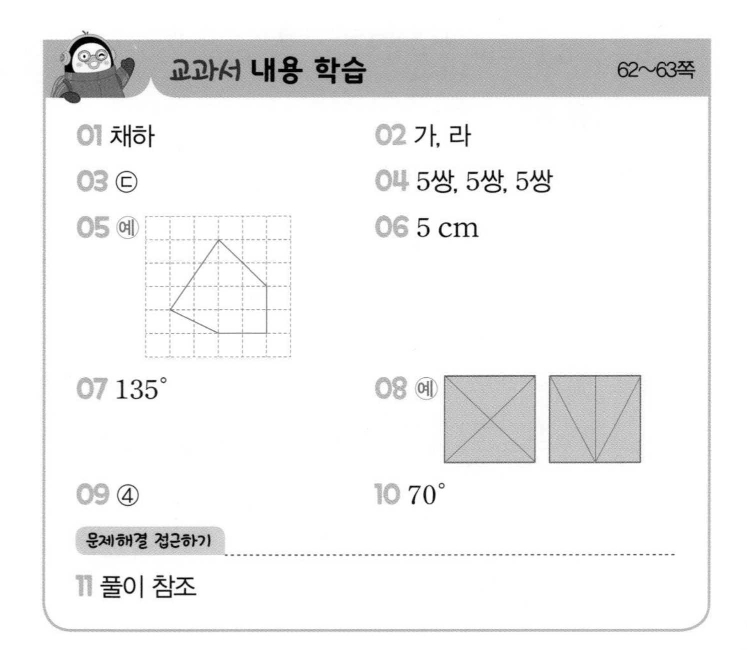

01 채하

02 가, 라

03 ㉢

04 5쌍, 5쌍, 5쌍

05 예

06 5 cm

07 135°

08 예

09 ④

10 70°

문제해결 접근하기

11 풀이 참조

01 모양과 크기가 같아서 포개었을 때 완전히 겹치는 두 도형을 서로 합동이라고 합니다.

02 가와 라는 모양과 크기가 같아서 포개었을 때 완전히 겹치므로 서로 합동입니다.

03 점선을 따라 잘랐을 때 만들어지는 두 도형의 모양과 크기가 같은 것은 ㉢입니다.

04 서로 합동인 두 도형은 오각형이므로 대응점, 대응변, 대응각이 각각 5쌍 있습니다.

05 모눈종이를 이용하여 주어진 도형과 모양과 크기가 같도록 그립니다.

06 변 ㄹㅂ의 대응변은 변 ㄱㄷ이므로
(변 ㄹㅂ)=(변 ㄱㄷ)=5 cm

07 각 ㄱㄴㄷ의 대응각은 각 ㅇㅅㅂ이므로
(각 ㄱㄴㄷ)=(각 ㅇㅅㅂ)=80°
각 ㄴㄷㄹ의 대응각은 각 ㅅㅂㅁ이므로
(각 ㄴㄷㄹ)=(각 ㅅㅂㅁ)=55°
(각 ㄱㄴㄷ)+(각 ㄴㄷㄹ)=80°+55°=135°

08 모양과 크기가 같은 삼각형 4개가 되도록 여러 가지 방법으로 나눌 수 있습니다.

09 ① 삼각형 ㄱㄴㄷ에서 점 ㄱ의 대응점은 삼각형 ㄷㄹㅁ에서 점 ㄷ입니다.
② 변 ㄴㄷ의 대응변은 변 ㄹㅁ이고, 변 ㄷㄹ의 대응변은 변 ㄱㄴ입니다.
③ 각 ㄱㄷㄴ의 대응각은 각 ㄷㅁㄹ이고, 각 ㅁㄷㄹ의 대응각은 각 ㄷㄱㄴ입니다.
④ 변 ㄴㄷ의 대응변은 변 ㄹㅁ이므로
(변 ㄴㄷ)=(변 ㄹㅁ)=7 cm
변 ㄷㄹ의 대응변은 변 ㄱㄴ이므로
(변 ㄷㄹ)=(변 ㄱㄴ)=10 cm
(선분 ㄴㄹ)=(변 ㄴㄷ)+(변 ㄷㄹ)
=7+10=17 (cm)
⑤ 삼각형의 세 각의 크기의 합은 180°이므로
(각 ㅁㄷㄹ)=180°−90°−50°=40°
각 ㄷㄱㄴ의 대응각은 각 ㅁㄷㄹ이므로
(각 ㄷㄱㄴ)=(각 ㅁㄷㄹ)=40°

10 삼각형의 세 각의 크기의 합은 180°이므로
(각 ㄹㅁㅂ)+(각 ㄹㅂㅁ)=180°−40°=140°
이등변삼각형은 두 각의 크기가 같으므로
(각 ㄹㅁㅂ)=(각 ㄹㅂㅁ)=140°÷2=70°
각 ㄱㄴㄷ의 대응각은 각 ㄹㅁㅂ이므로
(각 ㄱㄴㄷ)=(각 ㄹㅁㅂ)=70°

문제해결 접근하기

11 **이해하기** | 예 각 ㅇㅅㅂ은 몇 도인지 구하려고 합니다.

계획 세우기 | ㉠ 합동인 도형의 성질과 사각형의 네 각의 크기의 합을 이용하여 각 ㅇㅅㅂ의 크기를 구합니다.

해결하기 | (1) ㄴㄱㄹ, ㄴㄱㄹ, 100

(2) 360, 360, 100, 95

되돌아보기 | ㉠ 각 ㅂㄹㅁ의 대응각은 각 ㄱㄷㄴ이므로

(각 ㅂㄹㅁ)=(각 ㄱㄷㄴ)=35°

삼각형의 세 각의 크기의 합은 180°이므로

(각 ㄹㅁㅂ)=180°−125°−35°=20°

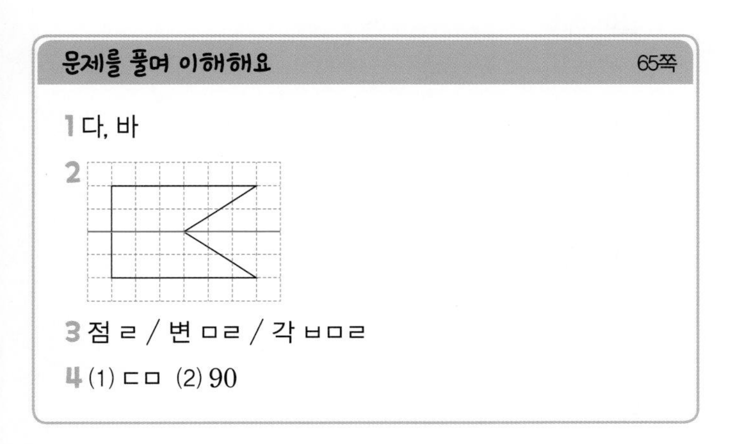

문제를 풀며 이해해요 65쪽

1 다, 바

2

3 점 ㄹ / 변 ㅁㄹ / 각 ㅂㅁㄹ

4 (1) ㄷㅁ (2) 90

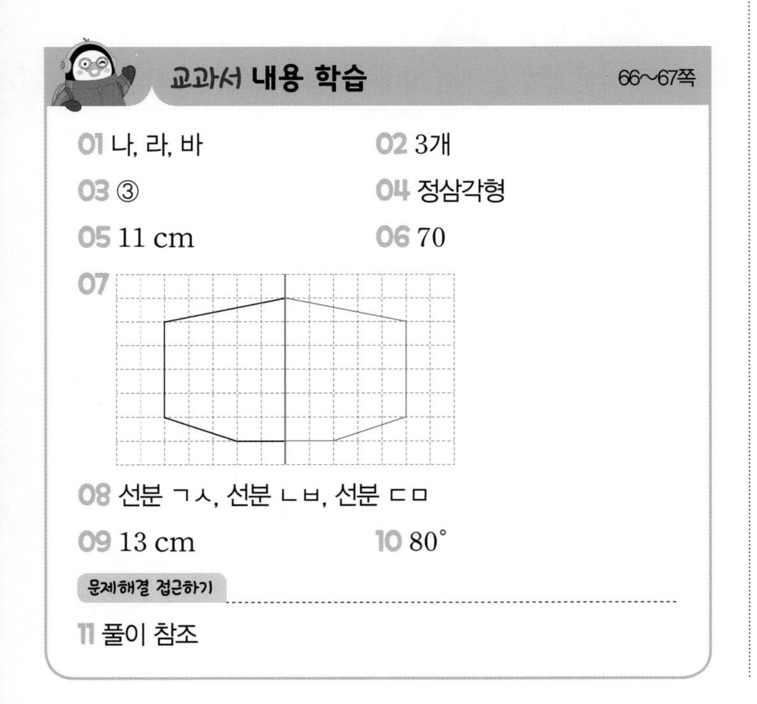

교과서 내용 학습 66~67쪽

01 나, 라, 바

02 3개

03 ③

04 정삼각형

05 11 cm

06 70

07

08 선분 ㄱㅅ, 선분 ㄴㅂ, 선분 ㄷㅁ

09 13 cm

10 80°

문제해결 접근하기

11 풀이 참조

01 한 직선을 따라 접어서 완전히 겹치는 도형은 나, 라, 바입니다.

02 A C M

주어진 알파벳 중에서 선대칭도형은 모두 3개입니다.

03 도형이 완전히 포개어지도록 바르게 나타낸 것은 ③입니다.

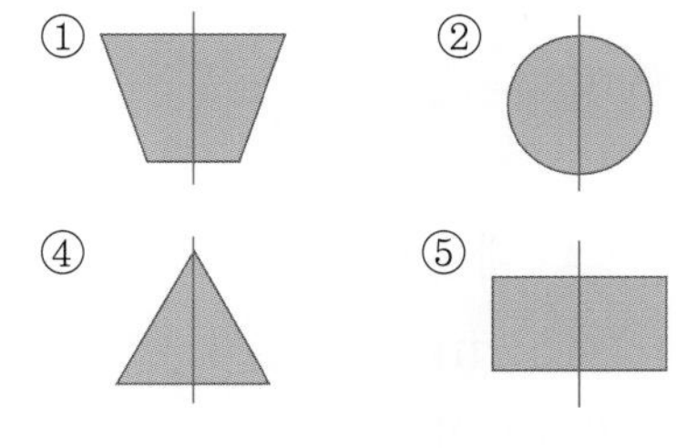

04

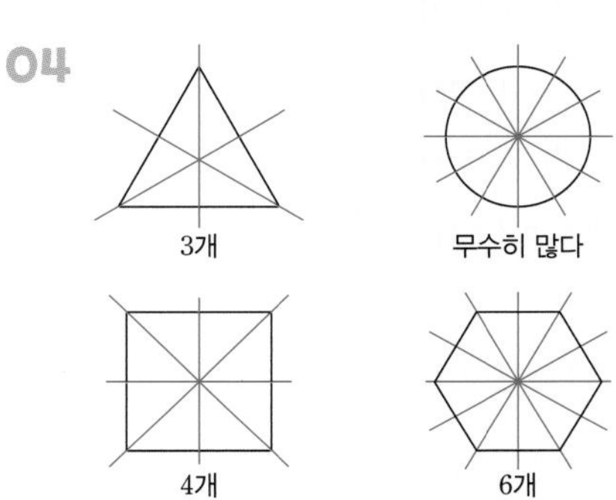

대칭축의 수가 가장 적은 도형은 정삼각형입니다.

05 변 ㄱㄷ의 대응변은 변 ㄱㄴ이므로

(변 ㄱㄷ)=(변 ㄱㄴ)=11 cm

06 각 ㅁㄹㄷ의 대응각은 각 ㅁㄱㄴ이므로

(각 ㅁㄹㄷ)=(각 ㅁㄱㄴ)=70°

07 대칭축을 중심으로 각 점의 대응점을 찾아 표시한 후 대응점을 차례로 이어 선대칭도형이 되도록 그립니다.

08 선대칭도형에서 대칭축은 대응점끼리 이은 선분을 둘로 똑같이 나눕니다.

09 변 ㄱㅂ의 대응변은 변 ㄷㄹ이므로

(변 ㄱㅂ)=(변 ㄷㄹ)=8 cm

변 ㄴㄷ의 대응변은 변 ㄴㄱ이므로

(변 ㄴㄷ)=(변 ㄴㄱ)=5 cm

(변 ㄱㅂ)+(변 ㄴㄷ)=8+5=13 (cm)

10 각 ㄱㄹㄷ의 대응각은 각 ㄱㄴㄷ이므로

(각 ㄱㄹㄷ)=(각 ㄱㄴㄷ)=$50°$

삼각형의 세 각의 크기의 합은 $180°$이므로

(각 ㄴㄱㄹ)=$180° - 50° - 50° = 80°$

문제해결 접근하기

11 **이해하기** | 예 도형의 둘레를 구하려고 합니다.

계획 세우기 | 예 대응변을 찾아 변의 길이를 구한 후 도형의 둘레를 구합니다.

해결하기 | (1) ㄹㄷ, 6 (2) ㄴㄱ, 4

(3) ㅁㅂ, 5 (4) 30

되돌아보기 | 예 변 ㄱㄴ의 대응변은 변 ㅅㅂ이므로

(변 ㄱㄴ)=(변 ㅅㅂ)=5 cm

변 ㄴㄷ의 대응변은 변 ㅂㅁ이므로

(변 ㄴㄷ)=(변 ㅂㅁ)=4 cm

변 ㄹㅁ의 대응변은 변 ㄹㄷ이므로

(변 ㄹㅁ)=(변 ㄹㄷ)=3 cm

변 ㅅㅇ의 대응변은 변 ㄱㅇ이므로

(변 ㅅㅇ)=(변 ㄱㅇ)=2 cm

도형의 둘레는

$2+5+4+3+3+4+5+2=28$ (cm)입니다.

문제를 풀며 이해해요 69쪽

1 나

2

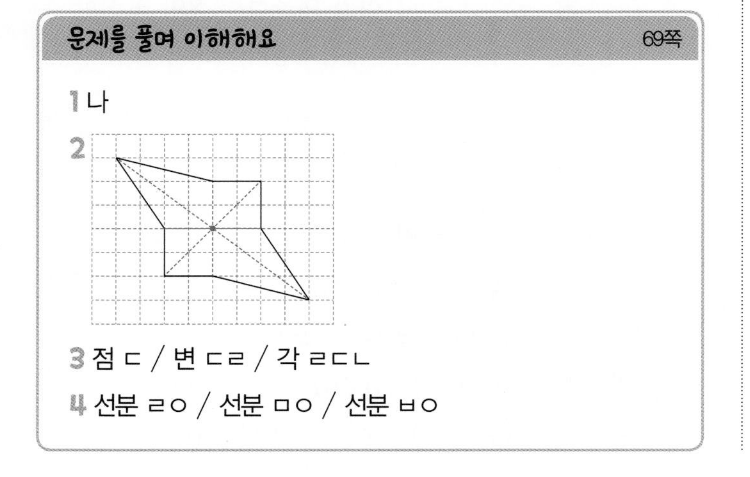

3 점 ㄷ / 변 ㄷㄹ / 각 ㄹㄷㄴ

4 선분 ㄹㅇ / 선분 ㅁㅇ / 선분 ㅂㅇ

교과서 내용 학습 70~71쪽

01 ( ) (○) ( )　02 1개

03 3개　04 ㉡

05 점 ㅁ / 변 ㅂㄱ / 각 ㄷㄹㅁ

06

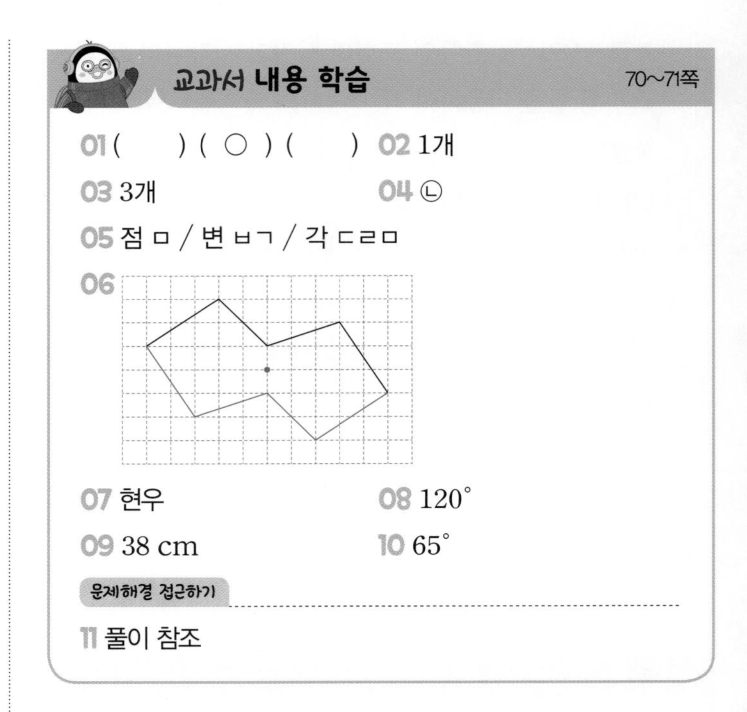

07 현우　08 $120°$

09 38 cm　10 $65°$

문제해결 접근하기

11 풀이 참조

01 점 ㅇ을 중심으로 $180°$ 돌렸을 때 처음 도형과 완전히 겹치는 도형은 가운데 도형입니다.

02 대칭의 중심은 도형의 한 가운데에 있고 1개입니다.

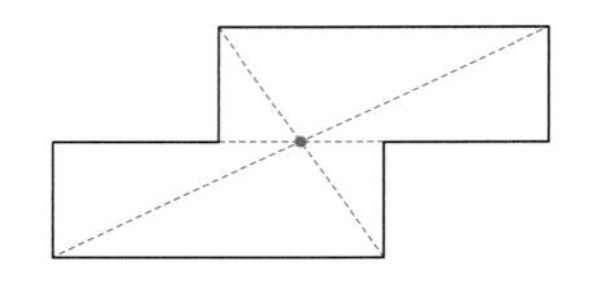

03 ㄹ ㅇ ㅍ

주어진 글자 중에서 점대칭도형은 모두 3개입니다.

04 선대칭도형: ㉡, ㉢

점대칭도형: ㉠, ㉡, ㉣

선대칭도형도 되고 점대칭도형도 되는 것은 ㉡입니다.

06 대응점을 찾아 표시한 후 대응점을 차례로 이어 점대칭도형이 되도록 그립니다.

07 변 ㄷㄹ의 대응변은 변 ㅂㄱ이므로

(변 ㄷㄹ)=(변 ㅂㄱ)=8 cm

변 ㄱㄴ과 변 ㄹㅁ의 길이는 알 수 없습니다.

바르게 말한 친구는 현우입니다.

08 각 ㄴㄱㅂ의 대응각은 각 ㅁㄹㄷ이므로

(각 ㄴㄱㅂ)=(각 ㅁㄹㄷ)$=120^\circ$

09 점대칭도형에서 대칭의 중심은 대응점끼리 이은 선분을 둘로 똑같이 나누므로

(선분 ㄱㄹ)=(선분 ㄱㅇ)$\times 2$

$=11\times 2=22$ (cm)

(선분 ㄴㅁ)=(선분 ㅁㅇ)$\times 2$

$=8\times 2=16$ (cm)

선분 ㄱㄹ과 선분 ㄴㅁ의 길이의 합은

$22+16=38$ (cm)입니다.

10 각 ㄴㄷㄹ의 대응각은 각 ㄹㄱㄴ이므로

(각 ㄴㄷㄹ)=(각 ㄹㄱㄴ)$=115^\circ$

사각형의 네 각의 크기의 합은 360°이므로

(각 ㄱㄴㄷ)+(각 ㄷㄹㄱ)$=360^\circ-115^\circ-115^\circ$

$=130^\circ$

각 ㄱㄴㄷ과 각 ㄷㄹㄱ은 서로 대응각이므로

각 ㄱㄴㄷ과 각 ㄷㄹㄱ의 크기가 같습니다.

(각 ㄱㄴㄷ)=(각 ㄷㄹㄱ)$=130^\circ\div 2^\circ=65^\circ$

문제해결 접근하기

11 **이해하기** | ㉮ 변 ㄴㄷ은 몇 cm인지 구하려고 합니다.

계획 세우기 | ㉮ 점대칭도형에서 대칭의 중심은 대응점끼리 이은 선분을 둘로 똑같이 나누는 성질을 이용하여 ㄴㄷ의 길이를 구합니다.

해결하기 | (1) ㅇㅂ, 10

(2) 10, 4, 6

되돌아보기 | ㉮ 변 ㄷㄹ의 대응변은 변 ㅂㄱ이므로

(변 ㄷㄹ)=(변 ㅂㄱ)$=4$ cm

대칭의 중심은 대응점을 이은 선분을 둘로 똑같이 나누므로

(선분 ㄱㅇ)=(선분 ㄹㅇ)$=5$ cm

(선분 ㄷㅂ)=(변 ㅂㄱ)+(선분 ㄱㅇ)+(선분 ㅇㄹ)

+(변 ㄹㄷ)

$=4+5+5+4=18$ (cm)

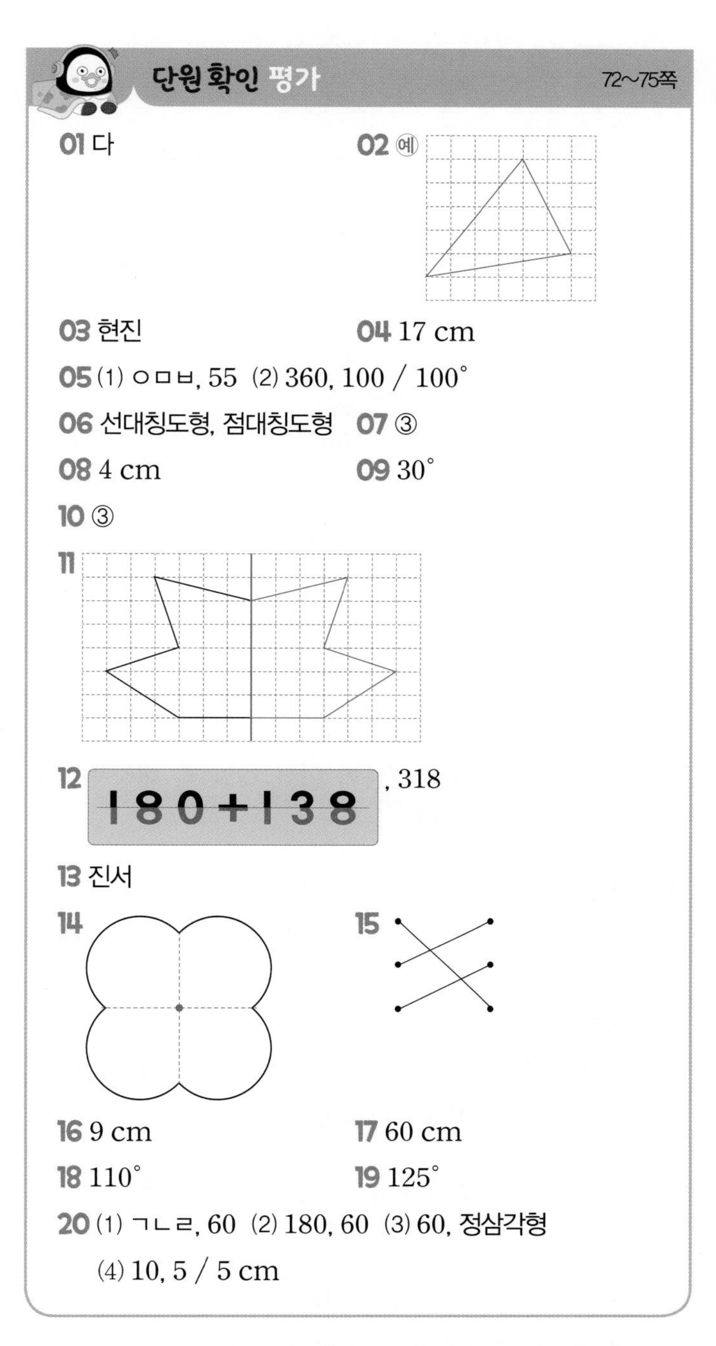

단원 확인 평가 72~75쪽

01 다 **02** ㉮

03 현진 **04** 17 cm

05 (1) ㅇㅁㅂ, 55 (2) 360, 100 / 100°

06 선대칭도형, 점대칭도형 **07** ③

08 4 cm **09** 30°

10 ③

11

12 180+138, 318

13 진서

14 **15**

16 9 cm **17** 60 cm

18 110° **19** 125°

20 (1) ㄱㄴㄹ, 60 (2) 180, 60 (3) 60, 정삼각형

(4) 10, 5 / 5 cm

01 오른쪽 도형은 도형 다와 포개었을 때 완전히 겹칩니다.

02 모눈종이의 칸 수를 세어 주어진 도형의 꼭짓점과 같은 위치에 점을 찍은 후 점들을 연결하여 그립니다.

03 변 ㄱㄷ의 대응변은 변 ㄹㅁ입니다.

04 변 ㄴㄷ의 대응변은 변 ㄹㅁ이므로

(변 ㄴㄷ)=(변 ㄹㅁ)$=12$ cm

(선분 ㄴㄹ)=(변 ㄴㄷ)+(변 ㄷㄹ)

$=12+5=17$ (cm)

05 채점 기준

각 ㄴㄱㄹ의 크기를 구한 경우	50 %
각 ㄱㄹㄷ의 크기를 구한 경우	50 %

07 ① 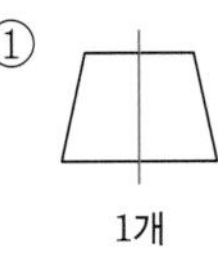 1개 ② 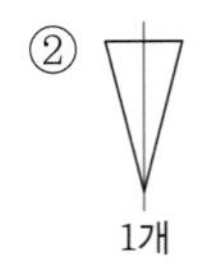 1개 ③ 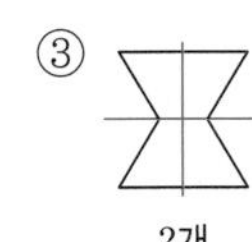 2개

④ 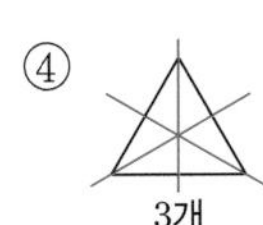 3개 ⑤ 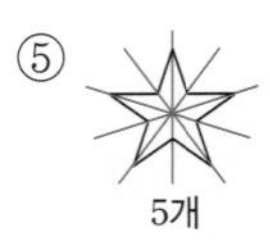 5개

대칭축이 2개인 선대칭도형은 ③입니다.

08 변 ㅁㅂ의 대응변은 변 ㄷㄴ이므로
(변 ㅁㅂ)=(변 ㄷㄴ)=4 cm

09 각 ㅇㅅㅂ의 대응각은 각 ㅇㄱㄴ이므로
(각 ㅇㅅㅂ)=(각 ㅇㄱㄴ)=30°

10 ③ 선대칭도형의 대칭축이 여러 개일 때 대칭축은 한 점에서 만납니다.

11 대칭축을 중심으로 각 점의 대응점을 찾아 표시한 후 대응점을 차례로 이어 선대칭도형이 되도록 그립니다.

12 180+138=318

13 한 점을 중심으로 180° 돌렸을 때 처음 도형과 겹치는 도형을 가진 친구는 진서입니다.

14 대응점끼리 이은 선분들이 모두 만나는 점을 찾아 표시합니다.

15 대칭의 중심으로 180° 돌렸을 때 겹치는 각을 찾으면 각 ㄱㄴㄷ의 대응각은 각 ㄹㅁㅂ, 각 ㅁㅂㄱ의 대응각은 각 ㄴㄷㄹ, 각 ㄷㄹㅁ의 대응각은 각 ㅂㄱㄴ입니다.

16 대칭의 중심은 대응점을 이은 선분을 둘로 똑같이 나누므로
(선분 ㄴㄹ)=(선분 ㄹㅇ)×2
=13×2=26 (cm)
두 대각선의 길이의 합이 44 cm이므로
(선분 ㄱㄷ)=44−26=18 (cm)
(선분 ㄱㅇ)=18÷2=9 (cm)

17 변 ㄱㅂ의 대응변은 변 ㄹㄷ이므로
(변 ㄱㅂ)=(변 ㄹㄷ)=10 cm
변 ㄴㄷ의 대응변은 변 ㅁㅂ이므로
(변 ㄴㄷ)=(변 ㅁㅂ)=7 cm
변 ㄹㅁ의 대응변은 변 ㄱㄴ이므로
(변 ㄹㅁ)=(변 ㄱㄴ)=13 cm
(도형의 둘레)
=10+13+7+10+13+7=60 (cm)

18 각 ㅁㄷㄴ의 대응각은 각 ㅁㄴㄷ이므로
(각 ㅁㄷㄴ)=(각 ㅁㄴㄷ)=35°
삼각형 ㅁㄴㄷ에서 세 각의 크기의 합은 180°이므로
(각 ㄴㅁㄷ)=180°−35°−35°=110°

19 각 ㄴㄷㅂ의 대응각은 각 ㅁㅂㄷ이므로
(각 ㄴㄷㅂ)=(각 ㅁㅂㄷ)=60°
각 ㄷㅂㄱ의 대응각은 각 ㅂㄷㄹ이므로
(각 ㄷㅂㄱ)=(각 ㅂㄷㄹ)=85°
사각형 ㄱㄴㄷㅂ의 네 각의 크기의 합은 360°이므로
(각 ㄱㄴㄷ)=360°−90°−60°−85°=125°

20 채점 기준

각 ㄱㄷㄹ의 크기를 구한 경우	20 %
각 ㄴㄱㄷ의 크기를 구한 경우	20 %
삼각형 ㄱㄴㄷ이 정삼각형임을 아는 경우	30 %
선분 ㄴㄹ의 길이를 구한 경우	30 %

수학으로 세상보기 76~77쪽

1 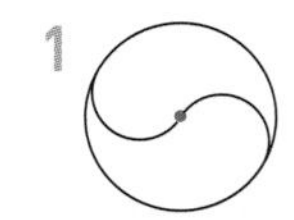

2 (1) 캐나다, 핀란드, 시리아, 몰디브, 가나, 캄보디아
(2) 스위스, 라오스, 이스라엘
(3) 3개

4 단원 소수의 곱셈

문제를 풀며 이해해요 81쪽

1 1.8

2 (1) 0.7, 0.7, 0.7, 0.7, 2.8
(2) 2.8, 2.8, 2.8, 2.8, 2.8, 14

3 (1) 9, 9, 45, 4.5
(2) 217, 217, 651, 6.51

4 (1) 301, 3.01 (2) 72, 7.2

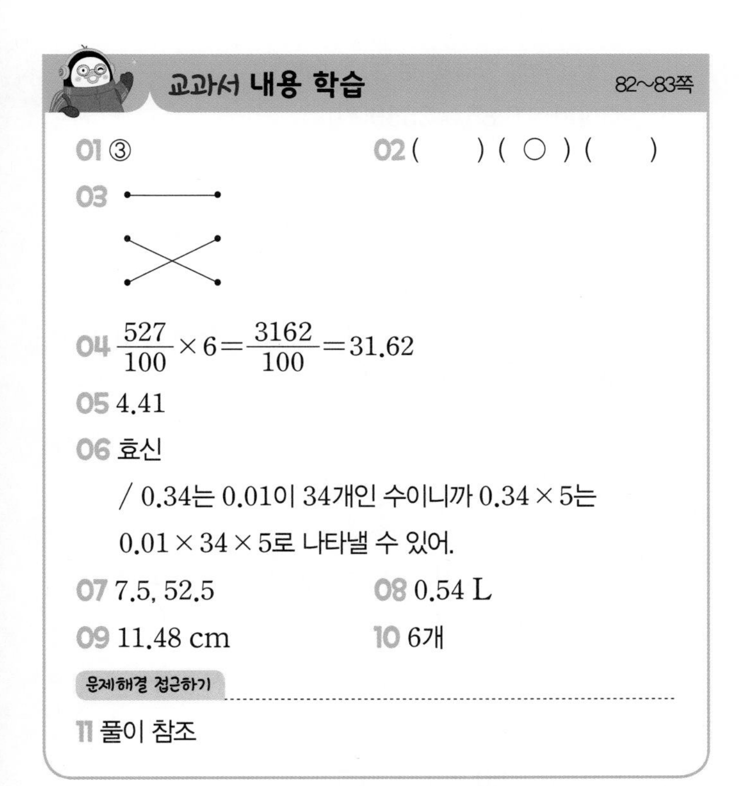

교과서 내용 학습 82~83쪽

01 ③ 02 ( ) (○) ( )

03

04 $\frac{527}{100}\times 6=\frac{3162}{100}=31.62$

05 4.41

06 효신
/ 0.34는 0.01이 34개인 수이니까 0.34 × 5는 0.01 × 34 × 5로 나타낼 수 있어.

07 7.5, 52.5 08 0.54 L

09 11.48 cm 10 6개

문제해결 접근하기

11 풀이 참조

01 $\underset{①}{\underline{2.29\times 3}}=\underset{②}{\underline{2.29+2.29+2.29}}$

$=\underset{④}{\underline{\frac{229}{100}}}\times 3=\frac{229\times 3}{100}$

$=\underset{⑤}{\underline{0.01\times 229\times 3}}$

계산 결과가 나머지 넷과 다른 것은 ③ $\frac{229\times 3}{10}$입니다.

02 $0.2\times 4=0.8<1$, $0.6\times 2=1.2>1$,
$0.3\times 3=0.9<1$
계산 결과가 1보다 큰 식은 0.6×2입니다.

03 $4\times 7=28$ ➡ $0.4\times 7=2.8$
$7\times 6=42$ ➡ $0.07\times 6=0.42$
$6\times 5=30$ ➡ $0.6\times 5=3$

04 소수 두 자리 수는 분모가 100인 분수로 고쳐서 계산합니다.

05 $24\times 4=96$ ➡ $2.4\times 4=9.6$
$173\times 3=519$ ➡ $1.73\times 3=5.19$
두 식의 계산 결과의 차는 $9.6-5.19=4.41$입니다.

06 0.34는 0.01이 34개인 수입니다.
$0.34\times 5=0.01\times 34\times 5$
$=0.01\times 170=1.7$

07 $25\times 3=75$ ➡ $2.5\times 3=7.5$
$75\times 7=525$ ➡ $7.5\times 7=52.5$

08 (두유의 양)$=0.18\times 3=0.54$ (L)

09 (직사각형의 둘레)$=(3.24+2.5)\times 2$
$=5.74\times 2=11.48$ (cm)

10 (딸기 주스 15컵을 만드는 데 필요한 딸기의 양)
$=0.34\times 15=5.1$ (kg)
딸기 5.1 kg을 사려면 딸기 1 kg이 들어 있는 바구니를 6개 사면 됩니다.

문제해결 접근하기

11 **이해하기** | 예 조건에 맞게 만들 수 있는 곱셈식의 수를 구하려고 합니다.
계획 세우기 | 예 0.□의 □에 2, 3, 4, 5를 차례로 넣으면서 조건에 맞는 곱셈식을 만들어 봅니다.
해결하기 | (1) 2 (2) 1 (3) 1 (4) 4
되돌아보기 | 예 계산 결과가 1이 나오려면 소수 첫째 자리가 0이 되어야 합니다.
$0.2\times 5=1$, $0.5\times 2=1$

문제를 풀며 이해해요 85쪽

1 4

2 (1) 2, 22, 2.2

(2) (위에서부터) 22, 10, 2.2

3 (1) 163, 652, 6.52

(2) (위에서부터) 652, 100, 6.52

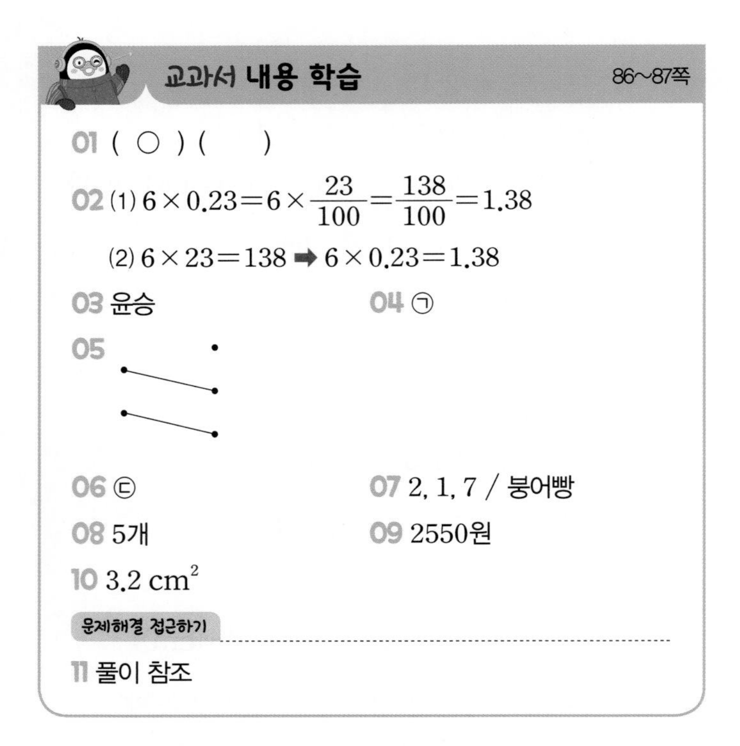

교과서 내용 학습 86~87쪽

01 (○) (   )

02 (1) $6 \times 0.23 = 6 \times \frac{23}{100} = \frac{138}{100} = 1.38$

(2) $6 \times 23 = 138$ ➡ $6 \times 0.23 = 1.38$

03 윤승

04 ㉠

05

06 ㉢

07 2, 1, 7 / 붕어빵

08 5개

09 2550원

10 3.2 cm^2

문제해결 접근하기

11 풀이 참조

01 $3 \times 4 = 12$ ➡ $3 \times 0.4 = 1.2$

02 (1) 소수 두 자리 수는 분모가 100인 분수로 고쳐서 계산합니다.

(2) 곱하는 수가 $\frac{1}{100}$배가 되면 계산 결과도 $\frac{1}{100}$배가 됩니다.

03 $0.7 < 1$이므로 6×0.7의 값은 6보다 작습니다.

04 ㉠ $57 \times 6 = 342$ ➡ $57 \times 0.6 = 34.2$

㉡ $13 \times 25 = 325$ ➡ $13 \times 2.5 = 32.5$

계산 결과가 더 큰 것은 ㉠입니다.

05 $42 \times 25 = 1050$ ➡ $42 \times 0.25 = 10.5$

$25 \times 43 = 1075$ ➡ $25 \times 0.43 = 10.75$

06 ㉠ $23 \times 91 = 2093$ ➡ $23 \times 0.91 = 20.93$

㉡ $683 \times 3 = 2049$ ➡ $683 \times 0.03 = 20.49$

㉢ $18 \times 78 = 1404$ ➡ $18 \times 0.78 = 14.04$

㉣ $15 \times 208 = 3120$ ➡ $15 \times 2.08 = 31.2$

계산 결과가 가장 작은 것은 ㉢입니다.

07 $2.78 \times 8 = 22.\underline{2}4$ ➡ 2(붕)

$9 \times 0.9 = 8.\underline{1}$ ➡ 1(어)

$61 \times 0.7 = 42.\underline{7}$ ➡ 7(빵)

08 $12 \times 0.43 = 5.16$

$5.16 > \square$의 $\square$ 안에 들어갈 수 있는 자연수는 1, 2, 3, 4, 5로 5개입니다.

09 (이번 주에 영미가 사용한 용돈)

$=$(지난주에 사용한 용돈)$\times 0.85$

$= 3000 \times 0.85 = 2550$(원)

10 (직사각형 가의 넓이)$=$(가로)$\times$(세로)

$= 12 \times 6.3 = 75.6\,(cm^2)$

(평행사변형 나의 넓이)$=$(밑변의 길이)$\times$(높이)

$= 8 \times 9.85 = 78.8\,(cm^2)$

직사각형 가와 평행사변형 나의 넓이의 차는 $78.8 - 75.6 = 3.2\,(cm^2)$입니다.

문제해결 접근하기

11 **이해하기** | 예 자동차가 2시간 30분 동안 갈 수 있는 거리를 구하려고 합니다.

계획 세우기 | 예 2시간 30분을 소수를 사용하여 시간으로 나타낸 후 갈 수 있는 거리를 구합니다.

해결하기 | (1) 60, 60, 5, 0.5 (2) 2.5

(3) 2.5, 212.5

되돌아보기 | 예 1시간$=$60분이므로

15분$=\frac{15}{60}$시간$=\frac{1}{4}$시간$=\frac{25}{100}$시간$=0.25$시간

1시간 15분은 1.25시간입니다.

한 시간에 78 km를 가는 자동차가 1시간 15분 동안 갈 수 있는 거리는 $78 \times 1.25 = 97.5$(km)입니다.

문제를 풀며 이해해요 89쪽

1 예) 0.1, 0.1 (모눈 그림), 0.54

2 (1) 4, 9, 36, 0.36

(2) 372, 13, 4836, 4.836

3 '작은, 0.315'에 ○표

4 (위에서부터) 11336, 1000, 11.336

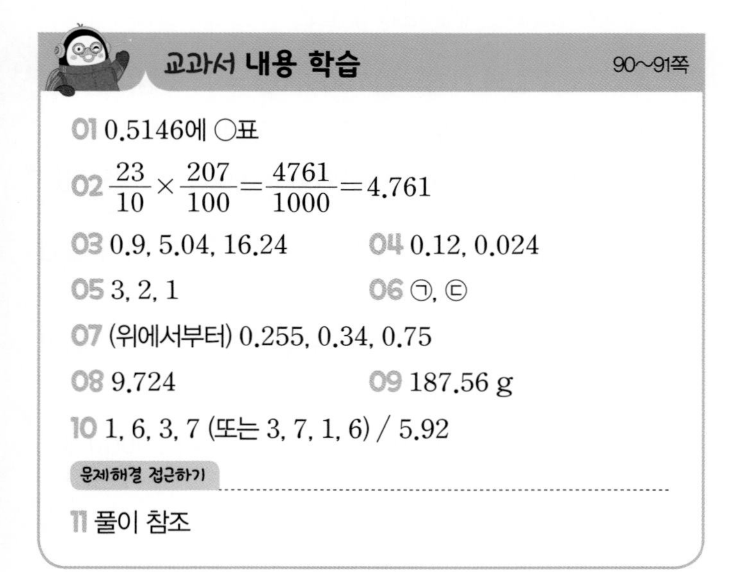

교과서 내용 학습 90~91쪽

01 0.5146에 ○표

02 $\frac{23}{10}\times\frac{207}{100}=\frac{4761}{1000}=4.761$

03 0.9, 5.04, 16.24

04 0.12, 0.024

05 3, 2, 1

06 ㉠, ㉢

07 (위에서부터) 0.255, 0.34, 0.75

08 9.724

09 187.56 g

10 1, 6, 3, 7 (또는 3, 7, 1, 6) / 5.92

문제해결 접근하기

11 풀이 참조

01 0.83은 1보다 작으므로 0.62의 0.83배는 0.62의 1배인 0.62보다 작은 0.5146입니다.

02 소수 한 자리 수는 분모가 10인 분수로, 소수 두 자리 수는 분모가 100인 분수로 고쳐서 계산합니다.

03 (1보다 큰 소수)=(자연수)+(1보다 작은 소수)로 생각하여 덧셈과 곱셈이 섞여 있는 식으로 계산합니다.

04 $4\times3=12 \Rightarrow 0.4\times0.3=0.12$

$12\times2=24 \Rightarrow 0.12\times0.2=0.024$

05 $15\times13=195 \Rightarrow 1.5\times1.3=1.95$

$47\times6=282 \Rightarrow 4.7\times0.6=2.82$

$312\times11=3432 \Rightarrow 3.12\times1.1=3.432$

계산 결과가 가장 큰 것은 3.12×1.1이고 계산 결과가 가장 작은 것은 1.5×1.3입니다.

06 ㉠ $25\times6=150 \Rightarrow 0.25\times0.6=0.15$

$\Rightarrow 0.15<0.25$(○)

㉡ $198\times37=7326 \Rightarrow 1.98\times3.7=7.326$

$\Rightarrow 7.326>3$(×)

㉢ $282\times14=3948 \Rightarrow 28.2\times1.4=39.48$

$\Rightarrow 39.48>28$(○)

㉣ $99\times67=6633 \Rightarrow 0.99\times6.7=6.633$

$\Rightarrow 6.633>6$(×)

크기 비교를 바르게 한 것은 ㉠, ㉢입니다.

07 $17\times2=34 \Rightarrow 1.7\times0.2=0.34$

$3\times25=75 \Rightarrow 0.3\times2.5=0.75$

$34\times75=2550 \Rightarrow 0.34\times0.75=0.255$

08 1이 3개, 0.1이 7개, 0.01이 4개인 수는 3.74입니다.

$\Rightarrow 3.74\times2.6=9.724$

09 (탄수화물 성분)

=(과자 한 봉지의 양)×0.72

=260.5×0.72=187.56 (g)

10 곱하는 두 소수의 자연수 부분이 작을수록 곱이 작아지므로 가장 작은 수 1과 두 번째로 작은 수 3을 자연수 부분에 넣어 곱셈식을 만듭니다.

$1.6\times3.7=5.92$

$1.7\times3.6=6.12$

가장 작은 곱은 5.92입니다.

문제해결 접근하기

11 **이해하기** | 예) 합동인 평행사변형 3개를 겹치지 않게 이어 붙여 만든 평행사변형의 넓이를 구하려고 합니다.

계획 세우기 | 예) 평행사변형의 높이를 구한 후 넓이를 구합니다.

해결하기 | (1) 3 (2) 3, 7.2

(3) 6.1, 7.2, 43.92

되돌아보기 | ㉩ 합동인 사각형은 대응변의 길이가 같으므로 평행사변형 ㅁㅂㅅㅇ의 밑변의 길이는 5.8 cm의 2배입니다.

평행사변형 ㅁㅂㅅㅇ의 밑변의 길이는

$5.8 \times 2 = 11.6$ (cm)입니다.

(평행사변형 ㅁㅂㅅㅇ의 넓이)

$= 11.6 \times 3.1 = 35.96$ (cm^2)

문제를 풀며 이해해요 93쪽

1 (1) 75.34, 753.4, 7534 (2) 127.5, 12.75, 1.275

2 8, 7, 56, 0.56 / 8, 7, 56, 0.056 / 8, 7, 56, 0.0056 / '같습니다'에 ○표

3 (1) 80.52 (2) 0.3624

교과서 내용 학습 94~95쪽

01 ㉣

02 (위에서부터) 0.01, 0.001, 1.078

03 6.3, 0.63, 0.063

04 ③

05 (1) 46.44 (2) 0.4644

06 ㉡, ㉢

07 178원 / 17.8원 / 1.78원

08 10000배

09 6075 g

10 48×1.94, 4.8×19.4

문제해결 접근하기

11 풀이 참조

01 곱하는 수가 100이므로 곱의 소수점을 오른쪽으로 두 자리 옮깁니다.

$7.635 \times 100 = 763.5$

02 7.7은 77의 0.1배이고, 0.14는 14의 0.01배이므로 계산 결과는 1078의 0.001배입니다.

03 $9 \times 0.7 = 6.3$

$9 \times 0.07 = 0.63$

$9 \times 0.007 = 0.063$

04 0.452는 452에서 소수점을 왼쪽으로 세 자리 옮긴 수이므로 □ 안에 알맞은 수는 0.001입니다.

05 (1) 0.54는 54의 0.01배이므로 계산 결과는 4644의 0.01배인 46.44입니다.

(2) 5.4는 54의 0.1배이고 0.086은 86의 0.001배이므로 계산 결과는 4644의 0.0001배인 0.4644입니다.

06 $18 \times 24 = 432$이므로 $1.8 \times 0.24 = 0.432$입니다.

㉠ $1.8 \times 2.4 = 4.32$　㉡ $18 \times 0.024 = 0.432$

㉢ $0.18 \times 2.4 = 0.432$　㉣ $0.18 \times 24 = 4.32$

1.8×0.24와 계산 결과가 같은 것은 ㉡, ㉢입니다.

07 (경유 0.1 L의 가격)$= 1780 \times 0.1 = 178$(원)

(경유 0.01 L의 가격)$= 1780 \times 0.01 = 17.8$(원)

(경유 0.001 L의 가격)$= 1780 \times 0.001 = 1.78$(원)

08 755는 0.755에서 소수점을 오른쪽으로 세 자리 옮긴 수입니다. ➡ ㉠$=1000$

261.3은 2613에서 소수점을 왼쪽으로 한 자리 옮긴 수입니다. ➡ ㉡$=0.1$

1000은 0.1의 10000배이므로 ㉠은 ㉡의 10000배입니다.

09 (사과 10개의 무게)$= 320.5 \times 10 = 3205$ (g)

(방울토마토 100개의 무게)$= 28.7 \times 100 = 2870$ (g)

(사과 10개의 무게)+(방울토마토 100개의 무게)

$= 3205 + 2870 = 6075$ (g)

10 형준이가 계산하려고 한 값은 $48 \times 194 = 9312$이므로 $4.8 \times 1.94 = 9.312$입니다.

계산기에 나온 결과 93.12는 9.312의 10배이므로 4.8을 48로 잘못 눌렀거나 1.94를 19.4로 잘못 눌렀습니다.

형준이가 계산한 곱셈식은 48×1.94 또는 4.8×19.4입니다.

문제해결 접근하기

11 **이해하기 |** 예 하정이가 초콜릿 10 g과 사탕 100 g을 사려고 할 때 내야 할 돈을 구하려고 합니다.

계획 세우기 | 예 10 g과 100 g이 각각 1 kg의 몇 배인지 구하여 초콜릿 10 g과 사탕 100 g의 가격을 구합니다.

해결하기 | (1) 1000 (2) 0.01, 0.01, 350

(3) 0.1, 0.1, 2450 (4) 350, 2450, 2800

되돌아보기 | 예 1 kg=1000 g

1 kg은 100 g의 10배이므로

(밀가루 1 kg의 가격)=180.4×10=1804(원)

1 kg은 10 g의 100배이므로

(설탕 1 kg의 가격)=25.66×100=2566(원)

민우가 내야 할 돈은

1804+2566=4370(원)입니다.

단원 확인 평가

96~99쪽

01 93, 93, 558, 558, 5.58 **02** ㉡, 2.82

03 (위에서부터) 3192, 31.92

04 49.4 **05** 나

06 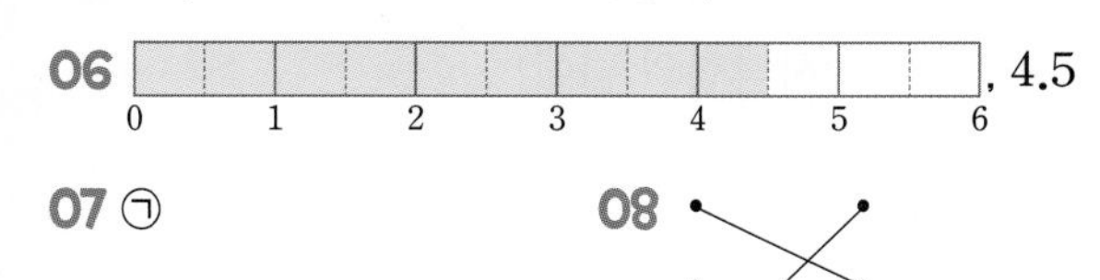

, 4.5

07 ㉠ **08** (선 잇기)

09 58.4 kg **10** 8, 9, 72, 0.72

11 (1) $\frac{3}{10}\times\frac{2}{10}=\frac{6}{100}=0.06$

(2) $\frac{103}{100}\times\frac{5}{10}=\frac{515}{1000}=0.515$

12 (위에서부터) 0.45, 0.0042, 0.027, 0.07

13 (1) 0.5, 0.3 (2) 0.3, 0.12 / 0.12 kg

14 ㉢ **15** 0.1 **16** 850원

17 14, 15, 16, 17, 18, 19 **18** 69.55 L

19 (1) 7.2, 28.7 (2) 28.7, 7.2, 21.5

(3) 21.5, 154.8 / 154.8

20 155.25 cm^2

01 0.93은 0.01이 93개인 수입니다.

0.93×6=0.01×93×6

=0.01×558=5.58

02 ㉡ 47×6=282 ➡ 0.47×6=2.82

03 5.32는 532의 $\frac{1}{100}$배이므로 계산 결과는 3192의 $\frac{1}{100}$배인 31.92입니다.

04 38×13=494 ➡ 3.8×13=49.4

05 가는 정삼각형이므로

(가의 둘레)=6.3×3=18.9(cm)

나는 정오각형이므로

(나의 둘레)=4.87×5=24.35(cm)

둘레가 더 긴 것은 나입니다.

06 3의 1배는 3이고, 3의 0.5배는 1.5이므로

3×1.5=4.5입니다.

07 ㉠ 4×2=8이고 2.3>2이므로 4×2.3은 8보다 큽니다.

㉡ 4×2=8이고 1.9<2이므로 4×1.9는 8보다 작습니다.

08 7×45=315 ➡ 7×0.45=3.15

11×2=22 ➡ 11×0.2=2.2

6×71=426 ➡ 6×0.71=4.26

09 (금성에서 성주의 몸무게)

=(지구에서 성주의 몸무게)×0.91

=40×0.91=36.4(kg)

(목성에서 성주의 몸무게)

=(지구에서 성주의 몸무게)×2.37

=40×2.37=94.8(kg)

두 행성에서 잰 성주의 몸무게의 차는

94.8−36.4=58.4(kg)입니다.

10 색칠한 부분은 가로로 8칸, 세로로 9칸으로 8×9=72 72칸입니다.

모눈 한 칸의 넓이가 0.01이므로

0.8×0.9는 0.01×72=0.72입니다.

11 소수 한 자리 수는 분모가 10인 분수로, 소수 두 자리 수는 분모가 100인 분수로 고쳐서 계산합니다.

12 $9\times5=45$ ➡ $0.9\times0.5=0.45$
$3\times14=42$ ➡ $0.03\times0.14=0.0042$
$9\times3=27$ ➡ $0.9\times0.03=0.027$
$5\times14=70$ ➡ $0.5\times0.14=0.07$

13 채점 기준

서준이가 사용한 찰흙이 몇 kg인지 구한 경우	50%
서영이가 사용한 찰흙이 몇 kg인지 구한 경우	50%

14 10을 곱하면 소수점이 오른쪽으로 한 자리 옮겨지므로 $0.72\times10=7.2$입니다. ➡ ㉠$=7.2$
0.01을 곱하면 소수점이 왼쪽으로 두 자리 옮겨지므로 $720\times0.01=7.2$입니다. ➡ ㉡$=7.2$
100을 곱하면 소수점이 오른쪽으로 두 자리 옮겨지므로 ㉢은 7200에서 소수점을 왼쪽으로 두 자리 옮긴 수입니다. ➡ ㉢$=72$
0.1을 곱하면 소수점이 왼쪽으로 한 자리 옮겨지므로 ㉣은 0.72에서 소수점을 오른쪽으로 한 자리 옮긴 수입니다. ➡ ㉣$=7.2$
나머지 셋과 값이 다른 것은 ㉢입니다.

15 0.45는 45에서 소수점을 왼쪽으로 두 자리 옮긴 수이므로 ●$=0.01$입니다.
4.5는 0.45에서 소수점을 오른쪽으로 한 자리 옮긴 수이므로 ▲$=10$입니다.
➡ ●$\times$▲$=0.01\times10=0.1$

16 1 L=1000 mL이므로 100 mL는 1 L의 0.1배입니다.
(세제 100 mL당 가격)$=8500\times0.1=850$(원)

17 $3.9\times5=19.5$이므로 ㉠<19.5에서 ㉠에 들어갈 수 있는 자연수는 19와 같거나 작은 수입니다.
$8\times1.74=13.92$이므로 $13.92<$㉡에서 ㉡에 들어갈 수 있는 자연수는 14와 같거나 큰 수입니다.
㉠과 ㉡에 공통으로 들어갈 수 있는 자연수는 14, 15, 16, 17, 18, 19입니다.

18 1분=60초이므로
30초$=\frac{30}{60}$분$=\frac{5}{10}$분$=0.5$분입니다.
6분 30초는 6.5분이므로
(6분 30초 동안 받을 수 있는 물의 양)
$=10.7\times6.5=69.55$ (L)

19 채점 기준

잘못 계산한 식을 세운 경우	30%
어떤 수를 구한 경우	30%
바르게 계산한 값을 구한 경우	40%

20 정사각형의 한 변의 길이의 0.3배씩 늘였으므로
(늘인 길이)$=15\times0.3=4.5$ (cm)
(늘인 정사각형의 한 변의 길이)
$=15+4.5=19.5$ (cm)
(새로 만든 정사각형의 넓이)
$=19.5\times19.5=380.25$ (cm^2)
(처음 정사각형의 넓이)$=15\times15=225$ (cm^2)
(늘어난 부분의 넓이)
=(새로 만든 정사각형의 넓이)
−(처음 정사각형의 넓이)
$=380.25-225=155.25$ (cm^2)

수학으로 세상보기 100~101쪽

1 (1) 82.5 (2) 330
2 (1) 66.04 (2) 124.46

5 단원 직육면체

문제를 풀며 이해해요 105쪽

1 직육면체

2 (위에서부터) 꼭짓점, 면, 모서리

3 (　　) (　　) (○)

4 6, 12, 8

교과서 내용 학습 106~107쪽

01 나, 바　　02 ④

03 ㉠, ㉣

04 예 직육면체는 6개의 직사각형으로 이루어져 있으나 주어진 도형은 2개의 사다리꼴과 4개의 직사각형으로 이루어져 있습니다.

05 72 cm　　06 7, 7

07 36 cm　　08 ㉠, ㉤

09 수정　　10 6

문제해결 접근하기

11 풀이 참조

01 직사각형 6개로 둘러싸인 도형을 찾으면 나, 바입니다.

02 직육면체는 직사각형으로 이루어진 도형이므로 앞에서 본 모양은 직사각형입니다.

03 ㉡ 모서리의 길이가 모두 같은 것은 정육면체입니다.
㉢ 모서리와 모서리가 만나는 점은 꼭짓점입니다.

04 직육면체는 직사각형 6개로 둘러싸인 도형입니다.

05 길이가 6 cm, 7 cm, 5 cm인 모서리가 각각 4개씩 있습니다.
(직육면체의 모서리의 길이의 합)
$=(6+7+5)\times 4=72$ (cm)

06 정육면체는 모서리의 길이가 모두 같으므로 모든 모서리의 길이는 7 cm입니다.

07 정육면체의 모서리는 12개이고 모서리의 길이가 모두 같으므로
(주사위의 모든 모서리의 길이의 합)
$=3\times 12=36$ (cm)

08 직육면체와 정육면체는 꼭짓점의 수, 모서리의 수, 면의 수는 같고, 면의 모양과 모서리의 길이는 다릅니다.

09 직사각형은 정사각형이라고 할 수 없으므로 직육면체는 정육면체라고 할 수 없습니다.
정사각형은 직사각형이라고 할 수 있으므로 정육면체는 직육면체라고 할 수 있습니다.
바르게 말한 친구는 수정입니다.

10 직육면체는 서로 평행한 모서리의 길이가 같으므로 길이가 같은 모서리가 4개씩 3쌍 있습니다.
$(\square+5+3)\times 4=56$
$\square+8=14$
$\square=6$

문제해결 접근하기

11 **이해하기** | 예 정육면체의 한 모서리의 길이를 구하려고 합니다.
계획 세우기 | 예 정육면체의 모서리의 수와 특징을 알고 구합니다.
해결하기 | (1) 12 (2) 같습니다 (3) 12, 20
되돌아보기 | 예 정육면체는 길이가 같은 모서리가 12개이므로
(정육면체의 한 모서리의 길이)
$=180\div 12=15$ (cm)

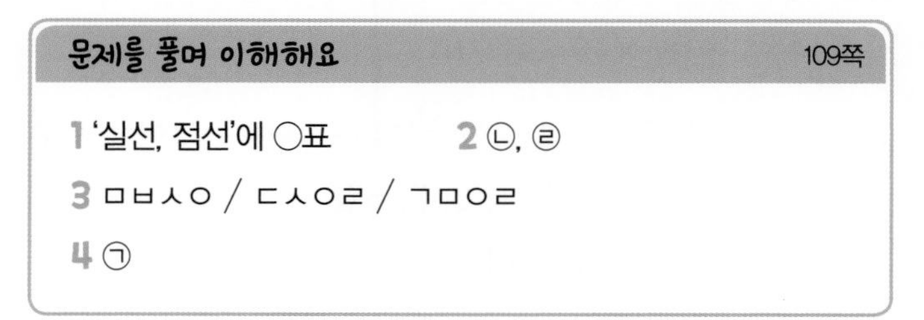

문제를 풀며 이해해요 109쪽

1 '실선, 점선'에 ○표　　2 ㉡, ㉣

3 ㅁㅂㅅㅇ / ㄷㅅㅇㄹ / ㄱㅁㅇㄹ

4 ㉠

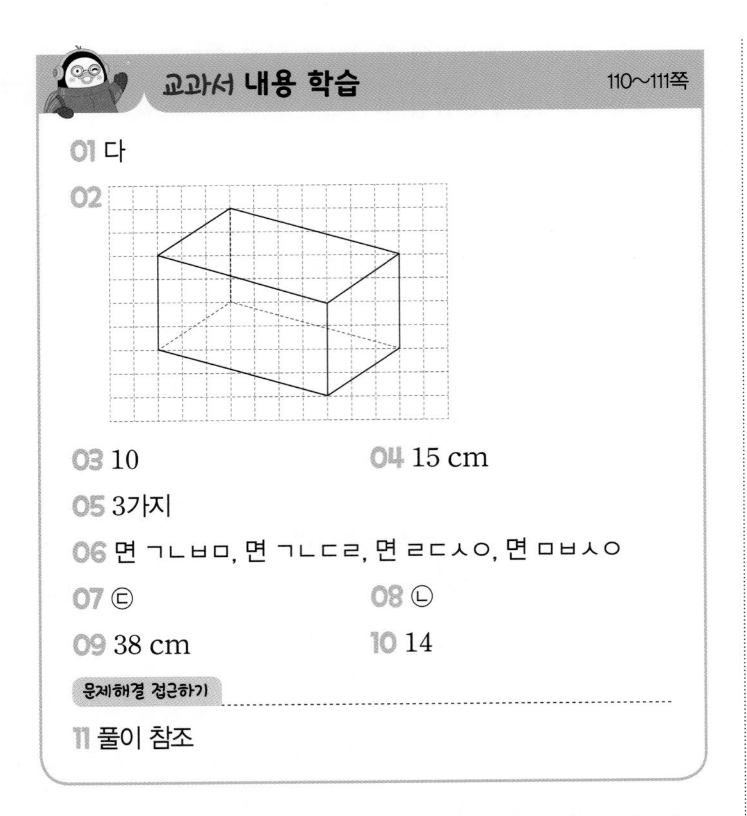

교과서 내용 학습 110~111쪽

01 다

02

03 10

04 15 cm

05 3가지

06 면 ㄱㄴㅂㅁ, 면 ㄱㄴㄷㄹ, 면 ㄹㄷㅅㅇ, 면 ㅁㅂㅅㅇ

07 ㉢

08 ㉡

09 38 cm

10 14

문제해결 접근하기

11 풀이 참조

01 직육면체의 겨냥도는 직육면체의 모양을 잘 알 수 있도록 보이는 모서리는 실선으로, 보이지 않는 모서리는 점선으로 나타낸 그림입니다.

03 보이는 꼭짓점은 7개이고, 보이지 않는 면은 3개입니다. ➡ $7+3=10$

04 보이지 않는 모서리는 10 cm, 3 cm, 2 cm짜리 모서리가 1개씩입니다. ➡ $10+3+2=15$ (cm)

05 직육면체에서 서로 평행한 면은 모두 3쌍이므로 필요한 색은 모두 3가지입니다.

06 면 ㄱㅁㅇㄹ과 만나는 면이 수직인 면입니다.

07 ㉢ 모양과 크기가 같은 면은 서로 평행한 면입니다.

08 ㉠, ㉢, ㉣은 수직이고, ㉡은 평행입니다.

09 색칠한 면과 평행한 면은 색칠한 면과 합동입니다.
➡ $(6+13)\times2=38$ (cm)

10 눈의 수가 3인 면과 평행한 면의 눈의 수는 4이므로 수직인 면의 눈의 수는 1, 2, 5, 6입니다.
➡ $1+2+5+6=14$

문제해결 접근하기

11 **이해하기** | ㉮ 색칠한 두 면에 공통으로 수직인 면의 넓이의 합을 구하려고 합니다.

계획 세우기 | ㉮ 색칠한 두 면에 공통으로 수직인 면을 찾은 후 두 면이 합동임을 이용하여 넓이의 합을 구합니다.

해결하기 | (1) ㄴㅂㅅㄷ, ㄱㅁㅇㄹ (2) 평행
(3) 7, 4, 56

되돌아보기 | ㉮ 색칠한 면과 수직인 면은 면 ㄱㄴㄷㄹ, 면 ㄴㅂㅅㄷ, 면 ㅁㅂㅅㅇ, 면 ㄱㅁㅇㄹ입니다.
면 ㄱㄴㄷㄹ과 면 ㅁㅂㅅㅇ은 합동이므로 두 면의 넓이의 합은 $(5\times3)\times2=30$ (cm^2)입니다.
면 ㄴㅂㅅㄷ과 면 ㄱㅁㅇㄹ은 합동이므로 두 면의 넓이의 합은 $(5\times6)\times2=60$ (cm^2)입니다.
색칠한 면과 수직인 면의 넓이의 합은
$30+60=90$ (cm^2)입니다.

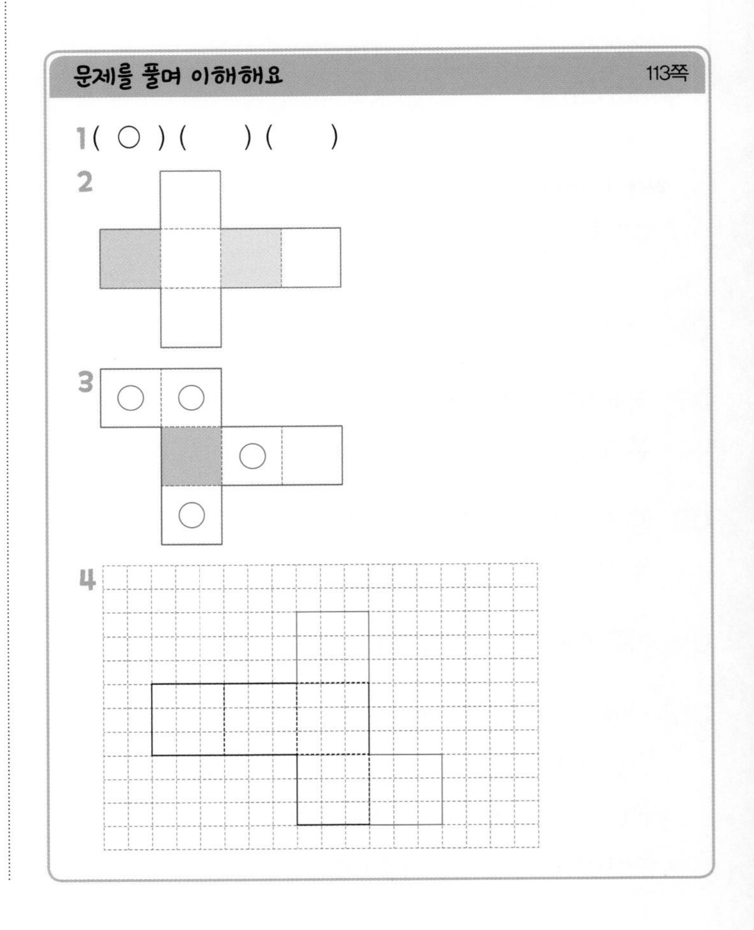

문제를 풀며 이해해요 113쪽

1 (○) (　) (　)

2

3

4

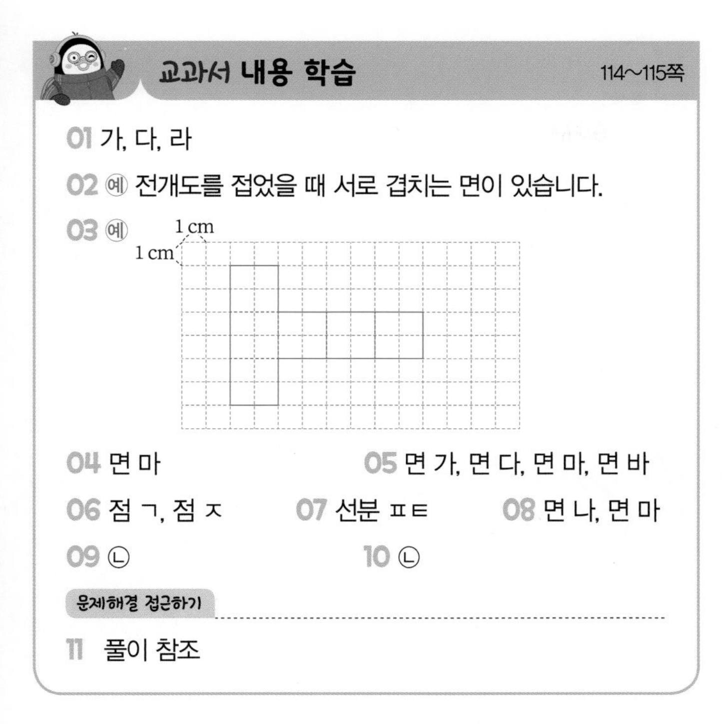

교과서 내용 학습 114~115쪽

01 가, 다, 라

02 예 전개도를 접었을 때 서로 겹치는 면이 있습니다.

03 예

04 면 마　　05 면 가, 면 다, 면 마, 면 바

06 점 ㄱ, 점 ㅈ　　07 선분 ㅍㅌ　　08 면 나, 면 마

09 ㉡　　10 ㉡

문제해결 접근하기

11 풀이 참조

01 나: 정육면체의 전개도는 정사각형인 면이 6개이어야 하는데 5개입니다.
마: 전개도를 접었을 때 겹치는 부분이 있습니다.

04 마주 보는 면은 평행한 면입니다.

05 수직인 면은 만나는 면입니다.

06 점 ㅍ과 만나는 점은 점 ㄱ과 점 ㅈ입니다.

07 점 ㅈ은 점 ㅍ과 만나고 점 ㅊ은 점 ㅌ과 만나므로 선분 ㅈㅊ은 선분 ㅍㅌ과 만납니다.

08 면 가에 수직인 면은 면 나, 면 다, 면 마, 면 바이고, 면 다에 수직인 면은 면 가, 면 나, 면 라, 면 마입니다.
면 가와 면 다에 공통으로 수직인 면은 면 나와 면 마입니다.

09 주어진 다른 자석 블록과 겹치지 않아야 하므로 ㉡에 놓아야 합니다.

10 서로 마주 보는 면을 알아보면 ◆와 ▲, ♥와 ★, ⦿와 ○입니다. 효빈이가 만든 정육면체는 ㉡입니다.

문제해결 접근하기

11 **이해하기** | 예 주사위 전개도의 가, 나, 다의 눈의 수를 알아보려고 합니다.

계획 세우기 | 예 마주 보는 면을 알아보고 가, 나, 다에 알맞은 주사위 눈의 수를 구합니다.

해결하기 | (1) 2, 5 (2) 3, 4 (3) 1, 6

되돌아보기 |

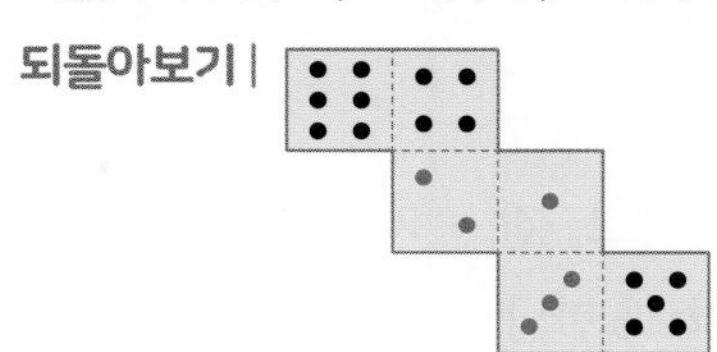

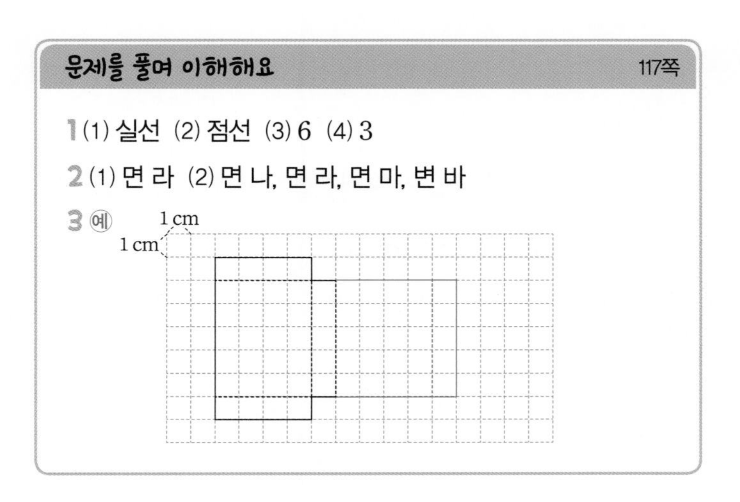

문제를 풀며 이해해요 117쪽

1 (1) 실선 (2) 점선 (3) 6 (4) 3

2 (1) 면 라 (2) 면 나, 면 라, 면 마, 변 바

3 예

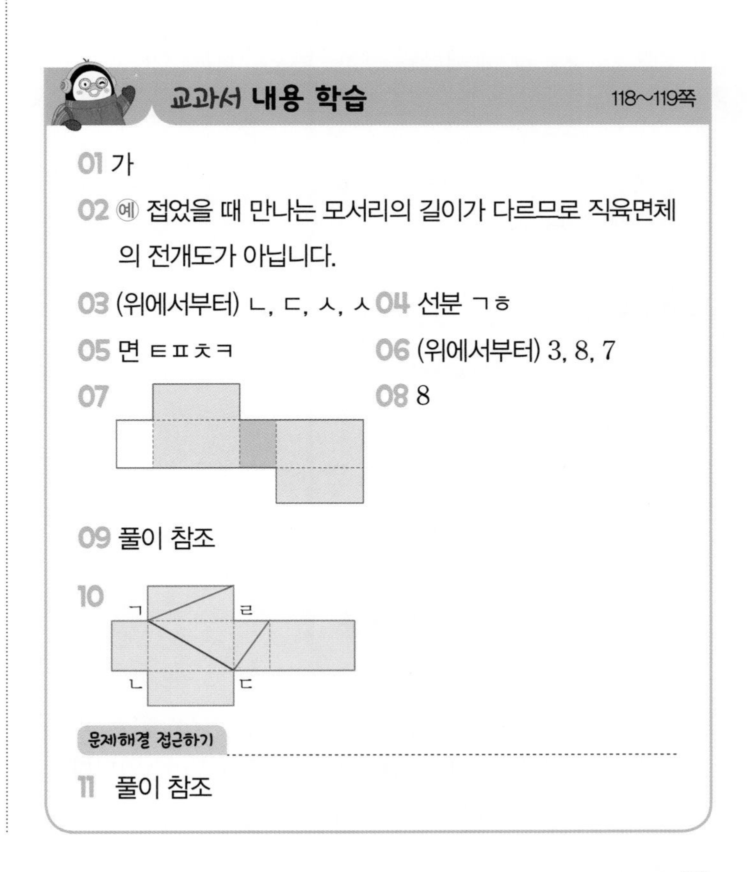

교과서 내용 학습 118~119쪽

01 가

02 예 접었을 때 만나는 모서리의 길이가 다르므로 직육면체의 전개도가 아닙니다.

03 (위에서부터) ㄴ, ㄷ, ㅅ, ㅅ　04 선분 ㄱㅎ

05 면 ㅌㅍㅊㅋ　06 (위에서부터) 3, 8, 7

07　08 8

09 풀이 참조

10

문제해결 접근하기

11 풀이 참조

01 직육면체의 전개도는 면이 6개이어야 하는데 가는 5개입니다.

03 전개도를 접었을 때 만나는 점끼리 같은 기호를 써넣습니다.

04 점 ㅋ과 점 ㄱ이 만나고, 점 ㅌ과 점 ㅎ이 만나므로 선분 ㅋㅌ은 선분 ㄱㅎ과 만납니다.

05 면 ㄷㄹㅁㅂ과 만나지 않는 면은 마주 보는 면인 면 ㅌㅍㅊㅋ입니다.

06 전개도를 접었을 때 만나는 선분과 평행한 선분의 길이는 각각 같습니다.

07 색칠한 면과 수직인 면은 색칠한 면과 만나는 면입니다.

08 ㉠=6(cm), ㉡=2(cm)

➡ $6+2=8$

09 예

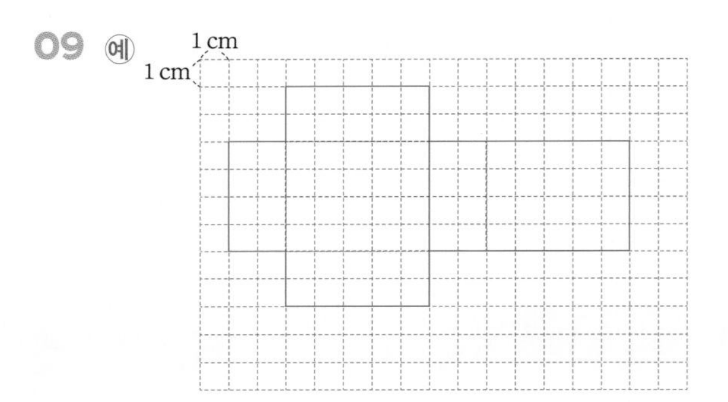

10 전개도에서 꼭짓점을 알아본 후 나머지 두 면에 선을 그어 봅니다.

문제해결 접근하기

11 **이해하기** | 예 직사각형 ㄱㄴㄷㄹ의 둘레를 구하려고 합니다.

계획 세우기 | 예 전개도에서 만나는 선분을 찾아 직사각형 ㄱㄴㄷㄹ의 가로와 세로를 각각 구한 후 둘레를 구합니다.

해결하기 | (1) 6, 6, 22 (2) 7

(3) 22, 7, 58

되돌아보기 | 예 색칠한 부분의 가로는

$4+3+4+3=14$ (cm)이고, 세로는 6 cm입니다.

색칠한 부분의 넓이는 $14\times6=84$ (cm^2)입니다.

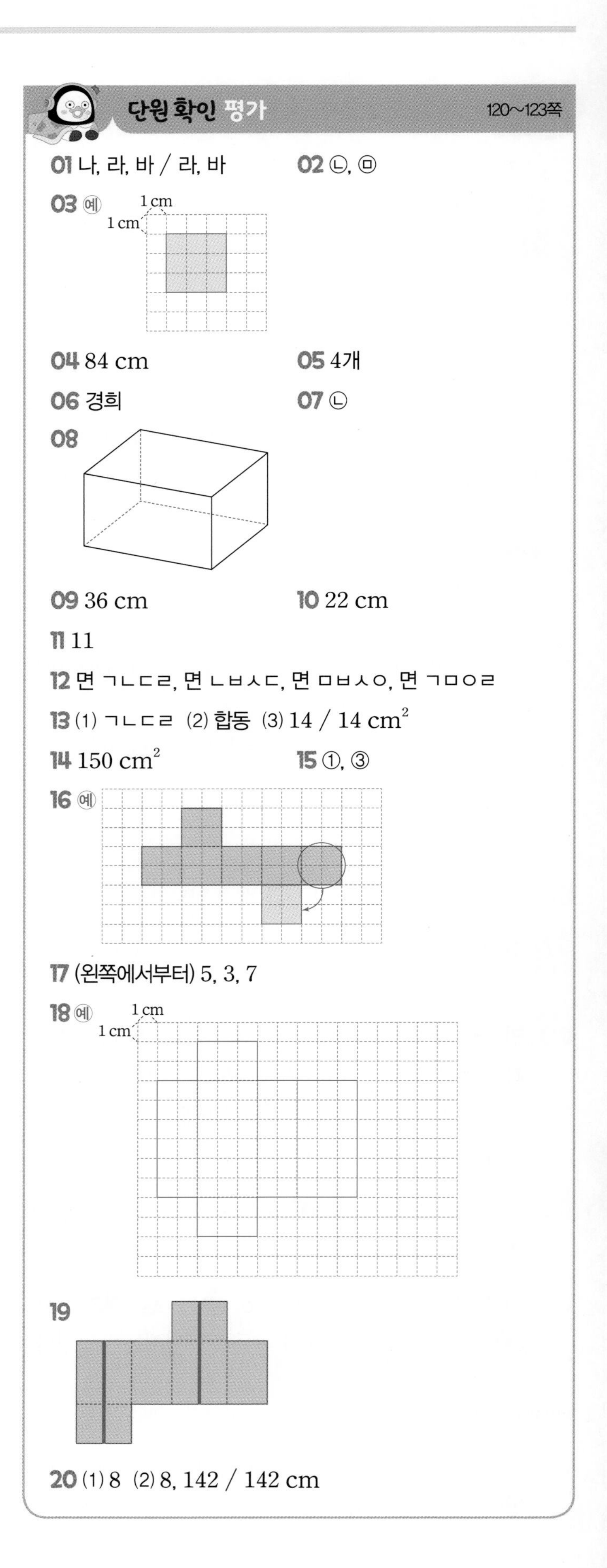

단원 확인 평가 120~123쪽

01 나, 라, 바 / 라, 바 **02** ㉡, ㉤

03 예

04 84 cm **05** 4개

06 경희 **07** ㉡

08

09 36 cm **10** 22 cm

11 11

12 면 ㄱㄴㄷㄹ, 면 ㄴㅂㅅㄷ, 면 ㅁㅂㅅㅇ, 면 ㄱㅁㅇㄹ

13 (1) ㄱㄴㄷㄹ (2) 합동 (3) 14 / 14 cm^2

14 150 cm^2 **15** ①, ③

16 예

17 (왼쪽에서부터) 5, 3, 7

18 예

19

20 (1) 8 (2) 8, 142 / 142 cm

01 직사각형 6개로 둘러싸인 도형을 직육면체라고 하고, 정사각형 6개로 둘러싸인 도형을 정육면체라고 합니다.

02 ㉠ 직육면체의 꼭짓점은 8개입니다.
㉢ 직육면체는 마주 보는 면의 모양과 크기가 같습니다.
㉣ 직육면체의 모서리는 4개씩 3쌍의 길이가 같습니다.

03 정육면체는 정사각형 6개로 둘러싸인 도형으로 색칠한 면은 한 변의 길이가 3 cm인 정사각형입니다.

04 정육면체의 모서리는 12개이고 모서리의 길이가 모두 같으므로
(모든 모서리의 길이의 합)$=7\times12=84$ (cm)

05 직육면체에는 길이가 같은 모서리가 4개씩 3쌍 있습니다. 길이가 6 cm인 모서리는 모두 4개입니다.

06 6개의 면이 모두 합동인 것은 정육면체입니다.
직육면체와 정육면체의 공통점을 바르게 말한 친구는 경희입니다.

07 ㉠ 보이지 않는 모서리 하나를 실선으로 잘못 나타내었습니다.
㉢ 보이지 않는 모서리 3개를 모두 실선으로 나타내었습니다.
㉣ 보이는 모서리 하나를 점선으로 잘못 나타내었습니다.

08 보이지 않는 모서리 3개를 점선으로 나타냅니다.

09 정육면체에서 보이지 않는 모서리는 3개이므로
(한 모서리의 길이)$=12\div3=4$ (cm)
보이는 모서리는 9개이므로
(보이는 모서리의 길이의 합)$=4\times9=36$ (cm)

10 주어진 보이는 두 면의 모양에 맞게 직육면체의 겨냥도를 그리면 다음과 같습니다.

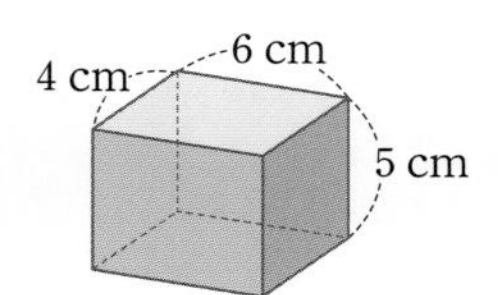

보이는 나머지 한 면의 모양은 가로가 6 cm, 세로가 5 cm인 직사각형이므로 둘레는 $(6+5)\times2=22$ (cm)입니다.

11 • 한 꼭짓점에서 만나는 면은 3개입니다. ➡ ㉠=3
• 한 면과 평행한 면은 1개입니다. ➡ ㉡=1
• 서로 평행한 면은 모두 3쌍입니다. ➡ ㉢=3
• 한 면과 수직인 면은 모두 4개입니다. ➡ ㉣=4
㉠+㉡+㉢+㉣$=3+1+3+4=11$입니다.

12 면 ㄴㅂㅁㄱ과 만나는 면은 면 ㄱㄴㄷㄹ, 면 ㄴㅂㅅㄷ, 면 ㅁㅂㅅㅇ, 면 ㄱㅁㅇㄹ입니다.

13 채점 기준

색칠한 면과 평행한 면을 찾은 경우	30 %
색칠한 면과 평행한 면이 합동임을 아는 경우	30 %
색칠한 면과 평행한 면의 넓이를 구한 경우	40 %

14 면 가와 수직인 면은 빗금친 면입니다.

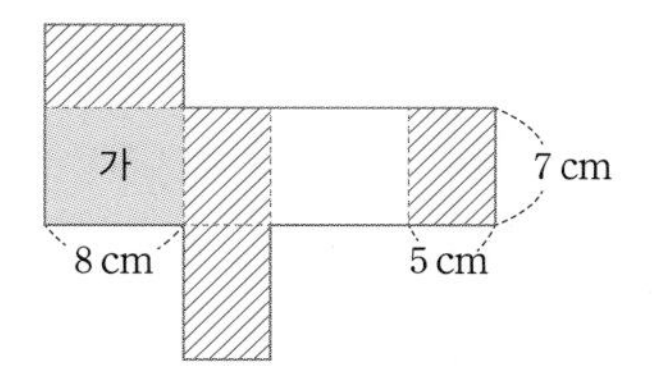

(수직인 면의 넓이의 합)
$=8\times5+7\times5+8\times5+7\times5=150$ (cm^2)

15

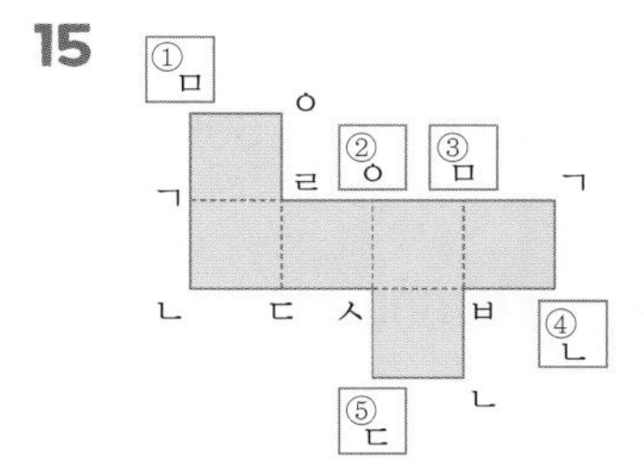

16 겹치는 면 한 개의 위치를 바르게 옮깁니다.

17 직육면체의 전개도를 접었을 때 만나는 선분과 평행한 선분의 길이는 각각 같습니다.

18 모서리를 자르는 방법에 따라 여러 가지 모양의 전개도가 나올 수 있습니다.

19 만나는 면을 생각하여 색 테이프가 지나가는 자리를 알아봅니다.

20 채점 기준

매듭을 제외한 끈의 길이가 정육면체의 모서리의 몇 배인지 구한 경우	50 %
사용한 끈의 길이를 구한 경우	50 %

6 단원 평균과 가능성

문제를 풀어 이해해요 129쪽

1 '고르게 한 수'에 ○표 2 12, 7, 8
3 (1) 28 cm (2) 14 cm (3) 14 cm

교과서 내용 학습 130~131쪽

01 600 g 02 정민
03 45, 8, 8, 45, 45 04 ③
05 3개 06 5, 4, 2, 1, 12 / 12, 3
07 35명 08 125 cm / 120 cm
09 미진 10 87 cm

문제해결 접근하기

11 풀이 참조

01 한 상자에 들어 있는 배의 무게를 나타내는 수 598, 600, 601, 602, 599를 고르게 하면 600, 600, 600, 600, 600입니다.
배 한 상자의 무게를 대표적으로 600 g이라고 할 수 있습니다.

02 가족 구성원 수를 고르게 하면 4, 4, 4, 4, 4이므로 가족 구성원 수를 대표하는 값은 4입니다.
정민이가 바르게 말했습니다.

03 하루 컴퓨터 사용 시간의 평균을 45분으로 예상한 후 53을 45와 8로 가르고 8을 37과 모아 하루 컴퓨터 사용 시간을 45분으로 고르게 합니다.
컴퓨터 사용 시간의 평균은 45분입니다.

04 5개짜리 모형 중 2개를 1개짜리 모형으로 옮기면 모형 모두 3개씩 고르게 나타낼 수 있습니다.

05 모형이 모두 3개씩 고르게 나타나게 되므로 모형 수의 평균은 3개입니다.

06 (4개월 동안 읽은 책 수의 합)
$=5+4+2+1=12$(권)
(읽은 책 수의 평균)$=12\div4=3$(권)

07 (버스 한 대에 탄 학생의 평균)$=210\div6=35$(명)

08 (민혁이의 멀리뛰기 기록의 합)
$=120+130+125=375$ (cm)
(민혁이의 멀리뛰기 기록의 평균)
$=375\div3=125$ (cm)
(서현이의 멀리뛰기 기록의 합)
$=110+115+120+135=480$ (cm)
(서현이의 멀리뛰기 기록의 평균)
$=480\div4=120$ (cm)

09 두 사람의 횟수가 다르기 때문에 멀리뛰기 기록의 합만으로는 누가 더 잘 했다고 말할 수 없습니다.

10 (끈 4개의 길이의 합)$=176+172=348$ (cm)
(끈 4개의 길이의 평균)$=348\div4=87$ (cm)

문제해결 접근하기

11 **이해하기** | 예 사과의 평균 수확량은 몇 kg인지 구하려고 합니다.
계획 세우기 | 예 일주일 동안의 사과 수확량의 합을 구한 후 7로 나눕니다.
해결하기 | (1) 35, 40, 30, 50, 40, 280
(2) 280, 40
되돌아보기 | 예 (일주일 동안의 복숭아 수확량)
$=46+38+47+39+41+53+44=308$ (kg)
(복숭아의 평균 수확량)
$=308\div7=44$ (kg)

문제를 풀어 이해해요 133쪽

1 5, 9, 4 / 32, 4, 8
2 4, 55 / 3, 60 / 효주
3 5, 45 / 45, 5, 7, 9

교과서 내용 학습 134~135쪽

01 4000원
02 2자루
03 사랑 모둠
04 =
05 2294개
06 15일
07 9.2초
08 가, 라
09 26명
10 12번

문제해결 접근하기

11 풀이 참조

01 (떡볶이 1인분 가격의 평균)
$=(3500+5000+3200+4300+4000)\div5$
$=20000\div5=4000$(원)

02 (지연이네 모둠 학생들의 평균 연필 수)
$=(11+6+7+12)\div4=9$(자루)
지연이의 연필 수는 모둠 학생들의 평균 연필 수보다 $11-9=2$(자루) 더 많이 가지고 있습니다.

03 (사랑 모둠 점수의 평균)$=24\div3=8$(점)
(배려 모둠 점수의 평균)$=20\div5=4$(점)
(정직 모둠 점수의 평균)$=28\div4=7$(점)
$8>7>4$이므로 모둠별 투호 점수의 평균이 가장 높은 모둠은 사랑 모둠입니다.

04 (지난주 최고 기온의 평균)
$=(11+10+12+8+14)\div5=11$(℃)
(이번 주 최고 기온의 평균)
$=(14+10+10+8+13)\div5=11$(℃)
지난주와 이번 주 최고 기온의 평균은 같습니다.

05 10월은 31일까지이므로
(10월 한 달 동안 만든 케이크)$=74\times31$
$=2294$(개)

06 윗몸 말아올리기를 하루 평균 30번씩 □일 동안 한 것이므로
$30\times□=450$, $□=450\div30=15$
윗몸 말아올리기를 15일 동안 한 것입니다.

07 (50 m 달리기 기록의 합)$=9.5\times4=38$(초)
(2회 달리기 기록)$=38-(10.1+9.8+8.9)$
$=9.2$(초)

08 (책 판매량의 평균)
$=(220+450+385+280+365)\div5=340$(권)
판매량이 340권보다 적은 책은 가, 라이므로 판매하지 않을 책은 가, 라입니다.

09 반별 학생 수의 평균이 28명이므로
(5학년 전체 학생 수)$=28\times5=140$(명)
(4반 학생 수)$=140-(30+27+29+28)=26$(명)

10 (준영이의 제기차기 기록의 평균)
$=(12+10+8+14)\div4=44\div4=11$(번)
준영이와 성현이의 제기차기 기록의 평균이 같으므로 성현이의 제기차기 기록의 평균도 11번입니다.
(성현이의 제기차기 기록의 합)$=11\times5=55$(번)
(성현이의 4회 기록)$=55-(13+6+11+13)$
$=55-43=12$(번)

문제해결 접근하기

11 **이해하기** | 예 정우의 영어 점수를 구하려고 합니다.
계획 세우기 | 예 영어를 포함한 5과목의 점수의 합에서 4과목의 점수의 합을 빼서 구합니다.
해결하기 | (1) 83, 332 (2) 85, 425
(3) 425, 332, 93
되돌아보기 | 예 (1학년부터 5학년까지 학생 수의 합)
$=134\times5=670$(명)
(1학년부터 6학년까지 학생 수의 합)
$=131\times6=786$(명)
(6학년 학생 수)$=786-670=116$(명)

문제를 풀며 이해해요 137쪽

1 '맑고, 오지는 않을 것'에 ○표
2 (1) '확실하다'에 ○표 (2) '반반이다'에 ○표
3 불가능하다, 반반이다, 확실하다

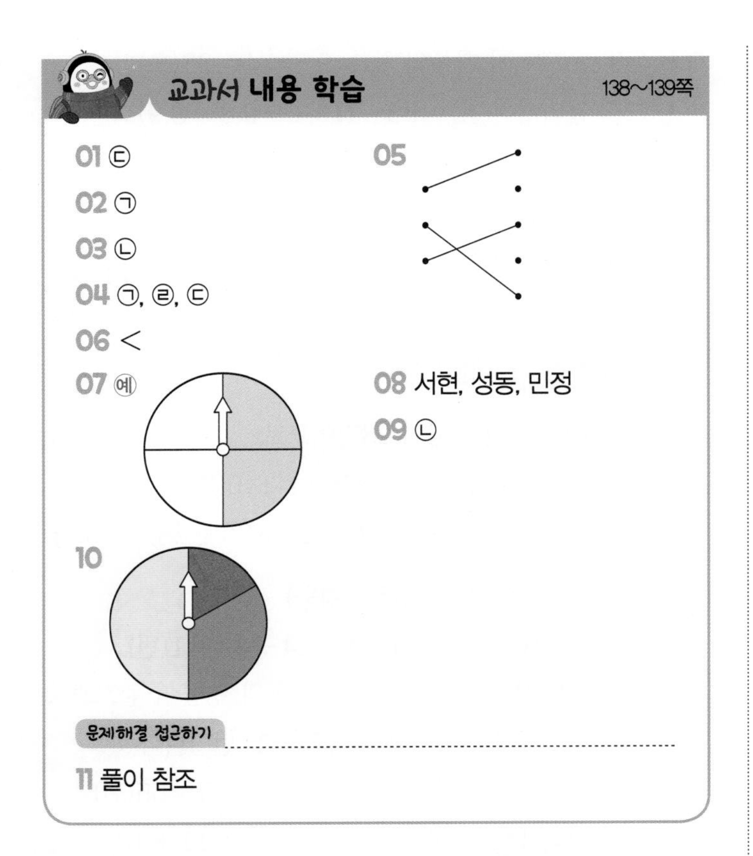

교과서 내용 학습
138~139쪽
01 ㉢
02 ㉠
03 ㉡
04 ㉠, ㉣, ㉢
05
06 <
07 예
08 서현, 성동, 민정
09 ㉡
10
문제해결 접근하기
11 풀이 참조

01 월요일 다음은 화요일이므로 일이 일어날 가능성은 ㉢ '확실하다'입니다.

02 낮 최고 기온이 32 ℃이면 눈이 올 수 없으므로 일이 일어날 가능성은 ㉠ '불가능하다'입니다.

03 여학생과 남학생이 있으므로 교실에 들어오는 학생이 여학생일 가능성은 ㉡ '반반이다'입니다.

04 왼쪽에 있는 회전판은 전체가 흰색이므로 검은색에 멈출 가능성은 '불가능하다'입니다.
가운데에 있는 회전판은 검은색이 흰색보다 넓으므로 화살이 검은색에 멈출 가능성은 '~일 것 같다'입니다.
오른쪽에 있는 회전판은 흰색과 검은색이 반반이므로 화살이 검은색에 멈출 가능성은 '반반이다'입니다.

05 공룡은 멸종이 되었으므로 우리 집에 공룡이 놀러 올 가능성은 '불가능하다'입니다.
올챙이가 자라면 개구리가 되므로 일이 일어날 가능성은 '확실하다'입니다.
축구를 관람하는 사람 수가 짝수일 가능성은 '반반이다'입니다.

06 왼쪽 주머니에서 흰색 바둑돌을 꺼낼 가능성은 '반반이다'이고, 오른쪽 주머니에서 흰색 바둑돌을 꺼낼 가능성은 '~일 것 같다'입니다.
꺼낸 바둑돌이 흰색일 가능성은 오른쪽 주머니가 더 높습니다.

07 동전을 던질 때 그림 면이 나올 가능성은 '반반이다'입니다.
회전판이 전체 4칸이므로 2칸을 빨간색으로 색칠하면 동전을 던질 때 그림 면이 나올 가능성과 회전판을 돌릴 때 화살이 빨간색에 멈출 가능성이 같습니다.

08 [서현] 호랑이는 날 수 없으므로 일이 일어날 가능성은 '불가능하다'입니다.
[민정] 오늘이 화요일이면 내일은 수요일일 가능성은 '확실하다'입니다.
[성동] 은행에서 뽑은 번호표가 짝수일 가능성은 '반반이다'입니다.

09 ㉠ 화살이 빨간색, 파란색, 노란색에 멈출 가능성이 비슷한 회전판입니다.
㉡ 화살이 빨간색에 멈출 가능성이 가장 높고 파란색, 노란색에 멈출 가능성이 비슷한 회전판입니다.
주어진 표와 일이 일어날 가능성이 비슷한 회전판은 ㉡입니다.

10 노란색에 멈출 가능성이 가장 높으므로 가장 넓은 부분이 노란색입니다. 파란색에 멈출 가능성은 빨간색에 멈출 가능성의 2배이므로 두 번째로 넓은 부분이 파란색이고 가장 좁은 부분이 빨간색입니다.

문제해결 접근하기

11 **이해하기** | 예 일이 일어날 가능성이 가장 낮은 것부터 차례로 기호를 쓰려고 합니다.
계획 세우기 | 예 각각의 가능성을 구해서 서로 비교해 봅니다.
해결하기 | (1) 반반이다 (2) 확실하다 (3) 불가능하다
(4) ㉢, ㉠, ㉡

되돌아보기 | 예 ㉠ 초등학생의 키가 5 m일 가능성은 '불가능하다'입니다.

㉡ 전학 온 학생이 남학생일 가능성은 '반반이다'입니다.

㉢ 전학 온 학생이 초등학생일 가능성은 '확실하다'입니다.

일이 일어날 가능성이 가장 높은 것부터 차례로 기호를 쓰면 ㉢, ㉡, ㉠입니다.

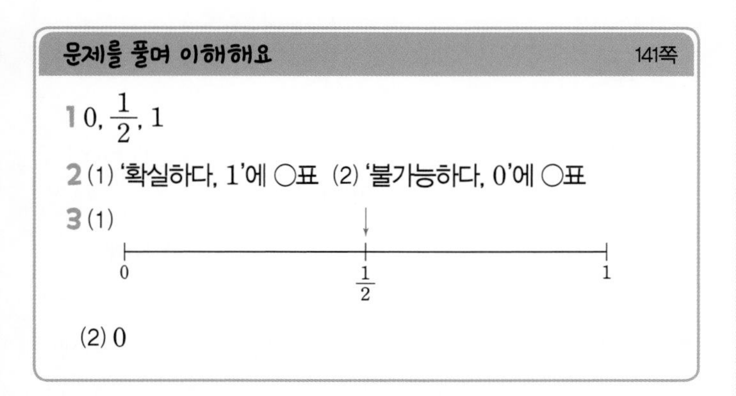

문제를 풀며 이해해요 141쪽

1 0, $\frac{1}{2}$, 1

2 (1) '확실하다, 1'에 ○표 (2) '불가능하다, 0'에 ○표

3 (1)

(2) 0

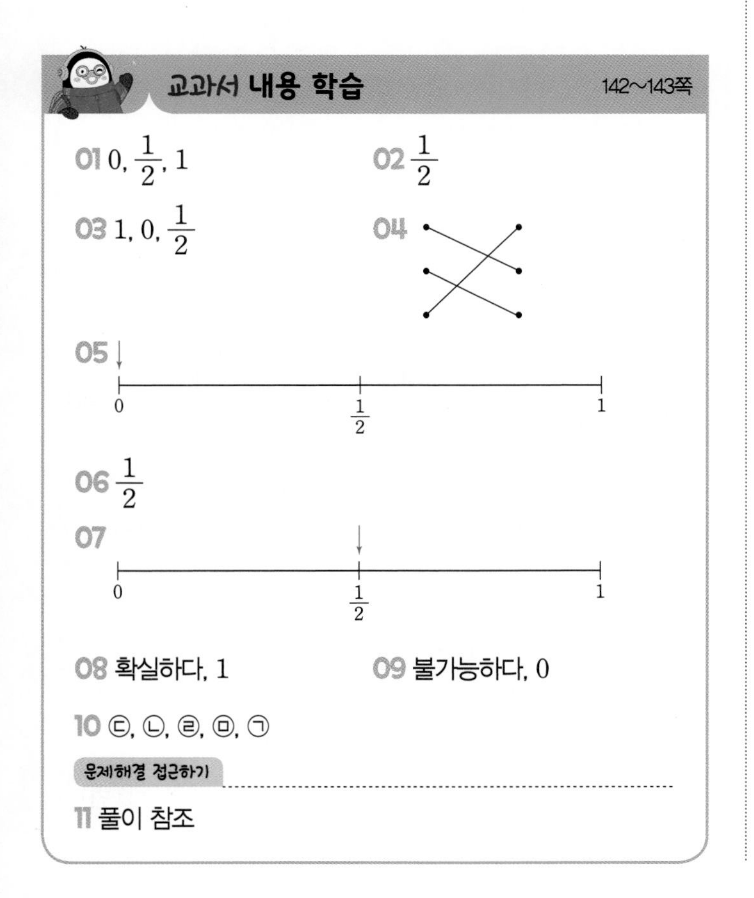

교과서 내용 학습 142~143쪽

01 0, $\frac{1}{2}$, 1

02 $\frac{1}{2}$

03 1, 0, $\frac{1}{2}$

04

05

06 $\frac{1}{2}$

07

08 확실하다, 1

09 불가능하다, 0

10 ㉢, ㉡, ㉣, ㉤, ㉠

문제해결 접근하기

11 풀이 참조

01 '불가능하다'를 수로 표현하면 0입니다.

'반반이다'를 수로 표현하면 $\frac{1}{2}$입니다.

'확실하다'를 수로 표현하면 1입니다.

02 500원짜리 동전에는 숫자 면과 그림 면이 있으므로 숫자 면이 나올 가능성은 '반반이다'이고 수로 표현하면 $\frac{1}{2}$입니다.

03 가: 회전판에 연두색만 있으므로 화살이 연두색에 멈출 가능성은 '확실하다'이고 수로 표현하면 1입니다.

나: 회전판에 연두색이 없으므로 화살이 연두색에 멈출 가능성은 '불가능하다'이고 수로 표현하면 0입니다.

다: 회전판에 4칸 중 2칸이 연두색이므로 화살이 연두색에 멈출 가능성은 '반반이다'이고 수로 표현하면 $\frac{1}{2}$입니다.

04 ○× 문제의 정답이 ×일 가능성은 '반반이다'이므로 수로 표현하면 $\frac{1}{2}$입니다.

올해 12살인 효빈이가 내년에 13살이 될 가능성은 '확실하다'이므로 수로 표현하면 1입니다.

학교에서 이순신 장군을 만날 가능성은 '불가능하다'이므로 수로 표현하면 0입니다.

05 검은색 바둑돌 4개 중에 한 개를 꺼냈을 때 흰색 바둑돌이 나올 가능성은 '불가능하다'입니다.

꺼낸 바둑돌이 흰색일 가능성을 수로 표현하면 0입니다.

06 10장의 카드 중 ♣는 5장이므로 카드 한 장을 뽑을 때 ♣가 나올 가능성은 '반반이다'이고 수로 표현하면 $\frac{1}{2}$입니다.

07 1000원짜리 지폐 3장, 5000원짜리 지폐 3장이 들어 있는 지갑에서 지폐 한 장을 꺼낼 때 5000원짜리 지폐일 가능성은 '반반이다'이고 수로 표현하면 $\frac{1}{2}$입니다.

08 노란색 풍선 5개가 들어 있는 봉지에서 풍선 3개를 꺼냈을 때 모두 노란색일 가능성은 '확실하다'이고 수로 표현하면 1입니다.

09 수 카드의 수는 모두 짝수이므로 뽑은 카드의 수가 홀수일 가능성은 '불가능하다'이고 수로 표현하면 0입니다.

10 ㉠ 흰색 바둑돌 4개 중 바둑돌 한 개를 꺼낼 때 흰색일 가능성은 '확실하다'이고 수로 표현하면 1입니다.

㉡ 흰색 바둑돌 1개와 검은색 바둑돌 3개 중 바둑돌 한 개를 꺼낼 때 흰색일 가능성은 '~아닐 것 같다'이고 수로 표현하면 0과 $\frac{1}{2}$ 사이입니다.

㉢ 검은색 바둑돌 4개 중 바둑돌 한 개를 꺼낼 때 흰색일 가능성은 '불가능하다'이고 수로 표현하면 0입니다.

㉣ 흰색 바둑돌 2개와 검은색 바둑돌 2개 중 한 개를 꺼낼 때 흰색일 가능성은 '반반이다'이고 수로 표현하면 $\frac{1}{2}$입니다.

㉤ 흰색 바둑돌 3개와 검은색 바둑돌 1개 중 한 개를 꺼낼 때 흰색일 가능성은 '~일 것 같다'이고 수로 표현하면 $\frac{1}{2}$과 1 사이입니다.

문제해결 접근하기

11 **이해하기** | 예 가능성을 수로 표현한 값의 합을 구하려고 합니다.

계획 세우기 | 예 각각의 가능성을 수로 표현한 후 더합니다.

해결하기 | (1) 1, 2, 4, $\frac{1}{2}$ (2) 42, 1 (3) $1\frac{1}{2}$

되돌아보기 | 예 ㉢ 주어진 수 카드의 수가 모두 짝수이므로 홀수일 가능성은 '불가능하다'이고 수로 표현하면 0입니다.

㉣ 1년은 365일 또는 366일이므로 400명의 학생 중 생일이 같은 사람이 있을 가능성은 '확실하다'이고 수로 표현하면 1입니다.

㉢과 ㉣이 일어날 가능성을 각각 표현한 값의 합은 $0+1=1$입니다.

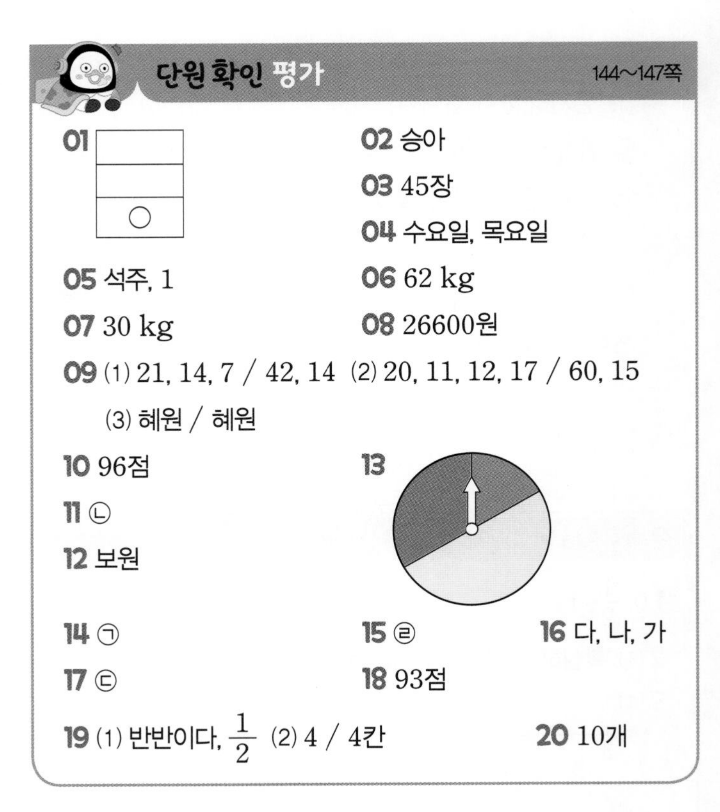

단원 확인 평가

144~147쪽

01 (표에 ○ 표시)
02 승아
03 45장
04 수요일, 목요일
05 석주, 1
06 62 kg
07 30 kg
08 26600원
09 (1) 21, 14, 7 / 42, 14 (2) 20, 11, 12, 17 / 60, 15 (3) 혜원 / 혜원
10 96점
11 ㉡
12 보원
13 (회전판 그림)
14 ㉠
15 ㉣
16 다, 나, 가
17 ㉢
18 93점
19 (1) 반반이다, $\frac{1}{2}$ (2) 4 / 4칸
20 10개

01 가장 큰 수나 가장 작은 수만으로는 한 학급의 학생이 몇 명 있는지 알기 어렵습니다. 학생 수를 고르게 하여 한 학급의 학생 수를 정해야 합니다.

02 평균은 자룟값을 모두 더한 수를 자료 수로 나눈 값이고 자료를 대표하는 값 중의 하나입니다.

03 (찬규네 모둠 학생들이 모은 붙임딱지 수의 평균)
$=(39+47+44+50)\div4=45$(장)

04 (주은이가 5일 동안 마신 우유의 양의 평균)
$=(400+350+500+420+380)\div5$
$=410$ (mL)
주은이가 하루 동안 마신 우유의 양이 마신 우유의 양 평균보다 더 많은 요일은 수요일과 목요일입니다.

05 (석주의 훌라후프 기록의 평균)
$=(18+20+19+23)\div4=20$(번)
(명수의 훌라후프 기록의 평균)
$=(21+18+20+17)\div4=19$(번)
석주의 훌라후프 기록의 평균이 $20-19=1$(번) 더 많습니다.

06 (헌 종이 수집량의 평균)
$=(70+61+68+48+63+62)\div 6=62\,(\text{kg})$

07 평균 5 kg 더 많게 하려면 6개의 반이 모두 5 kg씩 더 수집하면 되므로 5학년 학생은 모두
$5\times 6=30\,(\text{kg})$을 더 수집해야 합니다.

08 4주는 $4\times 7=28$(일)이므로 (4주 동안 모을 수 있는 돈)$=950\times 28=26600$(원)

09 채점 기준

원석이의 기록의 평균을 구한 경우	40 %
혜원이의 기록의 평균을 구한 경우	40 %
팔굽혀펴기를 더 잘한 사람을 구한 경우	20 %

10 (4과목의 점수의 합)$=88\times 4=352$(점)
(국어 점수)$=352-(79+89+88)=96$(점)

11 ㉠ 짝이 될 학생은 여학생이거나 남학생이므로 오늘 짝이 여학생이 될 가능성은 '반반이다'입니다.
㉡ 14일에서 일주일 후는 21일이고 같은 목요일이므로 일이 일어날 가능성은 '확실하다'입니다.

12 500원짜리 동전을 던지면 100원짜리 동전으로 바뀔 가능성은 '불가능하다'입니다.

13 노란색에 멈출 가능성이 가장 높으므로 가장 넓은 부분이 노란색입니다. 빨간색에 멈출 가능성은 파란색에 멈출 가능성의 3배이므로 두 번째로 넓은 부분이 빨간색이고 가장 좁은 부분이 파란색입니다.

14 ㉠ 흰색 바둑돌만 5개 들어 있는 주머니에서 바둑돌 한 개를 꺼냈을 때 흰색 바둑돌일 가능성은 '확실하다'입니다.
㉡ 축구공 2개와 농구공 2개가 들어 있는 상자에서 공을 한 개 꺼냈을 때 축구공일 가능성은 '반반이다'입니다.
㉢ 1부터 5까지 적혀 있는 5장의 수 카드 중에서 한 장을 뽑을 때 6이 적힌 카드일 가능성은 '불가능하다'입니다.

15 주머니에 들어 있는 바둑돌 4개 중 흰색 바둑돌은 3개이므로 주머니에서 바둑돌 한 개를 꺼낼 때 꺼낸 바둑돌이 흰색일 가능성은 '~일 것 같다'입니다.

16 초록색에 멈출 가능성을 수로 표현하면 가는 1, 나는 $\frac{1}{2}$, 다는 0입니다.

17 ㉠ 내년에 내 생일 토요일일 가능성은 '~아닐 것 같다'이고 수로 표현하면 0과 $\frac{1}{2}$ 사이입니다.
㉡ 주사위를 던져서 짝수가 나올 가능성은 '반반이다'이고 수로 표현하면 $\frac{1}{2}$입니다.
㉢ 해가 서쪽으로 질 가능성은 '확실하다'이고 수로 표현하면 1입니다.
㉣ 내년에 여름 다음에 봄이 올 가능성은 '불가능하다'이고 수로 표현하면 0입니다.

18 (4회까지의 수학 점수의 평균)
$=(74+92+80+86)\div 4=332\div 4=83$(점)
5회까지의 수학 점수의 평균이 $83+2=85$(점)이 되어야 합니다.
(5회까지의 수학 점수의 합)$=85\times 5=425$(점)
(5회 수학 점수)$=425-332=93$(점)

19 채점 기준

꺼낸 바둑돌이 검은색일 가능성을 구한 경우	50 %
회전판에 검은색을 몇 칸 색칠해야 하는지 구한 경우	50 %

20 상자에서 구슬 한 개를 꺼낼 때 꺼낸 구슬이 빨간색일 가능성을 수로 표현하면 $\frac{1}{2}$이므로 빨간색 구슬이 나올 가능성은 '반반이다'입니다. 전체 구슬이 20개이므로 빨간색 구슬은 20개의 $\frac{1}{2}$인 10개입니다.

수학으로 세상보기 149쪽

2 예 평균 기온, 평균 수명, 학생들의 평균 키 등

1단원 쪽지 시험 5쪽

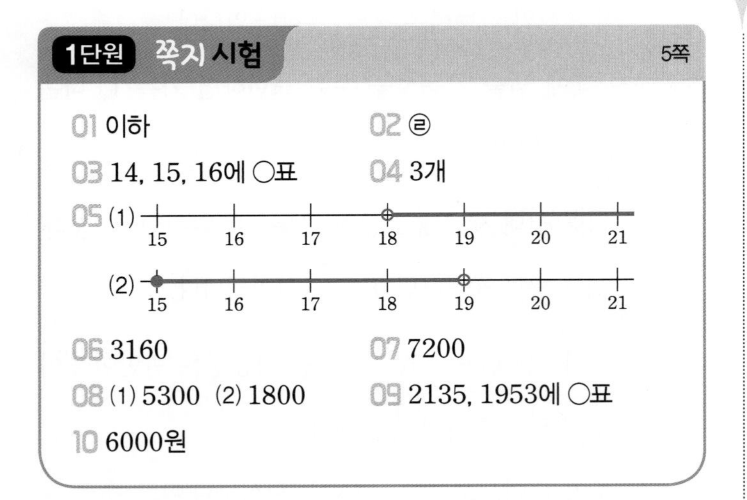

01 이하　02 ㉣
03 14, 15, 16에 ○표　04 3개
05 (1) 15 16 17 18 19 20 21
(2) 15 16 17 18 19 20 21
06 3160　07 7200
08 (1) 5300 (2) 1800　09 2135, 1953에 ○표
10 6000원

01 15와 같거나 작은 수는 15 이하인 수라고 합니다.

02 4 이상인 수는 4와 같거나 큰 수입니다.

03 13 초과인 수는 13보다 큰 수로 14, 15, 16입니다.

04 15 미만인 수는 15보다 작은 수로 14.7, 11.2, 9.5로 모두 3개입니다.

05 (1) 18 초과인 수는 기준이 되는 수 18을 수직선에 점 ○로 나타내고, 오른쪽으로 선을 긋습니다.
(2) 15는 점 ●으로, 19는 점 ○으로 나타내고, 두 점 사이를 선으로 연결합니다.

06 3152 ➡ 3160

07 7289 ➡ 7200

08 (1) 5268 ➡ 5300
(2) 1836 ➡ 1800

09 1280 ➡ 1000
2135 ➡ 2000
1953 ➡ 2000
2530 ➡ 3000
2788 ➡ 3000
반올림하여 천의 자리까지 나타내면 2000이 되는 수는 2135, 1953입니다.

10 1000원짜리 지폐로만 내려고 하므로 5450을 올림하여 천의 자리까지 나타냅니다.
5450 ➡ 6000
1000원짜리 지폐로만 내려면 적어도 6000원을 내야 합니다.

6~8쪽

학교 시험 만점왕 ❶회 1. 수의 범위와 어림하기

01 4개　02 15, 16, 17, 18, 19
03 4개　04 이안, 지안
05 2명　06 풀이 참조, 가, 나, 마
07 99
08 32 33 34 35 36 37 38 39 40
09 인천, 대구　10 ㉢, ㉣
11 52850, 52900, 53000　12 (1) 3.9 (2) 5.27
13 ③　14 1000
15 반올림
16 13590000, 1540000, 1600000, 2120000
17 27상자　18 7번
19 풀이 참조, 30000원　20 11000

01 30 이상인 수는 30과 같거나 큰 수로 30, $31\frac{1}{2}$, 32.2, 30.4입니다. 30 이상인 수는 4개입니다.

02 19 이하인 수는 19와 같거나 작은 수로 15, 16, 17, 18, 19입니다.

03 수직선에 나타낸 수의 범위는 17 초과 22 미만인 수입니다.
17보다 크고 22보다 작은 자연수는 18, 19, 20, 21로 4개입니다.

04 악력 기록이 20 kg보다 작은 학생은 이안(19.5 kg), 지안(17.9 kg)입니다.

05 악력 기록이 20 kg과 같거나 크고 22 kg보다 작은 학생은 서윤(21 kg), 은호(21.8 kg)로 2명입니다.

06 예 1 t=1000 kg이므로 5.5 t=5500 kg입니다.
무게가 5500 kg보다 작은 자동차가 도로를 통과할 수 있습니다.
무게가 5500 kg보다 작은 자동차는 가 (4850 kg), 나 (5200 kg), 마 (5490 kg)입니다.

채점 기준

채점 기준	배점
5.5 t을 kg으로 나타낸 경우	30 %
도로를 통과할 수 있는 자동차를 구한 경우	70 %

07 100 미만인 자연수는 100보다 작은 자연수이고 이 중에서 가장 큰 수는 99입니다.

08 초과는 기준이 되는 수를 포함하지 않고 이하는 기준이 되는 수를 포함합니다.
34는 점 ○으로, 37은 점 ●으로 나타내고, 두 점 사이를 선으로 연결합니다.

09 미세 먼지 농도가 '보통'인 경우는 30 초과 80 이하입니다.
미세 먼지 농도가 30보다 크고 80과 같거나 작은 도시는 인천(78 $\mu g/m^2$), 대구(43 $\mu g/m^2$)입니다.

10 ㉠ 20 초과 24 이하인 수이므로 20을 포함하지 않습니다.
㉡ 16 이상 20 미만인 수이므로 20을 포함하지 않습니다.
㉢ 19 초과 23 미만인 수이므로 20을 포함합니다.
㉣ 17 초과 20 이하인 수이므로 20을 포함합니다.
20을 포함하는 것은 ㉢, ㉣입니다.

11 십의 자리: 52843 ➡ 52850
백의 자리: 52843 ➡ 52900
천의 자리: 52843 ➡ 53000

12 (1) 3.982 ➡ 3.9
(2) 5.273 ➡ 5.27

13 ① 743551 ➡ 743550
② 743551 ➡ 743600
③ 743551 ➡ 744000
④ 743551 ➡ 740000
⑤ 743551 ➡ 700000
반올림하여 나타낸 수가 가장 큰 것은 ③입니다.

14 ㉠ 21350 ➡ 22000
㉡ 20938 ➡ 21000
㉠과 ㉡의 차는 22000−21000=1000입니다.

15 359 ➡ 360: 올림 또는 반올림
241 ➡ 240: 버림 또는 반올림
125 ➡ 130: 올림 또는 반올림
세 수를 반올림으로 나타내었습니다.

16 경기도: 13589432 ➡ 13590000
강원도: 1536498 ➡ 1540000
충청북도: 1595058 ➡ 1600000
충청남도: 2123037 ➡ 2120000

17 839÷30=27···29
감자 839 kg을 한 상자에 30 kg씩 담으면 27상자에 담고 29 kg이 남습니다.
남은 29 kg은 팔 수 없으므로 팔 수 있는 감자는 최대 27상자입니다.

18 165÷25=6···15
바이킹을 25명씩 6번 운행하면 15명이 남습니다.
남은 15명도 모두 타려면 바이킹은 적어도 7번 운행해야 합니다.

19 예 (소정이가 모은 동전의 금액)
=500×56+100×37+50×20
=32700(원)
10000원짜리 지폐로 바꾸려고 하므로 32700을 버림하여 만의 자리까지 나타냅니다.
32700 ➡ 30000
10000원짜리 지폐로 최대 30000원까지 바꿀 수 있습니다.

채점 기준

소정이가 모은 동전의 금액을 구한 경우	50 %
10000원짜리 지폐로 바꿀 수 있는 최대 금액을 구한 경우	50 %

20 만들 수 있는 다섯 자리 수 중 가장 작은 수는 10589입니다.
10589를 반올림하여 천의 자리까지 나타냅니다.
10589 ➡ 11000

9~11쪽

학교 시험 만점왕 ❷회 1. 수의 범위와 어림하기

01 이상, 이하, 초과, 미만
02 32.5, 31, $30\frac{1}{2}$, 33.7
03 3개
04 5개
05 예진, 지우
06 1명
07 ㉢, ㉣
08 풀이 참조, 35, 36, 37
09 8962
10 정민
11 (   ) (×) (   )
12 12.45
13 9377
14 (1) 버림 (2) 올림
15 10 cm
16 7개
17 8개
18 500
19 (수직선: 440, 450, 460)
20 풀이 참조, 1100000원

01 이상과 이하는 기준이 되는 수를 포함하고, 초과와 미만은 기준이 되는 수를 포함하지 않습니다.

02 30초과인 수는 30보다 큰 수로 32.5, 31, $30\frac{1}{2}$, 33.7입니다.

03 27 이상 30 미만인 수는 27과 같거나 크고 30보다 작은 수로 29.3, $28\frac{2}{3}$, 27입니다.
27 이상 30 미만인 수는 3개입니다.

04 14를 점 ●으로 나타내고 왼쪽으로 선을 그었으므로 수직선에 나타낸 수의 범위는 14 이하인 수입니다.
14 이하인 수 중 두 자리 수는 10, 11, 12, 13, 14로 모두 5개입니다.

05 100 m를 달리는 데 걸린 시간이 18초보다 빠른 사람은 예진(17.8초), 지우(16.4초)입니다.

06 수직선에 나타낸 수의 범위는 19 이상 20 미만입니다.
100 m를 달리는 데 걸린 시간이 19초와 같거나 느리고 20초보다 빠른 학생은 정윤(19.5초)으로 1명입니다.

07 ㉠ 54보다 크고 60과 같거나 작은 수이므로 54를 포함하지 않습니다.
㉡ 55와 같거나 크고 60과 같거나 작은 수이므로 54를 포함하지 않습니다.
㉢ 54와 같거나 크고 60보다 작은 수이므로 54를 포함합니다.
㉣ 53보다 크고 59보다 작은 수이므로 54를 포함합니다.
54를 포함하는 수의 범위는 ㉢, ㉣입니다.

08 예 ㉠ 33과 같거나 크고 38보다 작은 자연수는 33, 34, 35, 36, 37입니다.
㉡ 34보다 크고 39와 같거나 작은 자연수는 35, 36, 37, 38, 39입니다.
㉠과 ㉡의 범위에 공통으로 속하는 자연수는 35, 36, 37입니다.

채점 기준

㉠의 범위에 속하는 자연수를 구한 경우	40 %
㉡의 범위에 속하는 자연수를 구한 경우	40 %
㉠과 ㉡의 범위에 공통으로 속하는 자연수를 구한 경우	20 %

09 7 초과 9 미만인 자연수는 8이므로 천의 자리 수는 8입니다.
백의 자리 수는 3의 배수이므로 3, 6, 9 중 하나입니다.
십의 자리 수는 6으로 나누어떨어지는 수이므로 6입니다.
일의 자리 수가 2이므로 8362, 8662, 8962입니다.
구하려는 수는 8+9+6+2=25에서 8962입니다.

10 [호영] 64717 ➡ 64720
[정민] 54382 ➡ 54390
[나정] 73860 ➡ 73860
올림하여 십의 자리까지 바르게 나타낸 친구는 정민입니다.

11 6359 ➡ 6300
6400 ➡ 6400
6389 ➡ 6300
버림하여 백의 자리까지 나타낸 수가 다른 하나는 6400입니다.

12 8.92를 반올림하여 소수 첫째 자리까지 나타낸 수:
8.92 ➡ 8.9
3.547을 반올림하여 소수 둘째 자리까지 나타낸 수:
3.547 ➡ 3.55
두 수의 합은 $8.9+3.55=12.45$입니다.

13 □□77을 올림하여 백의 자리까지 나타내면 9400이므로 주어진 수는 9377입니다.

14 (1) 50개를 포장하지 못하면 팔 수 없으므로 버림의 방법으로 어림합니다.
(2) 10000원짜리 지폐로만 가방값을 내야 하므로 올림의 방법으로 어림합니다.

15 연필의 길이는 9.7 cm입니다.
9.7을 반올림하여 일의 자리까지 나타냅니다.
9.7 ➡ 10
연필의 길이는 약 10 cm입니다.

16 $62 \div 10 = 6 \cdots 2$
텐트 한 개에 10명씩 6개에 자면 2명이 남습니다.
남은 2명도 모두 자려면 텐트는 7개 사야 합니다.

17 1 m=100 cm이므로 847을 버림하여 백의 자리까지 나타냅니다.
847 ➡ 800
$800 \div 100 = 8$이므로 선물을 최대 8개까지 포장할 수 있습니다.

18 수 카드 5장을 한 번씩만 사용하여 만들 수 있는 가장 큰 다섯 자리 수는 75431입니다.
75431을 반올림하여 천의 자리까지 나타내기
: 75431 ➡ 75000
75431을 올림하여 백의 자리까지 나타내기
: 75431 ➡ 75500
두 수의 차는 $75500-75000=500$입니다.

19 일의 자리에서 올림했다면 어떤 수는 445 이상이어야 하고, 일의 자리에서 버림했다면 어떤 수는 455 미만이어야 합니다.
수직선에 445는 점 ●으로, 455는 점 ○으로 나타내고 두 점을 선으로 잇습니다.

20 예 $826 \div 15 = 55 \cdots 1$
복숭아를 15개씩 55상자에 담아 팔 수 있습니다.
한 상자의 가격이 20000원이므로 상자에 담아 판매할 수 있는 복숭아의 가격은 최대
$55 \times 20000 = 1100000$(원)입니다.

채점 기준

복숭아를 담아 팔 수 있는 상자 수를 구한 경우	50 %
상자에 담아 판매할 수 있는 복숭아 가격의 최댓값을 구한 경우	50 %

1단원 서술형·논술형 평가 12~13쪽

01 풀이 참조, 12개
02 풀이 참조, 6개
03 풀이 참조, 41
04 풀이 참조, 4800원
05 풀이 참조, 575, 576, 577, 578, 579, 580
06 풀이 참조, 7
07 풀이 참조, 119000원
08 풀이 참조, 136명 이상 180명 이하
09 풀이 참조, 5001, 5089
10 풀이 참조, 공장, 29000원

01 ㉠ 54 이상 65 이하인 자연수는 54와 같거나 크고 65와 같거나 작은 수로 54, 55, 56, 57, 58, 59, 60, 61, 62, 63, 64, 65입니다.
54 이상 65 이하인 자연수는 12개입니다.

채점 기준

이상과 이하를 알고 있는 경우	50 %
54 이상 65 이하인 자연수의 개수를 구한 경우	50 %

02 예 35 미만인 수는 35보다 작은 수입니다.
35보다 작은 수 중에 5의 배수는 5, 10, 15, 20, 25, 30으로 모두 6개입니다.

채점 기준

35 미만인 수를 알고 있는 경우	50 %
수의 범위에 포함된 수 중 5의 배수의 개수를 구한 경우	50 %

03 예 수직선에 나타낸 수의 범위는 30 초과 ㉠ 미만인 수이므로 30보다 크고 ㉠보다 작은 수입니다.
수직선에 나타낸 수의 범위에 있는 자연수는 10개이므로 31, 32, 33, 34, 35, 36, 37, 38, 39, 40이고 이때 ㉠은 포함되지 않으므로 ㉠에 알맞은 자연수는 41입니다.

채점 기준

수직선에 나타낸 수의 범위를 알고 있는 경우	30 %
㉠에 알맞은 수를 구한 경우	70 %

04 예 1시간 초과시 10분마다 추가 요금을 내므로
113분=60분+53분=1시간 53분에서 53을 올림하여 십의 자리까지 나타내면 60입니다.
기본 1시간 요금에 60분의 추가 요금을 내야 합니다.
(주차 요금)=(기본요금)+(추가 요금)
=3000+300×6=4800(원)

채점 기준

기본요금과 추가 요금을 내야 하는 시간을 각각 구한 경우	50 %
내야 할 주차 요금을 구한 경우	50 %

05 예 올림하여 십의 자리까지 나타내었을 때 580이 되는 수의 범위는 570 초과 580 이하입니다.
반올림하여 십의 자리까지 나타내었을 때 580이 되는 수의 범위는 575 이상 585 미만입니다.
어떤 수가 될 수 있는 수의 범위는 575 이상 580 이하이고 이 범위에 포함되는 자연수는 575, 576, 577, 578, 579, 580입니다.

채점 기준

올림하여 십의 자리까지 나타내면 580이 되는 수의 범위를 구한 경우	40 %
반올림하여 십의 자리까지 나타내면 580이 되는 수의 범위를 구한 경우	40 %
어떤 수가 될 수 있는 자연수를 구한 경우	20 %

06 예 반올림하여 십의 자리까지 나타내면 60이 되는 자연수는 55 이상 65 미만입니다.
55 이상 65 미만인 수 중에서 9의 배수는 63입니다.
어떤 자연수는 63÷9=7입니다.

채점 기준

반올림하여 십의 자리까지 나타내면 60이 되는 수의 범위를 구한 경우	40 %
수의 범위에 있는 수 중 9의 배수를 구한 경우	30 %
어떤 자연수를 구한 경우	30 %

07 예 532÷30=17…22
한 판에 30개씩 17판을 팔고 남은 22개는 팔 수 없습니다.
한 판에 7000원씩 받고 팔았으므로 달걀을 판 돈은 최대 7000×17=119000(원)입니다.

채점 기준

팔 수 있는 달걀 판의 개수를 구한 경우	50 %
달걀 판 돈을 구한 경우	50 %

08 예 도형이네 학교 5학년 학생 수가 가장 적은 경우는 버스 3대에 타고 한 명이 남을 때이므로
45×3+1=136(명)입니다.
도형이네 학교 5학년 학생 수가 가장 많은 경우는 버스 4대를 다 채울 때이므로 45×4=180(명)입니다.

도형이네 학교 5학년 학생은 136명 이상 180명 이하입니다.

채점 기준

도형이네 학교 5학년 학생 수의 최솟값과 최댓값을 구한 경우	70 %
도형이네 학교 5학년 학생 수의 범위를 이상과 이하를 이용하여 나타낸 경우	30 %

09 예 버림하여 천의 자리까지 나타내면 5000이 되는 수는 5000 이상 6000 미만입니다.

백의 자리 수는 0이므로 구하려는 수는 50□□입니다.

일의 자리 수가 십의 자리 수보다 큰 수 중 가장 작은 수는 5001이고, 가장 큰 수는 5089입니다.

채점 기준

천의 자리 수를 구한 경우	40 %
조건을 만족하는 수 중 가장 작은 수를 구한 경우	30 %
조건을 만족하는 수 중 가장 큰 수를 구한 경우	30 %

10 예 (사야 하는 초콜릿 봉지 수)

$=403\times3=1209$(봉지)

$1209\div10=120\cdots9$이므로 마트에서 10봉지씩 묶음으로 사면 121묶음을 사야 합니다.

(마트에서 살 때 금액)$=4000\times121=484000$(원)

$1209\div100=12\cdots9$이므로 공장에서 100봉지씩 상자로 사면 13상자를 사야 합니다.

(공장에서 살 때 금액)$=35000\times13=455000$(원)

공장에서 사는 것이 $484000-455000=29000$(원) 더 쌉니다.

채점 기준

마트에서 살 때 금액을 구한 경우	40 %
공장에서 살 때 금액을 구한 경우	40 %
어느 곳이 얼마나 더 싼지 구한 경우	20 %

2단원 쪽지 시험

15쪽

01 3, 3, 3, 9, $1\frac{1}{8}$

02 $2\frac{2}{9}$

03 $(5\times1)+\left(5\times\frac{7}{8}\right)=5+\frac{35}{8}=5+4\frac{3}{8}=9\frac{3}{8}$

04 (위에서부터) 4, $3\frac{1}{2}$

05 3, 9, 27

06 3, 3, 9

07 (왼쪽에서부터) 1, 1, 4

08 7, 20, 35, $3\frac{8}{9}$

09 $\frac{11}{24}$

10 >

01 $\frac{3}{8}\times3=\frac{3}{8}+\frac{3}{8}+\frac{3}{8}$

$=\frac{3\times3}{8}=\frac{9}{8}=1\frac{1}{8}$

02 분모는 그대로 두고 자연수와 진분수의 분자를 곱하여 계산합니다.

$\frac{4}{9}\times5=\frac{20}{9}=2\frac{2}{9}$

03 $1\frac{7}{8}$을 1과 $\frac{7}{8}$의 합으로 보고 각각 5를 곱하여 계산합니다.

04 $\overset{2}{\cancel{6}}\times\frac{2}{\underset{1}{\cancel{3}}}=4$, $\overset{1}{\cancel{6}}\times\frac{7}{\underset{2}{\cancel{12}}}=\frac{7}{2}=3\frac{1}{2}$

05 (단위분수)×(단위분수)는 분자 1은 그대로 두고 분모끼리 곱합니다.

07 (진분수)×(진분수)는 분자는 분자끼리, 분모는 분모끼리 곱한 후 약분하여 계산합니다.

08 대분수를 가분수로 나타낸 다음 분자와 분모를 약분한 후 계산합니다.

09 세 분수의 곱셈은 두 분수씩 차례로 계산하거나 세 분수를 한꺼번에 계산합니다.

$\frac{11}{\underset{2}{\cancel{18}}}\times\frac{\overset{1}{\cancel{5}}}{6}\times\frac{\overset{1}{\cancel{9}}}{\underset{2}{\cancel{10}}}=\frac{11}{24}$

10 $\overset{3}{\cancel{15}}\times\frac{11}{\underset{4}{\cancel{20}}}=\frac{33}{4}=8\frac{1}{4}$

$1\frac{3}{5}\times2\frac{7}{10}=\frac{\overset{4}{\cancel{8}}}{5}\times\frac{27}{\underset{5}{\cancel{10}}}=\frac{108}{25}=4\frac{8}{25}$

➡ $8\frac{1}{4}>4\frac{8}{25}$

16~18쪽

학교 시험 만점왕 ①회 2. 분수의 곱셈

01 (위에서부터) 5, 2, 15, $61\frac{1}{2}$

02 (○) (   )

03 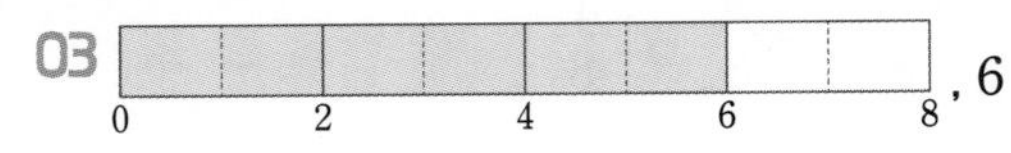

, 6

04 $7\frac{5}{7}$

05 (선 잇기)

06 $14\frac{2}{5}$ L

07 준민, 8개

08 ⑤

09 $\frac{4}{5}\times2\frac{1}{4}$에 ○표

10 풀이 참조, 18

11 $\frac{2}{7}$

12 >

13 (1) $7\frac{1}{2}$ (2) $7\frac{7}{11}$

14 5개

15 21 kg

16 16 m

17 $\frac{3}{20}$

18 $9\frac{1}{5}$

19 풀이 참조, $462\frac{2}{5}$ cm²

20 $13\frac{3}{4}$ cm²

02 $\frac{3}{4}\times5=\frac{15}{4}=3\frac{3}{4}$

$\frac{2}{\underset{3}{\cancel{9}}}\times\overset{5}{\cancel{15}}=\frac{10}{3}=3\frac{1}{3}$

➡ $3\frac{3}{4}\left(=3\frac{9}{12}\right)>3\frac{1}{3}\left(=3\frac{4}{12}\right)$

03 $\overset{2}{\cancel{8}}\times\frac{3}{\underset{1}{\cancel{4}}}=6$

04 $3\times2\frac{4}{7}=3\times\frac{18}{7}=\frac{54}{7}=7\frac{5}{7}$

05 $\frac{5}{\underset{1}{\cancel{7}}}\times\overset{4}{\cancel{28}}=20$

$\frac{3}{\underset{2}{\cancel{20}}}\times\overset{1}{\cancel{10}}=\frac{3}{2}=1\frac{1}{2}$

$\frac{3}{\underset{5}{\cancel{10}}}\times\overset{8}{\cancel{16}}=\frac{24}{5}=4\frac{4}{5}$

$6\times\frac{4}{5}=\frac{24}{5}=4\frac{4}{5}$

$\overset{1}{\cancel{8}}\times\frac{3}{\underset{2}{\cancel{16}}}=\frac{3}{2}=1\frac{1}{2}$

$\overset{5}{\cancel{45}}\times\frac{4}{\underset{1}{\cancel{9}}}=20$

06 (물의 양)$=2\frac{2}{5}\times6=\frac{12}{5}\times6=\frac{72}{5}=14\frac{2}{5}$(L)

07 [정은] $\overset{4}{\cancel{32}}\times\frac{3}{\underset{1}{\cancel{8}}}=12$(개)

[준민] $\overset{5}{\cancel{35}}\times\frac{4}{\underset{1}{\cancel{7}}}=20$(개)

준민이가 정은이보다 사탕을
$20-12=8$(개) 더 먹었습니다.

08 빗금친 부분은 전체를 4로 나눈 것 중의 한 부분을 3으로 나눈 것 중의 하나이므로 $\frac{1}{4}\times\frac{1}{3}$입니다.

09 어떤 수에 대분수를 곱하면 곱한 결과는 어떤 수보다 크므로 $\frac{4}{5}\times2\frac{1}{4}$에 ○표 합니다.

10 예 $\frac{1}{7}\times\frac{1}{8}=\frac{1}{56}$, $\frac{1}{3}\times\frac{1}{\square}=\frac{1}{3\times\square}$

$\frac{1}{56}<\frac{1}{3\times\square}$에서 $56>3\times\square$이어야 합니다.

$3\times18=54$, $3\times19=57$이므로 □ 안에 들어갈 수 있는 자연수는 19보다 작은 수입니다.

□ 안에 들어갈 수 있는 자연수 중 가장 큰 자연수는 18입니다.

채점 기준

주어진 식을 간단히 나타낸 경우	30 %
□ 안에 들어갈 수 있는 자연수를 구한 경우	40 %
□ 안에 들어갈 수 있는 자연수 중 가장 큰 수를 구한 경우	30 %

11 ㉠ $\frac{7}{9} \times \frac{3}{14} = \frac{1}{6}$

㉡ $\frac{5}{36} \times \frac{6}{7} = \frac{5}{42}$

㉠과 ㉡을 계산한 값의 합은

$\frac{1}{6} + \frac{5}{42} = \frac{7}{42} + \frac{5}{42} = \frac{12}{42} = \frac{2}{7}$입니다.

12 $\frac{9}{20} \times \frac{2}{3} \times \frac{10}{11} = \frac{3}{11}$

$\frac{7}{12} \times \frac{1}{5} \times \frac{9}{14} = \frac{3}{40}$

분자가 같으면 분모가 작을수록 큰 수이므로

$\frac{3}{11} > \frac{3}{40}$입니다.

13 (1) $5\frac{1}{4} \times 1\frac{3}{7} = \frac{21}{4} \times \frac{10}{7} = \frac{15}{2} = 7\frac{1}{2}$

(2) $2\frac{5}{11} \times 3\frac{1}{9} = \frac{27}{11} \times \frac{28}{9} = \frac{84}{11} = 7\frac{7}{11}$

14 $2\frac{7}{10} \times 1\frac{4}{9} = \frac{27}{10} \times \frac{13}{9} = \frac{39}{10} = 3\frac{9}{10}$

$6\frac{3}{7} \times 1\frac{2}{5} = \frac{45}{7} \times \frac{7}{5} = 9$

$3\frac{9}{10} < □ < 9$의 □ 안에 들어갈 수 있는 자연수는 4, 5, 6, 7, 8로 5개입니다.

15 (소금의 양) $= 8\frac{2}{5} \times 2\frac{1}{2} = \frac{42}{5} \times \frac{5}{2} = 21$ (kg)

16 (지영이가 사용한 색 테이프의 길이)

$= 36 \times \frac{2}{9} = 8$ (m)

(지영이가 사용하고 남은 색 테이프의 길이)

$= 36 - 8 = 28$ (m)

(수연이가 사용한 색 테이프의 길이)

$= 28 \times \frac{3}{7} = 12$ (m)

(남은 색 테이프의 길이) $= 28 - 12 = 16$ (m)

17 진분수는 분모가 클수록, 분자가 작을수록 작은 수가 됩니다.

$1 < 3 < 4 < 5$이므로 $\frac{1 \times 3}{4 \times 5}$의 계산 결과가 가장 작은 곱이 됩니다.

➡ $\frac{1 \times 3}{4 \times 5} = \frac{3}{20}$

18 어떤 수를 □라 하면 $□ \div 5\frac{3}{4} = 1\frac{3}{5}$

$□ = 1\frac{3}{5} \times 5\frac{3}{4} = \frac{8}{5} \times \frac{23}{4} = \frac{46}{5} = 9\frac{1}{5}$

어떤 수는 $9\frac{1}{5}$입니다.

19 예 (색종이 한 장의 넓이)

$= 3\frac{2}{5} \times 3\frac{2}{5} = \frac{17}{5} \times \frac{17}{5}$

$= \frac{289}{25} = 11\frac{14}{25}$ (cm^2)

(색종이가 붙어 있는 부분의 넓이)

= (색종이 한 장의 넓이) × 40

$= 11\frac{14}{25} \times 40 = \frac{289}{25} \times 40$

$= \frac{2312}{5} = 462\frac{2}{5}$ (cm^2)

채점 기준

색종이 한 장의 넓이를 구한 경우	50 %
색종이가 붙어 있는 부분의 넓이를 구한 경우	50 %

20 (색칠한 부분의 가로)

$=6-2\frac{1}{3}=5\frac{3}{3}-2\frac{1}{3}=3\frac{2}{3}$ (cm)

(색칠한 부분의 넓이)

$=3\frac{2}{3}\times3\frac{3}{4}=\frac{11}{\cancel{3}_{1}}\times\frac{\cancel{15}^{5}}{4}=\frac{55}{4}=13\frac{3}{4}$ (cm^2)

19~21쪽

학교 시험 만점왕 ②회 2. 분수의 곱셈

01 우연

02 $3\frac{9}{20}\times4=\frac{69}{\cancel{20}_{5}}\times\cancel{4}^{1}=\frac{69}{5}=13\frac{4}{5}$

03 $15\times\frac{1}{24}$에 ○표

04 예 $\frac{1}{3}\times12=4$, $\frac{1}{5}\times20=4$

05 $7\frac{4}{5}$

06 15

07 $26\frac{1}{4}$ m

08 6 cm

09 2 km

10 $\frac{1}{30}$

11 6

12 풀이 참조, $\frac{14}{39}$

13 $\frac{7}{24}$

14 $\frac{4}{15}\times\frac{5}{14}\times\frac{7}{10}$에 색칠

15 $1\frac{2}{3}\times3\frac{1}{2}$에 ○표

16 $\frac{1}{5}$

17 $14\frac{14}{15}$ kg

18 $20\frac{3}{35}$

19 풀이 참조, $9\frac{1}{6}$ L

20 $256\frac{2}{3}$ cm^2

01 [서진] $\frac{2}{3}\times4=\frac{2\times4}{3}=\frac{8}{3}=2\frac{2}{3}$

02 (대분수)×(자연수)를 계산할 때 대분수는 가분수로 나타낸 후 약분해야 합니다.

03 $\frac{5}{\cancel{32}_{8}}\times\cancel{4}^{1}=\frac{5}{8}$

$\cancel{15}^{5}\times\frac{1}{\cancel{24}_{8}}=\frac{5}{8}$, $\cancel{12}^{3}\times\frac{3}{\cancel{32}_{8}}=\frac{9}{8}=1\frac{1}{8}$

04 (단위분수)×(자연수)의 계산 결과가 4가 나오려면 자연수는 단위분수의 분모의 4배이어야 합니다.

05 $2\times3\frac{9}{10}=\cancel{2}^{1}\times\frac{39}{\cancel{10}_{5}}=\frac{39}{5}=7\frac{4}{5}$

06 $\cancel{18}^{2}\times\frac{7}{\cancel{9}_{1}}=14$

14<□의 □ 안에 들어갈 수 있는 자연수 중 가장 작은 수는 15입니다.

07 (처음 튀어 오른 공의 높이)

$=$(떨어뜨린 높이)$\times\frac{7}{8}$

$=\cancel{30}^{15}\times\frac{7}{\cancel{8}_{4}}=\frac{105}{4}=26\frac{1}{4}$ (m)

08 (정오각형의 둘레)=(한 변의 길이)×5

$=1\frac{1}{5}\times5=\frac{6}{\cancel{5}_{1}}\times\cancel{5}^{1}=6$ (cm)

09 (버스를 타고 간 거리)$=\cancel{12}^{2}\times\frac{5}{\cancel{6}_{1}}=10$ (km)

(걸어서 간 거리)=12−10=2 (km)

10 단위분수는 분모가 작을수록 큰 수입니다.

$\frac{1}{10}<\frac{1}{8}<\frac{1}{7}<\frac{1}{5}<\frac{1}{3}$에서 가장 큰 수는 $\frac{1}{3}$이고, 가장 작은 수는 $\frac{1}{10}$입니다.

➡ $\frac{1}{3}\times\frac{1}{10}=\frac{1}{30}$

11 $\frac{1}{9}\times\frac{1}{4}=\frac{1}{36}$, $\frac{1}{6}\times\frac{1}{㉠}=\frac{1}{6\times㉠}$

36=6×㉠에서 ㉠=6입니다.

12 예 ㉠ $\frac{1}{13}$이 10개인 수는 $\frac{10}{13}$입니다.

㉡ $\frac{1}{15}$이 7개인 수는 $\frac{7}{15}$입니다.

➡ $\frac{\cancel{10}^{2}}{13}\times\frac{7}{\cancel{15}_{3}}=\frac{14}{39}$

채점 기준

㉠을 구한 경우	30 %
㉡을 구한 경우	30 %
㉠과 ㉡의 곱을 구한 경우	40 %

13 $■=\frac{5}{6}\times\frac{3}{4}=\frac{5}{8}$

$★=■\times\frac{7}{15}=\frac{5}{8}\times\frac{7}{15}=\frac{7}{24}$

14 $\frac{4}{15}\times\frac{5}{14}\times\frac{7}{10}=\frac{1}{15}$

$\frac{3}{4}\times\frac{4}{5}\times\frac{7}{12}=\frac{7}{20}$

단위분수는 분자가 1인 분수이므로 $\frac{4}{15}\times\frac{5}{14}\times\frac{7}{10}$ 에 색칠합니다.

15 $1\frac{2}{3}\times3\frac{1}{2}=\frac{5}{3}\times\frac{7}{2}=\frac{35}{6}=5\frac{5}{6}$

$\frac{4}{5}\times5\frac{3}{8}=\frac{4}{5}\times\frac{43}{8}=\frac{43}{10}=4\frac{3}{10}$

$2\frac{1}{7}\times2\frac{7}{15}=\frac{15}{7}\times\frac{37}{15}=\frac{37}{7}=5\frac{2}{7}$

$5\frac{5}{6}\left(=5\frac{35}{42}\right)>5\frac{2}{7}\left(=5\frac{12}{42}\right)$이므로 계산 결과가 가장 큰 것은 $1\frac{2}{3}\times3\frac{1}{2}$입니다.

16 조사에 참여한 주안이네 반 학생 중에서 개를 좋아하는 학생은 반 전체의 $\frac{3}{4}\times\frac{2}{3}$입니다.

조사에 참여한 주안이네 반 학생 중에서 진돗개를 좋아하는 학생은 반 전체의 $\frac{3}{4}\times\frac{2}{3}\times\frac{2}{5}=\frac{1}{5}$입니다.

17 (통나무 $3\frac{5}{9}$ m의 무게)

$=4\frac{1}{5}\times3\frac{5}{9}=\frac{21}{5}\times\frac{32}{9}=\frac{224}{15}=14\frac{14}{15}$ (kg)

18 만들 수 있는 대분수 중 가장 큰 수는 $7\frac{2}{5}$이고, 가장 작은 수는 $2\frac{5}{7}$입니다.

➡ $7\frac{2}{5}\times2\frac{5}{7}=\frac{37}{5}\times\frac{19}{7}=\frac{703}{35}=20\frac{3}{35}$

19 예 1시간=60분이므로

20분$=\frac{20}{60}$분$=\frac{1}{3}$시간입니다.

3시간 20분$=3\frac{1}{3}$시간이므로

(3시간 20분 동안 새는 물의 양)

=(1시간 동안 새는 물의 양)$\times3\frac{1}{3}$

$=2\frac{3}{4}\times3\frac{1}{3}=\frac{11}{4}\times\frac{10}{3}=\frac{55}{6}=9\frac{1}{6}$ (L)

채점 기준

3시간 20분이 몇 시간인지 분수로 나타낸 경우	50 %
3시간 20분 동안 새는 물의 양을 구한 경우	50 %

20 (정사각형의 한 변의 길이)$=80\div4=20$ (cm)

(만든 직사각형의 가로)

$=20\times\frac{7}{8}=\frac{35}{2}=17\frac{1}{2}$ (cm)

(만든 직사각형의 세로)

$=20\times\frac{11}{15}=\frac{44}{3}=14\frac{2}{3}$ (cm)

(직사각형의 넓이)

$=17\frac{1}{2}\times14\frac{2}{3}=\frac{35}{2}\times\frac{44}{3}$

$=\frac{770}{3}=256\frac{2}{3}$ (cm²)

2단원 서술형·논술형 평가 22~23쪽

01 풀이 참조, 4명
02 풀이 참조, 350
03 풀이 참조, 유나, $\frac{1}{12}$시간
04 풀이 참조, 80장
05 풀이 참조, 35
06 풀이 참조, $1\frac{1}{48}$
07 풀이 참조, $40\frac{1}{4}$
08 풀이 참조, $36\frac{1}{6}$ km
09 풀이 참조, 나, $4\frac{1}{4}$ cm^2
10 풀이 참조, 42 cm

01 예 (안경을 쓰지 않은 여학생)

$=$(은지네 여학생 수)$\times\frac{2}{3}$

$=\overset{4}{\cancel{12}}\times\frac{2}{\underset{1}{\cancel{3}}}=8$(명)

(안경을 쓴 여학생)$=12-8=4$(명)

채점 기준

안경을 쓰지 않은 여학생을 구한 경우	50 %
안경을 쓴 여학생을 구한 경우	50 %

02 예 1 km$=$1000 m이므로

1 km의 $\frac{1}{4}$은 $\overset{250}{\cancel{1000}}\times\frac{1}{\underset{1}{\cancel{4}}}=250$ (m)입니다.

➡ ㉠$=250$

1 L$=$1000 mL이므로

1 L의 $\frac{3}{5}$은 $\overset{200}{\cancel{1000}}\times\frac{3}{\underset{1}{\cancel{5}}}=600$ (mL)입니다.

➡ ㉡$=600$

㉠과 ㉡의 차는 $600-250=350$입니다.

채점 기준

㉠을 구한 경우	40 %
㉡을 구한 경우	40 %
㉠과 ㉡의 차를 구한 경우	20 %

03 예 (유나가 독서한 시간)$=\frac{1}{4}\times7=\frac{7}{4}=1\frac{3}{4}$(시간)

(정훈이가 독서한 시간)$=\frac{1}{\underset{3}{\cancel{6}}}\times\overset{5}{\cancel{10}}=\frac{5}{3}=1\frac{2}{3}$(시간)

$1\frac{3}{4}\left(=1\frac{9}{12}\right)>1\frac{2}{3}\left(=1\frac{8}{12}\right)$이므로

유나가 정훈이보다 독서를

$1\frac{3}{4}-1\frac{2}{3}=1\frac{9}{12}-1\frac{8}{12}=\frac{1}{12}$(시간) 더 했습니다.

채점 기준

유나가 독서한 시간을 구한 경우	40 %
정훈이가 독서한 시간을 구한 경우	40 %
누가 독서를 몇 시간 더 많이 했는지 구한 경우	20 %

04 예 (은채가 모은 칭찬 붙임 딱지 수)

$=$(지원이가 모은 칭찬 붙임 딱지 수)$\times1\frac{2}{9}$

$=36\times1\frac{2}{9}=\overset{4}{\cancel{36}}\times\frac{11}{\underset{1}{\cancel{9}}}=44$(장)

지원이와 은채가 모은 칭찬 붙임 딱지는 모두

$36+44=80$(장)입니다.

채점 기준

은채가 모은 칭찬 붙임 딱지 수를 구한 경우	50 %
지원이와 은채가 모은 칭찬 붙임 딱지 수를 구한 경우	50 %

05 예 $\frac{\overset{1}{\cancel{4}}}{9}\times\frac{1}{\underset{4}{\cancel{16}}}=\frac{1}{36}$, $\frac{1}{8}\times\frac{1}{\square}=\frac{1}{8\times\square}$

$\frac{1}{36}>\frac{1}{8\times\square}$에서 $36<8\times\square$이어야 합니다.

$8\times4=32$, $8\times5=40$이므로 □ 안에 들어갈 수 있는 한 자리 수는 5, 6, 7, 8, 9입니다.

➡ $5+6+7+8+9=35$

채점 기준

식을 간단히 한 경우	40 %
□ 안에 들어갈 수 있는 한 자리 수를 구한 경우	40 %
□ 안에 들어갈 수 있는 한 자리 수의 합을 구한 경우	20 %

06 예 어떤 수를 □라 하면 잘못 계산한 식은

$\square-\frac{7}{12}=1\frac{1}{6}$입니다.

$\square=1\frac{1}{6}+\frac{7}{12}=1\frac{2}{12}+\frac{7}{12}$

$=1\frac{9}{12}=1\frac{3}{4}$

바르게 계산하면

$1\frac{3}{4}\times\frac{7}{12}=\frac{7}{4}\times\frac{7}{12}=\frac{49}{48}=1\frac{1}{48}$

채점 기준

어떤 수를 구한 경우	50 %
바르게 계산한 경우	50 %

07 예 $㉠\frac{㉢}{㉡}\times㉣$의 계산 결과가 크려면 ㉠과 ㉣에 7과 5를 놓아야 합니다.

$7\frac{3}{4}\times5=\frac{31}{4}\times5=\frac{155}{4}=38\frac{3}{4}$

$5\frac{3}{4}\times7=\frac{23}{4}\times7=\frac{161}{4}=40\frac{1}{4}$

가장 큰 계산 결과는 $40\frac{1}{4}$입니다.

채점 기준

가장 큰 계산 결과가 나오는 (대분수)×(자연수)를 만드는 방법을 이해한 경우	50 %
가장 큰 계산 결과를 구한 경우	50 %

08 예 1시간=60분이므로

45분$=\frac{45}{60}$시간$=\frac{3}{4}$시간입니다.

1시간 45분$=1\frac{3}{4}$시간이므로

(자전거로 1시간 45분 동안 간 거리)

$=20\frac{2}{3}\times1\frac{3}{4}=\frac{\overset{31}{\cancel{62}}}{3}\times\frac{7}{\underset{2}{\cancel{4}}}=\frac{217}{6}=36\frac{1}{6}$(km)

채점 기준

1시간 45분을 시간으로 나타낸 경우	50 %
자전거로 1시간 45분 동안 간 거리를 구한 경우	50 %

09 예 (직사각형 가의 넓이)$=6\times4\frac{1}{3}$

$=\overset{2}{\cancel{6}}\times\frac{13}{\underset{1}{\cancel{3}}}=26$(cm^2)

(정사각형 나의 넓이)$=5\frac{1}{2}\times5\frac{1}{2}$

$=\frac{11}{2}\times\frac{11}{2}$

$=\frac{121}{4}=30\frac{1}{4}$(cm^2)

직사각형 나의 넓이가 $30\frac{1}{4}-26=4\frac{1}{4}$(cm^2) 더 넓습니다.

채점 기준

직사각형 가의 넓이를 구한 경우	40 %
정사각형 나의 넓이를 구한 경우	40 %
어느 도형이 몇 cm^2 더 넓은지 구한 경우	20 %

10 예 (18분 동안 탄 양초의 길이)

=(1분 동안 탄 양초의 길이)×18

$=\frac{7}{\underset{1}{\cancel{9}}}\times\overset{2}{\cancel{18}}=14$(cm)

18분이 지난 후 양초의 길이가 처음 양초의 길이의 $\frac{2}{3}$이므로 18분 동안 탄 양초의 길이는 처음 양초의 길이의 $\frac{1}{3}$임을 알 수 있습니다.

처음 양초의 길이는 14 cm의 3배이므로

14×3=42(cm)입니다.

채점 기준

18분 동안 탄 양초의 길이를 구한 경우	30 %
18분 동안 탄 양초의 길이가 처음 양초의 길이의 $\frac{1}{3}$임을 아는 경우	40 %
처음 양초의 길이를 구한 경우	30 %

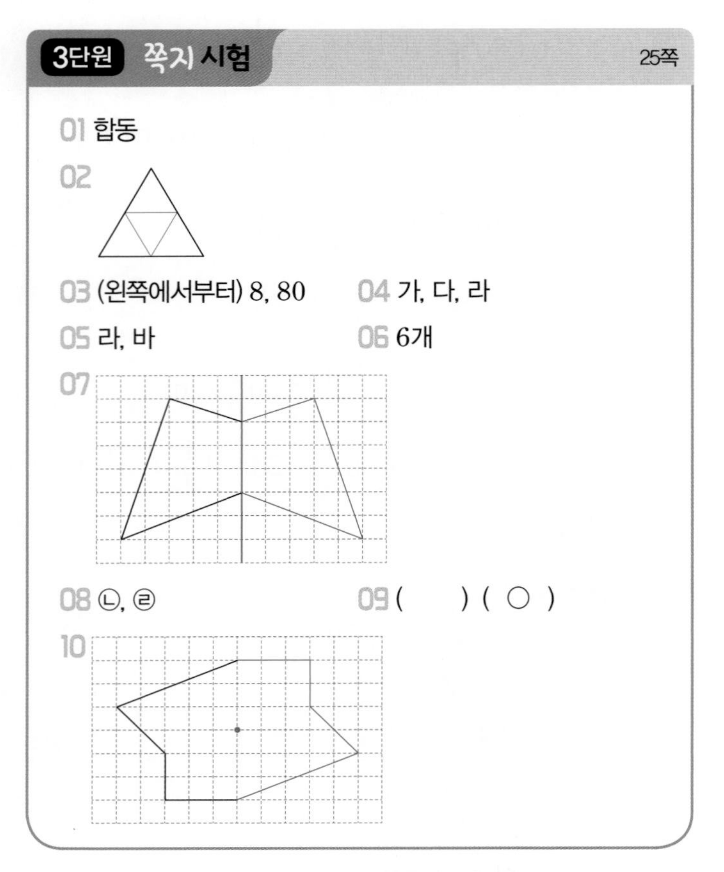
3단원 쪽지 시험 25쪽

01 합동
02
03 (왼쪽에서부터) 8, 80　　04 가, 다, 라
05 라, 바　　06 6개
07
08 ㉡, ㉣　　09 (　　) (○)
10

01 모양과 크기가 같아서 포개었을 때 완전히 겹치는 두 도형을 합동이라고 합니다.

02 모양과 크기가 같은 삼각형 4개가 되도록 선을 그어 봅니다.

03 합동인 도형에서 대응변의 길이와 대응각의 크기가 서로 같습니다.

04 한 직선을 따라 접어서 완전히 겹치는 도형은 가, 다, 라입니다.

05 어떤 점을 중심으로 180° 돌렸을 때 처음 도형과 완전히 겹치는 도형은 라, 바입니다.

06 어느 직선을 따라 접었을 때 완전히 겹치는지 생각하여 대칭축을 찾습니다.

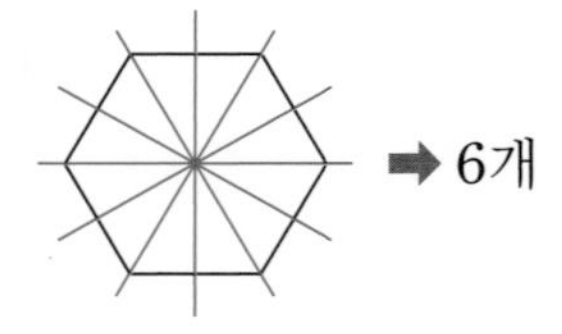
➡ 6개

07 대칭축을 중심으로 각 점의 대응점을 찾아 표시한 후 대응점을 차례로 이어 선대칭도형이 되도록 그립니다.

08 선대칭도형: ㉡, ㉢, ㉣
점대칭도형: ㉠, ㉡, ㉣
선대칭도형이면서 점대칭도형인 것은 ㉡, ㉣입니다.

09 주어진 점을 중심으로 180°를 돌리면 처음 도형과 겹치는 도형은 오른쪽입니다.

10 각 점에서 대칭의 중심까지의 길이가 같도록 대응점을 표시한 후 대응점을 차례로 이어 점대칭도형이 되도록 그립니다.

26~28쪽

학교 시험 만점왕 ❶회　3. 합동과 대칭

01 가	02 ㉠, ㉣
03 104 cm^2	04 변 ㄹㄴ / 각 ㄹㄴㄷ
05 ㉣	06 13 cm
07 풀이 참조, 30°	08 한비
09 ③	10 ㉢, ㉠, ㉡
11 가비	12 15 cm
13 선분 ㄴㅇ, 선분 ㄷㅅ, 선분 ㄹㅂ	
14 가	15 ㉢
16 205°	17 풀이 참조, 30 cm
18 3 cm	19 85
20 64°	

01 오른쪽 도형과 가는 포개었을 때 완전히 겹치므로 서로 합동입니다.

02 점선을 따라 잘랐을 때 만들어지는 두 도형이 서로 합동이 되는 점선을 찾으면 ㉠, ㉣입니다.

03 변 ㅅㅇ의 대응변은 변 ㄴㄷ이므로
(변 ㅅㅇ)=(변 ㄴㄷ)=13 cm
(사각형 ㅁㅂㅅㅇ의 넓이)$=8\times13=104\,(cm^2)$

04 두 삼각형을 포개었을 때 변 ㄱㄷ과 변 ㄹㄴ이 완전히 겹치므로 변 ㄱㄷ의 대응변은 변 ㄹㄴ입니다.
두 삼각형을 포개었을 때 각 ㄱㄷㄴ과 각 ㄹㄴㄷ이 완전히 겹치므로 각 ㄱㄷㄴ의 대응각은 각 ㄹㄴㄷ입니다.

05 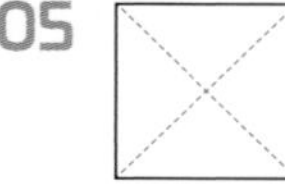 정사각형은 네 변의 길이가 모두 같으므로 두 대각선을 잘랐을 때 잘린 네 도형이 항상 서로 합동입니다.

06 변 ㅁㅂ의 대응변은 변 ㄷㄴ이므로
(변 ㅁㅂ)=(변 ㄷㄴ)=13 cm

07 예 삼각형의 세 각의 크기의 합은 180°이므로
(각 ㄱㄴㄷ)=180°−95°−55°=30°
각 ㄹㅂㅁ의 대응각은 각 ㄱㄴㄷ이므로
(각 ㄹㅂㅁ)=(각 ㄱㄴㄷ)=30°

채점 기준

각 ㄱㄴㄷ의 크기를 구한 경우	50 %
각 ㄹㅂㅁ의 크기를 구한 경우	50 %

08 한 직선을 따라 접었을 때 완전히 겹치는 모양의 부채를 가진 친구는 한비입니다.

09 ① 이 ② 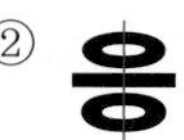
④ 모 ⑤ 예

10 ㉠ 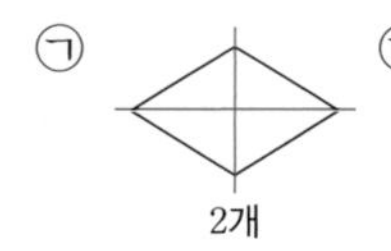

㉡ 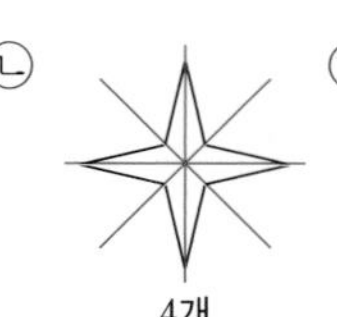

㉢ 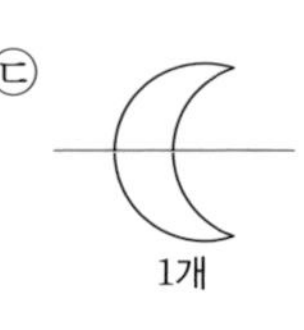

대칭축의 수가 적은 것부터 차례로 쓰면 ㉢, ㉠, ㉡입니다.

11 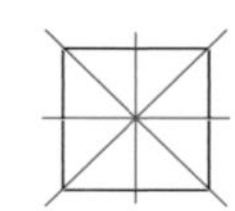 ➡ 정사각형의 대칭축은 4개입니다.

12 변 ㄱㄹ의 대응변은 변 ㄱㄴ이므로
(변 ㄱㄹ)=(변 ㄱㄴ)=15 cm

13 선대칭도형에서 대칭축은 대응점끼리 이은 선분을 둘로 똑같이 나눕니다.

14 선대칭도형: 가, 나, 라
점대칭도형: 가, 다
선대칭도형이면서 점대칭도형인 것은 가입니다.

15 ㉠ 점대칭도형에서 대칭의 중심은 1개입니다.
㉡ 점 ㄴ의 대응점은 점 ㅁ입니다.

16 각 ㄱㄴㄷ의 대응각은 각 ㄹㅁㅂ이므로
(각 ㄱㄴㄷ)=(각 ㄹㅁㅂ)=110°
각 ㄷㄹㅁ의 대응각은 각 ㅂㄱㄴ이므로
(각 ㄷㄹㅁ)=(각 ㅂㄱㄴ)=95°
(각 ㄱㄴㄷ)+(각 ㄷㄹㅁ)=110°+95°=205°

17 예 대칭의 중심은 대응점을 이은 선분을 둘로 똑같이 나누므로
(선분 ㄹㅇ)=(선분 ㄴㅇ)=7 cm
(선분 ㄴㄹ)=(선분 ㄴㅇ)+(선분 ㄹㅇ)
=7+7=14 (cm)
(삼각형 ㄴㄷㄹ의 둘레)=9+7+14=30 (cm)

채점 기준

선분 ㄹㅇ의 길이를 구한 경우	30 %
선분 ㄴㄹ의 길이를 구한 경우	30 %
삼각형 ㄴㄷㄹ의 둘레를 구한 경우	40 %

18 변 ㄴㄷ의 길이를 □cm라 하면 변 ㄴㄷ의 대응변은 변 ㅁㅂ이므로
(변 ㄴㄷ)=(변 ㅁㅂ)=□cm
변 ㄱㄴ의 대응변은 변 ㄹㅁ이므로
(변 ㄱㄴ)=(변 ㄹㅁ)=5 cm
변 ㄷㄹ의 대응변은 변 ㅂㄱ이므로
(변 ㄷㄹ)=(변 ㅂㄱ)=12 cm
(점대칭도형의 둘레)=5+□+12+5+□+12
=40
34+□+□=40, □+□=6, □=3
변 ㄴㄷ은 3 cm입니다.

19 각 ㅂㄱㄴ의 대응각은 각 ㅂㅁㄹ이므로
(각 ㅂㄱㄴ)=(각 ㅂㅁㄹ)=100°
직선은 180°이므로
(각 ㅂㄷㄴ)=180°−75°=105°
사각형 ㄱㄴㄷㅂ에서 네 각의 크기의 합은 360°이므로
(각 ㄱㅂㄷ)=360°−100°−60°−105°=95°
□=180°−95°=85°

20 점 ㅇ은 원의 중심이고 점대칭도형이므로
(선분 ㄱㅇ)=(선분 ㄴㅇ)=(선분 ㄷㅇ)=(선분 ㄹㅇ)
입니다.
삼각형 ㄱㄴㅇ은 이등변삼각형이므로
(각 ㅇㄱㄴ)=(각 ㅇㄴㄱ)=32°
삼각형 ㄱㄴㅇ의 세 각의 크기의 합은 180°이므로
(각 ㄱㅇㄴ)=$180^\circ-32^\circ-32^\circ=116^\circ$
(각 ㄱㅇㄹ)=$180^\circ-116^\circ=64^\circ$

29~31쪽

학교 시험 만점왕 ❷회 3. 합동과 대칭

01 가, 마
02 가, 라 / 나, 다 (또는 나, 다 / 가, 라)
03 6, 6, 6
04 13 cm
05 예 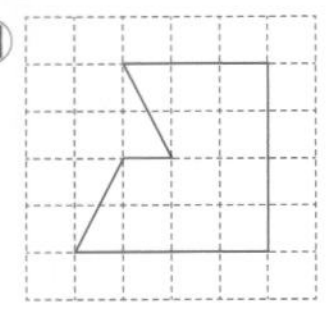
06 풀이 참조, 70°
07 (○) (○) ( ) ( )
08 ④
09 점 ㅊ / 변 ㅊㅈ / 각 ㅈㅇㅅ
10 점 ㅅ / 변 ㅅㅂ / 각 ㅂㅁㄹ
11 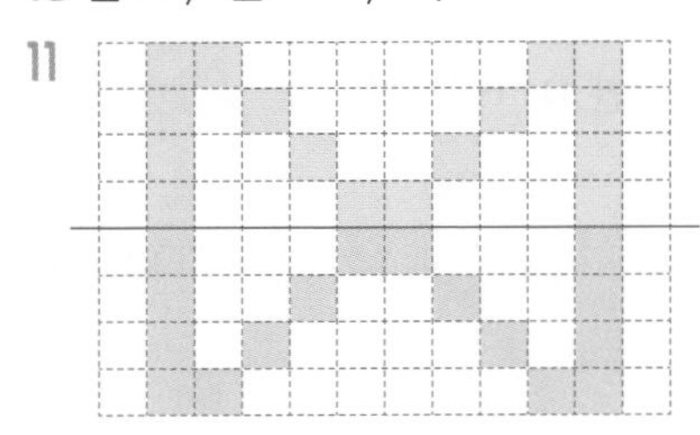
12 20 cm
13 3 cm
14 126 cm^2
15 852
16 (왼쪽에서부터) 65, 9
17 선분 ㄱㄹ, 선분 ㄴㅁ, 선분 ㄷㅂ
18 60°
19 풀이 참조, 13 cm
20 96 cm^2

02 점선을 따라 자른 후 포개었을 때 완전히 겹치는 도형은 가와 라, 나와 다입니다.

04 변 ㅁㅂ의 대응변은 변 ㄷㄴ이므로
(변 ㅁㅂ)=(변 ㄷㄴ)=13 cm

05 모눈종이의 칸 수를 세어 주어진 도형의 꼭짓점과 같은 위치에 점을 찍은 후 점들을 연결하여 그립니다.

06 예 각 ㅁㅇㅅ의 대응각은 각 ㄹㄱㄴ이므로
(각 ㅁㅇㅅ)=(각 ㄹㄱㄴ)=100°
각 ㅁㅂㅅ의 대응각은 각 ㄹㄷㄴ이므로
(각 ㅁㅂㅅ)=(각 ㄹㄷㄴ)=110°
사각형 ㅁㅂㅅㅇ에서 네 각의 크기의 합은 360°이므로
(각 ㅇㅁㅂ)=$360^\circ-100^\circ-110^\circ-80^\circ=70^\circ$

채점 기준	
각 ㅁㅇㅅ의 크기를 구한 경우	30 %
각 ㅁㅂㅅ의 크기를 구한 경우	30 %
각 ㅇㅁㅂ의 크기를 구한 경우	40 %

07 한 직선을 따라 접어서 완전히 겹치는 도형을 선대칭도형이라고 합니다.

08 ④ 각 ㄱㄴㄹ과 각 ㄷㄱㄹ은 대응각이 아니므로 크기가 항상 같다고 할 수 없습니다.

09 직선 가를 따라 포개었을 때 점 ㄴ과 겹치는 점은 점 ㅊ, 변 ㄴㄷ과 겹치는 변은 변 ㅊㅈ, 각 ㄷㄹㅁ과 겹치는 각은 각 ㅈㅇㅅ입니다.

10 직선 나를 따라 포개었을 때 점 ㄴ과 겹치는 점은 점 ㅅ, 변 ㄴㄷ과 겹치는 변은 변 ㅅㅂ, 각 ㄷㄹㅁ과 겹치는 각은 각 ㅂㅁㄹ입니다.

11 대칭축에 거울을 대어 보았을 때 완성된 모양과 같습니다.

12 대칭축은 대응점을 이은 선분을 둘로 똑같이 나누므로
(선분 ㄷㅁ)=$10\times2=20$ (cm)

13 대칭축은 대응점을 이은 선분을 둘로 똑같이 나누므로
(선분 ㄴㅌ)=$6\div2=3$ (cm)

14 대칭축은 대응점을 이은 선분을 둘로 똑같이 나누므로
(선분 ㄹㅁ)$=12\div 2=6$(cm)
대칭축은 대응점을 이은 선분과 수직으로 만나므로
(삼각형 ㄱㄷㄹ의 넓이)$=21\times 6\div 2=63$(cm^2)
삼각형 ㄱㄷㄹ과 삼각형 ㄱㄷㄴ은 합동이므로
(사각형 ㄱㄴㄷㄹ의 넓이)$=63\times 2=126$(cm^2)

15 점대칭도형이 되는 수는 2, 5, 8이므로 만들 수 있는 가장 큰 수는 852입니다.

17 점대칭도형에서 대칭의 중심은 대응점끼리 이은 선분을 둘로 똑같이 나눕니다.

18 각 ㄷㄹㅁ의 대응각은 각 ㅂㄱㄴ이므로
(각 ㄷㄹㅁ)=(각 ㅂㄱㄴ)$=75°$
사각형 ㄷㄹㅁㅂ의 네 각의 크기의 합은 $360°$이므로
(각 ㅂㅁㄹ)$=360°-120°-105°-75°=60°$

19 예 점대칭도형에서 대칭의 중심은 대응점끼리 이은 선분을 둘로 똑같이 나누므로
(변 ㅁㅇ)$=10\div 2=5$(cm)
(변 ㅂㅇ)=(변 ㄷㅇ)$=2$ cm
변 ㅁㅂ의 대응변은 변 ㄴㄷ이므로
(변 ㅁㅂ)=(변 ㄴㄷ)$=6$ cm
(삼각형 ㅂㅇㅁ의 둘레)$=5+2+6=13$(cm)

채점 기준

변 ㅁㅇ과 변 ㅂㅇ의 길이를 구한 경우	30 %
변 ㅁㅂ의 길이를 구한 경우	30 %
삼각형 ㅂㅇㅁ의 둘레를 구한 경우	40 %

20 완성한 점대칭도형의 넓이는 사각형 ㄱㄴㄷㄹ의 넓이의 2배와 같고 완성 전 모양은 사다리꼴입니다.
각각의 대응점에서 대칭의 중심까지의 거리가 서로 같으므로
(선분 ㄹㅇ)=(선분 ㄷㅇ)$=4$ cm
(선분 ㄹㄷ)$=4+4=8$(cm)
(사각형 ㄱㄴㄷㄹ의 넓이)$=(5+7)\times 8\div 2$
$=48$(cm^2)
(완성한 점대칭도형의 넓이)$=48\times 2=96$(cm^2)

3단원 서술형·논술형 평가

32~33쪽

01 풀이 참조	02 풀이 참조, 56 cm^2
03 풀이 참조	04 풀이 참조, 6
05 풀이 참조, 40°	06 풀이 참조, 3개
07 풀이 참조, 55°	08 풀이 참조, 48 cm
09 풀이 참조, 4	10 풀이 참조, 6 cm

01 예 모양은 같지만 크기가 달라서 포개었을 때 완전히 겹치지 않으므로 두 도형은 서로 합동이 아닙니다.

채점 기준

두 도형이 서로 합동이 아닌 이유를 타당성 있게 설명한 경우	100 %

02 예 변 ㄱㄴ과 변 ㄷㄹ은 변 ㄴㄹ과 각각 수직으로 만나므로 평행합니다.
사각형 ㄱㄴㄷㄹ은 한 쌍의 변이 평행하므로 사다리꼴입니다.
평행한 두 변과 수직으로 만나는 변 ㄴㄹ이 사다리꼴의 높이이고 변 ㄴㄹ의 대응변은 변 ㄱㄴ이므로
(변 ㄴㄹ)=(변 ㄱㄴ)$=8$ cm
(사각형 ㄱㄴㄷㄹ의 넓이)
$=(8+6)\times 8\div 2=56$(cm^2)

채점 기준

사각형 ㄱㄴㄷㄹ이 사다리꼴임을 아는 경우	30 %
변 ㄴㄹ의 길이를 구한 경우	30 %
사각형 ㄱㄴㄷㄹ의 넓이를 구한 경우	40 %

03 예 선대칭도형이 완전히 겹치도록 접을 수 있는 직선을 대칭축이라고 합니다.
주어진 직선을 따라 접으면 도형이 완전히 겹치지 않으므로 대칭축이 될 수 없습니다.

채점 기준

대칭축이 될 수 없는 이유를 타당성 있게 설명한 경우	100 %

04 예 정오각형의 대칭축은 5개입니다. ➡ ㉠$=5$
원의 대칭의 중심은 1개입니다. ➡ ㉡$=1$
㉠과 ㉡의 합은 $5+1=6$입니다.

채점 기준	
㉠을 구한 경우	40 %
㉡을 구한 경우	40 %
㉠과 ㉡의 합을 구한 경우	20 %

05 예 직선은 $180°$이므로

(각 ㄱㄹㄷ)$=180°-140°=40°$

각 ㄱㄴㄷ의 대응각은 각 ㄱㄹㄷ이므로

(각 ㄱㄴㄷ)$=$(각 ㄱㄹㄷ)$=40°$

채점 기준	
각 ㄱㄹㄷ의 크기를 구한 경우	50 %
각 ㄱㄴㄷ의 크기를 구한 경우	50 %

06 예 점대칭도형은 한 점을 중심으로 180° 돌렸을 때 처음 도형과 완전히 겹치는 도형입니다.

점대칭도형은 평행사변형, 정사각형, 정육각형으로 모두 3개입니다.

채점 기준	
점대칭도형을 알고 있는 경우	50 %
점대칭도형의 개수를 구한 경우	50 %

07 예 각 ㄷㄹㅁ의 대응각은 각 ㅂㄱㄴ이므로

(각 ㄷㄹㅁ)$=$(각 ㅂㄱㄴ)$=100°$

삼각형 ㄷㄹㅁ에서 세 각의 크기의 합은 $180°$이므로

(각 ㄹㅁㅂ)$=180°-100°-25°=55°$

채점 기준	
각 ㄷㄹㅁ의 크기를 구한 경우	40 %
각 ㄹㅁㅂ의 크기를 구한 경우	60 %

08 예 변 ㄱㄴ의 대응변은 변 ㄷㅂ이므로

(변 ㄱㄴ)$=$(변 ㄷㅂ)$=8$ cm

변 ㄷㅁ의 대응변은 변 ㄱㅁ이므로

(변 ㄷㅁ)$=$(변 ㄱㅁ)$=10$ cm

(변 ㄴㄷ)$=$(변 ㄴㅁ)$+$(변 ㄷㅁ)

$=6+10=16$ (cm)

(직사각형 ㄱㄴㄷㄹ의 둘레)

$=16+8+16+8=48$ (cm)

채점 기준	
변 ㄱㄴ과 변 ㄷㅁ의 길이를 구한 경우	30 %
변 ㄴㄷ의 길이를 구한 경우	30 %
직사각형 ㄱㄴㄷㄹ의 둘레를 구한 경우	40 %

09 예 변 ㅂㅅ의 대응변은 변 ㄴㄷ이므로

(변 ㅂㅅ)$=$(변 ㄴㄷ)$=6$ cm

변 ㄹㅁ의 대응변은 변 ㅈㄱ이므로

(변 ㄹㅁ)$=$(변 ㅈㄱ)$=3$ cm

완성한 점대칭도형의 넓이는 사각형 ㄹㅁㅂㅅ의 넓이의 2배와 같고 사각형 ㄹㅁㅂㅅ은 사다리꼴이므로

(사각형 ㄹㅁㅂㅅ의 넓이)$=36\div2=18$ (cm^2)

$(6+3)\times\square\div2=18$

$9\times\square\div2=18$,

$9\times\square=36$, $\square=4$

채점 기준	
변 ㅂㅅ과 변 ㄹㅁ의 길이를 구한 경우	30 %
사각형 ㄹㅁㅂㅅ의 넓이를 구한 경우	30 %
□ 안에 알맞은 수를 구한 경우	40 %

10 예 선대칭도형이면서 점대칭도형이므로

(변 ㄱㅇ)$=$(변 ㅅㅇ)$=$(변 ㄷㄹ)$=$(변 ㅁㄹ)$=10$ cm

(변 ㄱㄴ)$=$(변 ㄷㄴ)$=$(변 ㅅㅂ)$=$(변 ㅁㅂ)$=\square$ cm

도형의 둘레가 64 cm이므로

$10+10+10+10+\square+\square+\square+\square=64$,

$40+\square+\square+\square+\square=64$

$\square+\square+\square+\square=24$

$\square=6$

변 ㅅㅂ의 길이는 6 cm입니다.

채점 기준	
길이가 같은 선분을 찾은 경우	50 %
선분 ㅅㅂ의 길이를 구한 경우	50 %

4단원 쪽지 시험

35쪽

01 0.35, 0.35, 0.35, 1.05　02 10, 335, 33.5
03 (○) (　　)
04 (위에서부터) 10, 10, 366.6
05 <　06 0.48
07 (1) 2.44 (2) 3.692　08 83.01
09 98.3, 0.983　10 (1) 46.72 (2) 0.4672

01 $0.35\times3=0.35+0.35+0.35=1.05$

02 소수 한 자리 수는 분모가 10인 분수로 고쳐서 계산합니다.

$6.7\times5=\frac{67}{10}\times5=\frac{335}{10}=33.5$

03 $0.8<1$이므로 5×0.8은 5보다 작습니다.
$1.3>1$이므로 5×1.3은 5보다 큽니다.

04 7.8은 78의 $\frac{1}{10}$배이므로 계산 결과는 3666의 $\frac{1}{10}$배인 366.6입니다.

05 $16\times0.47=7.52$
$33\times0.29=9.57$
➡ $7.52<9.57$

06 가로를 0.6만큼 색칠하고, 세로를 0.8만큼 색칠하면 48칸이 됩니다. 한 칸의 넓이가 0.01이므로 색칠한 부분의 넓이는 0.48입니다.
➡ $0.6\times0.8=0.48$

07 (1)
```
     6 . 1  ← 소수 한 자리 수
  ×  0 . 4  ← 소수 한 자리 수
  2 . 4  4  ← 소수 두 자리 수
```
(2)
```
    0 . 7 1  ← 소수 두 자리 수
  ×     5 . 2  ← 소수 한 자리 수
      1 4 2
    3 5 5
    3 . 6 9 2  ← 소수 세 자리 수
```

08 곱하는 수가 0.01이므로 곱의 소수점을 왼쪽으로 두 자리 옮깁니다.
➡ $8301\times0.01=83.01$

09 $9.83\times10=98.3$
$98.3\times0.01=0.983$

10 (1) 6.4와 7.3의 소수점 아래 자리 수의 합은 2이므로 4672에서 소수점을 왼쪽으로 두 자리 옮기면 46.72입니다.
(2) 0.64와 0.73의 소수점 아래 자리 수의 합은 4이므로 4672에서 소수점을 왼쪽으로 네 자리 옮기면 0.4672입니다.

36~38쪽

학교 시험 만점왕 1회　4. 소수의 곱셈

01 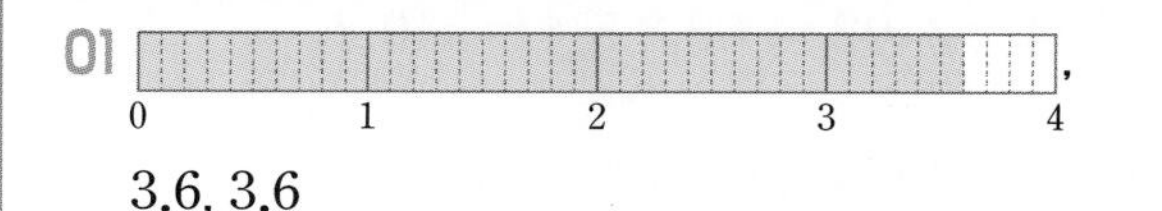

3.6, 3.6
02 157, 471, 4.71　03 ㉡
04 (　　) (　　) (○)
05 1, 0.4 / 2, 0.8, 2.8　06 3.87
07 340.2　08 38.96
09 풀이 참조, 33
10 $\frac{21}{100}\times\frac{9}{10}=\frac{189}{1000}=0.189$
11 가람　12 64.26
13 1.782 m　14 25.8, 2.58, 0.258
15 ②　16 100배
17 8.6　18 2.7, 3.2 (또는 3.2, 2.7)
19 6.58 m　20 풀이 참조, 160.259 cm^2

01 $1.8\times2=1.8+1.8=3.6$

02 157은 0.01이 157개입니다.
1.57×3은 0.01이 $157\times3=471$(개)이므로 $1.57\times3=4.71$입니다.

03 ㉠ 2.6의 5배 ➡ $2.6\times5=13$
㉡ $3.9\times2=7.8$
㉢ 4.2의 3배 ➡ $4.2\times3=12.6$
계산 결과가 10보다 작은 것은 ㉡입니다.

04 $★ \times 1 = ★$

$0.99 < 1$이므로 $★ \times 0.99 < ★$입니다.

$1.01 > 1$이므로 $★ \times 1.01 > ★$입니다.

계산 결과가 ★ 보다 큰 것은 $1.01 \times ★$입니다.

05 2의 1배는 2이고 2의 0.4배이므로 0.8이므로 2의 1.4배는 2.8입니다.

$2 \times 1.4 = 2 \times 1 + 2 \times 0.4$

$= 2 + 0.8 = 2.8$

06 $9 > 5 > 3.4 > 0.43$이므로 가장 큰 수는 9이고, 가장 작은 수는 0.43입니다.

➡ $9 \times 0.43 = 3.87$

07 $63 \times 54 = 3402$ ➡ $63 \times 5.4 = 340.2$

08 $32 \times 6 = 192$ ➡ $32 \times 0.6 = 19.2$

$13 \times 152 = 1976$ ➡ $13 \times 1.52 = 19.76$

두 식의 계산 결과의 합은 $19.2 + 19.76 = 38.96$입니다.

09 예 $4 \times 807 = 3228$ ➡ $4 \times 8.07 = 32.28$

$32.08 < □$의 □ 안에 들어갈 수 있는 자연수는 33과 같거나 큰 수입니다.

□ 안에 들어갈 수 있는 자연수 중 가장 작은 수는 33입니다.

채점 기준

채점 기준	
4×8.07을 계산한 경우	50 %
□ 안에 들어갈 수 있는 자연수 중 가장 작은 수를 구한 경우	50 %

10 소수 한 자리 수는 분모가 10인 분수로, 소수 두 자리 수는 분모가 100인 분수로 고쳐서 계산합니다.

11 $303 \times 3 = 909$ ➡ $3.03 \times 0.3 = 0.909$

계산한 값을 바르게 들고 있는 친구는 가람입니다.

12 $63 \times 102 = 6426$ ➡ $6.3 \times 10.2 = 64.26$

13 (아버지의 키) = (연진이의 키) $\times 1.35$

$= 1.32 \times 1.35 = 1.782$ (m)

14 $258 \times 0.1 = 25.8$

$258 \times 0.01 = 2.58$

$258 \times 0.001 = 0.258$

15 ① 소수점이 오른쪽으로 두 자리 옮겨졌으므로

$3.017 \times \boxed{100} = 301.7$

② 소수점이 오른쪽으로 한 자리 옮겨졌으므로

$0.068 \times \boxed{10} = 0.68$

③ 소수점이 오른쪽으로 두 자리 옮겨졌으므로

$7.219 \times \boxed{100} = 721.9$

④ 소수점이 오른쪽으로 두 자리 옮겨졌으므로

$5.26 \times \boxed{100} = 526$

⑤ 소수점이 오른쪽으로 두 자리 옮겨졌으므로

$0.36 \times \boxed{100} = 36$

□ 안에 들어갈 수가 나머지 넷과 다른 것은 ②입니다.

16 ㉠ $0.04 \times 0.5 = 0.02$

㉡ $4 \times 0.5 = 2$

2는 0.02의 100배입니다.

17 36.55는 36550의 소수점을 왼쪽으로 세 자리 옮겼으므로 □ 안에 알맞은 수는 소수 한 자리 수인 8.6입니다.

18 두 수의 곱이 8보다 크고 10보다 작은 두 수는 2.7, 3.2입니다. ➡ $2.7 \times 3.2 = 8.64$

19 (색 테이프 10개의 길이의 합) $= 0.73 \times 10 = 7.3$ (m)

겹쳐진 부분은 9개이므로

(겹쳐진 부분의 길이) $= 0.08 \times 9 = 0.72$ (m)

(색 테이프의 전체의 길이) $= 7.3 - 0.72 = 6.58$ (m)

20 예 색칠한 부분을 마주 보는 변끼리 이어 붙이면 색칠한 부분의 넓이는 가로가 $26 - 7.3 = 18.7$ (cm), 세로가 $11 - 2.43 = 8.57$ (cm)인 직사각형의 넓이와 같습니다.

(색칠한 부분의 넓이) $= 18.7 \times 8.57 = 160.259$ (cm^2)

채점 기준

채점 기준	
색칠한 부분은 어떤 도형의 넓이와 같은지 알아본 경우	50 %
색칠한 부분의 넓이를 구한 경우	50 %

39~41쪽

학교 시험 만점왕 ❷회 | **4. 소수의 곱셈**

01 $\frac{72}{100}\times9=\frac{648}{100}=6.48$
02 0.3, 0.06, 18.36
03 25.2, 35.49
04 12.3 cm
05 3, 3, 15 / 1460, 14.6
06 215, 258
07 ㉠
08 71175원
09 3196, 31.96
10 11.9×0.55에 색칠
11 풀이 참조, 66
12 0.424 kg
13 99.4, 994, 9940
14 (1) 62.3 (2) 0.06
15 ㉡
16 33.2원
17 24.03
18 59.4
19 풀이 참조, 70.56 m^2
20 0.368 m

01 소수 두 자리 수는 분모가 100인 분수로 고쳐서 계산합니다.

02 $6.12\times3=(6+0.1+0.02)\times3$
$=6\times3+0.1\times3+0.02\times3$
$=18+0.3+0.06=18.36$

03 $42\times6=252$ ➡ $4.2\times6=25.2$
$507\times7=3549$ ➡ $5.07\times7=35.49$

04 정육각형은 여섯 개의 변의 길이가 모두 같으므로
(정육각형의 둘레)$=2.05\times6=12.3$(cm)

05 2.92는 2와 3 중 3에 더 가깝습니다.
$5\times292=1460$이고 5×2.92는 5와 3의 곱으로 어림할 수 있으므로 계산 결과는 15보다 조금 작은 14.6입니다.

06 $50\times43=2150$ ➡ $50\times4.3=215$
$215\times12=2580$ ➡ $215\times1.2=258$

07 ㉠ $32\times3=96$ ➡ $32\times0.03=0.96$
㉡ $47\times4=188$ ➡ $47\times0.04=1.88$
㉢ $51\times5=255$ ➡ $51\times0.05=2.55$
계산 결과가 1보다 작은 것은 ㉠입니다.

08 (필요한 돈)$=7500\times$(환율)
$=7500\times9.49=71175$(원)

09
$$\begin{array}{r} 6.8 \\ \times\quad 4.7 \\ \hline 476 \\ 272 \\ \hline 31.96 \end{array}$$
6.8 ← 소수 한 자리 수
4.7 ← 소수 한 자리 수
31.96 ← 소수 두 자리 수

10 $289\times25=7225$ ➡ $2.89\times2.5=7.225$
$119\times55=6545$ ➡ $11.9\times0.55=6.545$
곱셈 결과의 소수 첫째 자리 숫자가 5인 것은 11.9×0.55입니다.

11 예 $5.63\times3.7=20.831$
$3.5\times6.7=23.45$
$20.831<\square<23.45$의 □ 안에 들어갈 수 있는 자연수는 21, 22, 23입니다.
□ 안에 들어갈 수 있는 자연수의 합은
$21+22+23=66$입니다.

채점 기준

5.63×3.7과 3.5×6.7을 계산한 경우	40 %
□ 안에 들어갈 수 있는 자연수를 구한 경우	30 %
□ 안에 들어갈 수 있는 자연수의 합을 구한 경우	30 %

12 (도넛을 만드는 데 사용한 밀가루의 양)
$=0.8\times0.53=0.424$(kg)

13 곱하는 수의 0이 하나씩 늘어날 때마다 곱의 소수점이 오른쪽으로 한 자리씩 옮겨집니다.
$9.94\times10=99.4$
$9.94\times100=994$
$9.94\times1000=9940$

14 (1) 37.38은 소수 두 자리 수이고 0.6은 소수 한 자리 수이므로 □ 안에 알맞은 수는 소수 한 자리 수인 62.3입니다.
(2) 3.738은 소수 세 자리 수이고 62.3은 소수 한 자리 수이므로 □ 안에 알맞은 수는 소수 두 자리 수인 0.06입니다.

15 가: $829 \times 0.1 = 82.9$

나: $82.9 \times 0.01 = 0.829$

㉠ 82.9는 829의 소수점을 왼쪽으로 한 자리 옮긴 수가 맞습니다.

㉡ 0.829는 829의 소수점은 왼쪽으로 세 자리 옮긴 수이므로 틀린 설명입니다.

㉢ 82.9는 0.829보다 큽니다.

㉣ 0.829의 1000배는 829가 맞습니다.

16 (과일과 고기를 사는 데 낸 돈)

$= 9700 + 23500 = 33200$(원)

(과일과 고기를 사고 적립한 금액)

$= 33200 \times 0.001 = 33.2$(원)

17 수 카드 4장 중에서 3장을 사용하여 만들 수 있는 가장 작은 소수 두 자리 수는 2.67입니다.

➡ $2.67 \times 9 = 24.03$

18 어떤 수를 □라 하면 잘못 계산한 식은

$\square \times 0.1 = 0.594$입니다.

소수점을 왼쪽으로 한 자리 옮긴 수가 0.594이므로 어떤 수는 0.594의 소수점을 오른쪽으로 한 자리 옮긴 5.94입니다.

바르게 계산하면 $5.94 \times 10 = 59.4$입니다.

19 예 (늘어난 한 변의 길이)$= 3.5 \times 2.4 = 8.4$ (m)

(새로운 주차장의 넓이)$= 8.4 \times 8.4 = 70.56$ (m^2)

채점 기준

늘어난 한 변의 길이를 구한 경우	50 %
새로운 주차장의 넓이를 구한 경우	50 %

20 1시간$=$60분이므로

12분$= \frac{12}{60}$시간$= \frac{2}{10}$시간$=$0.2시간입니다.

2시간 12분$=$2.2시간이므로

(2시간 12분 동안 탄 양초의 길이)

$=$(한 시간 탄 양초의 길이)$\times$(타는 시간)

$= 0.06 \times 2.2 = 0.132$ (m)

(타고 남은 양초의 길이)$= 0.5 - 0.132 = 0.368$ (m)

4단원 서술형·논술형 평가

42~43쪽

01 풀이 참조
02 풀이 참조, 1500명
03 풀이 참조, 33.3 cm
04 풀이 참조, 56.22 cm^2
05 풀이 참조, 20.104
06 풀이 참조, 10000배
07 풀이 참조, 연주, 4.57 km
08 풀이 참조, 173.512
09 풀이 참조, 15.75 L
10 풀이 참조, 47.72

01 예 방법 1 분수의 곱셈으로 계산하기

$3 \times 0.29 = 3 \times \frac{29}{100} = \frac{87}{100} = 0.87$

방법 2 자연수의 곱셈으로 계산하기

$3 \times 29 = 87$ ➡ $3 \times 0.29 = 0.87$

채점 기준

한 가지 방법으로 계산한 경우	50 %
또 다른 방법으로 계산한 경우	50 %

02 예 (올해 소정이네 학교 전체 학생 수)

$=$(작년 소정이네 학교 전체 학생 수)$\times 1.2$

$= 1250 \times 1.2 = 1500$(명)

채점 기준

올해 소정이네 학교 전체 학생 수를 구하는 식을 세운 경우	50 %
올해 소정이네 학교 전체 학생 수를 구한 경우	50 %

03 예 삼각형 ㄱㄴㄷ의 둘레는 작은 정삼각형의 한 변의 9배입니다.

(삼각형 ㄱㄴㄷ의 둘레)$= 3.7 \times 9 = 33.3$ (cm)

채점 기준

삼각형 ㄱㄴㄷ의 둘레에 작은 정삼각형의 한 변이 몇 개 포함되어 있는지 구한 경우	50 %
삼각형 ㄱㄴㄷ의 둘레를 구한 경우	50 %

04 예 (평행사변형의 넓이)$=$(밑변의 길이)$\times$(높이)

$= 9.37 \times 6 = 56.22$ (cm^2)

채점 기준

평행사변형의 넓이 구하는 식을 세운 경우	50 %
평행사변형의 넓이를 구한 경우	50 %

05 ⓔ 0.01이 56개인 수는 0.56입니다.
0.1이 359인 수는 35.9입니다.
두 수의 곱은 $0.56\times35.9=20.104$입니다.

채점 기준

두 수를 각각 구한 경우	50 %
두 수의 곱을 구한 경우	50 %

06 ⓔ 51.2는 512의 소수점을 왼쪽으로 한 자리 옮긴 수이므로 ㉠$=0.1$입니다.
512는 0.512의 소수점을 오른쪽으로 세 자리 옮긴 수이므로 ㉡$=1000$입니다.
1000은 0.1의 10000배이므로 ㉡은 ㉠의 10000배입니다.

채점 기준

㉠에 알맞은 수를 구한 경우	30 %
㉡에 알맞은 수를 구한 경우	30 %
㉡은 ㉠의 몇 배인지 구한 경우	40 %

07 ⓔ 민호는 5.4 km씩 일주일 동안 달렸으므로
(민호가 달린 거리)$=5.4\times7=37.8$ (km)
연주는 4.237 km씩 10일 동안 달렸으므로
(연주가 달린 거리)$=4.237\times10=42.37$ (km)
연주가 민호보다 $42.37-37.8=4.57$ (km)를 더 달렸습니다.

채점 기준

민호가 달린 거리를 구한 경우	40 %
연주가 달린 거리를 구한 경우	40 %
누가 몇 km를 더 달렸는지 구한 경우	20 %

08 ⓔ 어떤 수를 □라 하면 잘못 계산한 식은
$\square\div4.6=8.2$
$\square=8.2\times4.6=37.72$
바르게 계산하면
$37.72\times4.6=173.512$입니다.

채점 기준

어떤 수를 구한 경우	50 %
바르게 계산한 값을 구한 경우	50 %

09 ⓔ 1시간$=$60분이므로
30분$=\frac{30}{60}$시간$=\frac{5}{10}$시간$=0.5$시간입니다.
1시간 30분은 1.5시간이므로
(1시간 30분 동안 달리는 거리)
$=35\times1.5=52.5$ (km)
(1시간 30분 동안 달리는 데 필요한 휘발유의 양)
$=52.5\times0.3=15.75$ (L)

채점 기준

1시간 30분을 시간으로 나타낸 경우	20 %
1시간 30분 동안 달린 거리를 구한 경우	40 %
1시간 30분 동안 달리는 데 필요한 휘발유의 양을 구한 경우	40 %

10 ⓔ 계산 결과가 가장 크려면 일의 자리에 8과 7을 놓아야 합니다.
$8.2\times7.4=60.68$
$8.4\times7.2=60.48$
계산 결과가 가장 큰 곱셈식은 $8.2\times7.4=60.68$입니다.
계산 결과가 가장 작으려면 일의 자리에 2와 4를 놓아야 합니다.
$2.8\times4.7=13.16$
$2.7\times4.8=12.96$
계산 결과가 가장 작은 곱셈식은 $2.7\times4.8=12.96$입니다.
계산 결과가 가장 클 때와 가장 작을 때의 차는
$60.68-12.96=47.72$입니다.

채점 기준

계산 결과가 가장 클 때를 구한 경우	40 %
계산 결과가 가장 작을 때를 구한 경우	40 %
계산 결과가 가장 클 때와 가장 작을 때의 차를 구한 경우	20 %

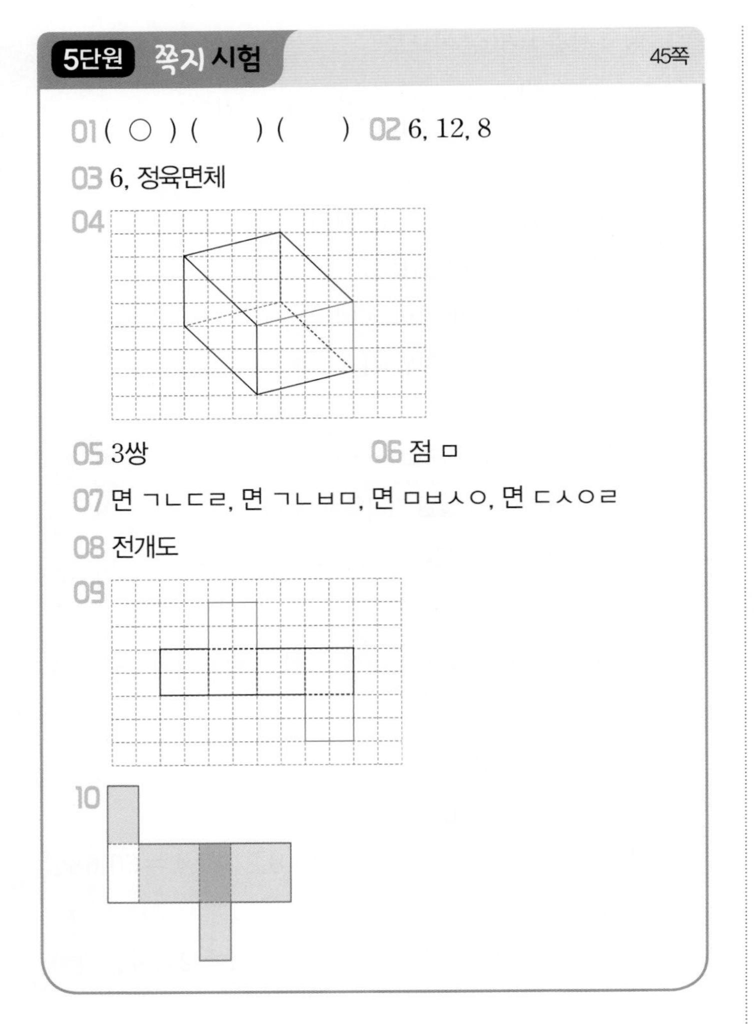

5단원 쪽지 시험 45쪽

01 (○) (   ) (   ) 02 6, 12, 8

03 6, 정육면체

04

05 3쌍 06 점 ㅁ

07 면 ㄱㄴㄷㄹ, 면 ㄱㄴㅂㅁ, 면 ㅁㅂㅅㅇ, 면 ㄷㅅㅇㄹ

08 전개도

09

10

01 직육면체는 직사각형 6개로 둘러싸인 도형입니다.

02 직육면체에서 선분으로 둘러싸인 부분을 면, 면과 면이 만나는 선분을 모서리, 모서리와 모서리가 만나는 점을 꼭짓점이라고 합니다. 면은 6개, 모서리는 12개, 꼭짓점은 8개입니다.

03 정사각형 6개로 둘러싸인 도형을 정육면체라고 합니다.

04 겨냥도에서 보이는 모서리는 실선으로, 보이지 않는 모서리는 점선으로 그립니다.

05 직육면체에서 서로 평행한 면은 3쌍입니다.

06 보이지 않는 꼭짓점은 점 ㅁ입니다.

07 면 ㄱㅁㅇㄹ과 수직인 면은 만나는 면인 면 ㄱㄴㄷㄹ, 면 ㄱㄴㅂㅁ, 면 ㅁㅂㅅㅇ, 면 ㄷㅅㅇㄹ입니다.

08 직육면체의 모서리를 잘라서 평면 위에 펼쳐 놓은 그림을 직육면체의 전개도라고 합니다.

09 빠진 면 2개를 점선이 그려진 부분에 그려 넣습니다.

10 전개도를 접었을 때 주어진 면과 수직인 면은 주어진 면과 만나는 면입니다.
색칠한 면과 만나는 면을 찾아 색칠합니다.

46~48쪽

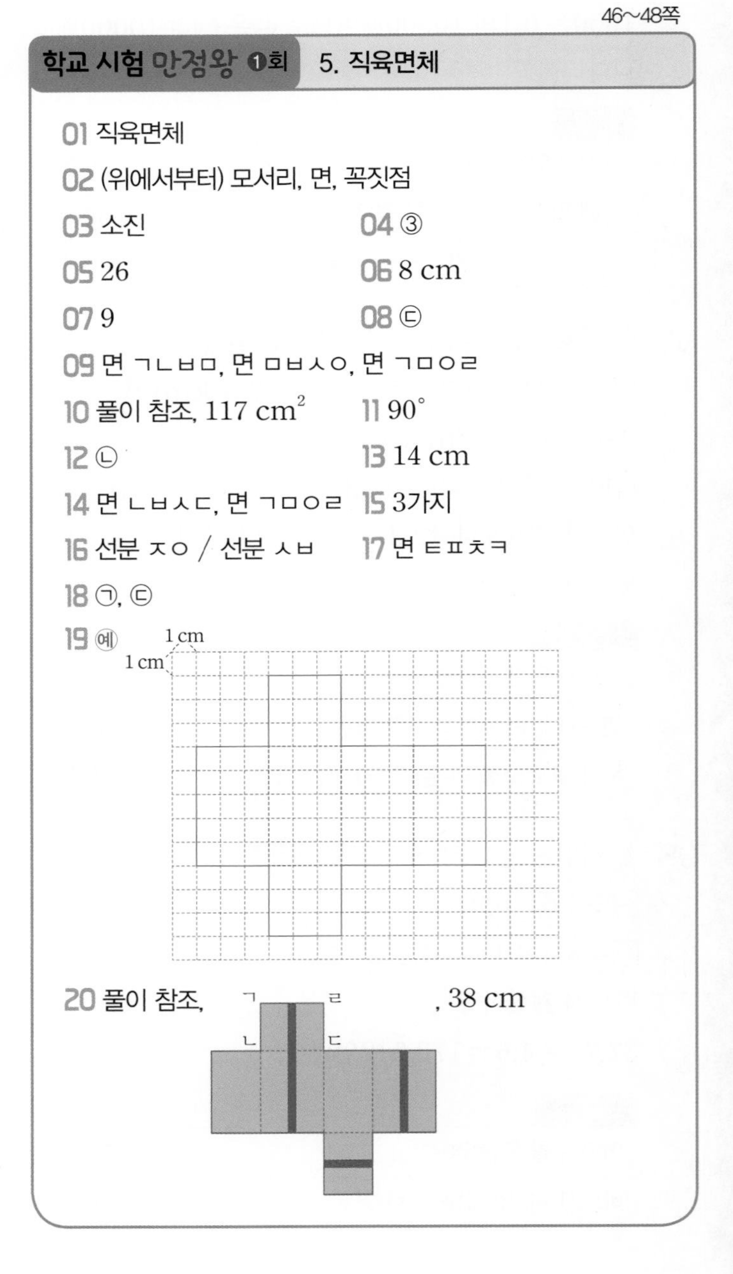

학교 시험 만점왕 ❶회 5. 직육면체

01 직육면체

02 (위에서부터) 모서리, 면, 꼭짓점

03 소진 04 ③

05 26 06 8 cm

07 9 08 ㉢

09 면 ㄱㄴㅂㅁ, 면 ㅁㅂㅅㅇ, 면 ㄱㅁㅇㄹ

10 풀이 참조, 117 cm^2 11 90°

12 ㉡ 13 14 cm

14 면 ㄴㅂㅅㄷ, 면 ㄱㅁㅇㄹ 15 3가지

16 선분 ㅈㅇ / 선분 ㅅㅂ 17 면 ㅌㅍㅊㅋ

18 ㉠, ㉢

19 예

20 풀이 참조, , 38 cm

01 직육면체에 대한 설명입니다.

02 직육면체에서 선분으로 둘러싸인 부분을 면, 면과 면이 만나는 선분을 모서리, 모서리와 모서리가 만나는 점을 꼭짓점이라고 합니다.

03 직육면체는 직사각형 6개로 둘러싸인 도형이므로 소진이가 바르게 설명했습니다.

04 정육면체는 정사각형 6개로 둘러싸인 도형이므로 정육면체의 면이 될 수 있는 것은 ③입니다.

05 정육면체의 면은 6개, 모서리는 12개, 꼭짓점은 8개입니다.
➡ $6+12+8=26$

06 정육면체는 12개의 모서리의 길이가 모두 같으므로
(한 모서리의 길이)$=96\div12=8$ (cm)

07 주어진 직육면체에는 길이가 8 cm, 5 cm, ㉠ cm인 모서리가 각각 4개씩 있으므로
$8\times4+5\times4+$㉠$\times4=88$
$32+20+$㉠$\times4=88$
$52+$㉠$\times4=88$
㉠$\times4=36$, ㉠$=9$

08 ㉠ 보이는 모서리를 실선으로 그려야 합니다.
㉡ 평행한 모서리는 평행하게 그려야 합니다.

09 직육면체에서 보이지 않는 면은 점선이 포함된 면이므로 면 ㄱㄴㅂㅁ, 면 ㅁㅂㅅㅇ, 면 ㄱㅁㅇㄹ입니다.

10 예 직육면체에서 색칠한 면의 가로를 □ cm라고 하면 보이지 않는 모서리의 길이의 합은 28 cm이므로
$9+6+\square=28$
$15+\square=28$
$\square=13$
색칠한 면의 가로가 13 cm이므로
(색칠한 면의 넓이)$=13\times9=117$ (cm^2)

채점 기준

색칠한 면의 가로를 구한 경우	50 %
색칠한 면의 넓이를 구한 경우	50 %

11 직육면체에서 만나는 두 면은 수직으로 만나므로 색칠한 두 면이 이루는 각은 90°입니다.

12 ㉡ 한 꼭짓점에서 만나는 면은 3개입니다.

13 면 ㄴㅂㅅㄷ과 평행한 면은 면 ㄱㅁㅇㄹ이고
면 ㄴㅂㅅㄷ과 합동이므로
(면 ㄱㅁㅇㄹ의 둘레)$=(4+3)\times2=14$ (cm)

14 면 ㄱㄴㅂㅁ에 수직인 면은 면 ㄱㄴㄷㄹ, 면 ㄴㅂㅅㄷ, 면 ㅁㅂㅅㅇ, 면 ㄱㅁㅇㄹ입니다.
면 ㅁㅂㅅㅇ에 수직인 면은 면 ㄱㄴㅂㅁ, 면 ㄴㅂㅅㄷ, 면 ㄷㅅㅇㄹ, 면 ㄱㅁㅇㄹ입니다.
면 ㄱㄴㅂㅁ과 면 ㅁㅂㅅㅇ에 공통으로 수직인 면은 면 ㄴㅂㅅㄷ과 면 ㄱㅁㅇㄹ입니다.

16 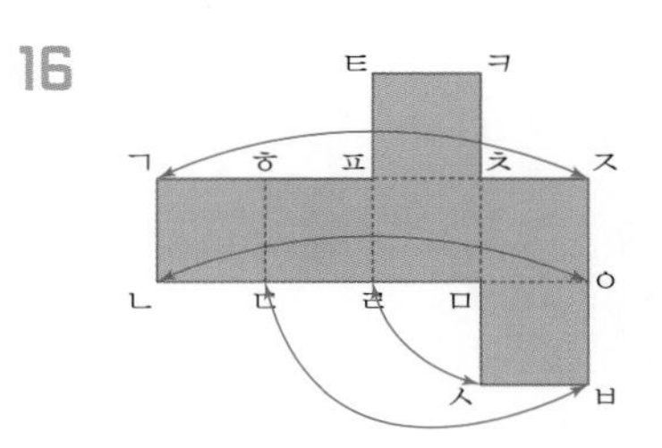

전개도를 접었을 때 선분 ㄱㄴ은 선분 ㅈㅇ과 겹치고, 선분 ㄷㄹ은 선분 ㅅㅂ과 겹칩니다.

17 직육면체에서 평행한 면은 마주 보는 면이므로
면 ㅁㅂㅅㅇ과 마주 보는 면은 면 ㅌㅍㅊㅋ입니다.

18 ㉠ 전개도를 접었을 때 만나는 모서리의 길이가 다른 부분이 있습니다.
㉢ 전개도를 접었을 때 서로 겹치는 면이 있습니다.

19 잘린 모서리는 실선으로 잘리지 않는 모서리는 점선으로 그리고, 만나는 모서리의 길이를 같게 그립니다.

20 예 면 ㄱㄴㄷㄹ과 만나는 면을 생각하여 색 테이프가 지나간 4개의 면을 찾아서 그립니다.
색 테이프는 7 cm인 모서리 2개와 12 cm인 모서리 2개의 길이와 같습니다.
(색 테이프의 길이의 합)$=7\times2+12\times2=38$ (cm)

채점 기준

전개도에 바르게 나타낸 경우	50 %
색 테이프의 길이의 합을 구한 경우	50 %

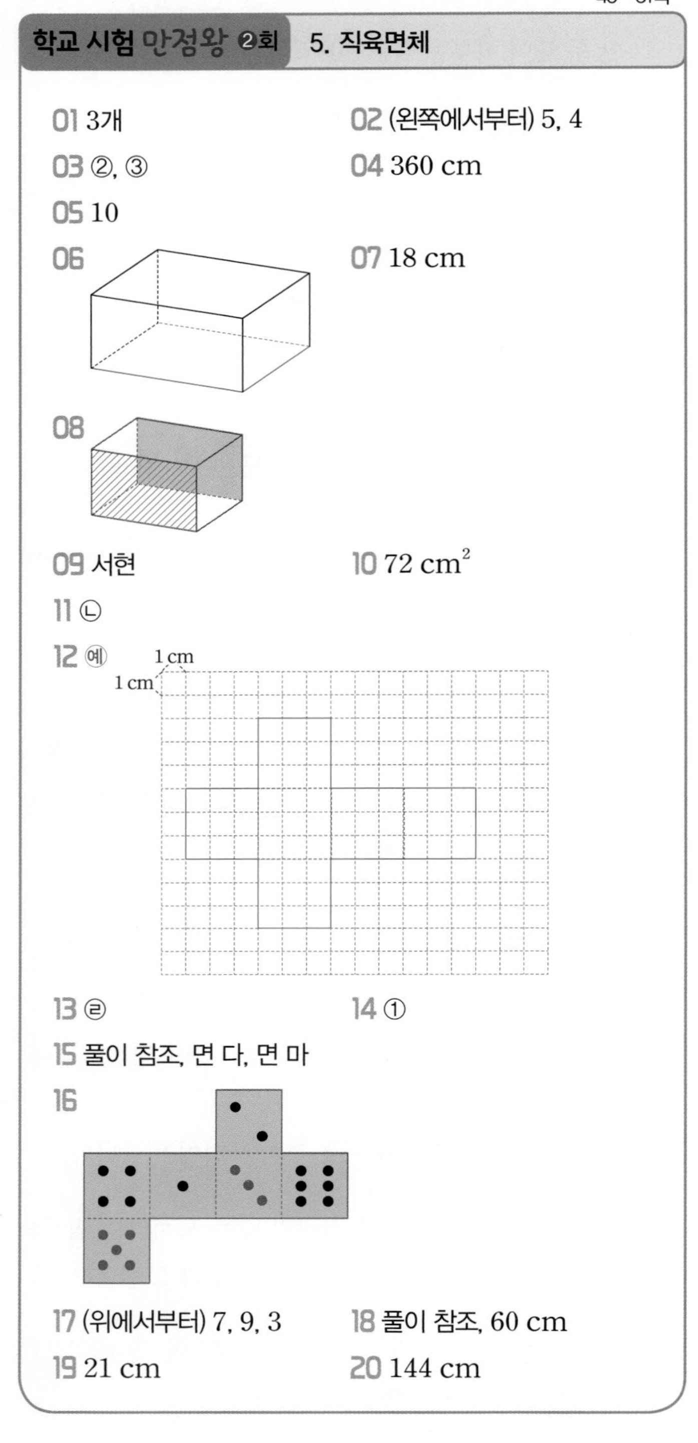

49~51쪽
학교 시험 만점왕 ②회
5. 직육면체
01 3개
02 (왼쪽에서부터) 5, 4
03 ②, ③
04 360 cm
05 10
06
07 18 cm
08
09 서현
10 72 cm²
11 ㉡
12 예
1 cm
1 cm
13 ㉣
14 ①
15 풀이 참조, 면 다, 면 마
16
17 (위에서부터) 7, 9, 3
18 풀이 참조, 60 cm
19 21 cm
20 144 cm

01

직사각형 6개로 둘러싸인 도형은 3개입니다.

02 직육면체에서 평행한 모서리의 길이는 모두 같습니다.

03 ② 정육면체의 꼭짓점은 8개입니다.
③ 정육면체의 면은 모두 합동입니다.

04 만든 정육면체의 한 모서리의 길이는 30 cm이고 모서리는 12개이므로
(모든 모서리의 길이의 합)$=30 \times 12=360$ (cm)

05 정육면체에서 보이는 면은 3개이고, 보이는 꼭짓점은 7개입니다.
➡ $3+7=10$

06 보이는 모서리 2개는 실선으로 그려 넣고, 보이지 않는 모서리 1개는 점선으로 그려 넣습니다.

07 보이지 않는 모서리는 선분 ㄱㅁ, 선분 ㅁㅂ, 선분 ㅁㅇ입니다.
선분 ㄱㅁ은 5 cm, 선분 ㅁㅂ은 6 cm, 선분 ㅁㅇ은 7 cm이므로 $7+6+5=18$ (cm)입니다.

08 색칠한 면과 마주 보는 면에 빗금을 그어 봅니다.

09 면 ㅁㅂㅅㅇ에 수직인 면은 면 ㄱㅁㅂㄴ, 면 ㄴㅂㅅㄷ, 면 ㄷㅅㅇㄹ, 면 ㄱㅁㅇㄹ으로 4개입니다.

10 색칠한 면과 수직인 면은 색칠한 면과 마주 보는 면을 제외한 4개의 면입니다.
(색칠한 면과 수직인 면의 넓이의 합)
$=7 \times 3+5 \times 3+7 \times 3+5 \times 3=72$ (cm^2)

11 ㉡ 전개도를 접었을 때 서로 겹치는 면이 있습니다.

12 잘린 모서리는 실선으로, 잘리지 않는 모서리는 점선으로 그립니다. 정육면체의 전개도를 여러 가지 방법으로 그릴 수 있습니다.

13 정사각형 1개를 ㉣에 그려야 다른 면과 겹치지 않습니다.

14 ①은 두 면 사이의 관계가 평행이고, ②, ③, ④, ⑤는 두 면 사이의 관계가 수직입니다.

15 ㉠ 면 가와 수직인 면은 면 나, 면 다, 면 라, 면 마입니다.
면 나와 수직인 면은 면 가, 면 다, 면 마, 면 바입니다.
면 가와 면 나에 공통으로 수직인 면은 면 다와 면 마입니다.

채점 기준

면 가와 수직인 면을 찾은 경우	40 %
면 나와 수직인 면을 찾은 경우	40 %
면 가와 면 나에 공통으로 수직인 면을 찾은 경우	20 %

16

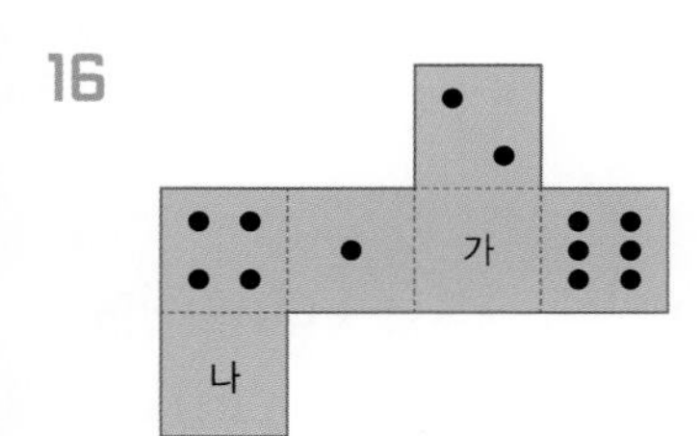

면 가와 평행한 면에는 눈이 4개 그려져 있으므로 면 가에 눈을 3개 그리고, 면 나와 평행한 면에는 눈이 2개 그려져 있으므로 면 나에 눈을 5개 그립니다.

17 전개도를 접었을 때 겨냥도의 모양과 일치하도록 선분의 길이를 써넣습니다.

18 ㉠ 전개도를 접어서 만든 직육면체의 길이가 다른 모서리는 4 cm, 5 cm, 6 cm입니다.
직육면체에는 길이가 같은 모서리가 4개씩 3쌍이므로
(모든 모서리의 길이의 합)$=(4+5+6)\times4=60$(cm)

채점 기준

전개도를 접어서 만든 직육면체의 모서리의 길이를 아는 경우	50 %
모든 모서리의 길이의 합을 구한 경우	50 %

19 선분 ㅌㅍ의 길이는 선분 ㅋㅊ의 길이와 같으므로
(선분 ㅌㅍ)=(선분 ㅋㅊ)=6 cm
선분 ㅍㄹ의 길이는 선분 ㄱㄴ의 길이와 같으므로
(선분 ㅍㄹ)=(선분 ㄱㄴ)=9 cm
선분 ㄹㅁ의 길이는 선분 ㅋㅊ의 길이와 같으므로
(선분 ㄹㅁ)=(선분 ㅋㅊ)=6 cm
(선분 ㅌㅁ)=(선분 ㅌㅍ)+(선분 ㅍㄹ)+(선분 ㄹㅁ)
$=6+9+6=21$(cm)

20 리본을 18 cm인 모서리는 2번, 22 cm인 모서리는 2번, 10 cm인 모서리는 4번 둘렀습니다.
매듭으로 사용한 리본의 길이는 24 cm이므로
(사용한 리본의 전체의 길이)
$=18\times2+22\times2+10\times4+24=144$(cm)

5단원 서술형·논술형 평가 52~53쪽

01 풀이 참조	02 풀이 참조, 5 cm
03 풀이 참조, 72 cm	04 풀이 참조
05 풀이 참조, 42 cm	06 풀이 참조, 24 cm^2
07 풀이 참조, 2	08 풀이 참조, 112 cm
09 풀이 참조, 44 cm	10 풀이 참조, 15 cm

01 ㉠ 정육면체는 정사각형 6개로 둘러싸인 도형인데 주어진 도형은 정사각형 2개와 직사각형 4개로 둘러싸인 도형이므로 정육면체가 아닙니다.

채점 기준

정육면체가 아닌 이유를 타당성 있게 쓴 경우	100 %

02 ㉠ 직육면체는 길이가 같은 모서리가 4개씩 3쌍이므로
(직육면체의 모든 모서리의 길이의 합)
$=(4+5+6)\times4=60$(cm)
직육면체와 정육면체의 모든 모서리의 길이의 합이 서로 같고 정육면체는 12개의 모서리가 모두 같으므로
(정육면체의 한 모서리의 길이)
$=60\div12=5$(cm)

채점 기준

직육면체의 모든 모서리의 합을 구한 경우	50 %
정육면체의 한 모서리의 길이를 구한 경우	50 %

03 ㉠ 직육면체를 잘라 가장 큰 정육면체를 만들려면 정육면체의 한 모서리의 길이를 직육면체의 가장 짧은 모서리의 길이인 6 cm로 하면 됩니다.
정육면체의 모서리는 12개이므로
(정육면체의 모든 모서리의 길이의 합)
$=6\times12=72$(cm)

채점 기준

만든 정육면체의 한 모서리의 길이를 구한 경우	50 %
정육면체의 모든 모서리의 길이의 합을 구한 경우	50 %

04 예 직육면체의 겨냥도는 보이는 모서리는 실선으로, 보이지 않는 모서리는 점선으로 나타내어야 하는데 모든 모서리를 점선으로 나타내었습니다.

채점 기준

겨냥도를 잘못 나타낸 이유를 타당성 있게 쓴 경우	100 %

05 예 직육면체에서 보이는 모서리는 실선으로 그려진 모서리이므로 길이가 8 cm, 4 cm, 2 cm인 모서리가 각각 3개씩 있습니다.
(보이는 모서리의 길이의 합)
$=(8+4+2)\times3=42$ (cm)

채점 기준

보이는 모서리의 길이와 개수를 알아낸 경우	50 %
보이는 모서리의 길이의 합을 구한 경우	50 %

06 예 면 ㄴㅂㅅㄷ과 평행한 면은 마주 보는 면인 면 ㄱㅁㅇㄹ이고 면 ㄴㅂㅅㄷ과 합동입니다.
(면 ㄱㅁㅇㄹ의 넓이)$=8\times3=24$ (cm^2)

채점 기준

면 ㄴㅂㅅㄷ과 평행한 면을 구한 경우	50 %
면 ㄴㅂㅅㄷ과 평행한 면의 넓이를 구한 경우	50 %

07 예 6이 적힌 면과 4가 적힌 면, 가가 적힌 면과 1이 적힌 면, 3이 적힌 면과 나가 적힌 면이 서로 마주 보는 면입니다.
마주 보는 면에 적힌 수의 합은 $6+4=10$입니다.
가$+1=10$에서 가$=9$입니다.
$3+$나$=10$에서 나$=7$입니다.
가와 나에 알맞은 수의 차는 $9-7=2$입니다.

채점 기준

마주 보는 면을 알아본 경우	40 %
가와 나에 알맞은 수를 구한 경우	40 %
가와 나에 알맞은 수의 차를 구한 경우	20 %

08 예 정육면체는 모든 모서리의 길이가 모두 같습니다.
(한 모서리의 길이)$=16\div2=8$ (cm)

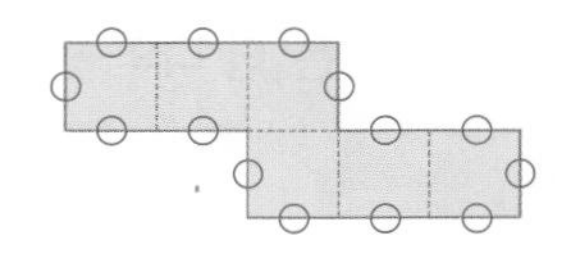

전개도의 둘레는 길이가 8 cm인 선분이 14개 있으므로
(전개도의 둘레)$=8\times14=112$ (cm)

채점 기준

한 모서리의 길이를 구한 경우	50 %
전개도의 둘레를 구한 경우	50 %

09 예 빗금친 부분의 가로는
$6+3+6+3=18$ (cm)이고, 세로는 4 cm입니다.
(빗금친 부분의 둘레)$=(18+4)\times2=44$ (cm)

채점 기준

빗금친 부분의 가로와 세로를 구한 경우	50 %
빗금친 부분의 둘레를 구한 경우	50 %

10 예 상자의 한 모서리의 길이를 □cm라 하면 상자의 모든 면을 지나는 데 사용한 끈의 길이는
(□$\times8$) cm입니다.
매듭으로 사용한 끈의 길이는 20 cm이므로
□$\times8+20=140$
□$\times8=120$
□$=120\div8=15$
따라서 상자의 한 모서리의 길이는 15 cm입니다.

채점 기준

상자의 한 모서리의 길이를 □cm라 놓고 식을 세운 경우	60 %
상자의 한 모서리의 길이를 구한 경우	40 %

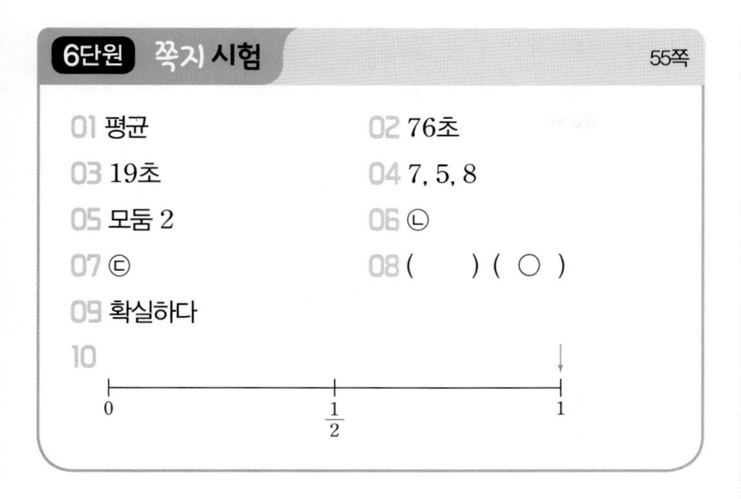

6단원 쪽지 시험 55쪽

01 평균
02 76초
03 19초
04 7, 5, 8
05 모둠 2
06 ㉡
07 ㉢
08 (　　) (○)
09 확실하다
10 (0, $\frac{1}{2}$, 1 수직선에서 1에 화살표)

01 각 자룟값을 모두 더하여 자료 수로 나눈 값을 그 자료를 대표하는 값으로 정할 수 있습니다. 이 값을 평균이라고 합니다.

02 (달리기 기록의 합)$=19+18+16+23=76$(초)

03 (달리기 기록의 평균)$=76\div4=19$(초)

04 (모둠 1의 넣은 농구공 수의 평균)
$=28\div4=7$(개)
(모둠 2의 넣은 농구공 수의 평균)
$=30\div6=5$(개)
(모둠 3의 넣은 농구공 수의 평균)
$=40\div5=8$(개)

05 한 학생당 넣은 농구공 수가 가장 적은 모둠은 모둠 2입니다.

06 주사위 눈의 수는 1부터 6까지이므로 눈의 수가 홀수가 나올 가능성은 '반반이다'입니다.

07 주사위 눈의 수는 1부터 6까지이므로 눈의 수가 두 자리 수가 나올 가능성은 '불가능하다'입니다.

08 내년 추석이 금요일일 가능성은 '~아닐 것 같다'입니다.
일요일 다음에 월요일이 올 가능성은 '확실하다'입니다.
일이 일어날 가능성이 더 높은 것은 '일요일 다음에 월요일이 올 가능성'입니다.

09 회전판은 모두 파란색이므로 화살이 파란색에 멈출 가능성은 '확실하다'입니다.

10 가능성이 '확실하다'를 수로 표현하면 1입니다.

56~58쪽

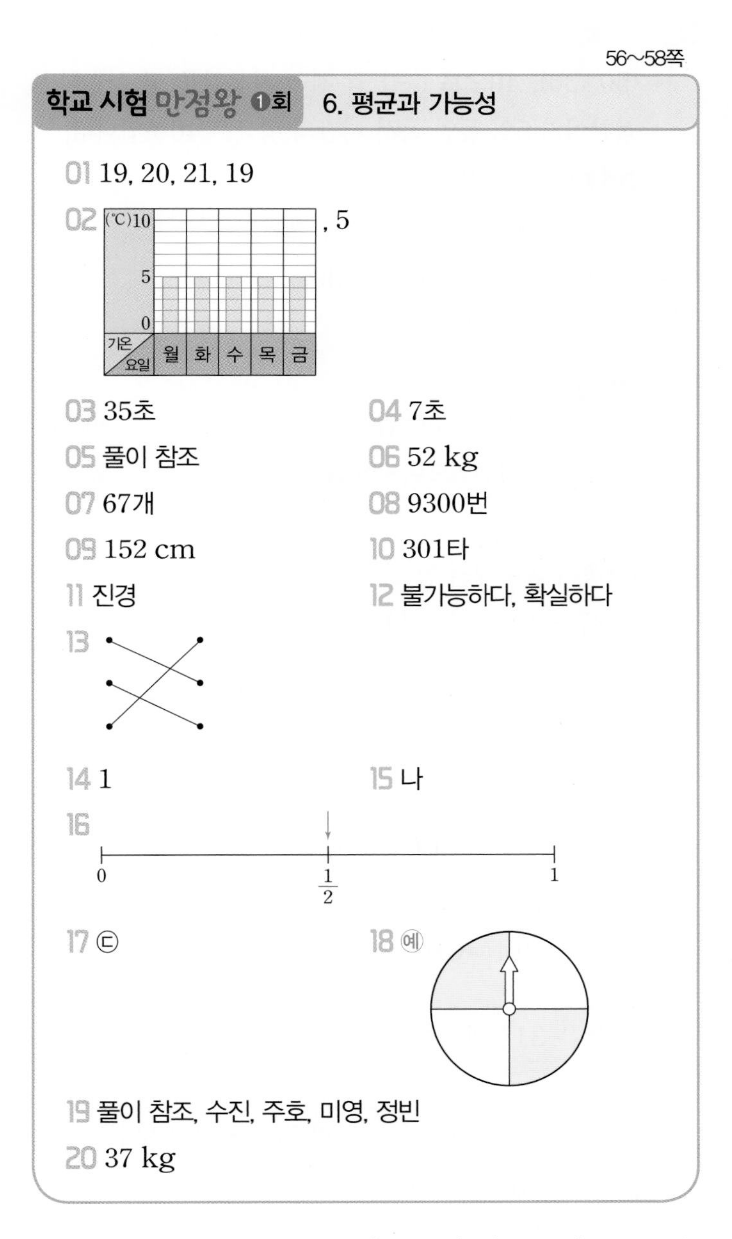

학교 시험 만점왕 1회 6. 평균과 가능성

01 19, 20, 21, 19
02 (막대그래프: (℃) 0, 5, 10 / 기온, 요일 / 월 화 수 목 금), 5
03 35초
04 7초
05 풀이 참조
06 52 kg
07 67개
08 9300번
09 152 cm
10 301타
11 진경
12 불가능하다, 확실하다
13 (선 잇기)
14 1
15 나
16 (0, $\frac{1}{2}$, 1 수직선에서 $\frac{1}{2}$에 화살표)
17 ㉢
18 예 (회전판 그림)
19 풀이 참조, 수진, 주호, 미영, 정빈
20 37 kg

01 평균을 19로 예상한 후 (18, 20), (17, 21), 19로 수를 짝 지어 자룟값을 고르게 하면 공 던지기 기록의 평균은 19 m입니다.

02 막대의 높이를 고르게 하면 5, 5, 5, 5, 5로 나타낼 수 있으므로 지난주 최저 기온의 평균은 5°C입니다.

03 (팽이 돌리기 기록의 합)
$=8+11+4+5+7=35$(초)

04 (팽이 돌리기 기록의 평균)
$=35\div5=7$(초)

05 예 방법 1 평균을 40으로 예상한 후 (35, 45), (50, 30), 40으로 수를 짝 지어 자룟값을 고르게 하면 석찬이가 5일 동안 독서 시간의 평균은 40분입니다.
방법 2 (독서 시간의 평균)
=(독서 시간의 합)÷(독서한 날 수)
$=(35+40+50+45+30)\div5$
$=200\div5=40$(분)

채점 기준

한 가지 방법으로 구한 경우	50 %
다른 한 가지 방법으로 구한 경우	50 %

06 (가족의 몸무게의 합)
$=87+49+52+44+28=260$ (kg)
가족은 모두 5명이므로
(가족의 몸무게의 평균)
$=260\div5=52$ (kg)

07 2주일은 $7\times2=14$(일)이므로
(장난감 공장의 하루 평균 생산량)
$=938\div14=67$(개)

08 10월은 31일까지이고 줄넘기를 하루 평균 300번 했으므로
(민혁이가 10월 한 달 동안 한 전체 줄넘기 횟수)
$=300\times31=9300$(번)

09 장훈이네 모둠의 키의 평균이 136 cm이므로
(장훈이네 모둠의 키의 합)
$=136\times5=680$ (cm)
(희철이의 키)
$=680-(138+117+129+144)=152$(cm)

10 (민주의 타자 수의 평균)
$=(354+297+348)\div3=333$(타)
민주와 은기의 타자 수의 평균이 같으므로
(은기의 타자 수의 합)$=333\times4=1332$(타)
(은기의 4회 타자 수)
$=1332-(350+318+363)=301$(타)

11 일주일은 7일이고 12일이 목요일이므로 다음주 목요일은 19일입니다.
19일이 목요일일 가능성은 '확실하다'이고 바르게 말한 친구는 진경입니다.

12 일이 일어날 가능성이 가장 낮은 것은 절대 일어날 수 없는 경우이고 '불가능하다'입니다.
일이 일어날 가능성이 가장 높은 것은 반드시 일어나는 경우이고 '확실하다'입니다.

13 서울의 7월은 여름이므로 평균 기온이 0 ℃보다 낮을 가능성은 '불가능하다'입니다.
1년은 365일 또는 366일이므로 367명의 사람들 중에 생일이 같은 사람이 있을 가능성은 '확실하다'입니다.
주사위의 눈 6개 중 짝수는 3개이므로 주사위를 굴리면 짝수의 눈이 나올 가능성은 '반반이다'입니다.

14 동지는 1년 중 밤이 가장 긴 날이므로 동짓날 우리나라가 밤이 낮보다 길 가능성은 '확실하다'이고 수로 표현하면 1입니다.

15 회전판의 파란색이 넓을수록 화살이 파란색에 멈출 가능성이 높습니다.
파란색의 넓이가 가장 넓은 나가 화살이 파란색에 멈출 가능성이 가장 높습니다.

16 1, 2, 3, 4가 적혀 있는 수 카드 중에서 한 장을 뽑을 때 홀수가 나올 가능성은 '반반이다'이고 수로 표현하면 $\frac{1}{2}$입니다.

17 ㉠ 빨간색 딱지 4장 중 한 장을 고를 때 고른 딱지가 빨간색일 가능성은 '확실하다'이고 수로 표현하면 1입니다.

㉡ 1번부터 10번까지 번호표 중 하나를 뽑을 때 홀수가 나올 가능성은 '반반이다'이고 수로 표현하면 $\frac{1}{2}$입니다.

㉢ 노란색 구슬 3개와 파란색 구슬 2개가 들어 있는 주머니에서 구슬을 한 개 꺼낼 때 꺼낸 구슬이 초록색일 가능성은 '불가능하다'이고 수로 표현하면 0입니다.

일이 일어날 가능성을 수로 표현했을 때 0인 것은 ㉢입니다.

18 주사위를 한 번 굴릴 때 주사위 눈의 수가 3 이하로 나올 경우는 1, 2, 3으로 가능성은 '반반이다'입니다.
일이 일어날 가능성이 같도록 회전판의 2칸을 노란색으로 색칠합니다.

19 예 [수진] 2를 4번 더하면 8이므로 6이 나올 가능성은 '불가능하다'입니다.
[정빈] 목요일 다음에 금요일이므로 오늘이 목요일이면 내일은 금요일일 가능성은 '확실하다'입니다.
[주호] 동전을 3번 던지면 3번 모두 그림면이 나올 가능성은 '~아닐 것 같다'입니다.
[미영] 자동차 번호판의 마지막 숫자가 짝수일 가능성은 '반반이다'입니다.
가능성이 낮은 친구부터 차례로 이름을 쓰면 수진, 주호, 미영, 정빈입니다.

채점 기준

친구들이 말한 일이 일어날 가능성을 각각 알아본 경우	70 %
가능성이 낮은 친구부터 차례로 나열한 경우	30 %

20 (남학생 6명의 몸무게의 합) $=39.4\times6=236.4$ (kg)
(여학생 4명의 몸무게의 합) $=33.4\times4=133.6$ (kg)
(지선이네 반 전체 학생의 몸무게의 합)
$=236.4+133.6=370$ (kg)
지선이네 반 학생은 모두 $6+4=10$(명)이므로
(지선이네 반 전체 학생의 몸무게의 평균)
$=370\div10=37$ (kg)

59~61쪽

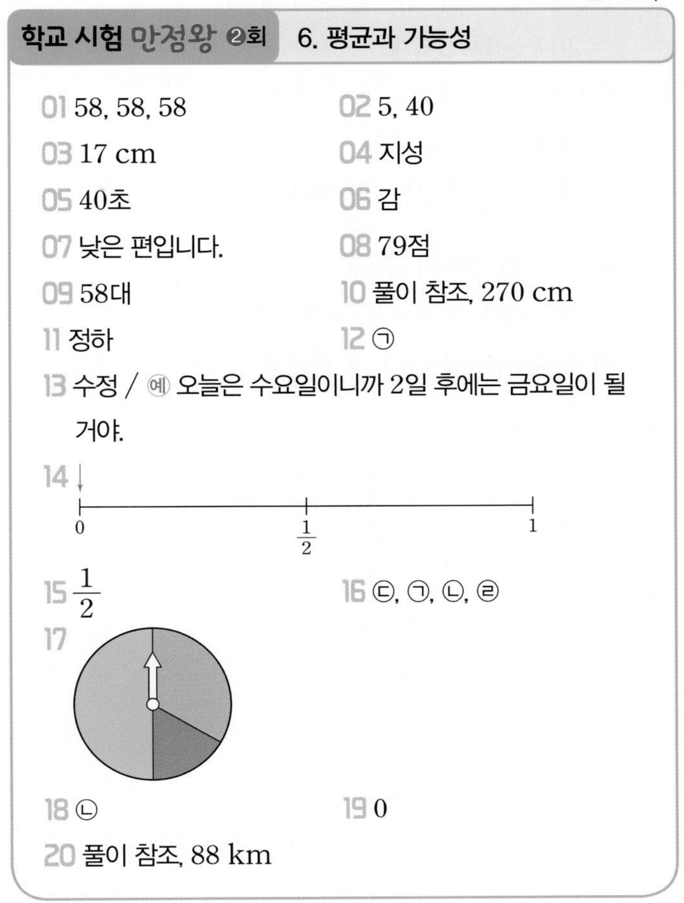

학교 시험 만점왕 ❷회 6. 평균과 가능성

01 58, 58, 58
02 5, 40
03 17 cm
04 지성
05 40초
06 감
07 낮은 편입니다.
08 79점
09 58대
10 풀이 참조, 270 cm
11 정하
12 ㉠
13 수정 / 예 오늘은 수요일이니까 2일 후에는 금요일이 될 거야.
14

15 $\frac{1}{2}$
16 ㉢, ㉠, ㉡, ㉣
17
18 ㉡
19 0
20 풀이 참조, 88 km

01 줄넘기 기록 58, 71, 45, 58을 고르게 하면 58, 58, 58, 58이 되므로 58을 서하네 모둠의 줄넘기 기록을 대표하는 값으로 정합니다.

02 하루 휴대폰 사용 시간을 모두 더하면
$55+30+25+50+40=200$(분)입니다.
200분을 5로 나눈 수 40분을 정연이네 모둠 친구들이 하루 휴대폰 사용 시간을 대표하는 값으로 정합니다.

03 두 종이테이프를 겹치지 않게 붙인 후 똑같이 둘로 나누어진 곳이 평균입니다.
➡ (평균) $=(19+15)\div2=34\div2=17$ (cm)

04 평균은 고르게 하여 나타내는 대푯값이므로 지성이가 바르게 말했습니다.

05 (정우의 200 m 달리기 기록의 평균)
$=(39+42+38+41)\div4=40$(초)

06 (한 상자당 들어 있는 감 수의 평균)
$=204 \div 6=34$(개)
(한 상자당 들어 있는 귤 수의 평균)
$=264 \div 8=33$(개)
한 상자당 들어 있는 개수가 더 많은 과일은 감입니다.

07 (윤호 시험 점수의 평균)
$=(90+94+78+82+86) \div 5=86$(점)
과학 점수는 82점이므로 평균보다 낮은 편입니다.

08 국어와 과학의 점수의 평균은 75점이므로
(국어와 과학 점수의 합)$=75 \times 2=150$(점)
(국어, 수학, 과학의 점수의 합)
$=150+87=237$(점)
(국어, 수학, 과학의 점수의 평균)
$=237 \div 3=79$(점)

09 (9월부터 12월까지 판매량)
$=72 \times 4=288$(대)
(10월의 판매량)$=288-(81+79+70)=58$(대)

10 예 (준하의 4회까지 멀리뛰기 기록의 평균)
$=(269+275+283+253) \div 4=270$ (cm)
4회 동안 얻은 기록의 평균보다 높으려면 5회 기록은 270 cm보다 높아야 합니다.
5회 기록은 270 cm 초과이어야 합니다.

채점 기준

준하의 4회까지 멀리뛰기 기록의 평균을 구한 경우	60 %
5회의 최소 기록을 구한 경우	40 %

11 여름 다음은 가을이므로 여름 다음에 봄이 올 가능성은 '불가능하다'입니다.

12 ㉠ ○ ×문제의 정답이 ○일 가능성은 '반반이다'입니다.
㉡ 주사위를 굴리면 주사위 눈의 수가 7 이상일 가능성은 '불가능하다'입니다.
㉢ $3 \times 5=15$이므로 계산기에 [3] [×] [5] [=]을 누르면 15가 나올 가능성은 '확실하다'입니다.

13 수요일에서 2일 후는 금요일이므로 수정이가 말한 일이 일어날 가능성이 '불가능하다'입니다.

14 주머니 속에 검은색 구슬은 없으므로 주머니에서 꺼낸 구슬이 검은색일 가능성은 '불가능하다'이고 수로 표현하면 0입니다.

15 파란색 구슬 3개와 빨간색 구슬 3개가 들어 있는 주머니에서 꺼낸 구슬이 파란색일 가능성은 '반반이다'이고 수로 표현하면 $\frac{1}{2}$입니다.

16 ㉠ 7은 한 장 있으므로 7이 나올 가능성은 '~아닐 것 같다'입니다.
㉡ 수 카드 중 2의 배수는 2와 4가 있으므로 2의 배수가 나올 가능성은 '반반이다'입니다.
㉢ 15의 약수는 1, 3, 5, 15인데 주어진 수 카드에는 없으므로 15의 약수가 나올 가능성은 '불가능하다'입니다.
㉣ 주어진 수 카드는 10보다 모두 작으므로 10보다 작은 수가 나올 가능성은 '확실하다'입니다.
일이 일어날 가능성이 낮은 것부터 차례대로 적으면 ㉢, ㉠, ㉡, ㉣입니다.

17 가능성이 가장 높은 초록색을 가장 넓은 부분에 색칠하고 그 다음 넓은 부분에 파란색을, 가장 좁은 부분에 빨간색을 색칠합니다.

18 빨간색, 파란색, 노란색이 차지하는 부분의 넓이가 같으므로 횟수가 가장 비슷한 ㉡입니다.

19 상자에 들어 있는 사탕은 사과맛과 수박맛이므로 딸기맛 사탕을 꺼낼 가능성은 '불가능하다'이고 수로 표현하면 0입니다.

20 예 (집에서 할머니 댁까지 가는 거리)
$=265+175=440$ (km)
(집에서 할머니 댁까지 가는 데 걸린 시간)
$=3+2=5$(시간)
(한 시간 동안 간 평균 거리)$=440 \div 5=88$ (km)

채점 기준

할머니 댁까지 가는 거리를 구한 경우	30 %
할머니 댁까지 가는 데 걸린 시간을 구한 경우	30 %
한 시간 동안 간 평균 거리를 구한 경우	40 %

6단원 서술형·논술형 평가 62~63쪽

01 풀이 참조, 4개
02 풀이 참조, 20℃
03 풀이 참조, 8800000원
04 풀이 참조, 모둠 1
05 풀이 참조, 95회
06 풀이 참조, 151 cm
07 풀이 참조, 선아
08 풀이 참조, 서주, 준호, 형석
09 풀이 참조, 10개
10 풀이 참조, $\frac{1}{2}$

01 예 [예상한 평균] 4개 /
(3, 5), (2, 6), 4로 수를 짝 지어 자룟값을 고르게 하면 고리 던지기 기록의 평균은 4개입니다.

채점 기준

평균을 예상하여 구한 경우	100 %

02 예 (실내 온도의 합)$=19+17+21+23+20$
$=100$(℃)
(지난주 선주네 교실의 실내 온도의 평균)
$=100\div5=20$(℃)

채점 기준

실내 온도의 합을 구한 경우	50 %
실내 온도의 평균을 구한 경우	50 %

03 예 (사과나무 55그루에 열린 사과의 수)
$=55\times80=4400$(개)
(사과를 판 금액)$=4400\times2000=8800000$(원)

채점 기준

사과나무 55그루에 열린 사과의 수를 구한 경우	50 %
사과를 판 금액을 구한 경우	50 %

04 예 (모둠 1의 발표 횟수의 평균)$=64\div4=16$(개)
(모둠 2의 발표 횟수의 평균)$=65\div5=13$(개)
(모둠 3의 발표 횟수의 평균)$=90\div6=15$(개)
발표 횟수의 평균이 가장 높은 모둠은 모둠 1입니다.

채점 기준

모둠 1의 발표 횟수의 평균을 구한 경우	30 %
모둠 2의 발표 횟수의 평균을 구한 경우	30 %
모둠 3의 발표 횟수의 평균을 구한 경우	30 %
발표 횟수의 평균이 가장 높은 모둠을 구한 경우	10 %

05 예 평균이 80회 이상 되려면 정후네 모둠의 왕복 오래달리기 기록의 합이 $80\times5=400$(회) 이상 되어야 합니다.
찬호는 적어도 $400-(87+80+63+75)=95$(회)를 달려야 합니다.

채점 기준

왕복 오래달리기 기록의 합을 구한 경우	50 %
찬호의 기록을 구한 경우	50 %

06 예 (성철이의 제자리멀리뛰기 기록의 평균)
$=(148+150+134+144+149)\div5=145$(cm)
성철이와 영희의 제자리멀리뛰기 기록의 평균이 같으므로 영희의 제자리멀리뛰기 기록의 평균도 145 cm입니다.
(영희의 제자리멀리뛰기 기록의 합)
$=145\times4=580$(cm)
(영희의 2회 제자리멀리뛰기 기록)
$=580-(140+150+139)=151$(cm)

채점 기준

성철이의 제자리멀리뛰기 기록의 평균을 구한 경우	30 %
영희의 제자리멀리뛰기 기록의 합을 구한 경우	30 %
영희의 2회 제자리멀리뛰기 기록을 구한 경우	40 %

07 예 잘못 말한 친구는 선아입니다.
고치기 주사위 눈의 수가 5일 가능성은 '~아닐 것 같다'입니다.

채점 기준

일이 일어날 가능성을 잘못 말한 친구를 찾은 경우	50 %
바르게 고친 경우	50 %

08 예 회전판을 돌렸을 때 화살이 노란색에 멈출 가능성은 노란색 부분의 넓이가 넓을수록 높습니다.

노란색 부분의 넓이는 서주 > 준호 > 형석이므로 화살이 노란색에 멈출 가능성이 높은 것부터 차례대로 이름을 쓰면 서주, 준호, 형석입니다.

채점 기준

일이 일어날 가능성을 알고 있는 경우	50 %
화살이 노란색에 멈출 가능성이 높은 것부터 차례대로 쓴 경우	50 %

09 예 파란색 구슬이 나올 가능성을 수로 표현하면 1이므로 '확실하다'입니다.

주머니에 들어 있는 10개의 구슬이 모두 파란색입니다.

채점 기준

가능성을 수로 표현한 '1'의 의미를 설명한 경우	50 %
파란색 구슬 수를 구한 경우	50 %

10 예 [도경] 크리스마스는 12월 25일이므로 12월에 크리스마스가 있을 가능성은 '확실하다'이고 수로 표현하면 1입니다.

[가영] 주현이가 치마와 바지 중에서 치마를 입을 가능성은 '반반이다'이고 수로 표현하면 $\frac{1}{2}$입니다.

➡ $1-\frac{1}{2}=\frac{1}{2}$

채점 기준

도경이가 말한 일이 일어날 가능성을 수로 표현한 경우	40 %
가영이가 말한 일이 일어날 가능성을 수로 표현한 경우	40 %
두 수의 차를 구한 경우	20 %

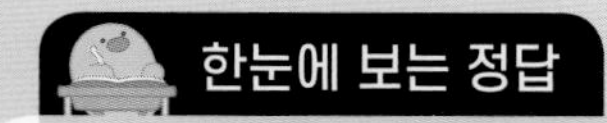

Book 1 개념책

1 단원 수의 범위와 어림하기

문제를 풀며 이해해요 9쪽

1 (1) 지호, 준우, 효민
(2) 11초, 12.6초, 11.8초
(3) 세민, 수지, 예나
(4) 8.9초, 10초, 9.7초
2 5, 6, 7, 8, 9 / 9, 10, 11, 12

교과서 내용 학습 10~11쪽

01 이상
02 53, 52.1, 55, 51에 ○표, 50, 49, 44.5, 42에 △표
03 성진, 태형, 예주
04 진서, 지나
05 18 19 20 21 22 23 24 25
06 ③
07 54
08 태우, 민수, 주혜
09 3명
10 5, 10, 15, 20, 25, 30

문제해결 접근하기

11 풀이 참조

문제를 풀며 이해해요 13쪽

1 (1) 윤지, 영준, 도훈 (2) 21.5 kg, 22.8 kg, 24 kg
(3) 하준, 지우 (4) 18.3 kg, 17.9 kg
2 (1) 28, 29, 30 (2) 24, 25, 26

교과서 내용 학습 14~15쪽

01 45.6, 50, 52.1, 51에 ○표, 39, 44.5, 42에 △표
02 3개
03 134.9 cm, 129.8 cm
04 지민, 수연, 연호
05 18 19 20 21 22 23 24 25
06 ⑤
07 시원, 예은
08 다, 라, 마
09 ④
10 19개

문제해결 접근하기

11 풀이 참조

문제를 풀며 이해해요 17쪽

1 (1) 2등급 (2) 정호 (3) 4등급
2 (1) 25, 26 (2) 4개

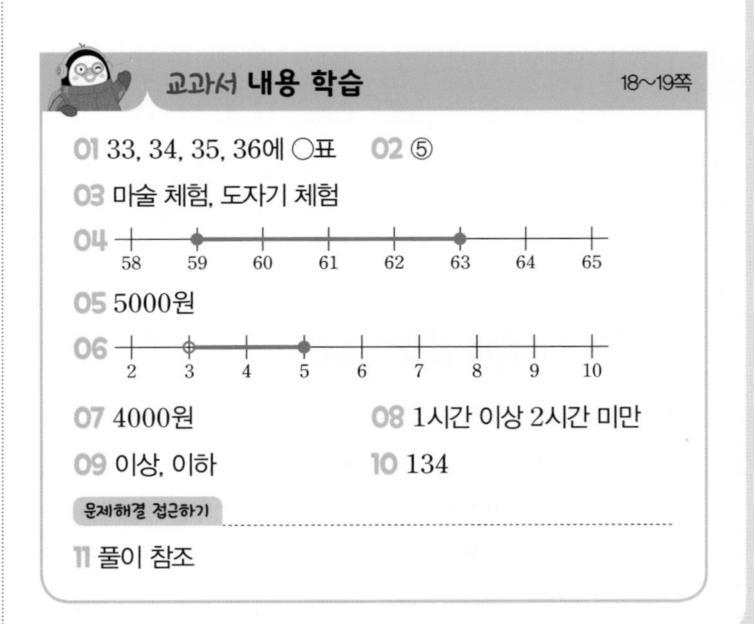

교과서 내용 학습 18~19쪽

01 33, 34, 35, 36에 ○표
02 ⑤
03 마술 체험, 도자기 체험
04 58 59 60 61 62 63 64 65
05 5000원
06 2 3 4 5 6 7 8 9 10
07 4000원
08 1시간 이상 2시간 미만
09 이상, 이하
10 134

문제해결 접근하기

11 풀이 참조

문제를 풀며 이해해요 21쪽

1 (1) 1, 9, 0 (2) 2, 0, 0

2 (위에서부터) 330, 400 / 590, 600

3 (1) 4, 0, 0 (2) 7, 0, 0, 0

4 (위에서부터) 770, 700 / 1890, 1800

교과서 내용 학습 22~23쪽

01 54090, 54100, 55000 02 (1) 3.7 (2) 7.26

03 ⑤ 04 37120, 37100, 37000

05 (1) 5.9 (2) 4.13 06 ③

07 1600, 1600 / = 08 3627

09 4500개 10 5999

문제해결 접근하기

11 풀이 참조

문제를 풀며 이해해요 25쪽

1 (1) 7, 6, 0, 0 (2) 8, 0, 0, 0

2 (위에서부터) 2710, 2700 / 50860, 50900

3 (1) 올림 (2) 6000원

4 (1) 버림 (2) 600개

교과서 내용 학습 26~27쪽

01 38630, 38600, 39000 02 (1) 3.3 (2) 2.6

03 ① 04 5, 6, 7, 8, 9

05 5747, 5642 06 53000원

07 13000원 08 13000, 23000, 15000

09 15번

10 (수직선) 310 320 330

문제해결 접근하기

11 풀이 참조

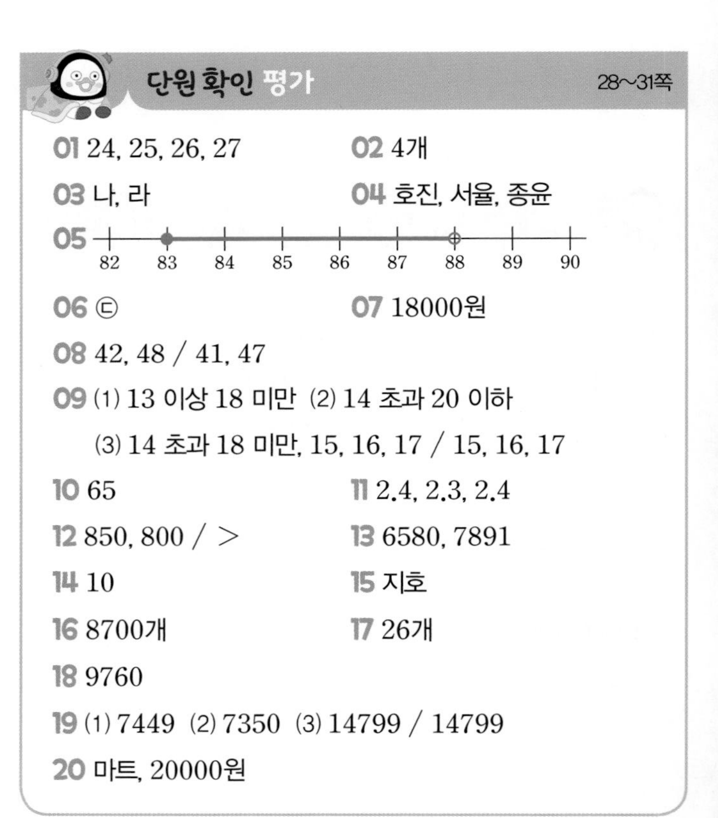

단원 확인 평가 28~31쪽

01 24, 25, 26, 27 02 4개

03 나, 라 04 호진, 서율, 종윤

05 (수직선) 82 83 84 85 86 87 88 89 90

06 ㉢ 07 18000원

08 42, 48 / 41, 47

09 (1) 13 이상 18 미만 (2) 14 초과 20 이하

(3) 14 초과 18 미만, 15, 16, 17 / 15, 16, 17

10 65 11 2.4, 2.3, 2.4

12 850, 800 / > 13 6580, 7891

14 10 15 지호

16 8700개 17 26개

18 9760

19 (1) 7449 (2) 7350 (3) 14799 / 14799

20 마트, 20000원

수학으로 세상보기 33쪽

2 9400000, 3300000, 2400000, 3000000, 1400000, 1400000, 1100000

2 단원 분수의 곱셈

문제를 풀어 이해해요 37쪽

1 $\frac{3}{4}$, $\frac{3}{4}$, $\frac{3}{4}$, 3, 9, $2\frac{1}{4}$

2 (왼쪽에서부터) (1) 21, 5, $\frac{21}{5}$, $4\frac{1}{5}$ (2) 5, 3, $\frac{21}{5}$, $4\frac{1}{5}$

(3) 5, 3, $\frac{21}{5}$, $4\frac{1}{5}$

3 (1) 12, 24, $3\frac{3}{7}$ (2) 5, 2, 3, $3\frac{3}{7}$

교과서 내용 학습 38~39쪽

01 $\frac{3}{4}$, $2\frac{1}{2}$

02 ①, ③

03 (1) $4\frac{2}{3}$ (2) $1\frac{4}{5}$

04 $(4\times9)+\left(\frac{1}{2}\times9\right)=36+4\frac{1}{2}=40\frac{1}{2}$

05 36

06 <

07 ㉡

08 14 L

09 $6\frac{1}{3}$ cm²

10 운규, $\frac{5}{6}$시간

문제해결 접근하기

11 풀이 참조

문제를 풀어 이해해요 41쪽

1 3, 9

2 (왼쪽에서부터) (1) 27, 2, $\frac{27}{2}$, $13\frac{1}{2}$

(2) 9, 2, $\frac{27}{2}$, $13\frac{1}{2}$

(3) 9, 2, $\frac{27}{2}$, $13\frac{1}{2}$

3 (1) 5, 3, 5, $\frac{15}{4}$, $3\frac{3}{4}$

(2) 3, $\frac{3}{4}$, $3\frac{3}{4}$

교과서 내용 학습 42~43쪽

01 민재

02 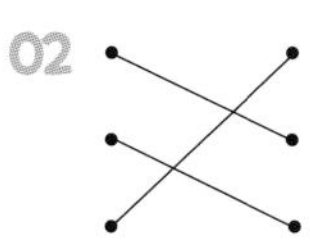

03 $\frac{1}{2}$ L

04 (위에서부터) $11\frac{2}{3}$, $5\frac{1}{4}$

05 (1) $8\frac{4}{5}$ (2) 34

06 $8\times2\frac{6}{7}$에 ○표, $8\times\frac{1}{9}$, $8\times\frac{99}{100}$에 △표

07 108명

08 ㉢

09 $58\frac{1}{2}$ kg

10 8400원

문제해결 접근하기

11 풀이 참조

문제를 풀어 이해해요 45쪽

1 4, 3, 12

2 (왼쪽에서부터) (1) 28, 45, $\frac{28}{45}$

(2) 5, 4, $\frac{28}{45}$ (3) 5, 4, $\frac{28}{45}$

3 $\frac{4}{30}\left(=\frac{2}{15}\right)$

교과서 내용 학습 46~47쪽

01 (1) 3, 7, 21 (2) 5, 7/ 8, 9 / $\frac{35}{72}$

02 (1) $\frac{3}{20}$ (2) $\frac{2}{35}$ (3) $\frac{15}{56}$

03 (1) $>$ (2) $<$

04 $\frac{4}{21}$

05 (위에서부터) $\frac{4}{7}$, $\frac{5}{9}$, $\frac{1}{2}$, $\frac{40}{63}$

06 $\frac{3}{10}$

07 $\frac{3}{110}$

08 $\frac{33}{40}\ \mathrm{m}^2$

09 $\frac{2}{21}$

10 6, 7, 8, 9

문제해결 접근하기

11 풀이 참조

문제를 풀며 이해해요 49쪽

1 11, 5, 55, $4\frac{7}{12}$

2 $\left(7\frac{1}{2}\times2\right)+\left(7\frac{1}{2}\times\frac{2}{5}\right)=\left(\frac{15}{\cancel{2}_1}\times\cancel{2}^1\right)+\left(\frac{\cancel{15}^3}{\cancel{2}_1}\times\frac{\cancel{2}^1}{\cancel{5}_1}\right)$

$=15+3=18$

3 (왼쪽에서부터) (1) 3, 3, $\frac{21}{8}$, $2\frac{5}{8}$

(2) 13, 13, $\frac{65}{12}$, $5\frac{5}{12}$

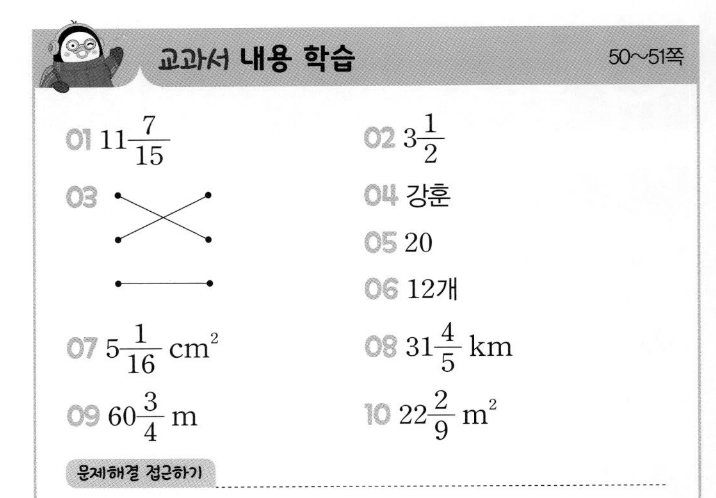

교과서 내용 학습 50~51쪽

01 $11\frac{7}{15}$

02 $3\frac{1}{2}$

03 (선 잇기)

04 강훈

05 20

06 12개

07 $5\frac{1}{16}\ \mathrm{cm}^2$

08 $31\frac{4}{5}\ \mathrm{km}$

09 $60\frac{3}{4}\ \mathrm{m}$

10 $22\frac{2}{9}\ \mathrm{m}^2$

문제해결 접근하기

11 풀이 참조

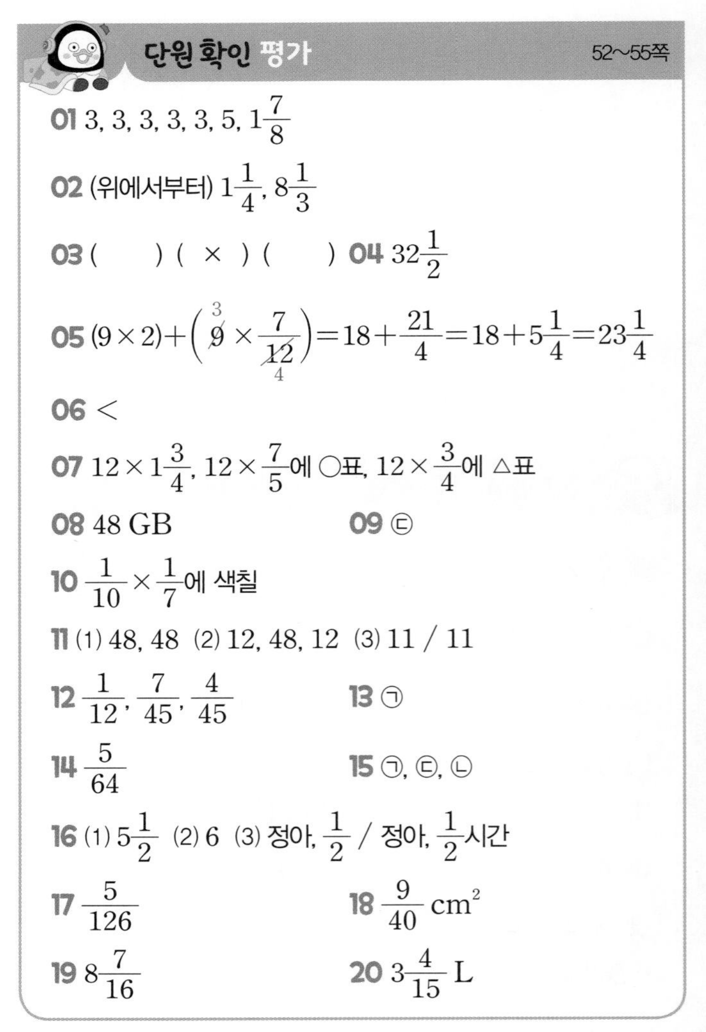

단원 확인 평가 52~55쪽

01 3, 3, 3, 3, 3, 5, $1\frac{7}{8}$

02 (위에서부터) $1\frac{1}{4}$, $8\frac{1}{3}$

03 ( ) (×) ( )

04 $32\frac{1}{2}$

05 $(9\times2)+\left(\cancel{9}^3\times\frac{7}{\cancel{12}_4}\right)=18+\frac{21}{4}=18+5\frac{1}{4}=23\frac{1}{4}$

06 $<$

07 $12\times1\frac{3}{4}$, $12\times\frac{7}{5}$에 ○표, $12\times\frac{3}{4}$에 △표

08 48 GB

09 ㉢

10 $\frac{1}{10}\times\frac{1}{7}$에 색칠

11 (1) 48, 48 (2) 12, 48, 12 (3) 11 / 11

12 $\frac{1}{12}$, $\frac{7}{45}$, $\frac{4}{45}$

13 ㉠

14 $\frac{5}{64}$

15 ㉠, ㉢, ㉡

16 (1) $5\frac{1}{2}$ (2) 6 (3) 정아, $\frac{1}{2}$ / 정아, $\frac{1}{2}$시간

17 $\frac{5}{126}$

18 $\frac{9}{40}\ \mathrm{cm}^2$

19 $8\frac{7}{16}$

20 $3\frac{4}{15}\ \mathrm{L}$

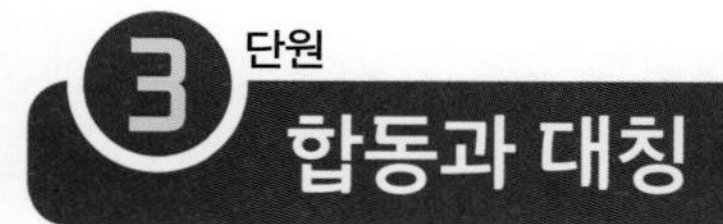

3 단원 합동과 대칭

문제를 풀며 이해해요 61쪽

1 합동

2 (1) ㄹ, ㅁ, ㅂ (2) ㄹㅁ, ㅁㅂ, ㅂㄹ (3) ㄹㅁㅂ, ㅁㅂㄹ, ㅂㄹㅁ

3 (1) 5 cm (2) 120°

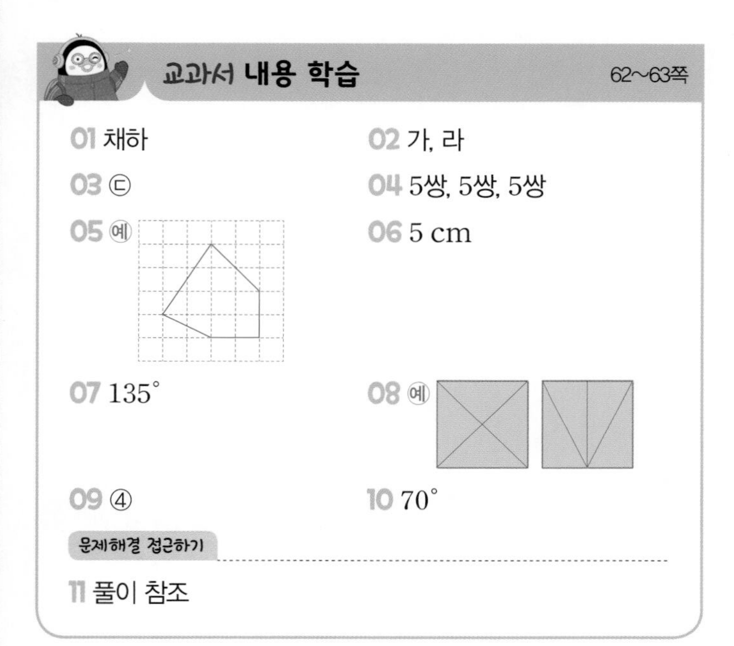

교과서 내용 학습 62~63쪽

01 채하

02 가, 라

03 ㉢

04 5쌍, 5쌍, 5쌍

05 예

06 5 cm

07 135°

08 예

09 ④

10 70°

문제해결 접근하기

11 풀이 참조

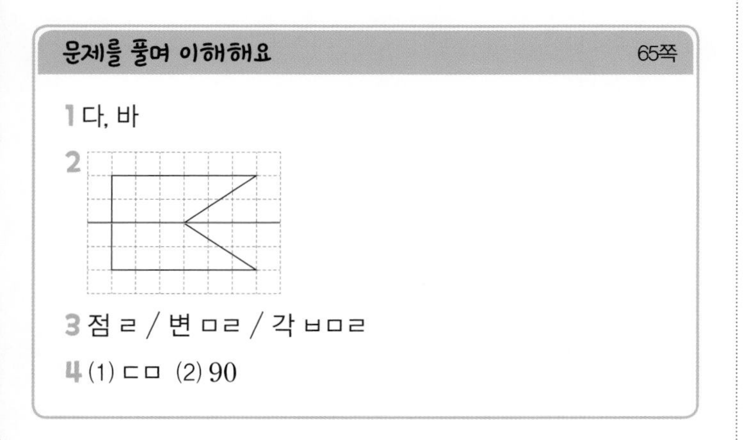

문제를 풀며 이해해요 65쪽

1 다, 바

2

3 점 ㄹ / 변 ㅁㄹ / 각 ㅂㅁㄹ

4 (1) ㄷㅁ (2) 90

교과서 내용 학습 66~67쪽

01 나, 라, 바

02 3개

03 ③

04 정삼각형

05 11 cm

06 70

07

08 선분 ㄱㅅ, 선분 ㄴㅂ, 선분 ㄷㅁ

09 13 cm

10 80°

문제해결 접근하기

11 풀이 참조

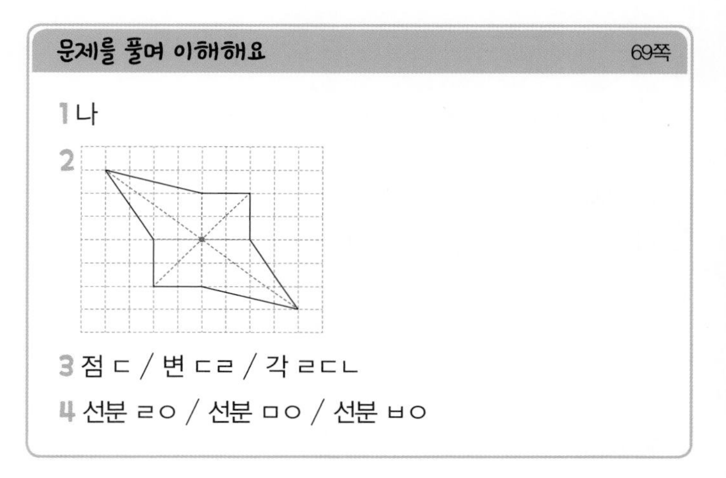

문제를 풀며 이해해요 69쪽

1 나

2

3 점 ㄷ / 변 ㄷㄹ / 각 ㄹㄷㄴ

4 선분 ㄹㅇ / 선분 ㅁㅇ / 선분 ㅂㅇ

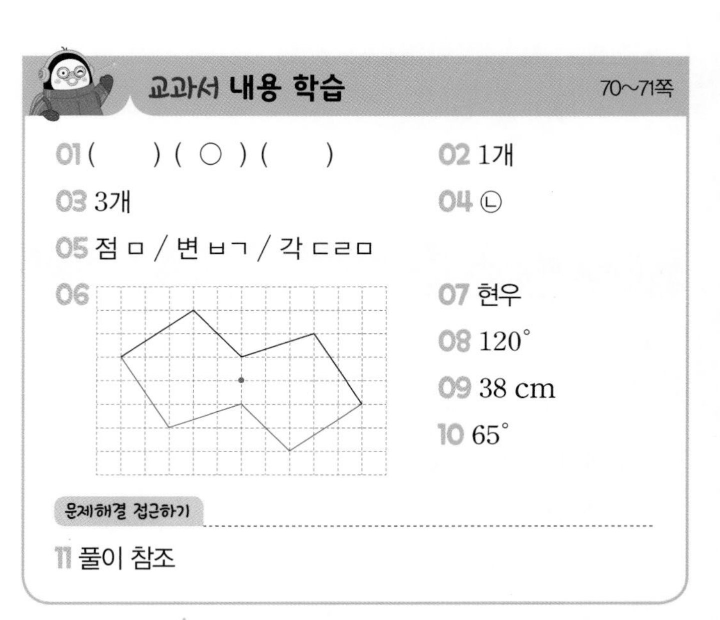

교과서 내용 학습 70~71쪽

01 (   ) (○) (   )

02 1개

03 3개

04 ㉡

05 점 ㅁ / 변 ㅂㄱ / 각 ㄷㄹㅁ

06

07 현우

08 120°

09 38 cm

10 65°

문제해결 접근하기

11 풀이 참조

단원 확인 평가 72~75쪽

01 다

02 예 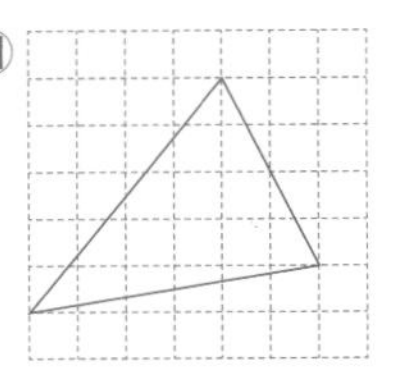

03 현진

04 17 cm

05 (1) ㅇㅁㅂ, 55 (2) 360, 100 / 100°

06 선대칭도형, 점대칭도형

07 ③

08 4 cm

09 30°

10 ③

11 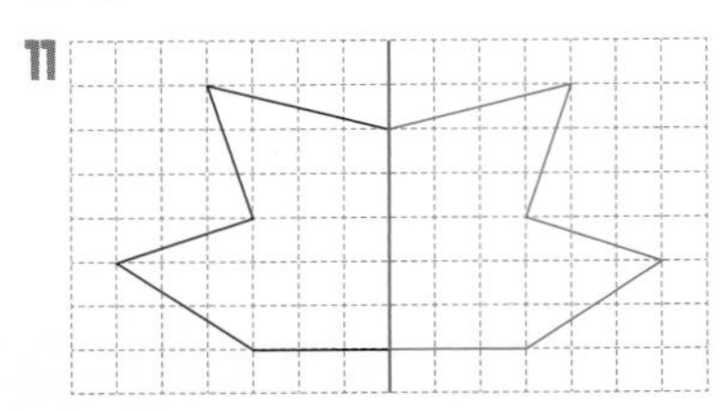

12 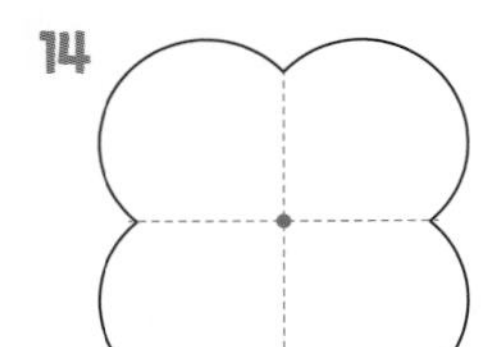, 318

13 진서

14

15

16 9 cm

17 60 cm

18 110°

19 125°

20 (1) ㄱㄴㄹ, 60 (2) 180, 60 (3) 60, 정삼각형
(4) 10, 5 / 5 cm

수학으로 세상보기 76~77쪽

1 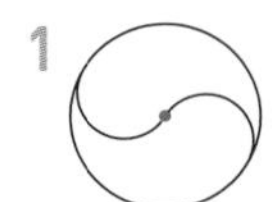

2 (1) 캐나다, 핀란드, 시리아, 몰디브, 가나, 캄보디아
(2) 스위스, 라오스, 이스라엘
(3) 3개

4 단원 소수의 곱셈

문제를 풀며 이해해요 81쪽

1 1.8

2 (1) 0.7, 0.7, 0.7, 0.7, 2.8
(2) 2.8, 2.8, 2.8, 2.8, 2.8, 14

3 (1) 9, 9, 45, 4.5
(2) 217, 217, 651, 6.51

4 (1) 301, 3.01 (2) 72, 7.2

교과서 내용 학습 82~83쪽

01 ③

02 ( ) (○) ( )

03

04 $\frac{527}{100}\times 6=\frac{3162}{100}=31.62$

05 4.41

06 효신
/ 0.34는 0.01이 34개인 수이니까 0.34 × 5는 0.01 × 34 × 5로 나타낼 수 있어.

07 7.5, 52.5

08 0.54 L

09 11.48 cm

10 6개

문제해결 접근하기

11 풀이 참조

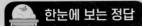

문제를 풀며 이해해요 85쪽

1 4

2 (1) 2, 22, 2.2

(2) (위에서부터) 22, 10, 2.2

3 (1) 163, 652, 6.52

(2) (위에서부터) 652, 100, 6.52

교과서 내용 학습 86~87쪽

01 (○) (   )

02 (1) $6\times0.23=6\times\frac{23}{100}=\frac{138}{100}=1.38$

(2) $6\times23=138$ ➡ $6\times0.23=1.38$

03 윤승

04 ㉠

05 (선 잇기)

06 ㉢

07 2, 1, 7 / 붕어빵

08 5개

09 2550원

10 3.2 cm^2

문제해결 접근하기

11 풀이 참조

문제를 풀며 이해해요 89쪽

1 예

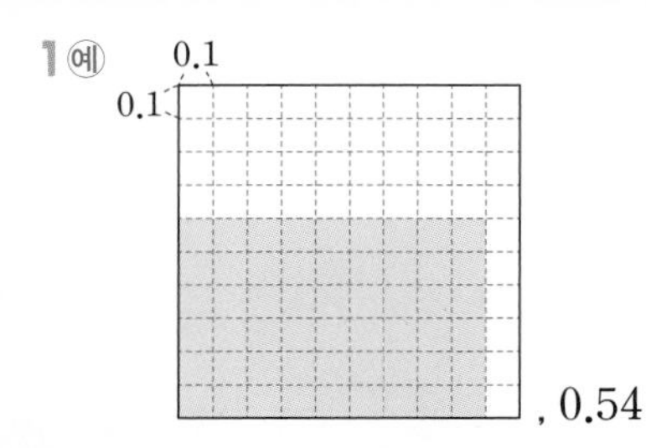

, 0.54

2 (1) 4, 9, 36, 0.36

(2) 372, 13, 4836, 4.836

3 '작은, 0.315'에 ○표

4 (위에서부터) 11336, 1000, 11.336

교과서 내용 학습 90~91쪽

01 0.5146에 ○표

02 $\frac{23}{10}\times\frac{207}{100}=\frac{4761}{1000}=4.761$

03 0.9, 5.04, 16.24

04 0.12, 0.024

05 3, 2, 1

06 ㉠, ㉢

07 (위에서부터) 0.255, 0.34, 0.75

08 9.724

09 187.56 g

10 1, 6, 3, 7 (또는 3, 7, 1, 6) / 5.92

문제해결 접근하기

11 풀이 참조

문제를 풀며 이해해요 93쪽

1 (1) 75.34, 753.4, 7534 (2) 127.5, 12.75, 1.275

2 8, 7, 56, 0.56 / 8, 7, 56, 0.056 / 8, 7, 56, 0.0056 / '같습니다'에 ○표

3 (1) 80.52 (2) 0.3624

교과서 내용 학습 94~95쪽

01 ㉣

02 (위에서부터) 0.01, 0.001, 1.078

03 6.3, 0.63, 0.063

04 ③

05 (1) 46.44 (2) 0.4644

06 ㉡, ㉢

07 178원 / 17.8원 / 1.78원

08 10000배

09 6075 g

10 48×1.94, 4.8×19.4

문제해결 접근하기

11 풀이 참조

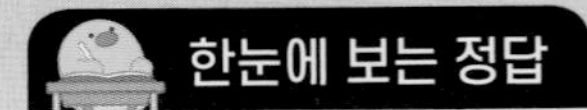

단원 확인 평가 96~99쪽

01 93, 93, 558, 558, 5.58 02 ㉡, 2.82

03 (위에서부터) 3192, 31.92

04 49.4 05 나

06 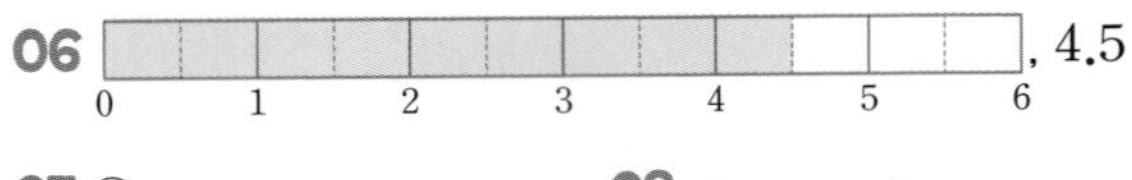 , 4.5

07 ㉠

08 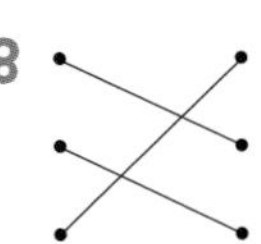

09 58.4 kg 10 8, 9, 72, 0.72

11 (1) $\frac{3}{10} \times \frac{2}{10} = \frac{6}{100} = 0.06$

(2) $\frac{103}{100} \times \frac{5}{10} = \frac{515}{1000} = 0.515$

12 (위에서부터) 0.45, 0.0042, 0.027, 0.07

13 (1) 0.5, 0.3 (2) 0.3, 0.12 / 0.12 kg

14 ㉢ 15 0.1

16 850원

17 14, 15, 16, 17, 18, 19 18 69.55 L

19 (1) 7.2, 28.7 (2) 28.7, 7.2, 21.5

(3) 21.5, 154.8 / 154.8

20 155.25 cm^2

수학으로 세상보기 100~101쪽

1 (1) 82.5 (2) 330

2 (1) 66.04 (2) 124.46

5 단원 직육면체

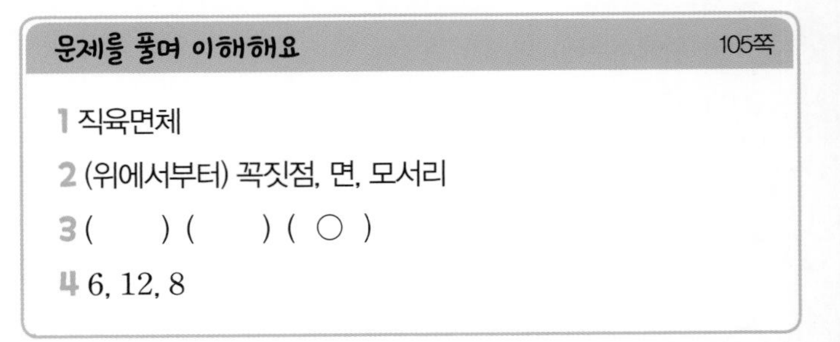

문제를 풀며 이해해요 105쪽

1 직육면체

2 (위에서부터) 꼭짓점, 면, 모서리

3 ( ) ( ) (○)

4 6, 12, 8

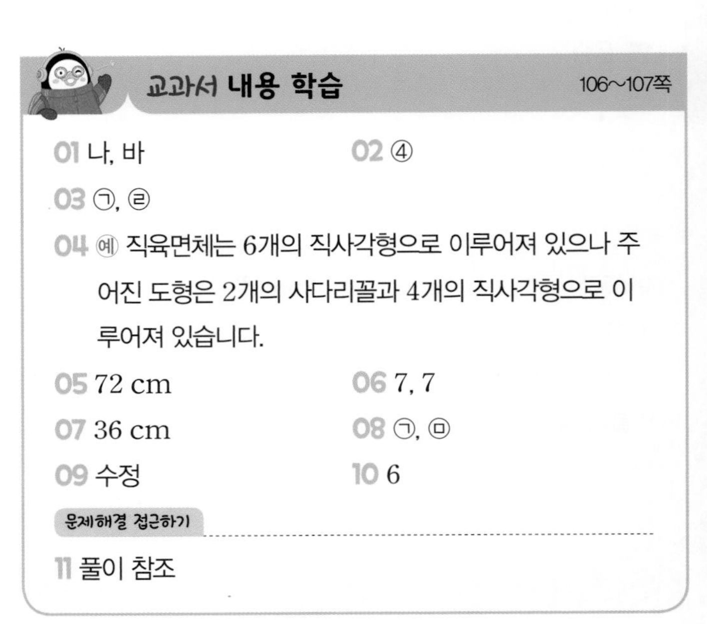

교과서 내용 학습 106~107쪽

01 나, 바 02 ④

03 ㉠, ㉣

04 예 직육면체는 6개의 직사각형으로 이루어져 있으나 주어진 도형은 2개의 사다리꼴과 4개의 직사각형으로 이루어져 있습니다.

05 72 cm 06 7, 7

07 36 cm 08 ㉠, ㉤

09 수정 10 6

문제해결 접근하기

11 풀이 참조

문제를 풀며 이해해요 109쪽

1 '실선, 점선'에 ○표 2 ㉡, ㉣

3 ㅁㅂㅅㅇ / ㄷㅅㅇㄹ / ㄱㅁㅇㄹ

4 ㉠

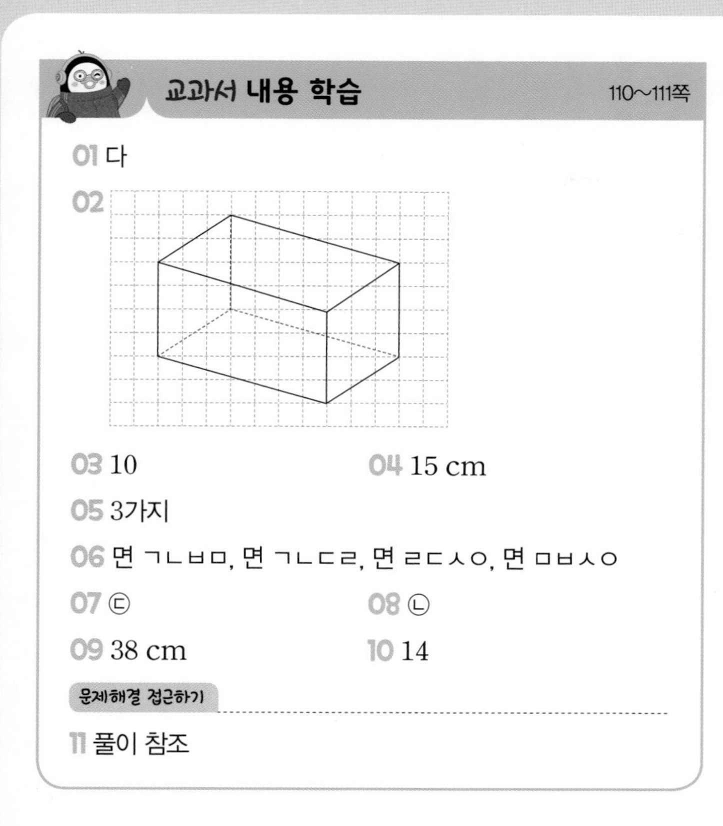

교과서 내용 학습 110~111쪽

01 다

02

03 10

04 15 cm

05 3가지

06 면 ㄱㄴㅂㅁ, 면 ㄱㄴㄷㄹ, 면 ㄹㄷㅅㅇ, 면 ㅁㅂㅅㅇ

07 ㉢

08 ㉡

09 38 cm

10 14

문제해결 접근하기

11 풀이 참조

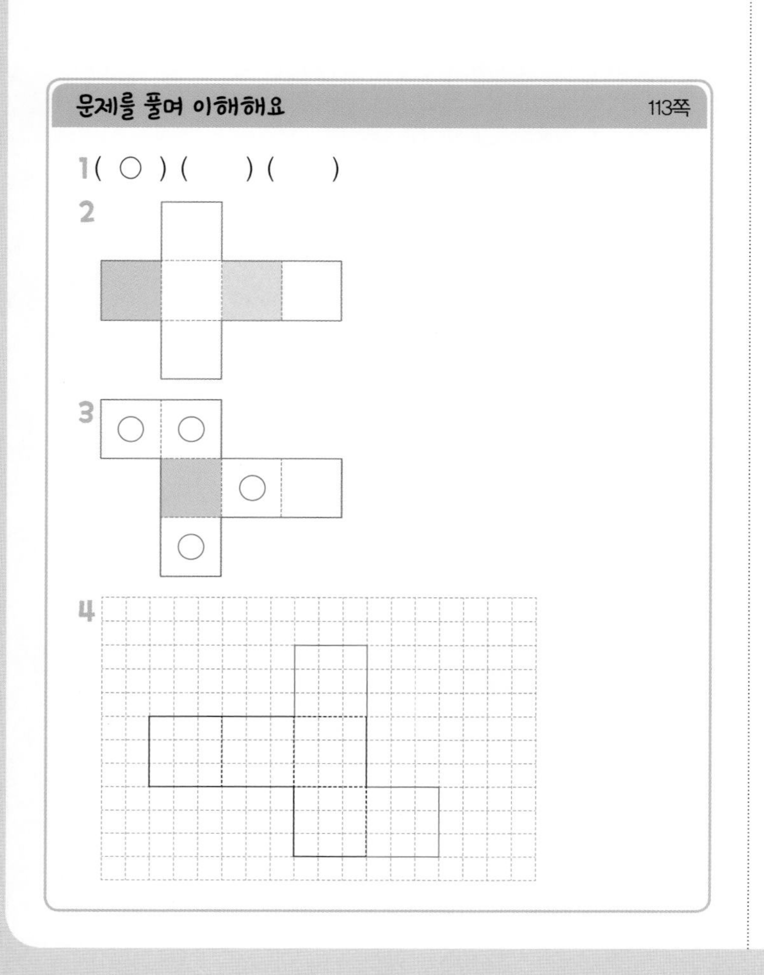

문제를 풀며 이해해요 113쪽

1 (○) (　) (　)

2

3

4

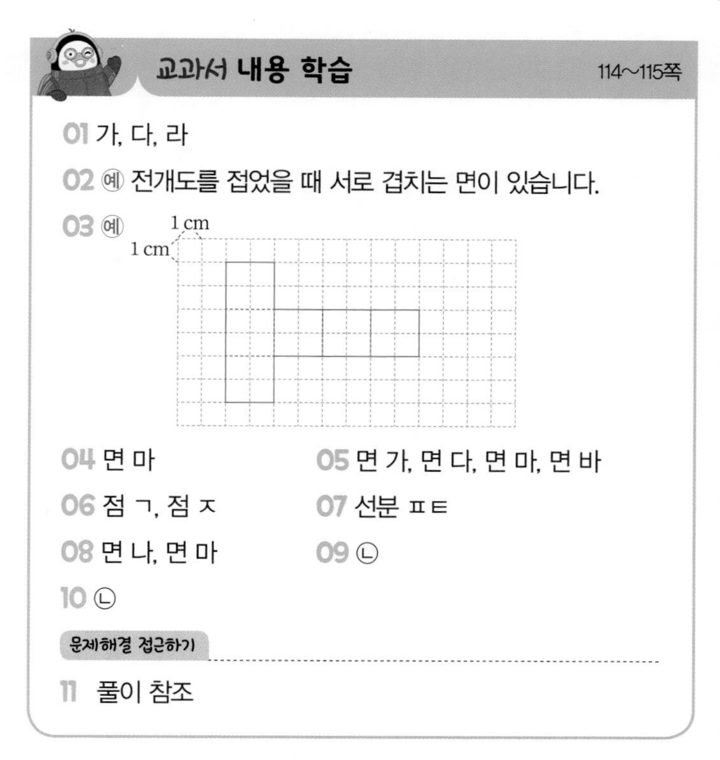

교과서 내용 학습 114~115쪽

01 가, 다, 라

02 예 전개도를 접었을 때 서로 겹치는 면이 있습니다.

03 예 1 cm 1 cm

04 면 마

05 면 가, 면 다, 면 마, 면 바

06 점 ㄱ, 점 ㅈ

07 선분 ㅍㅌ

08 면 나, 면 마

09 ㉡

10 ㉡

문제해결 접근하기

11 풀이 참조

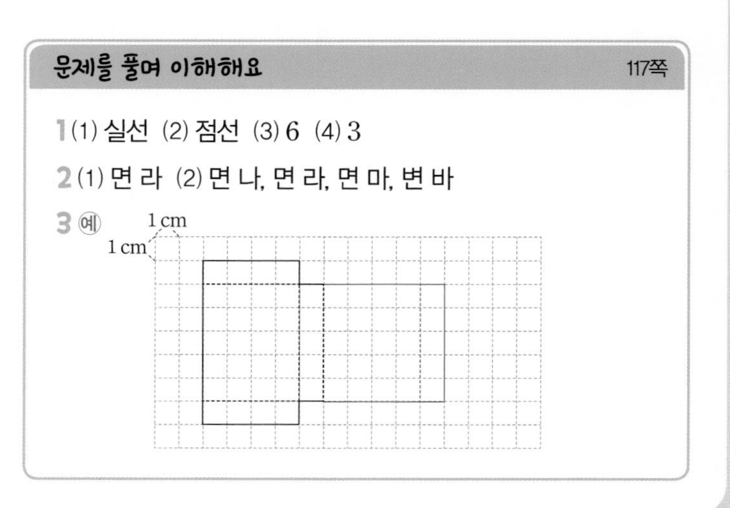

문제를 풀며 이해해요 117쪽

1 (1) 실선 (2) 점선 (3) 6 (4) 3

2 (1) 면 라 (2) 면 나, 면 라, 면 마, 변 바

3 예 1 cm 1 cm

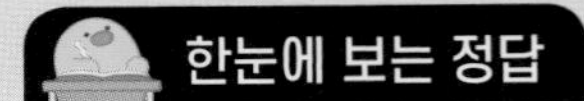

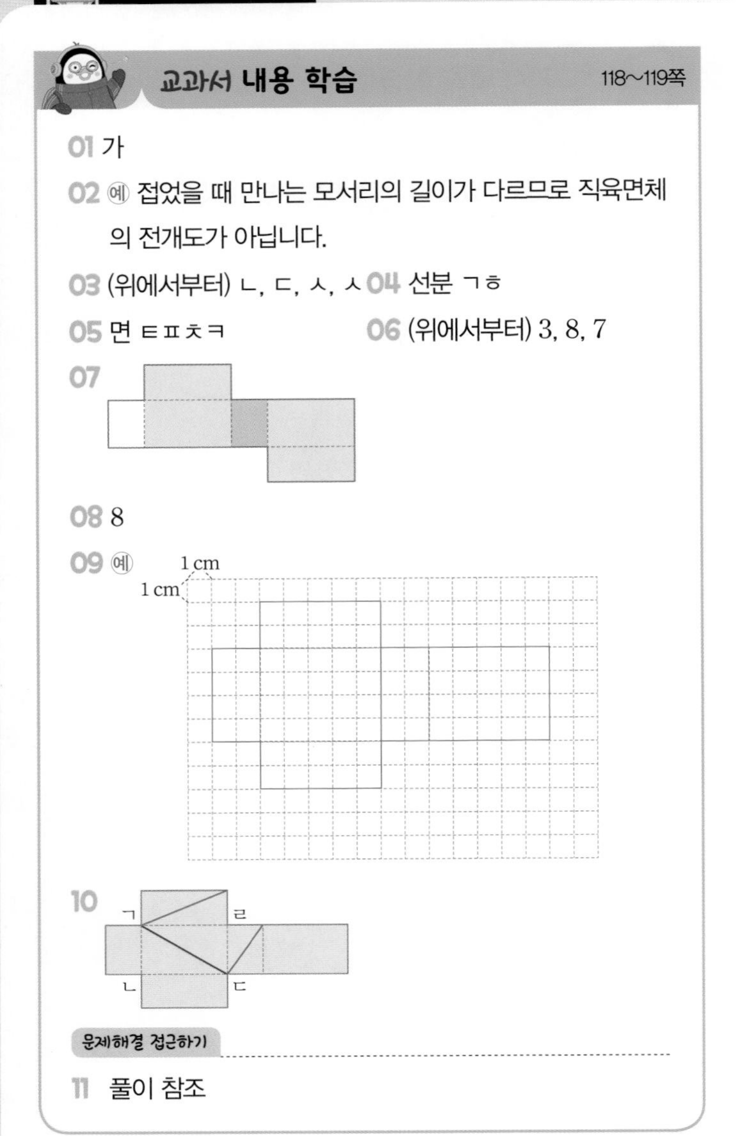

교과서 내용 학습 118~119쪽

01 가

02 예 접었을 때 만나는 모서리의 길이가 다르므로 직육면체의 전개도가 아닙니다.

03 (위에서부터) ㄴ, ㄷ, ㅅ, ㅅ

04 선분 ㄱㅎ

05 면 ㅌㅍㅊㅋ

06 (위에서부터) 3, 8, 7

07

08 8

09 예

10

문제해결 접근하기

11 풀이 참조

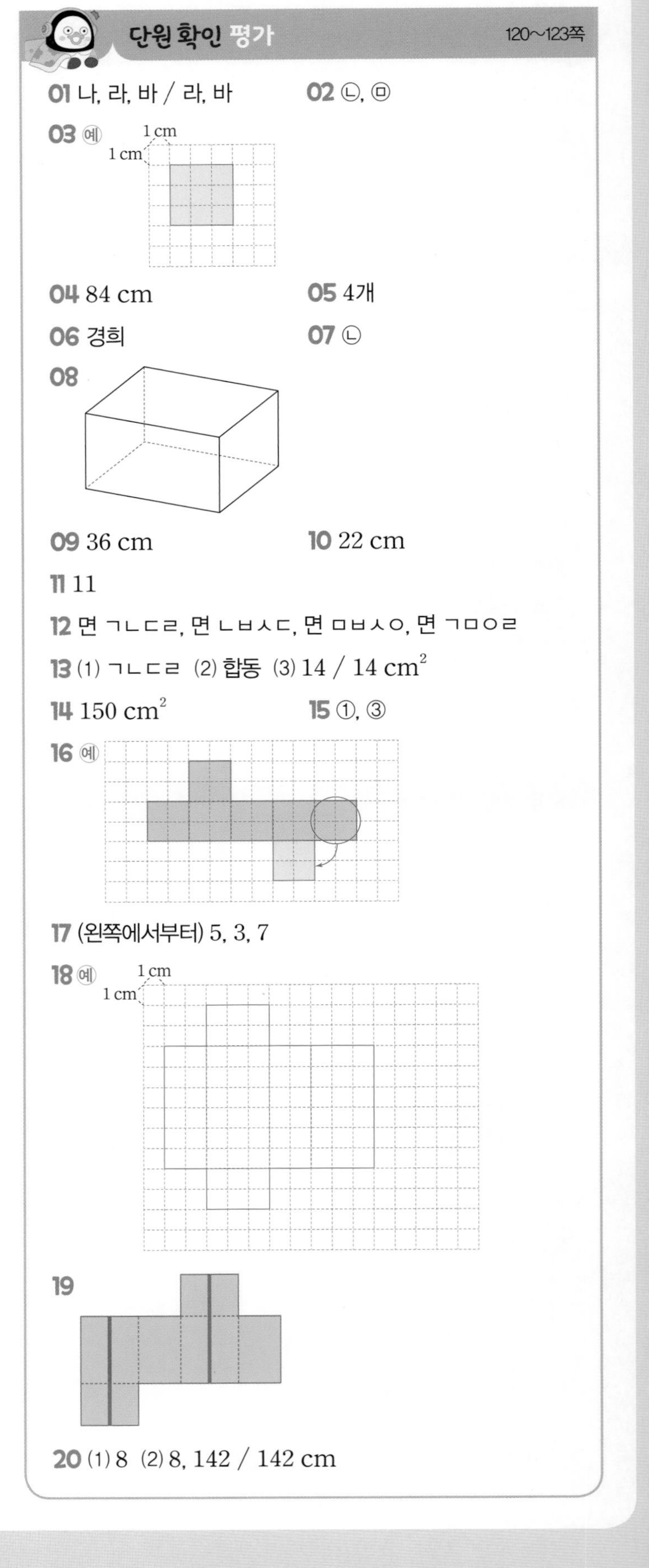

단원 확인 평가 120~123쪽

01 나, 라, 바 / 라, 바

02 ㉡, ㉤

03 예

04 84 cm

05 4개

06 경희

07 ㉡

08

09 36 cm

10 22 cm

11 11

12 면 ㄱㄴㄷㄹ, 면 ㄴㅂㅅㄷ, 면 ㅁㅂㅅㅇ, 면 ㄱㅁㅇㄹ

13 (1) ㄱㄴㄷㄹ (2) 합동 (3) 14 / 14 cm^2

14 150 cm^2

15 ①, ③

16 예

17 (왼쪽에서부터) 5, 3, 7

18 예

19

20 (1) 8 (2) 8, 142 / 142 cm

6단원 평균과 가능성

문제를 풀며 이해해요 129쪽

1 '고르게 한 수'에 ○표
2 12, 7, 8
3 (1) 28 cm (2) 14 cm (3) 14 cm

교과서 내용 학습 130~131쪽

01 600 g
02 정민
03 45, 8, 8, 45, 45
04 ③
05 3개
06 5, 4, 2, 1, 12 / 12, 3
07 35명
08 125 cm / 120 cm
09 미진
10 87 cm

문제해결 접근하기

11 풀이 참조

문제를 풀며 이해해요 133쪽

1 5, 9, 4 / 32, 4, 8
2 4, 55 / 3, 60 / 효주
3 5, 45 / 45, 5, 7, 9

교과서 내용 학습 134~135쪽

01 4000원
02 2자루
03 사랑 모둠
04 =
05 2294개
06 15일
07 9.2초
08 가, 라
09 26명
10 12번

문제해결 접근하기

11 풀이 참조

문제를 풀며 이해해요 137쪽

1 '맑고, 오지는 않을 것'에 ○표
2 (1) '확실하다'에 ○표 (2) '반반이다'에 ○표
3 불가능하다, 반반이다, 확실하다

교과서 내용 학습 138~139쪽

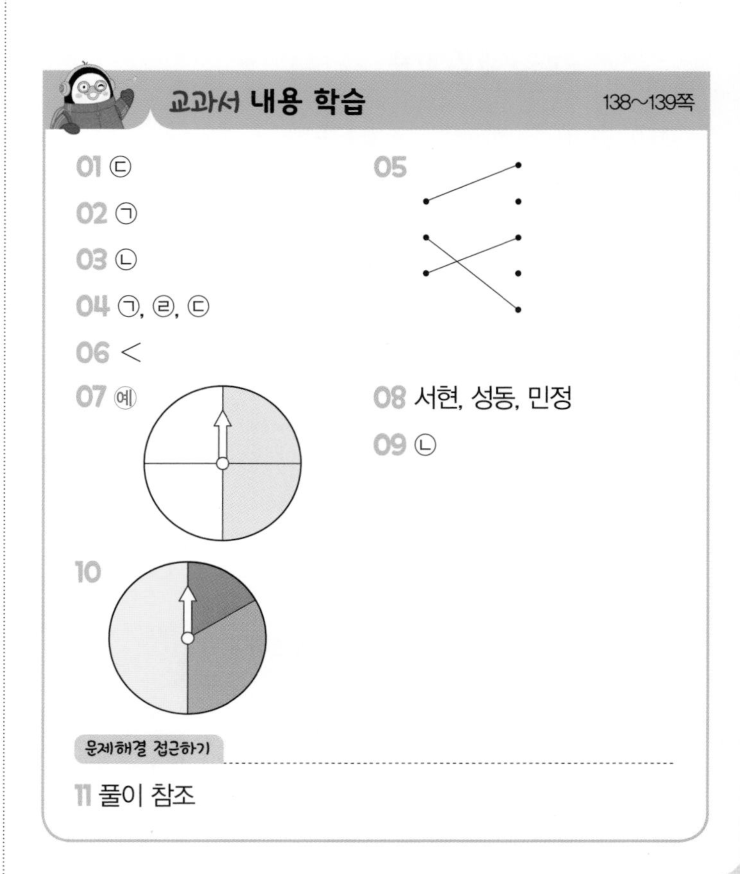

문제해결 접근하기

11 풀이 참조

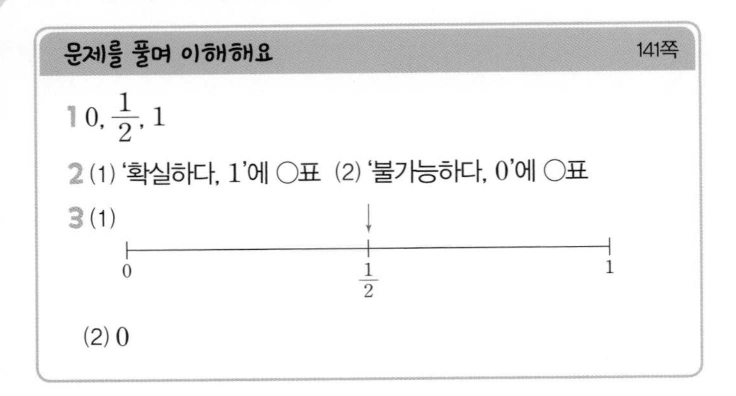

문제를 풀며 이해해요 141쪽

1 0, $\frac{1}{2}$, 1

2 (1) '확실하다, 1'에 ○표 (2) '불가능하다, 0'에 ○표

3 (1)

(2) 0

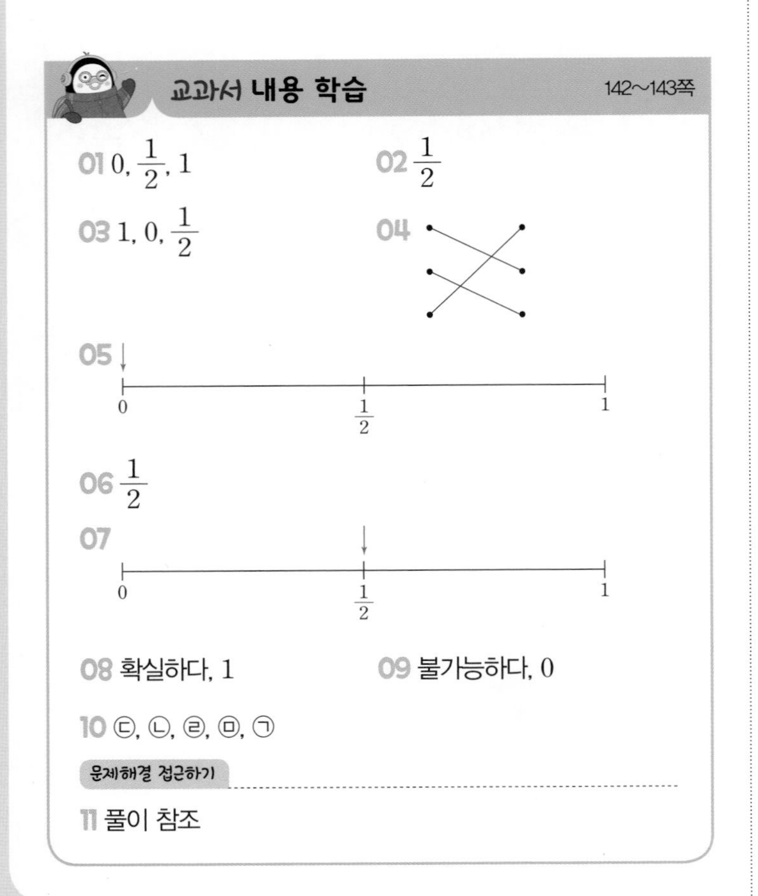

교과서 내용 학습 142~143쪽

01 0, $\frac{1}{2}$, 1

02 $\frac{1}{2}$

03 1, 0, $\frac{1}{2}$

04

05

06 $\frac{1}{2}$

07

08 확실하다, 1

09 불가능하다, 0

10 ㉢, ㉡, ㉣, ㉤, ㉠

문제해결 접근하기

11 풀이 참조

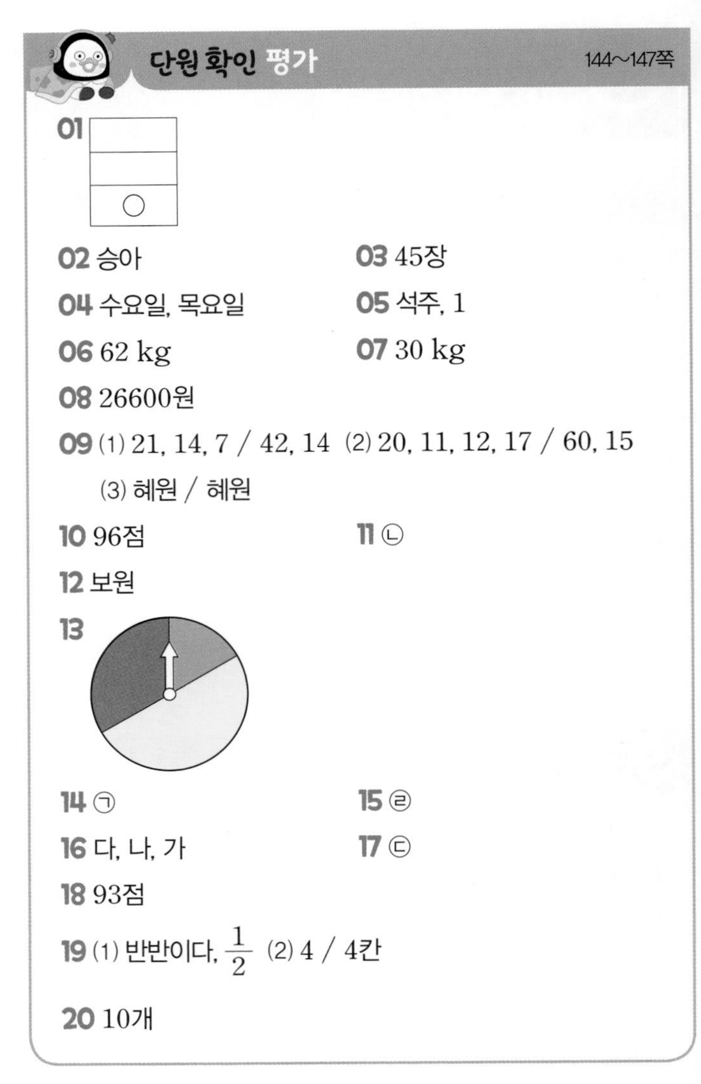

단원 확인 평가 144~147쪽

01

02 승아

03 45장

04 수요일, 목요일

05 석주, 1

06 62 kg

07 30 kg

08 26600원

09 (1) 21, 14, 7 / 42, 14 (2) 20, 11, 12, 17 / 60, 15

(3) 혜원 / 혜원

10 96점

11 ㉡

12 보원

13

14 ㉠

15 ㉣

16 다, 나, 가

17 ㉢

18 93점

19 (1) 반반이다, $\frac{1}{2}$ (2) 4 / 4칸

20 10개

수학으로 세상보기 149쪽

2 예 평균 기온, 평균 수명, 학생들의 평균 키 등

Book 2 실전책

1단원 쪽지 시험

5쪽

01 이하　02 ㉣

03 14, 15, 16에 ○표　04 3개

05 (1) 수직선: 18 초과 (18에 빈 점, 21까지 굵은 선)

(2) 수직선: 15 이상 19 미만 (15에 채운 점, 19에 빈 점)

06 3160　07 7200

08 (1) 5300 (2) 1800　09 2135, 1953에 ○표

10 6000원

학교 시험 만점왕 ❶회 1. 수의 범위와 어림하기

6~8쪽

01 4개　02 15, 16, 17, 18, 19

03 4개　04 이안, 지안

05 2명　06 풀이 참조, 가, 나, 마

07 99

08 수직선: 34 초과 37 이하 (34에 빈 점, 37에 채운 점)

09 인천, 대구　10 ㉢, ㉣

11 52850, 52900, 53000　12 (1) 3.9 (2) 5.27

13 ③　14 1000

15 반올림

16 13590000, 1540000, 1600000, 2120000

17 27상자　18 7번

19 풀이 참조, 30000원　20 11000

학교 시험 만점왕 ❷회 1. 수의 범위와 어림하기

9~11쪽

01 이상, 이하, 초과, 미만　02 32.5, 31, $30\frac{1}{2}$, 33.7

03 3개　04 5개

05 예진, 지우　06 1명

07 ㉢, ㉣　08 풀이 참조, 35, 36, 37

09 8962　10 정민

11 ( ) (×) ( )　12 12.45

13 9377　14 (1) 버림 (2) 올림

15 10 cm　16 7개

17 8개　18 500

19 수직선: 445 이상 455 미만 (445에 채운 점, 455에 빈 점)

20 풀이 참조, 1100000원

1단원 서술형·논술형 평가

12~13쪽

01 풀이 참조, 12개

02 풀이 참조, 6개

03 풀이 참조, 41

04 풀이 참조, 4800원

05 풀이 참조, 575, 576, 577, 578, 579, 580

06 풀이 참조, 7

07 풀이 참조, 119000원

08 풀이 참조, 136명 이상 180명 이하

09 풀이 참조, 5001, 5089

10 풀이 참조, 공장, 29000원

2단원 쪽지 시험

15쪽

01 3, 3, 3, 9, $1\frac{1}{8}$
02 $2\frac{2}{9}$
03 $(5\times 1)+\left(5\times\frac{7}{8}\right)=5+\frac{35}{8}=5+4\frac{3}{8}=9\frac{3}{8}$
04 (위에서부터) 4, $3\frac{1}{2}$
05 3, 9, 27
06 3, 3, 9
07 (왼쪽에서부터) 1, 1, 4
08 7, 20, 35, $3\frac{8}{9}$
09 $\frac{11}{24}$
10 >

16~18쪽

학교 시험 만점왕 ❶회 2. 분수의 곱셈

01 (위에서부터) 5, 2, 15, $61\frac{1}{2}$
02 (○) (   )
03 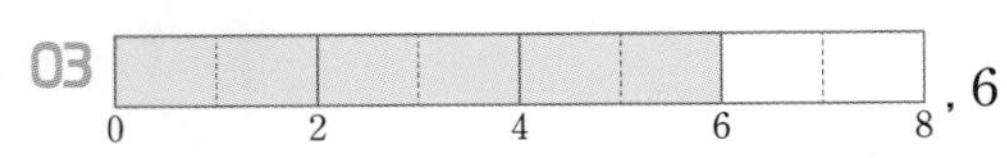, 6
04 $7\frac{5}{7}$
05 (그림 참조)
06 $14\frac{2}{5}$ L
07 준민, 8개
08 ⑤
09 $\frac{4}{5}\times 2\frac{1}{4}$에 ○표
10 풀이 참조, 18
11 $\frac{2}{7}$
12 >
13 (1) $7\frac{1}{2}$ (2) $7\frac{7}{11}$
14 5개
15 21 kg
16 16 m
17 $\frac{3}{20}$
18 $9\frac{1}{5}$
19 풀이 참조, $462\frac{2}{5}$ cm^2
20 $13\frac{3}{4}$ cm^2

19~21쪽

학교 시험 만점왕 ❷회 2. 분수의 곱셈

01 우연
02 $3\frac{9}{20}\times 4=\frac{69}{\cancel{20}_5}\times\cancel{4}^1=\frac{69}{5}=13\frac{4}{5}$
03 $15\times\frac{1}{24}$에 ○표
04 예 $\frac{1}{3}\times 12=4$, $\frac{1}{5}\times 20=4$
05 $7\frac{4}{5}$
06 15
07 $26\frac{1}{4}$ m
08 6 cm
09 2 km
10 $\frac{1}{30}$
11 6
12 풀이 참조, $\frac{14}{39}$
13 $\frac{7}{24}$
14 $\frac{4}{15}\times\frac{5}{14}\times\frac{7}{10}$에 색칠
15 $1\frac{2}{3}\times 3\frac{1}{2}$에 ○표
16 $\frac{1}{5}$
17 $14\frac{14}{15}$ kg
18 $20\frac{3}{35}$
19 풀이 참조, $9\frac{1}{6}$ L
20 $256\frac{2}{3}$ cm^2

2단원 서술형·논술형 평가

22~23쪽

01 풀이 참조, 4명
02 풀이 참조, 350
03 풀이 참조, 유나, $\frac{1}{12}$시간
04 풀이 참조, 80장
05 풀이 참조, 35
06 풀이 참조, $1\frac{1}{48}$
07 풀이 참조, $40\frac{1}{4}$
08 풀이 참조, $36\frac{1}{6}$ km
09 풀이 참조, 나, $4\frac{1}{4}$ cm^2
10 풀이 참조, 42 cm

3단원 쪽지 시험 25쪽

01 합동

02

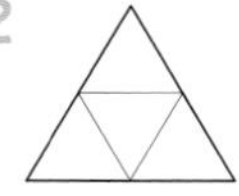

03 (왼쪽에서부터) 8, 80

04 가, 다, 라

05 라, 바

06 6개

07

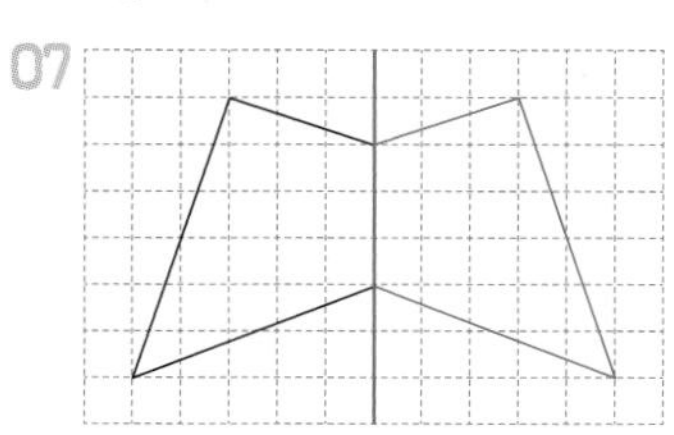

08 ㉡, ㉣

09 ( ) (○)

10

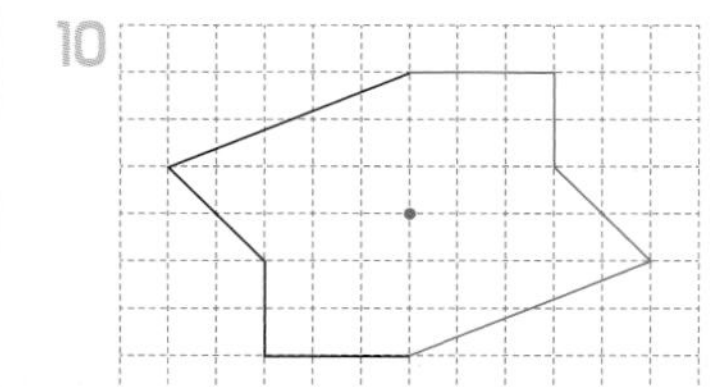

26~28쪽

학교 시험 만점왕 ❶회 3. 합동과 대칭

01 가

02 ㉠, ㉣

03 104 cm^2

04 변 ㄹㄴ / 각 ㄹㄴㄷ

05 ㉣

06 13 cm

07 풀이 참조, 30°

08 한비

09 ③

10 ㉢, ㉠, ㉡

11 가비

12 15 cm

13 선분 ㄴㅇ, 선분 ㄷㅅ, 선분 ㄹㅂ

14 가

15 ㉢

16 205°

17 풀이 참조, 30 cm

18 3 cm

19 85

20 64°

29~31쪽

학교 시험 만점왕 ❷회 3. 합동과 대칭

01 가, 마

02 가, 라 / 나, 다 (또는 나, 다 / 가, 라)

03 6, 6, 6

04 13 cm

05 예

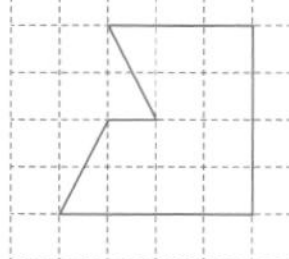

06 풀이 참조, 70°

07 (○) (○) ( ) ( )

08 ④

09 점 ㅊ / 변 ㅊㅈ / 각 ㅈㅇㅅ

10 점 ㅅ / 변 ㅅㅂ / 각 ㅂㅁㄹ

11

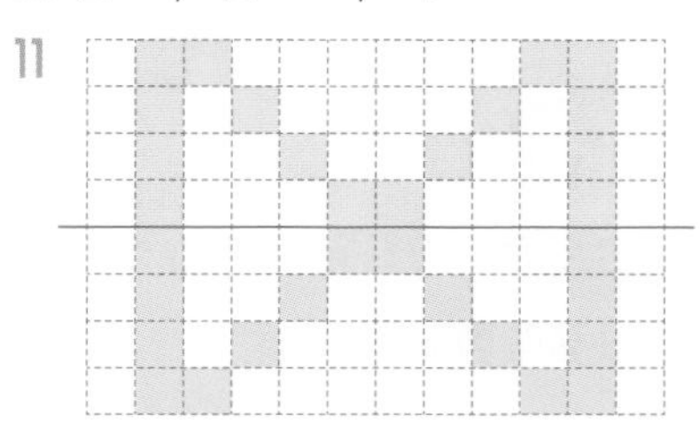

12 20 cm

13 3 cm

14 126 cm^2

15 852

16 (왼쪽에서부터) 65, 9

17 선분 ㄱㄹ, 선분 ㄴㅁ, 선분 ㄷㅂ

18 60°

19 풀이 참조, 13 cm

20 96 cm^2

3단원 서술형·논술형 평가 32~33쪽

01 풀이 참조

02 풀이 참조, 56 cm^2

03 풀이 참조

04 풀이 참조, 6

05 풀이 참조, 40°

06 풀이 참조, 3개

07 풀이 참조, 55°

08 풀이 참조, 48 cm

09 풀이 참조, 4

10 풀이 참조, 6 cm

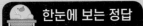

4단원 쪽지 시험 35쪽

01 0.35, 0.35, 0.35, 1.05
02 10, 335, 33.5
03 (○) (   )
04 (위에서부터) 10, 10, 366.6
05 <
06 0.48
07 (1) 2.44 (2) 3.692
08 83.01
09 98.3, 0.983
10 (1) 46.72 (2) 0.4672

학교 시험 만점왕 ❶회 4. 소수의 곱셈 36~38쪽

01 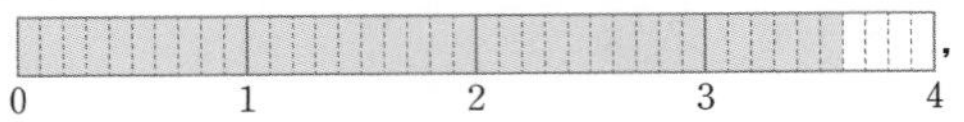

3.6, 3.6
02 157, 471, 4.71
03 ㉡
04 (   ) (   ) (○)
05 1, 0.4 / 2, 0.8, 2.8
06 3.87
07 340.2
08 38.96
09 풀이 참조, 33
10 $\frac{21}{100}\times\frac{9}{10}=\frac{189}{1000}=0.189$
11 가람
12 64.26
13 1.782 m
14 25.8, 2.58, 0.258
15 ②
16 100배
17 8.6
18 2.7, 3.2 (또는 3.2, 2.7)
19 6.58 m
20 풀이 참조, 160.259 cm^2

학교 시험 만점왕 ❷회 4. 소수의 곱셈 39~41쪽

01 $\frac{72}{100}\times 9=\frac{648}{100}=6.48$
02 0.3, 0.06, 18.36
03 25.2, 35.49
04 12.3 cm
05 3, 3, 15 / 1460, 14.6
06 215, 258
07 ㉠
08 71175원
09 3196, 31.96
10 11.9×0.55에 색칠
11 풀이 참조, 66
12 0.424 kg
13 99.4, 994, 9940
14 (1) 62.3 (2) 0.06
15 ㉡
16 33.2원
17 24.03
18 59.4
19 풀이 참조, 70.56 m^2
20 0.368 m

4단원 서술형·논술형 평가 42~43쪽

01 풀이 참조
02 풀이 참조, 1500명
03 풀이 참조, 33.3 cm
04 풀이 참조, 56.22 cm^2
05 풀이 참조, 20.104
06 풀이 참조, 10000배
07 풀이 참조, 연주, 4.57 km
08 풀이 참조, 173.512
09 풀이 참조, 15.75 L
10 풀이 참조, 47.72

5단원 쪽지 시험 45쪽

01 (○) (   ) (   )
02 6, 12, 8
03 6, 정육면체
04 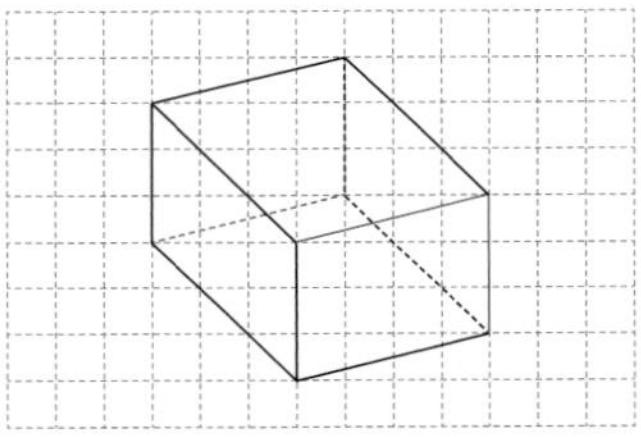
05 3쌍
06 점 ㅁ
07 면 ㄱㄴㄷㄹ, 면 ㄱㄴㅂㅁ, 면 ㅁㅂㅅㅇ, 면 ㄷㅅㅇㄹ
08 전개도
09 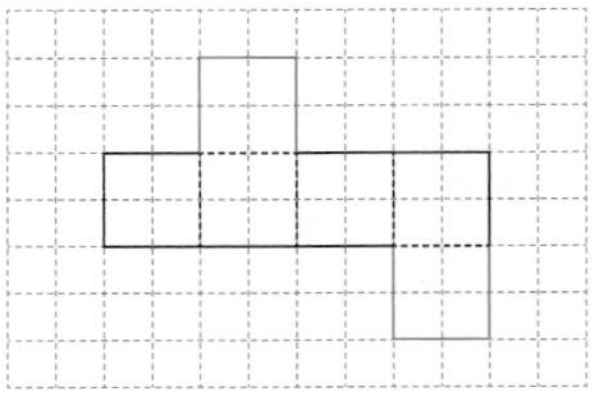
10 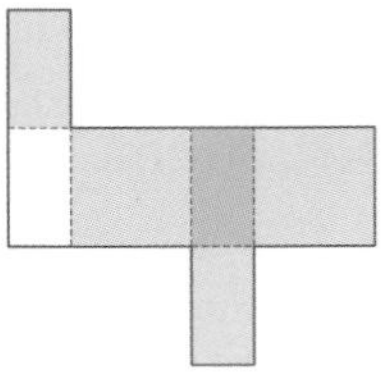

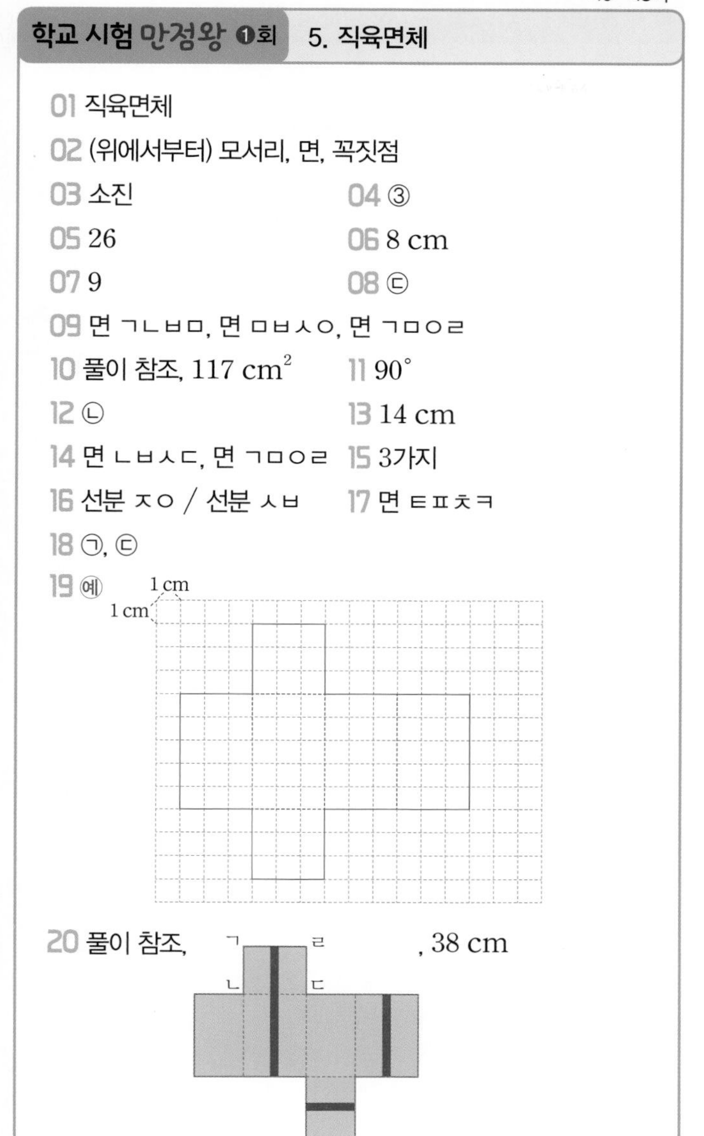

46~48쪽

학교 시험 만점왕 ❶회 5. 직육면체

01 직육면체

02 (위에서부터) 모서리, 면, 꼭짓점

03 소진

04 ③

05 26

06 8 cm

07 9

08 ㉢

09 면 ㄱㄴㅂㅁ, 면 ㅁㅂㅅㅇ, 면 ㄱㅁㅇㄹ

10 풀이 참조, 117 cm^2

11 90°

12 ㉡

13 14 cm

14 면 ㄴㅂㅅㄷ, 면 ㄱㅁㅇㄹ

15 3가지

16 선분 ㅈㅇ / 선분 ㅅㅂ

17 면 ㅌㅍㅊㅋ

18 ㉠, ㉢

19 예

20 풀이 참조, , 38 cm

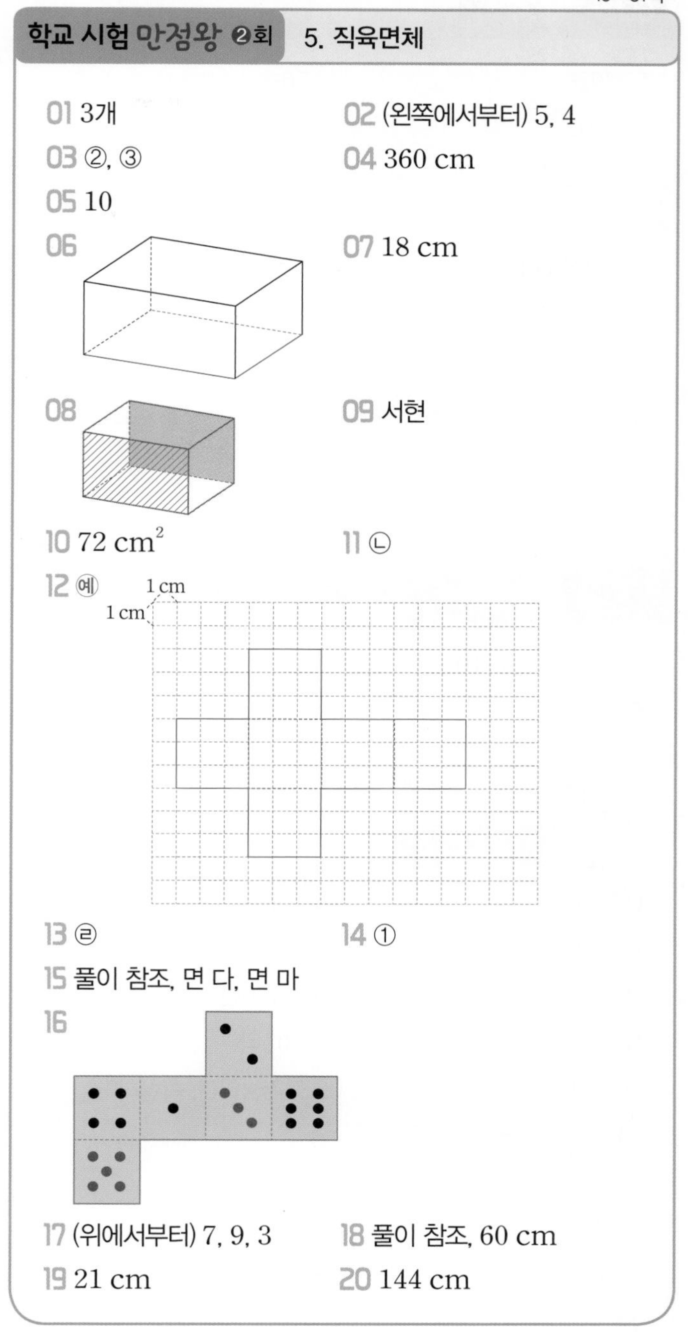

49~51쪽

학교 시험 만점왕 ❷회 5. 직육면체

01 3개

02 (왼쪽에서부터) 5, 4

03 ②, ③

04 360 cm

05 10

06

07 18 cm

08

09 서현

10 72 cm^2

11 ㉡

12 예

13 ㉣

14 ①

15 풀이 참조, 면 다, 면 마

16

17 (위에서부터) 7, 9, 3

18 풀이 참조, 60 cm

19 21 cm

20 144 cm

5단원 서술형·논술형 평가

52~53쪽

01 풀이 참조

02 풀이 참조, 5 cm

03 풀이 참조, 72 cm

04 풀이 참조

05 풀이 참조, 42 cm

06 풀이 참조, 24 cm^2

07 풀이 참조, 2

08 풀이 참조, 112 cm

09 풀이 참조, 44 cm

10 풀이 참조, 15 cm

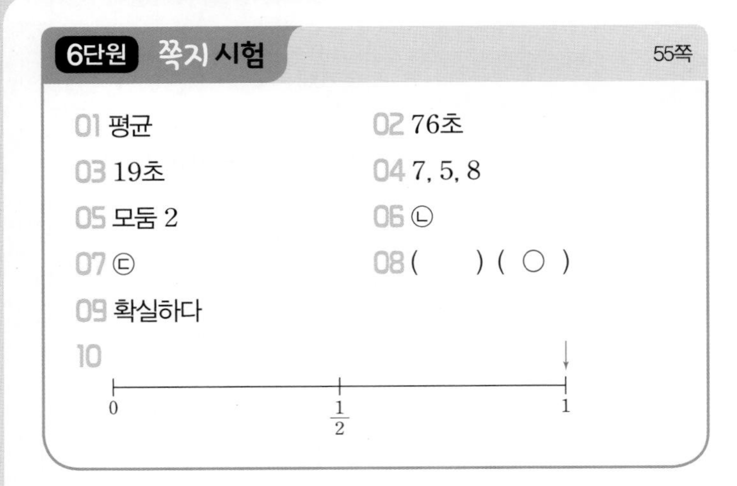

6단원 쪽지 시험

55쪽

01 평균
02 76초
03 19초
04 7, 5, 8
05 모둠 2
06 ㉡
07 ㉢
08 (　　) (○)
09 확실하다
10 (0, $\frac{1}{2}$, 1 수직선, 1에 화살표)

56~58쪽

학교 시험 만점왕 ❶회 6. 평균과 가능성

01 19, 20, 21, 19
02 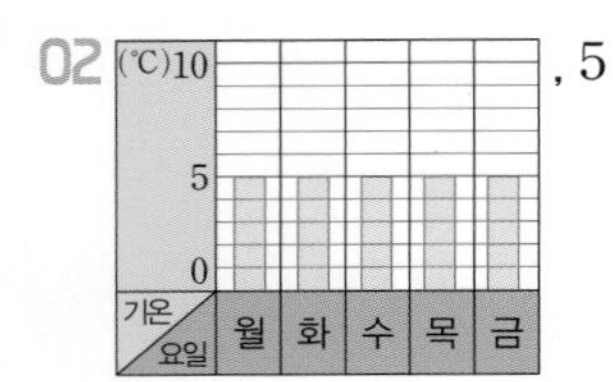

, 5
03 35초
04 7초
05 풀이 참조
06 52 kg
07 67개
08 9300번
09 152 cm
10 301타
11 진경
12 불가능하다, 확실하다
13 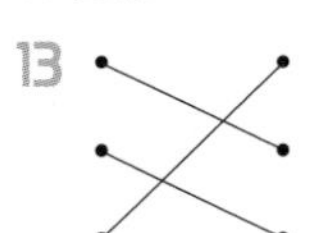
14 1
15 나
16 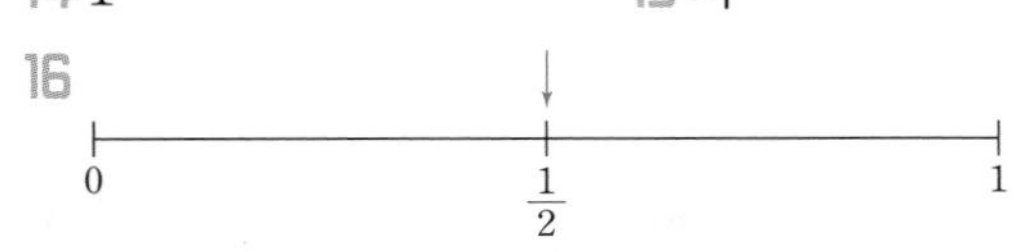

17 ㉢
18 예
19 풀이 참조, 수진, 주호, 미영, 정빈
20 37 kg

59~61쪽

학교 시험 만점왕 ❷회 6. 평균과 가능성

01 58, 58, 58
02 5, 40
03 17 cm
04 지성
05 40초
06 감
07 낮은 편입니다.
08 79점
09 58대
10 풀이 참조, 270 cm
11 정하
12 ㉠
13 수정 / 예 오늘은 수요일이니까 2일 후에는 금요일이 될 거야.
14 (0, $\frac{1}{2}$, 1 수직선, 0에 화살표)
15 $\frac{1}{2}$
16 ㉢, ㉠, ㉡, ㉣
17
18 ㉡
19 0
20 풀이 참조, 88 km

6단원 서술형·논술형 평가

62~63쪽

01 풀이 참조, 4개
02 풀이 참조, 20℃
03 풀이 참조, 8800000원
04 풀이 참조, 모둠 1
05 풀이 참조, 95회
06 풀이 참조, 151 cm
07 풀이 참조, 선아
08 풀이 참조, 서주, 준호, 형석
09 풀이 참조, 10개
10 풀이 참조, $\frac{1}{2}$